七绝·烤烟品种 K326

徐安传

烤烟名种卅余秋,金叶芳华举世稠。

名贵香烟争相用,本香浓郁醉神州。

K326烟叶
采收与烘烤技术

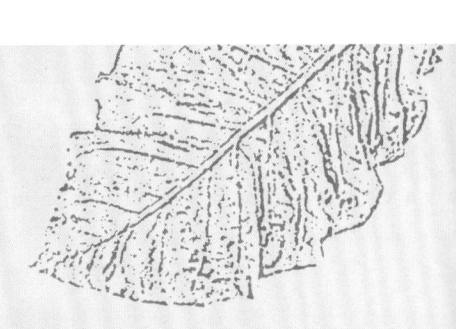
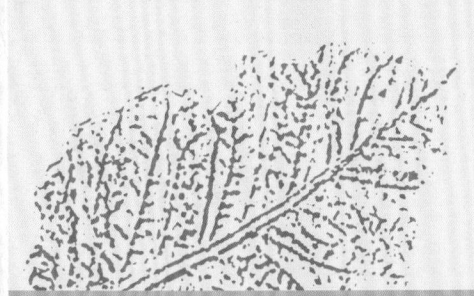

徐安传　姜永雷◎编著

西南交通大学出版社
·成都·

图书在版编目（CIP）数据

K326 烟叶采收与烘烤技术 / 徐安传，姜永雷编著. -- 成都：西南交通大学出版社，2024.4
ISBN 978-7-5643-9799-9

Ⅰ.①K… Ⅱ.①徐… ②姜… Ⅲ.①烟叶 – 采收②烟叶烘烤 Ⅳ.①S572②TS44

中国国家版本馆 CIP 数据核字（2024）第 078659 号

K326 Yanye Caishou yu Hongkao Jishu
K326 烟叶采收与烘烤技术

徐安传　姜永雷　编著

责任编辑	姜锡伟
封面设计	GT 工作室
出版发行	西南交通大学出版社 （四川省成都市金牛区二环路北一段 111 号 西南交通大学创新大厦 21 楼）
营销部电话	028-87600564　028-87600533
邮政编码	610031
网　　址	http://www.xnjdcbs.com
印　　刷	四川玖艺呈现印刷有限公司
成品尺寸	210 mm × 285 mm
印　　张	19.25
字　　数	430 千
版　　次	2024 年 4 月第 1 版
印　　次	2024 年 4 月第 1 次
书　　号	ISBN 978-7-5643-9799-9
定　　价	88.00 元

图书如有印装质量问题　本社负责退换
版权所有　盗版必究　举报电话：028-87600562

本书编委会

主 编 著：徐安传　姜永雷

副 编 著：邹聪明　李　赓　陈　颐　徐兴阳　高顺波

　　　　　郑东方　饶　智　王发勇　刘　威

参编人员：（按姓名笔画排序）

　　　　　王守旗　王赛忠　龙　伟　卢志伟　刘洪华

　　　　　孙书斌　孙志勇　李　开　李晓燕　李超玲

　　　　　杨宏光　杨茂凡　杨学书　何　军　张四伟

　　　　　张建斌　陈若星　陈勇能　青　学　幸　强

　　　　　林金全　罗云龙　罗永佳　罗先学　周　杨

　　　　　周彦夷　周瑞芳　郑志云　项岩所保

　　　　　胡　杨　胡彬彬　段绍虎　耿少武　柴云霞

　　　　　唐玉春　唐国俊　董天学　蒋海峰　喻　曦

　　　　　普恩平　谢幸生

前 言

烤烟品种是中式卷烟烟叶原料和卷烟品牌发展的物质基础，直接影响到中式卷烟烟叶原料和卷烟产品的品质，在中式卷烟的香气风格与品质特征中发挥着主导作用。从中国烟草发展历史来看，我国烟叶生产的每次重大变革都是从品种开始的。

K326品种是1981年美国诺斯朴·金种子公司（Northup King Seed Company）McNair30×NC95选育而成的烤烟品种。1984年，该品种跃居北卡罗来纳州烤烟种植第一大品种；后来多年位居美国烤烟品种的种植规模第一位。1985年，我国从美国引进K326品种并在云南多点试验与示范种植；1988年，该品种经云南省农作物品种审定委员会审定为全省推广品种；同年，该品种被全国烟草品种审定委员会审定为全国推广良种。1997—1998年，该品种成为全国种植烤烟第一大品种，其最高种植比例达45.83%。在当前全国种植烤烟品种中，该品种种植规模依然位居第二，种植比例为10%左右，是目前种植适应性较广的烤烟品种之一。

K326品种烟叶因烟草本香突出、香气浓郁、吃味好，在卷烟配方中的亲和力较强，备受卷烟工业青睐，在中式卷烟产品香气风格和品质塑造中起到了重要作用，是当前卷烟配方需求的优良烤烟品种之一。

左天觉认为：成熟采收对烟叶质量的贡献占整个烤烟生产技术环节的1/3。烟叶采收与烘烤是K326品种烟叶风格特色和品质形成的关键环节，直接影响该品种烟叶的质量和工业可用性。近年来，云南中烟工业有限责任公司与云南省烟草农业科学研究院以提高K326品种烟叶工业可用性为目标，在K326品种烟叶烘烤特性、成熟度判定、精细化烘烤等方面取得了大量研究成果。以此为主，作者结合长期在烟叶生产一线积累的K326品种烟叶采收与烘烤技术，融合前人研究成果，突出理论与实践相结合，编著了此书。

本书共分为6章：第一章为K326品种的特性与种植现状，第二章为K326品种烟叶成熟度及其采收标准，第三章为K326品种烟叶成熟度判定技术，第四章为K326品种烟叶烘烤特性，第五章为K326品种烟叶烘烤技术，第六章为K326品种烟叶烘烤对主要化学成分变化的影响。

本书对烟草科研工作者、大专院校师生、烟叶生产管理与技术人员、广大烟农均具有重要参考价值，也可作为从事烟叶科研、生产、管理、教学的重要参考书。

本书在编著过程中得到了云南中烟工业有限责任公司、云南省烟草农业科学研究院、云南省有关市（州）烟草公司等单位领导悉心指导、科研人员鼎力支持与帮助，在此表示衷心感谢！在编写内容中，编著者参考了有关文献，在此对作者深表谢意！

由于水平有限，时间仓促，书中难免存在某些不妥之处，敬请读者批评指正！

编著者
2024年1月

目 录

第一章　K326 品种的特性与种植现状 / 001

　　第一节　品种的引进与推广 / 001

　　第二节　品种特性 / 002

　　第三节　种植演变历程 / 009

第二章　K326 品种烟叶成熟度及其采收标准 / 014

　　第一节　烟叶成熟度 / 014

　　第二节　提高烟叶成熟度的技术措施 / 027

　　第三节　烟叶成熟度特征指标 / 032

　　第四节　烟叶成熟采收标准 / 038

第三章　K326 品种烟叶成熟度判定技术 / 045

　　第一节　烟叶成熟度判定技术研究概况 / 045

　　第二节　基于图像的 K326 品种烟叶成熟度识别技术 / 054

　　第三节　K326 烟叶成熟度近红外光谱判定技术 / 060

第四章　K326 品种烟叶烘烤特性 / 074

　　第一节　烟叶变黄特性与变褐特性 / 075

　　第二节　烟叶失水特性 / 082

　　第三节　烟叶色素降解特性 / 091

第五章　K326 品种烟叶烘烤技术 / 107

第一节　烟叶烘烤设施的演变 / 107

第二节　传统烘烤工艺 / 122

第三节　烟叶精细化烘烤工艺 / 125

第四节　烟叶提质增香烘烤工艺 / 183

第五节　烟叶精准烘烤工艺技术 / 191

第六节　特殊烟叶烘烤技术 / 218

第七节　烟叶烘烤工商协同优化技术 / 238

第八节　烟叶挂灰的防控技术 / 246

第六章　K326 品种烟叶烘烤对主要化学成分变化的影响 / 253

第一节　烟叶烘烤过程中主要化学成分变化 / 253

第二节　烟叶烘烤前后主要化学成分的差异 / 275

参考文献 / 285

第一章
K326 品种的特性与种植现状

第一节 品种的引进与推广

一、品种引种与审定

K326 品种是 1981 年美国诺斯朴·金种子公司（Northup King Seed Company）McNair30×NC95 选育而成的烤烟品种，1983 年在美国北卡罗来纳州和南卡罗来纳州种植比例达 10%，1984 年跃居北卡罗来纳州烤烟种植第一大品种，种植面积占当年全州植烟总面积的 22%，多年来均位居美国烤烟品种种植规模的第一位（李永平 等，2009）。

1985 年，云南省楚雄州烟草科学研究所从美国引进 K326 品种并在云南省多点试验与示范种植；1986—1988 年，该品种参加全国烤烟良种区域试验；1988 年，经云南省农作物品种审定委员会审定为全省推广品种；同年，全国烟草品种审定委员会审定为全国推广良种。

二、烟叶工业验证

为推进 K326 品种大面积示范与种植，卷烟工业企业深入研究了 K326 品种烟叶质量特点和配方应用。1989 年，昆明卷烟厂开展了 K326 品种烟叶和配方应用研究，研究结果表明，K326 品种烟叶颜色金黄，光泽鲜明，油润较好，组织结构疏松且富有弹性，总体外观品质好于红花大金元；烟叶烟碱含量较高、含糖量低；香气浓郁，香气质好，余味尚舒适；填充力高，但清香型特征不明显，是发展混合型卷烟和改进烤烟型卷烟的好原料，在烤烟型卷烟中适当配用，可以提高产品的香气量，也可用于低焦油卷烟的研制。根据中国烟草总公司卷烟产品配方改革招标要求，昆明卷烟厂设计研制了"皓"牌烤烟型乙级香烟，使用了较大比例的 K326 品种烟叶，最终在评审中以乙级烟总分第一名夺魁，投放市场后，以其独特的香型风格深受消费者欢迎，在南宁订货会上订货量远超原计划。楚雄卷烟厂利用 K326 品种烟叶"烟碱含量高、香气浓郁、糖碱比低"的优点，在卷烟配方中加入一定量的 K326 品种烟叶后，采用过滤性较高的滤嘴，在保证了卷烟香气的同时，获得了 12 mg/支左右的低焦油卷烟制品（曾晓鹰 等，1990）。

三、品种推广与应用

1989年,K326品种在云南省开始大面积推广种植,面积为284 km²(占当年全省烤烟种植面积的13.2%)。当时因选择了土层瘠薄的田地,或虽然选择了土层深厚肥沃的田地但施肥不当,加之缺水干旱,造成部分烟区K326品种烟株长势差,少数地区K326品种出现"早花",以致烟农把K326品种说成"开花二六"。云南省烟草公司原料部认真组织实地调研后,明确K326品种是适合云南推广种植的优良品种,并要求良种良法配套推广。1990年,云南推广种植300 km²(占全省烤烟计划面积的15%);1991年,全省推广超过800 km²,部分烟区占比50%以上(省烟草公司原料部,1990)。

1988年,K326品种正式被列为全面推广品种;1989年,该品种全国推广种植面积为2.9×10^4 hm²,占当年全国种植面积的13.2%;之后种植面积迅速扩大,1997年达到最高,超过33.3×10^4 hm²,占当年种植面积的43%。

第二节　品种特性

一、农艺性状

K326品种(图1-1)株形为筒形或塔形,株高90~110 cm,节距4~4.6 cm,茎围7~8.90 cm,可采叶18~21片;腰叶的叶形呈长椭圆形,叶耳小,主脉较细,叶肉组织细致,茎叶角度大,叶片厚度中等;花序集中,花冠为粉红色;移栽至中心花开放需52~62 d,大田生育期在120 d左右;田间生长整齐,腋芽生长势强;抗黑胫病,中抗青枯病、南方根结线虫病和北方根结线虫病,抗爪哇根结线虫病,感野火病、普通花叶病、赤星病和气候型斑点病。

与KRK26、云烟87、红花大金元(以下简称红大)相比,苗期K326(图1-2)茎叶角度最小,成苗期平均叶长最短(表1-1);大田期K326株形为塔形,叶片在烟株上着生紧凑,节间距最小,株高较矮(表1-2)。

图 1-1　K326 品种单株性状

图 1-2　K326 品种烟苗

表 1-1　K326 品种与其他主栽烤烟品种苗期农艺性状差异（高云才 等，2018）

品种	叶形		叶色		茎叶角度/(°)		叶长/mm		叶片厚度		生长势		整齐度	
	生根期	成苗期	生根期	成苗期	生根期	成苗期	生根期	成苗期	生根期	成苗期	生根期	成苗期	生根期	成苗期
K326	长椭圆形	椭圆形	深绿	深绿	36.6	34.5	86.1	80.6	中	中	中	中	整齐	整齐
KRK26	卵圆形	卵圆形	绿	绿	50.1	48.3	87.2	84.1	薄	薄	稍强	稍强	整齐	整齐
云烟87	披针形	长椭圆形	深绿	绿	45.2	43.2	107.7	96.2	中	稍厚	强	强	整齐	整齐
红大	椭圆形	椭圆形	浅绿	浅绿	40.3	39.6	89.1	87.4	中	中	中	中	略差	略差

表 1-2　K326 品种与其他主栽烤烟品种大田期农艺性状差异（高云才 等，2018）

农艺性状	K326	KRK26	云烟87	红大
株型	塔型	塔型	塔型	塔型
株高/cm	103.9	132.3	114	122.6
节间距/cm	4~4.5	5.8~6.5	7.0~8.0	4.5~5.0
叶脉	较细	适中	较粗	粗
叶面	皱	较皱	较平坦	较平坦
叶尖（B/C/X）	渐尖/渐尖/钝尖	渐尖/钝尖/钝尖	渐尖/渐尖/渐尖	钝尖/钝尖/钝尖
翼延（B/C/X）	中/较小/小	中/中/中	大/大/中	大/中/中
侧翼（B/C/X）	稍窄/窄/窄	较窄/较窄/较窄	宽/宽/稍宽	宽/稍宽/稍宽

K326 品种田间生长性状如图 1-3，其上部烟叶田间性状如图 1-4，其鲜烟叶部位特征如图 1-5。

图 1-3　K326 品种烤烟田间生长性状（砚山江那）

图1-4　K326品种上部烟叶田间性状（双柏妥甸）

（a）上部　　　　　　　　　　（b）中部　　　　　　　　　　（c）下部

图1-5　K326品种鲜烟叶部位特征

二、质量性状

（一）外观质量特征

K326品种烟叶亩产150~175 kg，原烟（图1-6）呈橘黄色，油分多，光泽强，富弹性，叶片结构疏松，身份适中，主筋比为28.97%。叶尖渐尖，叶面较皱，叶缘波浪状，叶色绿色。

与KRK26、云烟87、红大相比，K326品种原烟多为皱缩，弹性和韧性较好，翼延最小，侧翼最窄，主脉细（表1-3~表1-5）。

（a）B2F　　　　　　（b）C3F　　　　　　（c）X2F

图 1-6　K326 品种原烟

表 1-3　K326 品种与其他主栽烤烟品种上部原烟外观特征比较（高云才 等，2018）

品种	翼延	侧翼	叶脉（主脉、支脉、细脉）	叶形及叶面状态	颜色及光泽	叶尖
K326	中	稍窄	主脉粗细适中，多呈浅褐色，支脉直、平，多平行等距，少有突起，支脉对生大部分靠近叶基部。	多为长椭圆形，少量叶狭长，叶面皱缩感强，有零星浅挂灰，成熟颗粒多为浅褐色，叶缘波浪状明显。	多为浅橘黄色至橘黄色，隐灰，光泽稍暗。	渐尖
KRK26	中	稍窄	主脉粗细适中，多呈灰白色，支脉直、平、细、硬，支脉对生并大部分靠叶中偏上，细脉网纹状明显。	呈长椭圆形，叶面有皱感，主脉分叶片多为一边宽一边窄，大部分宽边遮盖窄边，叶缘波浪状明显。	多为浅橘黄色至橘黄色，有少量橘红色，光泽较鲜亮，少量叶片微浮青。	渐尖
云烟87	较小	稍宽	主脉粗细适中，多呈灰白色，主脉直、平，支脉对生大部分靠近叶中偏下。	呈椭圆形，叶面平坦、局部平滑，弹性稍差，叶缘波浪状明显。	多为柠檬黄色至浅橘黄色，光泽较鲜亮。	多为钝尖
红大	大	宽	主脉较粗，多褐色，主支脉弯曲明显，支脉对生大部分靠近叶中偏上，翼延上细脉明显。	呈长椭圆形，叶面较皱、厚实，叶片不端正，成熟颗粒多为棕褐色，易挂灰，叶缘波浪状明显。	多为橘黄色，光泽较鲜亮，少量叶片微浮青。	钝尖（呈梭镖状）

表1-4　K326品种与其他主栽烤烟品种中部原烟外观特征比较（高云才 等，2018）

品种	翼延	侧翼	叶脉（主脉、支脉、细脉）	叶形及叶面状态	颜色及光泽	叶尖
K326	较小	较窄	主脉粗细适中，多呈褐色，支脉平，多平行等距，少有突起，支脉对生大部分靠近叶基部。	多为长椭圆形偏窄，叶面有明显的皱感，有零星浅挂灰，成熟颗粒多为浅褐色，叶缘波浪状明显。	多为浅橘黄色至橘黄色，隐灰，光泽稍暗。	渐尖
KRK26	较小	稍较窄	主脉粗细适中，多呈灰白色，支脉直、平、细、硬，支脉对生大部分靠叶中偏上，细脉网纹状明显。	呈长椭圆形偏窄，叶面有皱感，主脉分叶片多为一边宽一边窄，大部分宽边遮盖窄边，叶缘波浪状明显。	多为浅橘黄色至橘黄色，有少量橘红色，光泽较鲜亮，少量叶片微浮青。	渐尖
云烟87	中	较宽	主脉稍粗，多呈灰白色或浅褐色，支脉直、平，支脉对生大部分靠叶中偏下。	长椭圆形，叶面皱缩感强的部分在叶中偏下，叶中以上较平滑，成熟颗粒以朱砂色为主，叶缘波浪状明显。	多为浅橘黄色至橘黄色，光泽鲜亮。	渐尖
红大	稍大	较宽	主脉较粗，多呈褐色，主支脉弯曲明显，支脉对生大部分靠近叶中偏上，翼延上细脉明显。	呈椭圆形，叶面细腻、皱缩感强，叶片不端正，成熟颗粒多棕褐色，叶缘波浪状明显。	多为浅橘黄色至橘黄色，光泽鲜亮，少量叶片微浮青。	钝尖（呈梭镖状）

表1-5　K326品种与其他主栽烤烟品种下部原烟外观特征比较（高云才 等，2018）

品种	翼延	侧翼	叶脉（主脉、支脉、细脉）	叶形及叶面状态	颜色及光泽	叶尖
K326	小	窄	主脉较细，多呈灰白色，支脉平，多平行等距，支脉对生大部分靠近叶基部。	呈椭圆形，叶面稍皱，叶缘波浪状明显。	多为柠檬黄色至浅橘黄色，隐灰，光泽较暗，易褪色。	多为钝尖
KRK26	小	窄	主脉细，多呈灰白色，支脉直、平、细、硬，支脉对生大部分靠叶中偏上。	呈椭圆形，叶面稍平坦，主脉分叶片多为一边宽一边窄，叶缘波浪状明显。	多为柠檬黄色至浅橘黄色，易褪色，光泽较鲜亮，少量叶片微浮青。	渐尖
云烟87	较小	稍宽	主脉粗细适中，多呈灰白色，支脉直、平，支脉对生大部分靠近叶中偏下。	呈椭圆形，叶面平坦、局部平滑，弹性稍差，叶缘波浪状明显。	多为浅橘黄色至橘黄色，光泽鲜亮。	渐尖
红大	中	稍宽	主脉粗细适中，多呈灰褐色，主支脉稍弯曲，支脉对生大部分靠近叶中偏上。	呈椭圆形，叶面较平坦，稍有皱感，叶片不端正，叶缘波浪状明显。	多柠檬黄色至浅橘黄色，光泽较鲜亮，少量叶片微浮青。	钝尖（呈梭镖状）

（二）烟叶质量特点及其在卷烟配方中的作用

逄涛等（2009）研究表明：与云烟87、云烟85、红大相比，K326品种烟叶在莰菲醇-3-O-芸香糖苷、寸拜醇含量上明显低，3-羟基-2-丁酮、4-甲基-5H-呋喃-2-酮、β-大马酮、巨豆三烯酮（4种异构体）、新植二烯等化合物的含量明显高于红大。

K326 品种烟叶具有烟草本香足、香气饱满、烟气浓度较浓的突出特点，在卷烟产品中主要起到强化烟草本香、增加烟气浓度和改善吃味的作用。

（1）昆明 K326 品种烟叶。烟草本香突出，清甜香风格明显，香气足，口感特性好，莨菪亭含量明显较高，浓度较高，吃味饱满。部位烟叶质量特征明显：上部烟叶总糖和还原糖、烟碱和总氮含量偏高，β-胡萝卜素降解产物和二氢猕猴桃内酯含量较低；中部烟叶总糖、还原糖、总氮、烟碱和钾含量均适宜，杂环类致香成分含量高。上部烟叶香气、丰富性、透发、浓度等指标特色突出，定位为主料骨架型烟叶。在云产卷烟高端品牌产品中，昆明 K326 品种能支撑华丽的香气骨架，形成较好的"立体效应"，增强对香气和吃味的立体感受；云产卷烟中端品牌产品配方在香气和烟气的骨架塑造上要求更强烈，尤其是在吃味的需求上，更注重体现香气骨架。中部烟叶愉悦、绵长、香气量等指标特色突出，定位为主料香味型烟叶；赋予了卷烟产品强势的清甜香风格和清新、明亮、柔和、醇厚的香气。

（2）玉溪 K326 品种烟叶。外观质量总体较好，成熟度尚熟至成熟，颜色以金黄、橘黄为主，叶片组织机构疏松，色度中至强，油分稍有至有。烟草本香突出，香韵以清甜香为主，略带烤甜和焦甜香，具有典型的清香型烟叶香气风格特征，清甜香韵优雅而明快；香气丰满而纯正，底蕴厚实，香气质细腻、圆润而绵长；杂气较轻，口感较干净湿润，回味较舒适，具有很高的综合质量和可用性。在卷烟配方中起到香气风格塑造、丰富烟香，增加烟气浓度和改善口感特性的主导作用。

（3）红河 K326 品种烟叶。身份厚薄较适中，成熟度好，组织结构疏松；常规化学成分含量较为适宜；清香风格明显，烟草本香明显，烟气浓度较浓，丰富性和延绵性较好，吃味较好。因香气足，烟气浓度高，吃味饱满，因此被定位为主料骨架型烟叶，在卷烟产品配方中起到丰富香气、增加浓度和吃味的作用。云产卷烟高端品牌主料骨架型要求：烟草本香纯净、成熟，杂气较轻，余味干净舒适；云产卷烟中端品牌主料骨架型要求：烟草本香较纯净、较成熟，稍有杂气和刺激，余味较干净较舒适。

（4）曲靖 K326 品种烟叶。色泽均匀鲜亮，耐加工性好，填充值高，常规化学成分含量较为适宜，清香风格明显，烟草本香突出，浓度适中，香气绵延，余味干净，烟气细柔、感官综合质量较好。上部烟叶石油醚提取物含量较高；中部烟叶杂环类致香成分含量最高，绿原酸和芸香苷含量较高。曲靖 K326 品种烟叶在体现香气和烟气质感型指标（如香气细腻、优雅、柔绵、明亮）方面有独特的表现，在卷烟配方中起到了强化清甜香风格、减轻杂气、降低刺激和改善舒适性的重要作用。

（5）保山 K326 品种烟叶。颜色纯正，厚度、叶含梗率和叶面密度适宜且均达到优质烟叶的要求，钾含量明显较高，叶黄素、β-胡萝卜素和莨菪亭含量高，清甜香风格明显，烟气成团性好，刺激小。部位烟叶质量特色突出：上部烟叶组织疏松，总糖和还原糖含量偏高，烟草本香突出、浓度高、吃味饱满；中部烟叶身份适中，总糖、还原糖、总氮、烟碱和钾含量均适宜，新植二烯含量高，香气绵延，余味干净。上部烟叶香气、透发、浓度等指标特色突出，在卷烟产品中可强化透发，增加浓度，丰富烟香；中部烟叶烟草本香纯净成熟，烟气细柔，香气绵长，赋予卷烟产品清甜香韵特征，修饰和强化产品风格特色，对卷烟产品"香"和"味"贡献较大。

第三节 种植演变历程

1988年，K326品种正式被列为全国推广品种；1989年，推广种植 $2.9×10^4 \ hm^2$，占当年种植面积的13.2%；之后种植面积迅速扩大，1997年达到最高，超过 $33.3×10^4 \ hm^2$，占当年种植面积的43%；1998年更新换代，其种植面积占全国烤烟面积的45.83%；之后种植规模开始逐年下滑。2001年，被成功转育成不育系，并大面积推广种植，逐年实现了对K326品种常规品种的替代。2014年，被国家烟草专卖局明确为特色烤烟品种。2019年，国家烟草专卖局明确：取消K326品种特色品种加价政策。目前，K326品种依然是我国烤烟种植区域较广、种植规模位居第二大的品种，是南方品种区域试验对照品种（马文广 等，2018；孙计平 等，2016）。

一、全国种植历史与现状

自该品种在全国推广以来，其种植演变历程可分为4个阶段：迅速增长、明显下滑、曲折发展和稳定发展。

（一）迅速增长阶段

1989—1998年为K326品种的种植迅速增长阶段。在此期间，K326品种的种植比例由1989年的13.2%迅速增长到1998年的45.83%，种植面积由1989年的 $2.9×10^4 \ hm^2$ 增长到1997年的 $33.3×10^4 \ hm^2$ 以上，1997年和1998年K326品种的种植比例和面积分别达到最高。其中，1998年更新换代了K326品种，助推了该年的种植比例创新高。

（二）明显下滑阶段

1999—2009年为K326品种的种植规模明显下滑阶段。在此期间，K326品种的种植比例由1999年的41.42%下降到2009年的17.95%。其中，2001年被成功培育成不育系并大面积推广种植后，K326品种的种植比例由2001年的32.12%增长到2002年的34.56%；2002—2009年，K326品种的种植比例持续下滑，2009年在全国烤烟品种中的种植比例下降到了17.95%。

（三）曲折发展阶段

2010—2018 年为 K326 品种种植曲折发展阶段。2009 年，K326 品种的种植比例降到了 17.95%，其烟叶数量不能满足国内卷烟产品配方的需求，国家烟草专卖局出台了激励政策，加大了 K326 品种烟叶产前投入扶持，极大地提高了烟区和烟农的种植积极性，2010 年种植比例增加到了 24.57%，种植面积由 2009 年的 $20.17×10^4 \, hm^2$ 增长到了 $26.06×10^4 \, hm^2$；但到 2013 年，其种植比例和种植面积分别下降到了 17.62% 和 $19.76×10^4 \, hm^2$，再创 K326 品种的种植规模新低。2014 年，为提高 K326 品种工业可用性和种植积极性，国家烟草专卖局出台了《关于烤烟 K326 品种有关政策的通知》（国烟计〔2014〕92 号），对烤烟 K326 品种给予种植补贴政策，补贴标准为 300 元/亩①（加价 10%）。同年 K326 品种种植面积达到 $29.13×10^4 \, hm^2$，同比增加 $9.3×10^4 \, hm^2$，再次极大地提高了烟区和烟农种植 K326 品种的积极性，2014 年其种植比例增长到了 23.72%，种植面积增长到了 $29.16×10^4 \, hm^2$；与 2013 年同比，其种植比例和面积分别增加了 34.62% 和 47.61%；但到 2016 年，其种植比例下降到了 16.62%。2017 年，为解决 K326 品种工业使用比例仍然较高但调拨意愿不强的问题，国家烟草专卖局明确：K326 品种收购加价由 10% 调减为 5%。2018 年，K326 品种继续执行收购价格上浮 5% 的政策不变。

1997—2022 年 K326 品种占全国种植烤烟的种植比例如图 1-7。

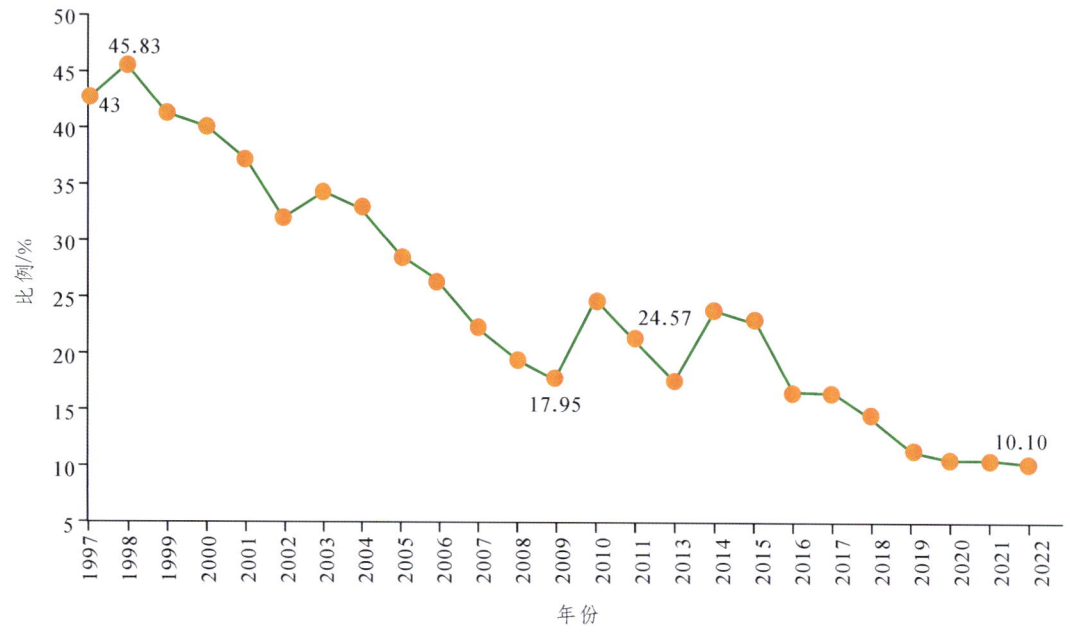

图 1-7　1997—2022 年 K326 品种占全国种植烤烟的种植比例

（四）稳定发展阶段

2019 年至今为 K326 品种的种植稳定发展阶段。2019 年，K326 特色品种加价政策被取消，从该年开始，K326 品种占全国烤烟品种种植比例基本稳定在 10% 左右，种植面积基本稳

---

① 注：亩为市制废弃单位，1 亩约等于 $667 \, m^2$，但鉴于烟草行业习惯及遵从原文件表达，此处保留"亩"的单位。

定在 $9.5×10^4\ hm^2$ 左右。

二、云南 K326 品种的种植现状

在全国 23 个烤烟种植省（自治区、直辖市）中，K326 品种的种植省（自治区、直辖市）在 11 个以上，种植规模位居前 5 的省（自治区、直辖市）是云南、湖南、贵州、湖北和重庆（表 1-6）。

表 1-6　2017—2022 年全国种植比例位居前 5 的省（自治区、直辖市）（%）

年份	云南	湖南	贵州	湖北	重庆
2017	74.32	7.58	5.45	2.83	1.62
2018	70.24	8.03	7.74	3.47	3.25
2019	88.72	2.98	7.38	4.29	6.36
2020	68.57	7.06	4.43	4.64	5.45
2021	69.67	6.05	6.57	5.26	4.32
2022	65.58	7.72	5.88	6.27	5.35

注：本表原始数据来源于 2017—2022 年中国烟叶公司《中国烟叶生产实用技术指南》。

云南是 K326 品种最先引进和示范种植的烟区，也是最早大面积推广种植的烟区，目前是全国 K326 品种最大种植省级烟区，每年云南 K326 品种的种植比例占全国 K326 品种的 70% 左右。2010—2022 年在云南烟区主栽烤烟品种中，K326 品种的种植比例为 15.32%~46.19%（图 1-8），其中，2014 年国家烟草专卖局明确 K326 品种为特色烤烟品种，每亩补贴 300 元；2015 年 K326 品种在云南主栽烤烟品种中的占比创历史新高，种植比例和面积分别达到了 46.19% 和 $19.18×10^4\ hm^2$；2019—2022 年其种植规模趋于稳定，种植面积在 $6.5×10^4\ hm^2$ 左右，种植比例为 16% 左右。

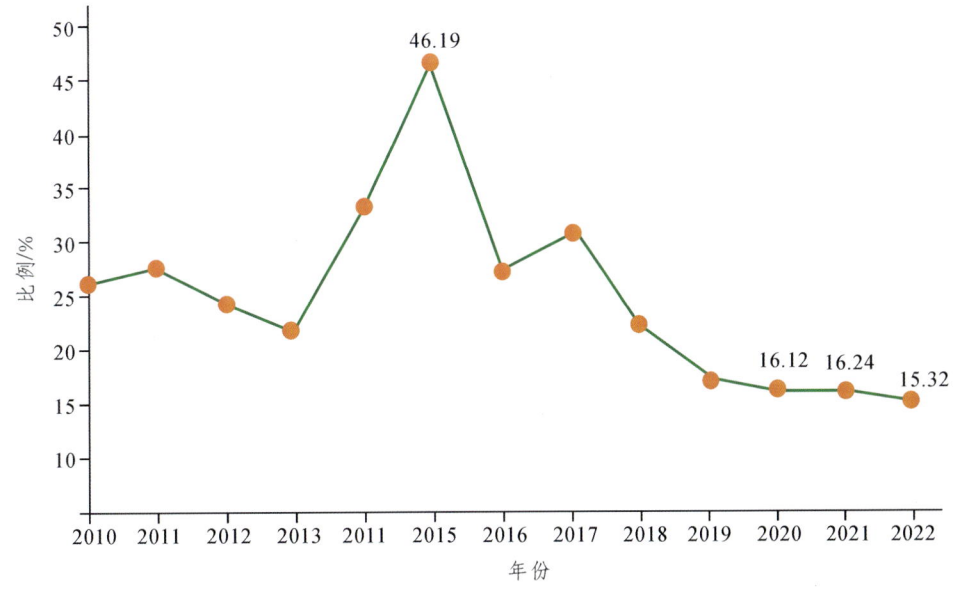

图 1-8　2010—2022 年 K326 品种占云南种植烤烟品种比例

在云南 13 个种烟市（州）中，K326 品种主要种植于玉溪、红河、楚雄、曲靖、大理、保山、昭通等烟区。

三、亟待解决的问题

（一）种植年限较长，品种特性退化明显

理论与生产实践表明，大多数农作物品种一般应用 5 年左右其抗病性减弱。作物遗传上的异质性或多样性布局可大面积抑制病害的发生（许志刚，1997）。单一烤烟品种种植结构容易形成强大的烤烟品种对病原菌（病毒）定向选择压力，致使烟区生态系统多样性日趋简单和脆弱，病原物菌系（株系）分化及消长加速，新生理小种（株系）增殖，优势种群不断变化，主次病害不断转化，病害流行周期越来越短，病害更加流行与危害加重，从而增加了防治难度，加速了烤烟品种抗病性衰退；另外，品种在推广使用过程中因机械混杂、天然杂交、突变及遗传分离等会出现感病植株，多年积累后可能导致品种抗性退化。1988 年，K326 品种正式被列为全国推广品种，至今为止已种植了 36 年，目前依然是全国烟叶生产上的主栽烤烟品种，种植规模位居第二。K326 品种刚引进种植时为高抗烟草黑胫病品种，目前已成了烟草黑胫病感病品种。

烤烟品种特性的衰退不仅能使烟区病虫害更加流行与危害加重、烟叶产量降低、品质变劣、烟叶生产效益大幅度降低，同时还会造成烟叶生产中一系列的恶性循环，如病虫害优势种群结构不断变化、病虫害防治难度加大、烟农种烟积极性降低等，最后使该品种逐渐退出该烟区的烟叶生产种植。这些优良烤烟品种的烟叶就不能持续地满足卷烟生产的需求，对此品种依赖较强的卷烟产品的品质与产量就会受到严重的影响。或者为了保持卷烟产品的风格、品质和生产规模，需要花更多的财力、物力与人力（徐安传 等，2011）。

（二）种植成本增高，比较效益降低

随着 K326 品种特性退化现象日益突出，在农艺性状、抗病性、烘烤特性等方面发生改变，导致该品种烟叶种植成本增高，生产比较效益降低。具体表现为：

（1）农艺性状。刚推广种植时，K326 品种腰叶呈长椭圆形，叶片厚度中等，现生产中的叶趋于柳叶形，叶片增厚，结构稍紧密，烟叶生物学产量降低。

（2）抗病性。刚推广种植时，K326 品种是抗黑胫病的烤烟品种，目前成为了黑胫病感病品种。

（3）烘烤特性。刚推广种植时，K326 品种中上部叶易烘烤，但目前烘烤中容易挂灰，杂色烟比例较高，直接导致烟农收入降低，烤后的烟叶存在硬变黄、挂灰、叶片僵硬、油分不足等问题。

（4）经济性状。因 K326 品种抗病性减退、烟叶易挂灰、杂色烟比例提高等，其中上等烟比例下降、烟叶均价降低，综合种植效益下降。

（三）烟草本香锐减，工业可用性降低

K326 品种烟叶烟草本香突出、烟香浓郁、口感较好，在中式卷烟配方中起到了塑造香气风格、丰富烟香和改善口感的重要作用，深受卷烟工业的青睐，为此国家烟草专卖局和各卷烟工业企业曾多次出台扶持政策和措施，以确保 K326 品种烟叶生产稳定与可持续的高质量发展。但近年来，K326 品种烟叶存在成熟度不足、烟草本香不突出、香韵单调、烟香不足、杂气重、枯焦气和苦味加重等现象，尤其是上部烟叶，这制约了 K326 品种烟叶在中式卷烟配方中的应用。如何强化烟叶烟草本香、提升感官质量和可用性成为 K326 品种可持续高质量发展中亟待解决的问题。

第二章
K326 品种烟叶成熟度及其采收标准

第一节 烟叶成熟度

成熟度是烟叶品质形成的关键因素，也是烤烟国标中划分烟叶等级的重要指标之一。20世纪80年代以来，世界优质烟主产国之间烟叶质量竞争的核心就是成熟度。国内学者从烟叶外观颜色、色素含量、化学成分等变化对成熟度进行了大量不同角度的研究。成熟度是烤烟国家标准的第一品质因素，是烟叶质量的中心（宫长荣 等，1999）。朱尊权院士提出，烟叶成熟度是烤烟品质和分级标准中评定等级的第一要素。随着烤烟在大田里的生长发育，其内在的化学物质在不断地变化。一般来说，随着烟株的生长发育，烟叶中的总糖、还原糖的含量会上升，淀粉会不断地下降，烟碱会不断地积累。而烟叶的化学物质协调性很大程度上影响了烟叶品质，适时采收在收获较好成熟度烟叶的同时，也节约了人力物力，符合目前烟草精益生产的要求。准确把握烟叶的成熟度，适时采收成熟烟叶，进行恰当烘烤，可提高烟叶质量，增加农民收益。左天觉研究认为成熟采收对烟叶质量的贡献占整个烤烟生产技术环节的 1/3 左右。

一、烟叶成熟过程

烟叶成熟是指烟叶生长发育的某个时期，此期采收调制可最大程度满足卷烟工业对原烟的需要。烟叶成熟的概念具有3个层面含义：一是烟叶生长发育过程中的一个时期，即工艺成熟期；二是具备某种特定状态，包括叶片组织结构、化学成分、生理功能、生化反应以及反映在外部的形态上的特征等；三是反映在调制效果上，成熟的烟叶经适当调制能够达到卷烟工业所要求的品质。因此，烟叶成熟实质上是烟叶原料质量的概念，成熟概念的含义是相对的，会因人、时间、烟叶着生部位、环境条件等变化而变化。

烟叶从分化形成到衰老成熟，是一个连续的、渐变的过程，其整个生长发育到成熟过程，可分为以下5个时期。

（一）幼叶生长期

幼叶分化出后 10~15 d 之内称为幼叶生长期。此时叶组织细胞旺盛分裂，细胞数目迅速增加，烟叶的组织结构基本分化完备。从总体上看，叶面积和重量增长很慢（分别为最终叶面积的 10% 和最终叶重的 11% 左右），茎叶角度很小，叶片呈近直立状，各龄小叶互相包蔽，茸毛密布，呈嫩绿色。

（二）旺盛生长期

幼叶经过 10~15 d 的生长发育之后，叶细胞数目接近最大值，叶片生长速度明显减慢。这一时期，叶内代谢活动旺盛，细胞不断分裂和伸长扩大，叶面积快速增加，生长速度加快，叶片光合作用所产生的有机物质大部分用于促进叶片生长，仅有少部分在叶片中积累下来。因此，此时期的烟叶叶片薄，细胞排列紧密，含水量高，碳水化合物少，蛋白质含量高，叶色深绿。此时采收的烟叶，烘烤中不易变黄，烤后叶色灰暗，含青度高，刺激性较大和青杂气较重，质量低劣。

（三）生理成熟期

叶片通过旺盛生长后，叶面积基本定型，生长由缓慢逐渐到停止，叶片进行光合作用所形成的有机物质，逐渐在叶内贮存积累起来，有机物积累速度大于呼吸消耗速度，叶内所含物质逐渐增多，体积和重量达到最大，物质合成与分解达到动态平衡，叶内干物质积累达到最高峰；同时，叶绿素开始分解降低，叶色呈黄绿色，此时称为生理成熟。这个时期烟叶内的生理生化转化还不充分，叶片的组织结构和内含物质组成没有达到调制加工的最佳状态，采收烘烤后虽然单叶重量和产量较高，但油分不足，颜色偏淡，色度不饱满，部分叶片含青，叶面光滑，香气吃味欠佳。

（四）工艺成熟期

该期是指烟叶田间生长发育达到加工和加工后工业可用性最好、最适宜的时期，也称适熟期。烟叶在生理成熟后，叶片的物质合成能力迅速减弱，降解能力逐渐增强，叶绿素很快减少，淀粉、蛋白质等大分子化合物含量也随之下降，烟叶产生一定量的生理消耗，成熟特征明显表现出来，该时期称为适熟期。烟叶在适熟期外观上颜色由绿转黄，组织逐渐变得疏松，叶内化学成分趋于协调。这时采收的烟叶，在烘烤过程中容易脱水，变黄均匀，烤后多成橘黄色，叶正面和叶背面的色泽相近，油分多，光泽饱满，叶面有颗粒感，香气质好，香气量足，吃味好，产量虽略有下降，但均价高，质量优，工业利用价值高。

（五）过熟期

达到成熟的烟叶，如不及时采收烟叶就转向过熟。这一时期烟叶代谢活动以分解占优势，大分子物质转化成小分子物质，核酸、蛋白质和多糖等大分子逐渐降解，膜系统的结构与功能逐渐被破坏，胞内物质泄漏。进一步发展到细胞结构解体，外观呈现出枯死状。由于养分消耗多，采烤后颜色淡，产量低，油分少，光泽暗，香味少，品质差，吸湿性弱，易破碎，不适合卷烟工业的要求。

二、烟叶成熟度

（一）概念

烟叶成熟度是表征烟叶质量的一个概念，是指田间烟叶发育过程中干物质积累趋向于适宜要求的质量水平，也是烟叶适于调制加工和满足最终卷烟可用性要求的质量状态，包括田间成熟度和工艺成熟度。

（1）田间成熟度。田间成熟度是烟叶在田间生长发育过程中表现出的成熟程度；当烟叶生长至可采收的程度时，即可进行烟叶采收。分级成熟度是田间收获的叶片经烘烤调制后形成的产品按采收标准而划分成熟的档次。田间成熟度是分级成熟度的物质基础，分级成熟度是田间成熟度的根本体现和最终要求，田间烟叶成熟最直观的特征是烟叶出现落黄。

（2）工艺成熟度。国内学者也提出将淀粉含量作为烟叶成熟度的判定指标，淀粉含量达到最高值的时期即为烟叶工艺成熟期，烟叶颜色的变化实质上是质体色素（叶绿素和类胡萝卜素）含量变化的外在表现，叶绿素含量下降而导致的叶片失绿被认为是植物衰老最明显的特征，其与叶绿体中类囊体膜逐渐崩解有关（UZELAC B. et al., 2016）。通过细胞超微结构观察发现，在烟叶成熟过程中，细胞内叶绿体首先出现衰老现象，具体表现为细胞空隙变大，叶绿体肿胀呈不规则形状，基粒个数和类囊体数量逐渐减少，类囊体膜结构丧失，淀粉粒和嗜锇颗粒数量增多、体积增大，并向细胞中部游离。在烟叶成熟过程中，叶绿素、类胡萝卜素和质体色素总量均随成熟度增加而逐渐降低，其中叶绿素较类胡萝卜素含量下降速率更快，降解量更大，二者之间的比例变化使不同成熟度烟叶颜色产生差异（陆新莉 等，2019）。由于烟叶叶绿素含量在成熟过程中变化显著且易于测定，所以常被作为衡量烟叶成熟度的重要指标。

在国际烟叶市场上，根据烟叶田间生长发育状态和烤后烟叶质量特点，通常将烟叶成熟度划分为：生青、不熟、欠熟、生理成熟、近熟、工艺成熟、完熟、过熟、非正常情况下的假熟等不同档次。我国现行烤烟国家标准中，通常将烟叶成熟度划分为未熟、初（尚）熟、适熟和过熟4个档次（图2-1）。

图 2-1 不同成熟度烟叶的外观

（1）未熟。烟叶生长发育虽已完成，但干物质积累尚欠缺。

（2）初（欠）熟。烟叶生长接近于生理成熟，基本达到最高的干物质积累时期。

（3）适熟（工艺成熟）。烟叶在生理成熟基础上充分进行内在生理生化转化，碳水化合物向低分子转化、氮化物和糖明显减少、细胞明显加大、油细胞扩大或破裂，叶色明显转黄，茎叶角度加大达到了适合采收烘烤的工艺水平。

（4）过熟。烟叶成熟或完熟后没能及时采收，养分消耗过度，甚至发生一些细胞自溶，整个叶子逐渐接近死亡状态。叶体变薄，叶色变淡，甚至枯焦。

（5）假熟。不属于正常的成熟度状态，指在各种不良因素下造成的营养不良（如缺肥、密度过大、干旱、水涝、过多留叶等）使烟叶在没有达到生理成熟之前就停止发育和干物质积累，同时进行大量的自身养分消耗，导致烟叶呈现外在的黄化状态。但它不是真正的成熟，准确地讲是"未老先衰"。

此外，烟叶成熟过程是一个复杂的生理生化变化过程，在此过程中，很多生理生化指标都会出现显著的变化。碳代谢中淀粉含量逐渐增加直至烟叶工艺成熟期，总碳、还原糖含量也呈增加趋势，淀粉酶活性逐渐降低，之后淀粉含量下降，淀粉酶活性逐渐上升；而氮代谢中硝酸还原酶活性、总氮含量逐渐降低，蛋白质和烟碱含量均在生理成熟前达到最高值，生理成熟后开始下降。顾永丽等（2021）对"云烟87"的中、上部叶成熟过程主要生化指标进行了研究，结果表明，随烟叶变黄程度的增加，硝酸还原酶活性、总氮、蛋白质含量逐渐下降，淀粉、总糖、还原糖、烟碱含量先升后降，而淀粉酶活性则先降后升。中、上部叶淀粉酶活性谷值、淀粉、总糖、还原糖、烟碱含量峰值分别出现在烟叶综合变黄60%~70%和70%~90%时。随烟叶变黄程度的增加，中、上部叶主要生化指标在烟叶综合变黄60%~70%、80%左右出现拐点。

（二）烟叶成熟度对生物酶活性变化的影响

生物酶活性在烟叶生长发育中起着重要的作用，这些酶主要涉及碳代谢、氮代谢和衰老等相关的酶。

1. 碳代谢相关酶

在烟叶生长发育过程中，参与碳代谢的生物酶有淀粉合成酶（Starch synthase，SS）、淀粉酶（Amylase，AM）、蔗糖转化酶（Invertase，INV）和蔗糖合成酶（Sucrose synthase，SUS）等。AM 是碳水化合物积累代谢过程中的关键酶，可以将烟叶中积累的淀粉降解为麦芽糖和少量葡萄糖，目前关于烟叶 AM 活性在成熟过程中的变化主要有 3 种观点：① 双峰变化，但达到峰值的时间还存在分歧；② 先升高后降低的单峰变化；③ 先降低后升高的"U"形曲线变化，最低值时间与淀粉含量达到最高值的时间相吻合，结果的差异主要与烤烟品种、生态环境及取样标准等不同有关。蔗糖是植物体中碳水化合物运输的主要形式，INV 可以催化蔗糖水解为葡萄糖和果糖，其活性大小反映了烟叶对光合产物的利用程度。杨志晓等（2014）研究表明，烟叶 INV 活性在成熟前期较低，呈缓慢增加趋势，在成熟期活性迅速上升，不同品种间 INV 活性存在较大差异。INV 活性前期较低，可能是因为烟叶前期氮代谢活动占主导，碳代谢活动强度较弱，进入叶片功能盛期后，氮代谢活动开始减弱，转为以碳代谢为主，转化酶活性增强有利于促进光合产物的合理分配。

2. 氮代谢相关酶

植物的氮代谢包括氮素的吸收、同化、转运、利用和调节等过程。参与氮代谢的生物酶有硝酸还原酶（Nitrate reductase，NR）、谷氨酰胺合成酶（Glutamine synthetase，GS）、谷氨酸合成酶（Glutamate synthase，GOGAT）和谷氨酸脱氢酶（Glutamate dehydrogenase，GDH）等。贾保顺等（2020）研究发现，烤烟 K326 品种和 NC71 的 GS 活性在移栽后 70～110 d 内呈先升高后下降的变化，最高值出现在移栽后 80d，叶片中 GDH 活性、NH_4^+ 浓度与 GS 活性变化趋势相同。氮代谢相关酶活性前期升高可能与叶片正处在功能盛期有关，此时氮代谢活动较强，后期碳代谢活动逐渐增强，氮代谢活动开始减弱。在烟叶成熟进程中，碳氮代谢的强度、协调程度以及动态变化会直接影响烟叶中各类化学成分的含量和比例，进而影响烟叶品质。优质烟叶生产的关键是在适当发育时期，及时由以氮代谢为主转变为以碳积累代谢为主。

3. 衰老相关酶

衰老是植物发育过程中细胞、组织、器官和个体死亡的过程。植物体内的超氧化物歧化酶（Superoxide dismutase，SOD）、过氧化氢酶（Catalase，CAT）和过氧化物酶（Peroxidase，POD）等是植物应对胁迫时重要的防御酶系，可以有效阻止活性氧自由基的积累。SOD 是生物体转移清除超氧阴离子自由基（O_2^-）的酶，能特异性地将 O_2^- 歧化为 H_2O_2 和 O_2。CAT 是一种包含血红素的四聚体酶，在烟草中分离到的 3 个 CAT 同工酶中，Cat1 主要负责清除光呼吸产生的 H_2O_2，Cat2 则清除氧化胁迫产生的 H_2O_2，而 Cat3 主要清除乙醛酸循环体中产生的 H_2O_2。成熟前期烟株代谢旺盛，活性氧的少量积累对植物细胞损害较小，反而诱导了抗氧化酶活性的升高，但在成熟后期，烟株生理功能逐渐衰退，活性氧过量积累造成细胞大量损伤，抗氧化酶活性也随之降低。

（三）烟叶成熟度对基因表达变化的影响

Yang 等（2001）发现烟草中两种碱性亮氨酸拉链（b-ZIP）家族的转录因子表达会促进叶片衰老。目前，已从烟草和拟南芥等模式植物中克隆出大量与衰老相关的基因，根据这些基因在叶片衰老期间表达量的变化，可将其分为衰老上调基因和衰老下调基因。相关基因在烟叶成熟过程中的功能主要集中在蛋白质降解、碳氮代谢、色素代谢和激素代谢等方面。

1. 蛋白降解相关基因

Beyene 等（2006）从烟草衰老叶片和非衰老叶片中分离得到两个与衰老相关的半胱氨酸蛋白酶基因 NtCP1 和 NtCP2。NtCP1 是一种特异性表达基因，仅在自然衰老的叶片中表达，且不受外界不良条件的诱导，被认为是烟草中良好的衰老标记基因；NtCP2 与 NtCP1 表达模式不同，其在成熟绿叶中表达量较高，而在衰老叶片中表达量显著降低。Ueda 等（2000）从烟草中分离出编码半胱氨酸蛋白酶的基因 NtCP23，在衰老叶片中，其表达模式与 NtCP1 相似，在衰老过程中上调表达，但在叶片生长发育初期也能检测到 NtCP23 的表达。基因 NtCP1 和 NtCP23 在衰老过程中上调表达，PSA1 和 MC 基因下调表达。不同烤烟品种之间的差异在于各基因表达量的不同，成熟落黄快的品种 NtCP1 和 NtCP23 的表达量较高，PSA1 的表达量较低。

2. 碳氮代谢相关基因

该类型基因主要以编码生物酶的基因为主。颗粒结合淀粉合成酶（GBSS）和淀粉分支酶（SBE）是淀粉合成的关键酶，分别参与直链淀粉和支链淀粉的合成，它们由相应的淀粉合成酶基因 GBSS1、SBE 等编码。在烟叶成熟过程中，GBSS1 和 SBE 基因的相对表达量呈先升高后下降的变化，与淀粉含量在成熟过程中的变化一致。蔗糖合成酶基因（NtSS）、蔗糖磷酸合成酶基因（NtSPS）和蔗糖转化酶基因（NtINV）参与烟叶的糖代谢过程。在烟叶成熟过程中，NtINV 表达量大致呈单峰曲线变化，NtSS 和 NtSPS 表达量均有不同程度上调，且品种之间变化规律一致，说明烟叶进入成熟期后糖代谢活动逐渐增强。在氮代谢方面，NR 是整个氮代谢过程中的限速酶和关键酶，其编码基因在叶片衰老过程中表达量逐渐降低。在烟叶衰老过程中，GS1 调控氮素的转移及再利用，GS2 负责氨同化作用，GS1 编码基因表达量呈上升趋势，GS2 编码基因表达量则逐渐下降，表明随着烟叶衰老其氮素转移能力逐渐加强，而氮素同化能力逐渐减弱。GDH 在烟叶衰老过程中主要负责脱氢，编码 GDH 的基因有 GDH1 和 GDH2，它们的表达量在烟叶衰老过程中均增加，其转录水平在衰老后期最高。

3. 色素代谢相关基因

在烟叶成熟过程中，与类胡萝卜素合成相关的基因 GGPS、PSY、PDS、ZDS 和 CRTISO 均呈现下调表达，相关转录因子 ORANGE、HY5、COP1 和 DET1 也呈现下调表达。与之相反，类胡萝卜素转化基因 NCED、ZEP、NXS 以及与类胡萝卜素降解相关的基因 LOX、POD、

CCD1则上调表达。叶绿素酶是分解叶绿素的初始酶，CLH是编码叶绿素酶的基因，在烟叶衰老过程中，CLH表达整体增强，说明在烟叶成熟过程中，叶绿素与类胡萝卜素的分解代谢逐渐增强，类胡萝卜素的合成逐渐减弱。

4. 激素代谢相关基因

内源激素是植物体内重要的信号物质，对叶片的成熟衰老进程起重要调控作用。在烟叶成熟过程中，参与乙烯、脱落酸和茉莉酸合成的相关基因NtEFE26、NtNCED和NtPR1b表达量均呈升高趋势，在衰老烟叶中达到最高值，与相应激素含量的变化趋势相同。生长素（IAA）和细胞分裂素（CTK）被认为是延缓衰老的激素，在烟叶衰老过程中，IAA负调控因子AuX/IAA与SAUR家族蛋白的相关基因表达量均呈升高趋势，IAA合成受到抑制，这与IAA含量在烟叶衰老过程中下降的变化相一致。在衰老叶片中CTK含量显著下降，NtCHN50是水杨酸应答基因，在烟叶成熟过程中其表达量逐渐降低。

（四）采收成熟度对烟叶结构的影响

叶片生长成熟过程本质上是组成叶片的所有细胞生理功能由旺盛转向衰退过程的宏观体现。植物叶片在衰老过程中，细胞及细胞超微结构的形态学变化可以直观地反映叶片衰老时结构与功能的关系。为此，鲜烟叶成熟度奠定了烟叶显微结构的框架。

1. 细胞超微结构

王程栋等（2012）以中烟100为材料，研究了团棵期、欠熟期、适熟期、过熟期叶片细胞超微结构。结果表明，叶绿体基粒整齐片层结构的丧失是细胞进入衰老期后最早和最明显的现象，线粒体和细胞核保持功能至衰老后期，质膜是最后发生裂解的细胞器；线粒体超微结构变化主要集中在嵴数的变化上，成熟后期，线粒体嵴数明显减少，大部分内膜已经破裂，内部可供呼吸作用的面积减少，呼吸强度降低。

2. 腺毛

腺毛是烟叶表面具有分泌功能的毛状物，占其总表皮毛的85%左右，能分泌精油、树脂、蜡质、糖分、醇类、酮类和烷烃类等化学物质。腺毛密度直接与分泌物的量有关，腺毛分泌物和质体色素的降解是烟叶特征香气物质形成的主要来源，这些分泌物量直接影响了烟叶香气品质。苟正贵等（2014）以云烟85为材料，研究了不同成熟度烟叶的腺毛密度及其分泌物与质体色素含量。结果表明，云烟85成熟叶和过熟叶的腺毛分布密度均以上部烟叶最高，中部烟叶次之，下部烟叶最低；尚熟烟叶以中部烟叶最高，上部烟叶次之，下部烟叶最低；各部位各成熟度烟叶的正背面均是长柄腺毛（占80%左右）多于短柄腺毛（占20%左右），上部烟叶长柄腺毛与短柄腺毛的比值均大于中部烟叶和下部烟叶，且叶的背面腺毛分布密度大于正面。

(五)成熟度对烟叶组织结构的影响

张树堂等(2005)对烤烟 K326 品种上、中、下 3 个部位的初熟、适熟和过熟鲜烟叶进行了快速石蜡包埋切片研究。结果表明,相同部位烟叶,随着烟叶成熟度的提高,表皮细胞宽度、海绵组织厚度逐渐增加,栅栏组织厚/海绵组织厚(组织比)则逐渐减小;栅栏组织细胞间隙、海绵组织细胞间隙以适熟烟叶最大;栅栏组织厚、海绵组织厚与烟叶厚度均呈显著相关。黄勇等(2008)对 K326 品种和红花大金元烟叶成熟过程中叶片结构的变化规律进行了研究。结果表明,不同品种成熟过程略有差别,成熟过程中未熟或初熟到适熟期叶片厚度、栅栏组织细胞长度逐渐增加,而后开始下降,叶片疏松度则是持续增加的。成熟过程中气孔显微结构比较稳定,但气孔调节能力逐渐下降,保卫细胞内叶绿体数量也是逐渐减少的。因此,采收适度成熟的叶片,结构疏松度恰当,有利于提高烟叶质量。保卫细胞内叶绿体数量的变化可以作为成熟度评价的参考。蔡宪杰等(2004)研究表明,随成熟度的提高,叶片结构疏松程度增加,成熟度好的烟叶叶片结构疏松,成熟度差的烟叶叶片结构稍密至紧密,叶片厚度随成熟度的提高而变薄,叶面密度随成熟度的提高而降低,平衡含水率随成熟度的提高而增加,含梗率随成熟度的提高而增大,而拉力随成熟度的提高而减弱。

(六)采收成熟度对烟叶烘烤特性的影响

成熟度是指导烟叶采收的主要判别指标,也是烤烟国标中划分烟叶等级的重要指标之一。在烟叶进入烤房前,一定要对鲜烟素质进行判定与分类。不同的鲜烟素质要采用不同的烘烤工艺进行烘烤。烟叶采收成熟度直接影响鲜烟素质的形成,进而对烟叶烘烤特性及烤后品质产生影响。李峥等(2022)对不同成熟度 K326 品种烤烟的上部叶的烘烤特性进行了研究,通过暗箱试验发现,随烟叶成熟度的提升,其在暗箱环境中的变黄速率和变褐速率均有所加快。不同成熟度烟叶变黄速率和变褐速率的变化趋势基本保持一致。烟叶变黄速率呈先快后慢的变化趋势,变褐速率则表现为先慢后快的变化趋势。依据暗箱试验,K326 品种过熟和适熟烟叶的易烤性好,尚熟烟叶易烤性中等,但过熟烟叶变黄时间快于适熟烟叶,成熟度越高,易烤性越好;K326 品种上部过熟烟叶耐烤性中等,尚熟和适熟烟叶耐烤性好,且适熟烟叶褐变耗时最长,成熟度越高,耐烤性越差(李峥 等,2022)。烟叶成熟度对烟叶含水量及水分状态也有一定的影响。对 K326 品种尚熟、适熟、过熟鲜烟叶的含水量进行了研究,结果表明,K326 品种叶片含水量、主脉含水量、整叶含水量、叶片自由水含量、叶片束缚水含量均表现为尚熟>适熟>过熟,自由水/束缚水的比例大小表现为过熟>适熟>尚熟。在烘烤过程中,鲜烟叶含水量与烘烤质量形成密切相关,鲜烟叶含水量过高容易挂灰,含水量过低则容易烤青(杨树勋 等,2018)。

(七)采收成熟度对烟叶质量的影响

1. 采收成熟度对烟叶外观质量的影响

烟叶外观质量是评判烟叶成熟度最直接的标准,而烟叶成熟度则是反映烟叶外观质量的一种综合状态，它能够反映出烟叶的颜色、叶片结构、油分、色度及身份等分级等综合状态。由于不同叶位的烟叶生长特性不同，导致不同叶位的烟叶成熟度判定标准不同，成熟度对其品质的影响也不同。田间烟叶颜色是受成熟度影响最明显的指标。蔡宪杰等（2005）研究发现，叶色和成熟度基本上呈正比，田间成熟度好的烟叶，烤后烟叶呈现出橘黄色；成熟度差的烟叶，烘烤过程中烟叶易含青，颜色浅淡；成熟度越好的烟叶，烤后的叶片结构越疏松。叶为民等（2013）对云南景东的烟叶成熟度进行了研究，结果表明，成熟度不同的下部烟叶外观质量之间并无显著差异，但中、上部烟叶成熟时烟叶外观质量得分比尚熟和过熟都高，这说明对于中、上部烟叶，适时采收烟叶外观质量最佳，过熟或尚熟采收则会降低烟叶外观质量，影响其工业可用性。王涛等（2016）对云南曲靖烟区 K326 品种烟叶适宜采收成熟度进行了研究，结果表明，对于曲靖的 K326 品种而言，随着采收的推迟，烤后烟叶颜色逐步表现出橘色，成熟度、油分和色度呈现先升高后降低的趋势。曲靖烟区当前中部和上部烟叶采收成熟度略低，适当推迟烟叶采收时间有利于提高烟叶外观质量。

烟叶成熟度与外观质量之间的关系不是简单的正相关或者负相关，其呈现的是类似抛物线型的变化趋势。在烟叶从不成熟到适宜成熟的过程中，其外观质量呈改善趋势；但是从适宜成熟到过成熟的过程中，其外观质量又呈现下降的趋势。适宜的成熟度才能提高烤后烟叶的外观质量，而不是单纯的正效应或者负效应。蔡宪杰等（2004）采用量化的方法，定量分析了烟叶成熟度和外观质量的关系，研究结果表明，在烟叶外观质量的各个指标与成熟度的统计关系中，与成熟度呈极显著正相关关系的有颜色、色度、叶片结构和上部烟叶身份，与成熟度呈显著正相关的只有油分。

2. 采收成熟度对烟叶物理特性的影响

烟叶的可用性和吸食性很大程度上受到烟叶的物理特性影响。烟叶的物理特性与其生长、发育和组织结构密切相关，而烟叶成熟度与其生长、发育和组织结构也有密切关联。烟叶的物理特性随着不同成熟度的变化而发生变化，但各种物理特性指标如燃烧性能、吸湿性、弹性、填充性、单位面积重量、含梗率等在成熟度变化过程中其变化趋势不同。烟叶的填充能力和燃烧性能与成熟度呈正相关关系，而单位面积重量和叶片厚度与成熟度呈负相关关系。随着成熟度的提高，叶片中的栅栏组织厚度、单位面积细胞数、单位长度内栅栏组织个数以及海绵组织细胞数呈下降趋势，而且随着叶片成熟程度的提高，下降的幅度也越大。另外，这些指标对叶片的重量和厚度有影响，上述指标的降低将直接导致单叶重量和叶片厚度的下降。因此，烟叶不能采收太晚，否则会导致烟叶中的物质消耗，从而使单位面积重量减轻，叶片厚度变薄。烟叶在适度成熟时具有最佳的耐破度、拉力和伸长率，过熟或欠熟会使其物理特性不处于最佳状态。烟叶的厚度、叶面密度和叶片拉力与烟叶成熟度呈极显著负相关，而平衡含水率和含梗率则与成熟度呈极显著正相关，叶片填充值与成熟度之间没有显著的相关关系。张银军等（2008）研究了云烟 85、K326 品种和红花大金元不同成熟度烟叶在相同调制条件下物理特性的变化，结果表明，调制前后 3 个烤烟品种的物理特性差异显著。云烟

85 的适熟叶叶长和叶宽变幅最大，叶片疏松度、叶片厚度和密度适中；红花大金元欠熟叶的叶长和叶宽变化幅度最大，叶片疏松度、厚度和密度较好。

3. 采收成熟度对主要烟叶化学成分的影响

烟叶内在的化学成分是决定其品质的内在要素之一。随着烟叶的后期成熟，烟叶的物理性质和内部成分经历一系列的分解和转化，这些变化对烟叶的化学组成和品质产生显著影响。王涛等（2016）对云南的"清香型"K326烤烟品种采收成熟度对烟叶化学成分的影响进行了研究，结果表明，烟叶的总糖和还原糖含量在K326品种的3个不同部位（上部、中部和下部）随着成熟度的提高呈现出先增加后减少的趋势。植物碱和总氮的含量在这3个部位中存在差异。对于K326品种中部烟叶而言，总植物碱和总氮含量在成熟度提高时呈现先增加后减少的趋势；而对于K326品种上部烟叶而言，总植物碱和总氮含量在成熟度提高时整体上呈增加趋势。此外，随着烟叶成熟度的提高，K326品种3个部位的烟叶淀粉含量呈现先下降后上升的趋势。大多数香味物质的含量及所测物质中醛类、酮类、醇类的总量都随着成熟度的增加而呈增加的趋势。通过对成熟度进行量化评分，并对各种常规化学成分与成熟度之间进行回归分析，还原糖、烟碱、钾和氯含量与成熟度之间存在显著的回归关系，而总氮含量与成熟度之间的回归关系不显著。烟叶的成熟度控制在87%~90%，可以使烟叶中的各项化学指标保持在较为适宜的水平。因此，及时采收烟叶对于获得高质量的烟叶至关重要。随着烟叶成熟度的增加，烟碱含量增加，总糖和淀粉含量降低，总氮含量在一定程度内降低。采收成熟度对烟叶化学成分影响的总体趋势为：烟叶淀粉含量随成熟度的提高逐渐减少；总糖含量在烟叶达到生理成熟时含量最高，其后随着成熟度提高而逐渐降低；蛋白质含量则随烟叶成熟度的提高逐渐减少；烟碱、石油醚提取物及多酚类物质含量随成熟度的提高有所增加，但适熟采收烟叶烤后含量最高，过熟时则含量有所下降。

4. 采收成熟度对烟叶香味成分的影响

随着成熟度的增加，中、上部烟叶中大多数致香物质含量随之增加，最大值出现在中部烟叶成熟和上部烟叶过熟等级的烟叶中。宋笑龙等（2024）研究表明，随着采收成熟度的提高，烟叶表面腺毛密度、类胡萝卜素及其降解产物含量呈降低趋势；鲜烟叶西柏三烯二醇含量整体呈现先降低后升高的趋势，而其降解产物含量呈上升趋势。西柏烷类合成基因CYC1和CYP71D16的表达量随着烤烟采收成熟度的提高呈先增加后降低的趋势，DXR表达量在中部烟叶中呈降低趋势，而在上部烟叶中差异很小。类胡萝卜素降解途径的关键基因PAL、LOX和合成途径的关键基因PSY在中部烟叶中呈上调趋势，而在下部烟叶中呈下调趋势。按照烟叶致香成分降解途径，烟叶致香成分分为4类：

（1）类胡萝卜降解产物类致香物质。类胡萝卜素在烟草中是最重要的萜烯类化合物之一，其降解时因双键断裂的部位不同，产生不同碳原子数的化合物，并进一步形成许多重要的香气物质，如大马酮、二氢猕猴桃内酯、异佛尔酮和巨豆三烯酮等，其降解产物是构成烟叶香气品质的重要组分，它产生的香味阈值相对较低，刺激性较小，对香气贡献率大。卢贤仁等（2014）研究了不同采收成熟度对贵州有机烟叶中性致香物质含量的影响，结果表明，中上部烟叶成熟处理的类胡萝卜素降解产物类致香物质总量最小，不同成熟度主要引起了大马酮、二氢大马酮含量的较大变化，中、上部烟叶的类胡萝卜素降解产物类致香物质总量随成熟度的增加都是先下降后上升，成"V"形变化趋势，大马酮、二氢大马酮的变化趋势与总量一致。巨豆三烯酮4个异构体的含量随成熟度的增加而逐渐降低。

（2）美拉德反应产物类致香物质。棕色化反应（非酶）又称美拉德反应，是烟叶烘烤过程中非常复杂的过程。该类致香成分如糠醛、糠醇、5-甲基-2-糠醛等具有令人愉快的香气和吸味，对烟草香吃味质量的形成具有十分重要的作用。中部有机烟叶成熟采收、上部烟叶完熟采收其棕色化反应产物含量最低。中部烟叶的棕色化反应产物类致香物质总量随成熟度的增加先降低后增加，上部烟叶则是先上升后下降。

（3）苯丙氨酸类致香物质。该类物质包括苯甲醛、苯甲醇、苯乙醛、苯乙醇等成分，是烟草中含量较丰富的香气成分，对烤烟的果香、清香贡献较大。中部烟叶和上部烟叶的苯丙氨酸类致香物质总量均随成熟度的增加而降低，苯甲醇和苯乙醇的含量变化与总量一致，苯甲醛和苯乙醛含量变化随成熟度的增加先降低后增加。有机烟叶中部、上部的苯丙氨酸类致香物质含量均以尚熟烟叶最高，完熟烟叶最低。

（4）新植二烯及其他代谢物。新植二烯是烟叶中的非色素类的萜烯，一种C20聚类异戊二烯，在烟草中性挥发物中含量最高，是烟叶中重要的致香物质，该成分是烟叶中含有的叶绿素在成熟和调制过程中降解形成叶醇，再由叶醇进一步脱水而形成的。新植二烯作为烟草中性致香物质中含量最为丰富的成分，能增进烟的吃味和香气，本身具有清香气且刺激性较小，在烟叶燃烧时，新植二烯可进入烟气，具有减少刺激、醇和烟气的作用。另外，新植二烯可分解转化形成低分子香味成分，其分解产物呋喃茄酮具有柔和清甜香气。对于不同成熟度烟叶的新植二烯含量来说，中部有机烟叶以尚熟含量最高，上部有机烟叶以成熟含量最高。

对于上部烟叶，中性香味成分的含量差异较大。刘百战等（1993）在成熟和完全成熟的叶片中检测到了9种香味成分，而欠熟和尚熟的烟叶中只检测到了3种中性香味成分。

对于中部烟叶，不同种类的致香物质随着成熟度的提高，其含量变化趋势不同。例如，十六碳酸和烟碱的含量随成熟度的增加而增加，而苯甲醛、β-大马酮和2-呋喃甲醛的含量则随成熟度的增加而降低（王瑞新 等，1991）。赵铭钦等（2008）对致香物质随成熟度变化的趋势进行了进一步研究，结果表明，成熟度较好的烟叶致香物质的含量明显高于成熟度较差的烟叶。在烟叶从欠熟到完全成熟的过程中，烤后烟叶总香气成分、醇类和酮类的含量呈升高趋势，而醛类香气物质的含量先升高后降低。在未熟到过熟的过程中，上部烟叶中各香气成分以及总香气成分的含量随成熟度的提高而逐渐升高，而中部烟叶中的指标在升高后稍有降低的趋势。

蔡宪杰等（2004）通过定量分析方法对烟叶成熟度与内在质量的关系进行了进一步研究，结果表明，在烤烟的3个部位中，烟叶内在质量的香气质、香气量、余味、燃烧性、灰色等5个指标与成熟度呈极显著正相关关系，而刺激性、杂气2个指标与成熟度呈极显著负相关。

烤烟的成熟度是影响烟叶香气质量的重要因素，而香气质量与烤烟评吸质量有着密切的联系。不同部位烤后烟叶的评吸质量也有着较大的差异（张延军 等，2011）。王涛等（2016）对 K326 品种不同部位、不同成熟度烤后的评吸结果进行了分析，结果表明，与常规采收烟叶相比，在推迟采收 5d 后，K326 品种中部叶的评吸得分较高，主要集中在劲头、刺激性和余味指标上得分明显高于其他常规采烤。在推迟采收 10 d 时，其评吸得分较低，主要表现在香气质、香气量、杂气、劲头、刺激性和余味指标上。不同处理时间的 K326 品种上部烟叶的评吸总得分差异不明显，但整体上来看，推迟 5 d 的采烤效果会较好。

5. 采收成熟度对烟叶感官质量的影响

烟叶的内在质量是决定烟叶品质的主要因素之一，成熟度是影响烟叶香气进一步提高的关键因素，直接影响着卷烟的口感和品味。烟叶感官质量包括香型、香气质、香气量、吃味、刺激性、劲头、柔和度等指标。不同的内在质量指标对烟叶的成熟度反应不同。对于香气质而言，过熟的烟叶香气质最好；而对于香气量、劲头和灰色而言，适熟的烟叶最佳；在综合得分方面，适熟的烟叶具有最高的感官评吸综合得分，过熟的烟叶综合得分最低。整体而言，烤后烟叶的内在质量随着成熟度的提高呈现先升后降的趋势。因此，欠熟和过熟的烟叶均不利于形成最佳的内在质量，只有适宜的成熟度才能有利于最佳内在质量的形成。

6. 采收成熟度对烟叶安全性的影响

烟叶安全性是衡量其工业可用性的一部分，烟叶中的焦油、亚硝胺、苯并[α]芘等有害成分是影响其安全性的主要物质，而烟叶成熟度与有害物质的形成相关。烟叶成熟度不同，直接导致烟叶含氮等化合物含量的差异，其烟气中粒相物的含量也会有差异。焦油的产生与烟叶理化性质密切相关，成熟度较好的烟叶细胞发育充分，密度较小，填充性强，燃烧性得到改善，烟叶含糖量降低，这些变化都有利于降低焦油的产生量。研究表明，烟叶成熟度与烟气中有害物质的形成密切相关。不同成熟度烟叶燃吸过程中形成的焦油含量差异较大，未熟烟叶的焦油释放量较低，欠熟烟叶的焦油释放量最高。随着烤烟成熟度提高，适熟烟叶焦油释放量明显降低，过熟烟叶的焦油释放量比适熟烟叶的降幅增大。张树堂等（2006a）对比了不同成熟度烟叶中总亚硝胺含量，结果表明，烟叶的总亚硝胺含量为过熟叶>初熟叶>适熟叶。不同成熟度烟叶燃吸过程中形成的焦油含量差异较大，欠熟烟叶的焦油释放量最高，适熟烟叶焦油释放量明显降低。此外，烟气中苯并[α]芘和苯并[α]蒽等稠环芳烃化合物的生成与烤烟成熟度也密切相关。王勇等（2007）以烤烟品种 G80 为材料，对相同生产条件下不同成熟度烤烟烟叶烟气安全性指标进行了研究。结果表明，不同成熟度烟叶燃吸过程中形成的焦油含量差异较大，未熟烟叶的焦油释放量虽较低，但此时烟叶品质很差；欠熟烟叶的焦油释放量最高，适熟烟叶焦油释放量已明显降低，随着烤烟成熟度进一步提高，过熟烟叶的焦油释放量较适熟烤烟降幅增大。随着烤烟烟叶成熟度的提高，在烟叶总体质量提高的基础上焦油含量略有提高，但这种矛盾可在工业降焦中得到很好的解决。

7. 采收成熟度对烟叶使用价值的影响

随着成熟度的增加，烟叶组织疏松多孔，填充性、耐高温高压性、加香加润和保香保润性增加，切丝率在一定范围内提高。张永安等（2009）研究表明，不同成熟度烤烟在卷烟配方中的使用价值有明显差异：下二棚、腰叶成熟采收以中等程度使用价值最高，其能使卷烟的甜香、口感和余味获得一定程度的提升，且烟气安全性较高；上部烟叶成熟采收以高程度使用价值最高，其具有良好的丰富卷烟香气、增加烟气厚实感、提高烟气安全性的作用；因此下二棚和腰叶成熟采收应坚持适时原则，而上部烟叶采收应坚持充分成熟原则。未熟烟叶烟气中苯并[α]芘等稠环芳烃化合物的含量最高，欠熟烟叶次之，适熟烟叶相对较低，随着烟叶成熟度的进一步提高，过熟烟叶烟气中稠环芳烃化合物的总量虽进一步降低，但其中危害性较大的苯并[α]芘的含量出现了升高现象。这表明烟气中苯并[α]芘、苯并[α]蒽和Chrysene等稠环芳烃化合物的生成与烤烟成熟度密切相关，提高烤烟烟叶成熟度对降低烟气中的有害成分十分重要。

8. 采收成熟度对烟叶经济性状的影响

经济性状是烤后烟叶的等级结构和均价的体现，不同部位成熟度对烤后烟叶等级质量有一定的影响。本书编著项目组对云南曲靖烟区K326品种烟叶适宜采收成熟度进行研究，结果表明，随着采收的推迟，各部位上等烟比例和均价均呈现先上升后下降的趋势，总体均以较常规推迟5d采收经济效益最高（表2-1）。

表2-1 曲靖K326品种不同采收成熟度烤后烟叶等级与均价比较结果

烟叶部位	采收成熟度	上等烟比例/%	中等烟比例/%	下低等烟比例/%	均价/（元/kg）
中部	CM1	42.99	39.93	17.08	28.32
	CM2	53.12	46.88	0.00	30.17
	CM3	47.68	24.70	27.62	27.15
	CM4	36.94	35.45	27.61	27.89
上部	BM1	1.88	56.54	41.58	9.95
	BM2	53.67	12.32	34.01	17.18
	BM3	46.09	14.26	39.65	16.43
	BM4	38.21	21.43	40.36	16.11

本书编著项目组以K326品种为试验材料，研究了采收成熟度对K326品种鲜烟叶素质及产质量的影响，结果表明，不同采收成熟度处理下的烤烟品种K326品种初烤烟叶亩产值、上等烟比例和均价存在极显著性差异（$P<0.01$），均以适熟处理的初烤烟叶亩产值最高，尚熟叶次之，过熟叶最低（表2-2）。

表 2-2　曲靖 K326 品种不同采收成熟度烤后烟叶产量与产值

采收成熟度	产量/（kg/hm²）	产值/（元/hm²）	上等烟/%	中等烟/%	均价/（元/kg）
尚熟	167.28±6.63a	4105.05±16.32bB	48.55±3.18bB	36.12±2.71a	24.54±2.49bB
适熟	165.12±5.92a	4912.32±19.26aA	55.84±3.62aA	37.94±2.83a	29.75±2.74aA
过熟	158.53±6.28a	4067.88±15.38bB	47.23±3.50bB	35.67±2.55a	25.66±2.63bB
F 值	3.12	12.55**	7.59**	2.64	6.82

第二节　提高烟叶成熟度的技术措施

一、影响烟叶成熟的因素

烟叶从叶原基分化到发育成熟是一个漫长的过程，其生长发育不仅决定于其基因型，还会受光、温、水、土等自然因素和人为栽培条件的影响。宫长荣等（1999）认为，影响烟叶成熟的因素很多，主要有气候因素、土壤条件、栽培条件、叶片在茎上的着生部位和遗传因素等。闫克玉等（2003）提出，光照、营养发育状况、采收和烘烤技术影响烟叶的成熟度。因此，烟叶的成熟及成熟度受内外因素的共同影响（赵瑞蕊，2012）。

（一）遗传因素

遗传因子是影响烟叶成熟度的内在因素，烤烟的基因型决定了烟株的株型、留叶数、需肥特性、生长周期和烘烤特性，因此，可认为烤烟的品种（基因型）从根本上决定着烟叶的成熟时期。烟叶成熟度与烤烟品种有密切的关系。不同品种的烤烟，其田间生长状况和成熟时间均有差异，这些差异主要由成熟过程中烟株内部的各种新陈代谢、基因表达、激素合成的变化反映出来。在相同的田间管理条件下，不同品种的烤烟打顶后的酶活性差异显著。张晓蕴等（2010）研究发现，在烟叶成熟前期，烤烟品种豫 5 和 NK4 的硝酸还原酶和转化酶活性较高，烟株碳水化合物的积累较强，其后持续减弱；在烟叶成熟后期，烤烟品种豫 6 和 NK4 的 α-淀粉酶的活性较高，使得碳水化合物的代谢强度减弱缓慢，有利于烟叶的充分成熟。

（二）烟叶着生部位

叶片是植物光合作用的主要器官，同一烟草植株上，不同着生部位的烟叶，其外观质量、内在质量、化学成分等都存在差异（聂荣邦 等，2002）。叶片在烟株上着生的位置决定着烟叶生长所处的生态因子和时间、空间的不同，进而影响其叶片代谢活动、组织结构和生理生化特点。聂荣邦等（2002）对 K326 品种和翠碧 1 号烤烟不同部位烟叶的自由水和束缚水含量进行了研究，结果表明，下部叶总水分含量和自由水含量较高，束缚水含量较低，在烘烤过程中表现为脱水较易，脱水速率较快；中部叶水分含量适中，在烘烤过程中，脱水能顺利进行，脱水速率和变黄速率易协调，易烤性好；上部叶与下部叶水分含量呈相反趋势，在烘烤过程中表现为脱水较难，脱水速率较慢。这主要可能是由于下部烟叶生长在光照差、湿度大、通风不良、营养物质还要不断向上部正在生长的叶片输送的情况下，中上部烟叶处于光照充足、通风良好的有利条件下；生长条件的不同，导致烟叶成熟的特征也不一样。

（三）气候因素

光照、温度、水分是影响烟叶成熟的重要因子。烟草是喜光作物，优质烟生产需要充足的光照条件。光照和温度对烤烟的品质和产量有直接影响，提高烟草产量和品质的根本途径是改善烟草的光合性能，提高田间烟叶的成熟度。较好的光照、适宜的温度和降雨是保障烟叶成熟过程中的光合作用的重要条件。烤烟大田生长期需 500～700 h 日照时数，日照百分率要达到 40%，成熟采烤期需要 280～300 h 日照数，日照百分率要达到 30% 才能生产出优质烟叶（刘国顺，2003）。烟草生长发育的最适温度是 25～28 ℃，在 20～28 ℃ 温度范围内，烟叶的内在质量有随成熟期平均温度升高而提高的趋势。尹智华等（2011）提出，气候对烤烟生产影响巨大，是影响烟叶成熟度最重要的因素之一，由于南雄烤烟生长中后期天气雨水偏多，光照不足，田间渍水严重，影响根系发育，造成中上部烟叶身份偏薄，耐熟性较差，落黄较快，成熟期较短，假熟烟较多，严重影响了烟叶成熟度（许自成 等，2014）。

（四）土壤因素

土壤是烟草生长发育所需营养元素的来源，土壤类型、肥力、含水量、酸碱度及质地影响烟叶化学成分和烟叶组织结构，也影响烟叶的成熟过程（赵瑞蕊，2012）。有机质是表征土壤肥力的重要指标，通过土壤有机质含量的变化可以判断土壤中氮肥力的等级：土壤有机质含量低于 1.5% 或速效氮小于 60 mg/kg 的属于低氮肥力土壤；土壤有机质含量为 1.5%～3.0% 或者速效氮为 60～120 mg/kg 的属于中等肥力土壤；土壤有机质含量高于 3.0% 或者速效氮高于 120 mg/kg 的属于高肥力土壤。土壤中的有机质、氮肥含量过高，如果按照常规施肥，烟叶后期容易贪青晚熟，不易正常落黄，甚至形成黑爆烟或者憨烟，烤后的烟叶主脉粗，叶片过厚，烟碱及蛋白质含量过高，色泽差，刺激性大，品质较差；有机质含量过低时，所产烤烟香气不足（许自成 等，2014）。

逄涛等（2012）对生长在云南植烟区的土壤类型（红壤、黄壤、水稻土和紫色土）中的 K326 品种烟叶的主要化学成分进行了分析，发现黄壤条件下种植的 K326 品种烟叶质量特点比较突出，与其他土壤条件下种植的 K326 品种烟叶相比，具有烟碱、石油醚提取物、挥发碱、钙含量较高而总糖和还原糖含量、糖碱比、pH 较低的特点。这可能是土壤等条件不同，致使烟株生长发育过程中水、肥、气、光、热等环境产生差异，影响到了决定烟叶香气风格的化学成分的积累、转化和降解过程，最终主导了烟叶的香气风格形成。尽管烤烟对土壤的适应性很强，但对具有鲜明风格特色的烟叶生产来讲，烤烟对土壤有较强的选择性。因此，在种植烤烟的过程中了解土壤生态条件，对于提高田间烟叶成熟度和品质具有重要的意义（逄涛 等，2012）。

（五）栽培条件

烟田栽培管理包括整地、移栽、施肥、灌水、中耕、培土、打顶、采收，每一环节都影响烟叶阶段性的生长发育，最终影响烟叶的田间成熟度。

1. 种植密度

烟株须有适宜的种植密度才能保证通风透光和烟叶正常成熟，一般认为烟田最大叶面积系数取 2.5~3.5 较适宜。若种植密度过大，则通风不良，光照不足，特别是下部烟叶的环境小气候极差，往往因湿度大、光照不足，最终形成"水黄""白黄"现象，即人们所说的"底烘"。"底烘"烟叶难以烘烤，烤后特别薄，质量很差；相反，若种植密度过小，虽能够正常成熟，但资源利用率降低，难以保证烟叶的单位面积产量。

2. 施肥水平

合理的营养水平是烟叶生长发育的物质基础，"少时富，老来贫，烟叶长成肥退劲"是烟叶生长过程中土壤肥力变化的基本规律。正确地施肥直接影响烟叶的正常成熟。因此，在生产中要合理控制氮肥用量，协调氮、磷、钾肥之间的营养平衡，注重烟株营养与土壤养分平衡、硝态氮和氨态氮的平衡、有机营养与无机营养的平衡、大量元素和微量元素的平衡。

3. 打顶留叶

适时打顶与合理留叶对烟叶的正常成熟十分有必要。封顶打杈可以抑制烟株生殖生长，减少下部烟叶片的营养物质向上部烟叶片输送，使养分集中供应上部烟叶片生长，扩大叶面积、增加叶片厚度；烟株打顶后可促进根系发育，提高根系吸收和合成功能，根合成的烟碱向叶内积累，提高烟碱含量，并使叶片提早成熟。一般要求现蕾打顶，通常留叶数 18~22 片，山地烟留叶数比田烟少。若烟株生长稍旺，则可考虑二次打顶。打顶过低，留叶过少，烟叶往往推迟成熟；相反，若不打顶，让顶开花，叶内营养物质大量用于生殖生长，则叶片内含物不充实，不能真正成熟，尤其是下部烟叶，常表现为假熟。

二、提高烟叶成熟度的技术措施

烤烟种植是一个非常复杂的过程，需要经历多个详细步骤。从冬季开始，首先要进行土地翻耕和保水处理。然后，在移栽前，必须进行地面的准备工作，包括施肥、铺设膜等。进入大田期后，需要进行定期的追肥、灌溉、松土，以及在烟株生长后期的修剪和叶片处理。每个环节都对烟草植株的正常成长至关重要，最终会影响田间烟草的成熟度和烤烟叶的外观成熟度。这个过程需要仔细地计划和管理，以确保最终产出高质量的烟叶。

（一）合理种植

只有在适宜的种植密度下，烟草植株才能获得良好的通风和透光条件，确保烟叶能够正常成熟。通常认为，将烟田的最大叶面积系数控制在 2.5~3.5 是比较适宜的。如果种植密度过高，烟田会显得过于密集，通风不良，光照不足，特别是下部叶的生长环境会受到严重影响。这种情况下，湿度会升高，阳光无法充分照射到底部叶片，最终可能导致底部叶出现"水黄"或"白黄"的现象，即底烘。底烘的烟叶质量较差，难以进行烘烤处理。相反，如果种植密度过低，虽然烟叶能够正常成熟，但资源利用率会降低，单位面积的产量无法得到保证。研究也表明，烟田的种植密度与烟叶的产量和质量之间存在密切关系。

（二）精准施肥

适当的营养水平是确保烟叶生长和发育的物质基础。有一句俗语"少时富，老来贫，烟叶长成肥退劲"，强调了土壤肥力在烟叶生长中的关键作用（王小东 等，2007）。研究表明，在土壤中存在中、微量元素缺乏的情况下，适度施用中、微量元素肥料可以促进烟株的生长，增加烟叶的产量和质量（李明德 等，2005）。此外，对于特定烟区，科学的施肥策略非常重要。例如，有些地区需要稳定氮肥、增加磷肥、补充钾肥、控制钙肥、减少氯肥，并采用微量元素配合施肥的策略，以确保烟叶的养分供给和健康生长（赵竞英 等，2001）。

相关专家对昆明、玉溪、红河、大理和楚雄等地 K326 品种进行了调查。由表 2-3 可知，不同产地烤烟品种 K326 品种在不适宜施肥量下其黑爆烟、返青烟、嫩黄烟以及非正常总量均存在显著性差异（$P<0.05$），其中不同产地烤烟品种 K326 品种黑爆烟的比例由高到低的顺序为大理>玉溪>楚雄>红河>昆明，这说明大理和云溪烟叶产地烟农没有严格执行施肥配方，擅自增施氮肥，导致品种 K326 品种黑爆烟比例较多。不同产地烤烟品种 K326 品种返青烟的比例由高到低的顺序为昆明>大理>玉溪>红河>楚雄，这说明昆明和大理产地烟叶受雨水的影响较大，导致品种 K326 品种返青烟比例较多。不同产地烤烟品种 K326 品种嫩黄烟的比例由高到低的顺序为红河>昆明>大理>玉溪>楚雄，这说明红河产地烟叶种植密度较大，留叶数较多，施肥过少，鲜烟叶干物质积累较少，导致品种 K326 品种嫩黄烟比例较多。不同产地烤烟品种 K326 品种非正常烟的比例由高到低的顺序为红河>楚雄>大理>玉溪>昆明。

表 2-3　不适宜施肥量下 K326 品种非正常烟比例调查（2014—2015 年）

市（州）	调查面积/亩	黑爆烟		返青烟		嫩黄烟		非正常烟	
		面积/亩	比例/%	面积/亩	比例/%	面积/亩	比例/%	面积/亩	比例/%
昆明	800	41.67c	5.21	34.63b	4.33	26.67b	3.33	101.44c	12.68
玉溪	800	45.24b	5.66	37.16a	4.65	31.37a	3.92	102.97c	12.87
红河	800	44.28b	5.54	32.56b	4.07	29.34a	3.67	113.77a	14.22
大理	800	47.34a	5.92	36.81a	4.60	28.69a	3.59	106.18b	13.27
楚雄	800	44.58b	5.57	35.47a	4.43	22.37c	2.80	112.84a	14.11

注："小写字母"表示在 5%下差异性达到显著水平。

通过对云南主产烟区 K326 品种非正常烟进行调查，结果表明，昆明、玉溪、红河、大理和楚雄烟区 K326 品种黑爆烟、返青烟和嫩黄烟比例均较高，这主要与田间施肥量密切相关。K326 品种对植烟区域土壤、生态、气候、水肥及轮作条件要求较高，受前期干旱影响，烟农如果没有严格执行施肥配方，K326 品种在施肥过程中往往是氮肥施用量过多，平均亩施纯氮达 8.5 kg，易形成黑爆烟、老憨烟，烟叶难于成熟落黄，影响烟叶产质量。

综上所述，种植密度和合理的施肥是影响烟草生长和烟叶质量的关键因素。在烤烟种植中，通常会根据当地的试验和经验，结合经验施肥与土壤测试数据，采取科学的施肥策略，以确保烟草获得适量的养分供应。

（三）适时打顶

及时进行顶部修剪和合理保留叶片对于确保烟叶正常成熟至关重要。修剪植株的顶部并疏除杈节可以抑制烟草植株的生殖生长，减少下部叶片向上部叶片输送养分，使得养分更多地集中供应于上部叶片，从而增加叶片的面积和增加叶片的厚度。此外，修剪后，植株的根系得到促进发育，提高了根系的吸收能力和养分转运功能。这导致根部合成的烟碱向叶片内积累，从而提高了烟叶中烟碱的含量，并促使叶片提前成熟。通常建议在烟草蓓蕾阶段进行修剪，同时保留大约 18~22 片叶。如果修剪过低或者叶片留得过少，烟叶的成熟往往会受到延迟的影响。相反，如果不进行修剪，让烟草植株自行开花，大量的养分将用于生殖生长，导致叶片内部的养分不充实，无法真正成熟，尤其是下部叶片，通常表现为假熟现象。研究还表明，修剪后根系的碳氮代谢活性增加，前体物质供应增加，这对于调控烟碱的合成起到了重要作用（杨华伟，2007）。

（四）合理采收

从茎顶端开始，一片烟叶的生长经历大致可以分为 4 个阶段，包括幼叶生长期、旺盛生长期、生理成熟期和工艺成熟期（刘春奎 等，2007）。当烟叶达到工艺成熟期时，其内部的各种化学成分开始朝着有利于提高烟叶品质的方向发生转化。这时所采摘的烟叶具有最佳的品质，因此也具有最高的市场价值。然而，如果在烟叶未达到工艺成熟期时进行采摘，烟叶内部的化学成分可能尚未完全协调，这将导致烤制后的烟叶质量较差，也会降低经济效益。相反，如果烟叶已经到达工艺成熟期却仍然不进行采收，其内部的化学成分将继续分解、转化和消耗，这将导致烟叶产量和品质下降，从而减少经济效益。因此，正确把握烟叶的成熟度，并及时采摘是至关重要的。

烟叶的采收遵循一些基本原则，宫长荣（2003）所提出的"熟一片、收一片"，也就是只采收成熟的叶片，不采收生叶，同时确保不漏采成熟的叶片。通常情况下，从烟株的底部叶片开始，每次采收 1~3 片。顶部的 4~6 片叶通常在成熟后一次性采收，两次采收的时间间隔一般为 5~7 d。烟农根据多年的种植经验总结出一些采收原则：对于下部叶，当它们呈现出绿黄色时，适时早收；中部叶呈现淡黄色时，适合采收；至于上部叶，当它们完全呈现黄色时，表示充分成熟，可以采收。最好在早上露水干后或者下午4时以后进行采收，这样有助于正确判断叶片的成熟度，同时避免日光暴晒。如果天气干燥，最好选择采露水烟，但如果烟叶在成熟时遇到雨水返青，应该等待它重新表现出成熟特征后再进行采收。在采收时，需要注意不采收生叶，不丢弃成熟的叶片，不让叶片沾土，不暴露在阳光下过久，不挤压或损伤叶片。

第三节　烟叶成熟度特征指标

烟叶成熟是一系列生理生化发生改变，细胞结构发生变化的过程，烟叶的成熟受到很多内在和外在因素的影响（蔡宪杰 等，2005）。在烤烟生长过程中，烟叶中叶绿素随叶片成熟而降解，胡萝卜素随着烟叶的发育和成熟显著增加，叶黄素含量则随叶龄而下降。成熟期间叶黄素、新黄质、紫黄质含量下降，但随着叶片的扩展和充实，胡萝卜素含量有所增加（龙翔 等，2010）。有研究认为，在烟叶成熟过程中成熟前期类胡萝卜素类色素含量整体上升，然后随成熟时期的推进而逐渐降低（龙春芬 等，2013），并且其内在的化学物质在不断地变化。一般来说，随着生长生育的进程，烟叶总糖、还原糖的含量会上升，淀粉含量会不断地下降，烟碱不断地积累。同时，烟叶在成熟过程中其组织结构也发生了较大变化，随着叶位升高，成熟叶片的栅栏组织细胞密度逐渐增加，细胞间空隙度逐渐减小，叶片厚度呈四曲线变化趋势（蔡宪杰 等，2004）。聂荣邦等（1991）研究指出，叶片结构由密到疏到松，是由于栅栏组织厚度随着烟叶落黄程度的提高而逐渐变薄，单位长度细胞数和海绵细胞数随着烟叶落黄程度的提高而均逐渐减少，细胞间空隙度逐渐增大，叶片结构由密到疏到松。张程涵等（2021）为了给烤烟中部叶含氮化合物的调控提供依据，采用偏最小二乘法结合 t 检验筛选比较了 K326 品种和 Y87 成熟期中部叶的含氮物质差异。结果表明，2个品种有13种氨基酸含量存在差异。其中，K326 品种烟叶的胍基丁胺含量极显著低于 Y87，高精米、酪胺、异亮氨酸的含量极显著高于 Y87，γ-氨基丁酸、精氨酸、酪氨酸、亮氨酸、丝氨酸、苏氨酸、天门冬酰胺、缬氨酸、亚精胺的含量显著高于 Y87。K326 品种和 Y87 成熟期中部叶的含氮物质差异主要表现在氨基酸，而总氮、蛋白质、生物碱含量差异不显著。田奕奕等（2020）为探明玉溪烟区初烤烟主要化学成分现状和年度间的变化趋势，对2014—2018年玉溪市9个烤烟 K326 品种种植区的1 689个初烤烟样品主要化学成分含量和协调性指标进行了分析。结果表明，中下部烟叶总糖、还原糖、糖碱比值略高，上部烟叶氮碱比值略低，其余化学成分含量均在适宜范围；上部烟叶糖碱比值较稳定，其余化学成分年度间存在显著差异；烟碱、总糖、还原糖、总氮、氧化钾、氮碱比值的变异系数较小，氯、钾氯比值变异系数较大；烟碱与总糖、还原糖、糖碱比、氮碱比之间呈极显著负相关关系，与总氮呈极显著正相关关系；烟碱、氯含量呈逐年小幅下降趋势，钾含量呈逐年上升趋势。李生栋等（2020）为明确不同开片程度上部烟叶烘烤过程中的颜色变化规律，以烤烟 K326 品种不同开片度（0.25、0.30、0.35）的上部叶为供试材料，分析烘烤过程中烟叶正、背面颜色参数与色素含量变化及其关系。结果表明，色差仪量化后的烟叶正背面颜色参数可用以定量预测烘烤中色素含量的变化，不同开片度上部烟叶颜色变化规律可为烘烤工艺优化提供理论基础。为此，深入研究K326品种烟叶成熟度特征指标是十分必要的。

一、不同成熟度鲜烟叶组织结构比较

在植物学性状上，烟叶属于异面叶，由于细胞结构、生理生化特征等差异，海绵与栅栏细胞中积累的化学物质有很大的差异，对烟叶质量影响很大。按标准（表2-4）采收中部叶（第10叶）未熟、欠熟、适熟、过熟叶片样品，以研究K326品种采收成熟度对烟叶组织结构的影响。

表2-4 不同成熟度烤烟叶片的外观特征划分标准

成熟度	叶片颜色	主脉色泽	支脉色泽	茸毛状况	叶尖叶缘状况
未熟（M1）	淡绿（0~10%）	全绿到淡绿	全绿	未脱落	黄绿
欠熟（M2）	黄绿（30%~50%）	4/5变白至全白	大部分淡绿	部分脱落	叶尖略下勾，叶缘稍枯。
适熟（M3）	淡黄（60%~80%）	全白发亮	1/2~2/3变白	较多脱落	稍有枯尖、枯边。
过熟（M4）	黄中带白（100%）	全白发亮	全白发亮	大部分脱落	枯尖、枯边。

（一）海绵与栅栏细胞组织结构

黄勇等（2007）研究发现，酶解法能够有效地分离出海绵与栅栏细胞。从图2-2可以看出，K326品种烤烟在成熟过程中海绵和栅栏细胞最明显的变化就是叶绿体数量的减少、淀粉粒的增加。由未熟叶（图2-2，5）、欠熟叶（图2-2，6）可以看到细胞内呈现鲜绿色，叶绿体内开始积累淀粉，此时的叶绿体颜色较浅；适熟叶片（图2-2，7）中整个叶肉细胞内充满了大量淀粉粒，呈白色，叶绿体较少，绿色较浅；但是对于过熟叶片（图2-2，8），由于多种酶的作用，大量细胞器溶解，细胞过度衰老，叶绿体内淀粉颗粒也开始降解，所以细胞质稀薄，仅能看到叶绿体的轮廓，相对于适熟叶片，淀粉含量大幅度降低（黄勇 等，2007）。

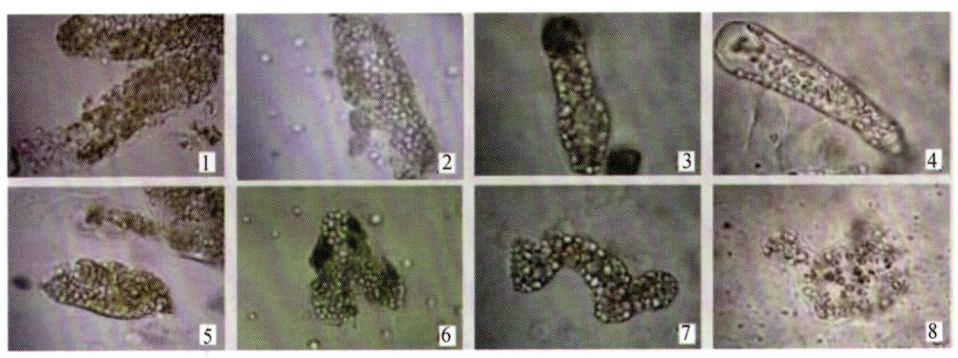

1~4—未熟、欠熟、适熟、过熟期栅栏细胞；5~8—未熟、欠熟、适熟、过熟期海绵细胞。

图2-2 K326品种不同成熟度烤烟叶片海绵和栅栏细胞（400×）

陈颐等（2019）对不同成熟度处理下 K326 品种鲜烟叶栅栏组织厚度和海绵组织厚度进行研究，结果表明，两者存在极显著性差异（$P<0.01$），指标大小均表现为适熟期>过熟期>尚熟期（表 2-5）。由此可见，尚熟期、适熟期和过熟期烟叶组织细胞形态差异很大，其中适熟期烤烟品种 K326 品种的栅栏组织厚度为 58.94 μm，海绵组织厚度为 68.54 μm。

表 2-5　K326 品种不同成熟度鲜烟叶组织结构比较结果（陈颐 等，2019）

处理	栅栏组织厚度	海绵组织厚度	上表皮细胞厚度	下表皮细胞厚度	叶厚	组织比（栅栏/海绵）
尚熟	50.70±4.10 bB	61.89±4.86 bB	68.82±4.73 a	9.10±1.05 a	150.76±7.33 a	0.82±0.13 a
适熟	58.94±4.55 aA	68.54±5.11 aA	79.85±5.29 a	10.20±1.24 a	163.13±7.85 a	0.86±0.07 a
过熟	51.71±3.92 bB	65.18±4.97 aA	74.79±4.80 a	10.19±1.18 a	155.23±7.59 a	0.79±0.10 a
F 值	11.53**	9.19**	3.17	2.88	2.96	0.70

综上所述，烤烟叶片海绵与栅栏细胞显微观察表明（陈颐 等，2019；黄勇 等，2007）：烟叶成熟期之前的细胞轮廓清晰，内含物储存较多，为后期的烘烤提供了物质基础；过熟期细胞膜开始解体，细胞轮廓模糊，内含物稀少，不利于烤烟品质的提高。这进一步说明把握烟叶成熟度对提高烟叶品质的重要性。

徐兴阳等（2017）研究表明，随着 K326 品种鲜烟叶的成熟度增加，其烟叶组织结构从紧密到疏松，烟叶的叶片厚度、栅栏组织和海绵组织厚度均是先增加后减小，于 M2 至 M4 成熟度出现明显拐点（图 2-3）；烟叶组织比、栅栏组织厚和叶片厚的比值（栅叶比）和表皮厚度受到采收部位和种植区域的影响。表皮厚度与成熟度之间没有显著的相关性。烟叶感官品质和结构均在 M3 成熟度达到最佳，表明烟叶组织结构疏松，叶片厚度、栅栏组织和海绵组织的厚度较大，组织比在 0.9 至 1 范围内，有利于采收优质烟叶。上述结构指标可以辅助判断适宜采收的成熟度。

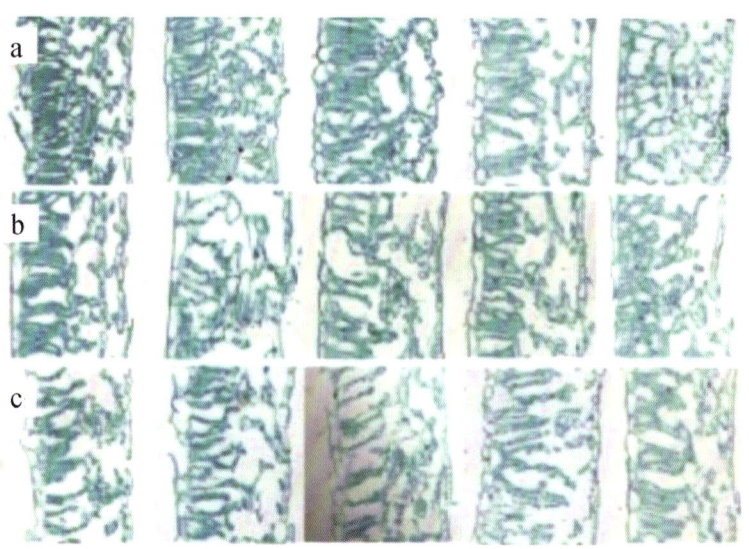

a—上部烟叶；b—中部烟叶；c—下部烟叶；从左到右依次为 M1～M5。

图 2-3　K326 品种不同成熟度鲜烟叶的组织结构特征（徐兴阳 等，2017）

(二)细胞超微结构

由图 2-4 可知,尚熟期鲜烟叶细胞轮廓清晰,结构完整,细胞壁与细胞膜紧密相连,没有质壁分离现象,细胞排列整齐;适熟期烟叶细胞超微结构与尚熟期相似,不同的是细胞间存在少量间隙,间隙度较尚熟烟叶大,间隙适度,烟叶更有弹性;过熟期鲜烟叶整体细胞结构完整,细胞壁与细胞膜紧密相连,细胞壁平滑,没有发生皱缩,但细胞间的间隙程度较尚熟期和适熟期的烟叶大。

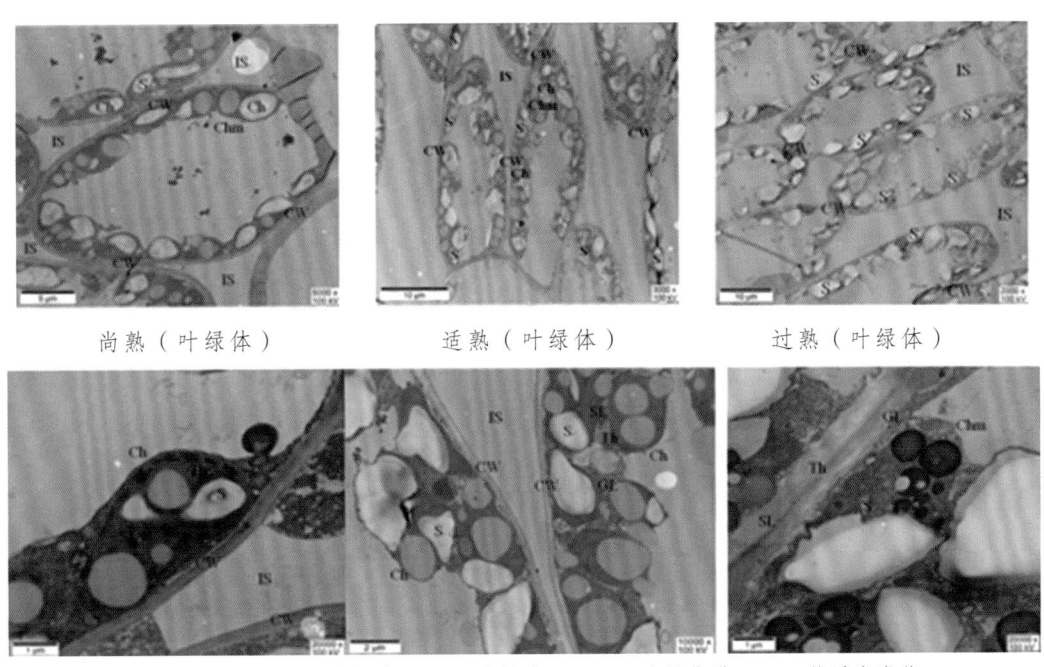

CW—细胞壁;IS—细胞间隙;Ch—叶绿体;Chm—叶绿体膜;Th—基质类囊体;
S—淀粉粒;GL—基粒片层;SL—基质片层。

图 2-4　K326 品种不同采收成熟度鲜烟叶细胞和叶绿体超微结构

尚熟期鲜烟叶可以在细胞中清晰地观察到叶绿体的超微结构,叶绿体结构完整,双层膜轮廓清晰,内部基粒结构清楚,基粒个数较多,每个基粒的类囊体数量较多,基粒片层完整,叶绿体中有大量淀粉颗粒的积累,但淀粉颗粒较小,显示为积累初期,叶绿体沿着细胞壁分布为椭圆形。适熟期烟叶叶绿体超微结构与尚熟期相似,但基粒个数及基粒的类囊体数量均较尚熟期少,基粒片层完整,叶绿体中的淀粉颗粒的积累量较尚熟期多,但淀粉颗粒较小。过熟期鲜烟叶叶绿体的超微结构显示叶绿体外膜已不完整,双层膜轮廓模糊,内部基粒结构模糊,基粒个数较成熟期减少,类囊体数量都较适熟期少。

二、不同成熟度鲜烟叶植物学特性指标比较

陈颐等(2019)对 K326 品种烤烟的 3 个成熟度的植物学特性进行了分析(表 2-6),结果表明,随着烟叶成熟度的提高,烟叶的颜色由绿黄向黄色转变,最终变成黄白;主脉和支

脉的颜色逐渐变白，其中主脉由尚熟的40%提高到80%，同样支脉则由尚熟的20%提高到60%；烟叶茎叶夹角增大，叶尖下勾和叶缘下卷幅度增大；成熟斑变多，由尚熟的50%提高到90%，茸毛脱落增多，由尚熟的不脱落提高到脱落75%。

表2-6　K326品种不同成熟度鲜烟叶植物学指标特性分析（陈颐 等，2019）

处理	叶色	叶表面及茎叶角度	成熟斑	主脉色泽	支脉色泽	茸毛	叶尖叶缘
尚熟	绿黄，叶片落黄60%。	褶皱，60°	50%	变白40%	变白20%	不脱落	叶尖略下勾，叶缘略下卷。
适熟	浅黄，叶片落黄80%。	褶皱，70°	70%	变白60%	变白40%	脱落50%	叶尖下勾，叶缘下卷。
过熟	黄白，叶片基本落黄。	褶皱，80°	90%	变白80%	变白60%	脱落75%	枯尖焦边

三、不同成熟度鲜烟叶主要生理指标比较

烟叶成熟过程的实质是一个生理衰老的过程，烟株体内进行着复杂的生理生化变化，其中某些特定的生理指标可以作为其特定时期的重要特征标志。叶绿素是受叶片衰老影响最显著的指标，叶绿体片层结构的破坏引发了整个细胞衰老。顾永丽（2021）以云烟87为材料，对烟叶成熟过程主要生理生化指标进行鉴定，结果表明，随烟叶变黄程度的增加，硝酸还原酶活性、总氮、蛋白质含量逐渐下降，淀粉、总糖、还原糖、烟碱含量先升后降，而淀粉酶活性则先降后升；与上部烟叶相比，中部烟叶淀粉酶活性和主要碳水化合物含量较高，硝酸还原酶活性和主要含氮化合物含量较低；中、上部烟叶淀粉酶活性谷值、淀粉、总糖、还原糖、烟碱含量峰值分别出现在烟叶综合变黄60%~70%时及70%~90%时。与红花大金元相比，K326品种鲜烟叶组织结构稍疏松，总氮、蛋白质、硝酸还原酶活性、淀粉酶活性较高；在相同部位条件下，成熟度档次间组织结构的差异显著，叶片厚度、叶表皮厚度、栅栏组织和海绵组织的厚度、组织比等指标从M1至M5表现为先增加后减少的"抛物线"规律，在M2~M4呈现出一个标志性的拐点特征，烟叶色素含量、硝酸还原酶活性、可溶性蛋白质和总氮含量随成熟度档次的增加不断减少，而类胡萝卜素比值、丙二醛含量则是不断增加（徐兴阳，2017）。岳诚等（2020）以K326品种为试验材料，研究不同成熟度对上部烟叶在烘烤过程中生理指标的影响，结果表明，在烟叶烘烤过程中，多酚氧化酶（PPO）活性表现为过熟烟叶>适熟烟叶>欠熟烟叶，成熟烟叶过氧化物酶（POD）活性最高，超氧化物歧化酶（SOD）活性在欠熟和适熟烟叶中呈现先降低后升高、再降低再升高，而在过熟烟叶中呈现先降低后升高的趋势。

四、不同成熟度鲜烟叶光合特性指标比较

烤烟的光合作用对环境条件变化的敏感性，不仅受自身生理特性的影响，还受品种、气候、土壤等环境因子的影响。李跃武等（2002）对各部位不同成熟度烟叶总叶绿素的含量进行过研究，结果表明，随着烟叶成熟度的提高叶绿素逐渐降低。烟叶中的色素在成熟和调制过程中不断降低，而且叶绿素比类胡萝卜素降解快，降解量大，采收适熟烟叶，能保持烟叶内有适宜的类胡萝卜素和其他色素的含量（夏凯 等，2005）。张树堂等（2006）研究表明，各类色素均随着部位和成熟度的提高而降低，而且叶绿素比下降快，且烤后红花大金元不同部位烟叶的类胡萝卜素含量高于K326品种。张生杰等（2010）研究指出，不同成熟度烟叶色素含量达到极显著差异，色素含量随成熟度的提高呈下降趋势，尚熟期到适熟期总叶绿素降解速率大于类胡萝卜素，适熟期到过熟期类胡萝卜素降解速率大于总叶绿素。

五、不同成熟度鲜烟叶主要化学成分指标比较

不同成熟度处理下，鲜烟叶总糖、还原糖、淀粉和蛋白质含量存在极显著性差异（$P<0.01$）。K326品种鲜烟叶总糖含量和还原糖含量大小表现为适熟>过熟>尚熟，而在淀粉含量上则表现为尚熟>适熟>过熟。K326品种鲜烟叶蛋白质含量大小表现为适熟>尚熟>过熟，表明不同成熟度处理对鲜烟叶含糖化合物和含氮化合物产生了较大影响。

烟叶在田间生长发育、成熟和衰老过程中，有着极为复杂的生理生化变化和组织结构变化（贾琪光 等，1990）。其中，烟叶的碳水化合物（主要是淀粉）含量随烟叶的成熟而逐渐积累，到成熟时达到最高点，然后再向衰老发展，逐渐分解，含量降低。因而，可认为淀粉的合成过程即烟叶的成熟过程，其含量最高时恰恰是生理生化方向的转折点。由此推知，鲜烟叶淀粉含量最高时即烟叶进入成熟期（贾琪光 等，1990）。叶荣生等（2009）以鲜烟叶淀粉含量变化为依据，以鲜叶淀粉含量达最大值前或后采收天数界定不同部位成熟时期，然后描述烟叶田间外观特征，并结合烟叶产、质量效果，确定各部位最佳成熟采收田间特征标准，叶荣生等（2009）。

下部叶淀粉含量达到高峰后迅速下降，平均每天下降1.14%；中部叶淀粉含量达到高峰后下降速度较慢，平均每天下降0.55%；上部叶淀粉含量达到高峰后下降速度最慢，平均每天下降0.28%（表2-7）。因此，下部叶不耐熟，上部叶较耐熟，中部叶居中。这主要是下部叶通风透气条件差，光合作用弱所致。

表2-7 K326品种不同处理鲜烟叶淀粉含量（%）

下部烟叶			中部烟叶			上部烟叶		
1	2	3	1	2	3	1	2	3
19.87	21.49	18.06	34.49	31.17	25.36	27.56	25.86	21.61

注：烟叶分3个部位，每个部位分3个时期采样。

（一）下部烟叶

在淀粉含量最大前3d采收，叶尖、叶缘呈淡黄绿色，主脉两侧及叶基部呈绿色，叶面以绿色为主。在淀粉含量最大时采收，叶尖、叶缘5~6 cm呈淡黄色，叶面呈黄绿色为主，主脉1/3变白，叶基部呈绿色。在淀粉含量最大后延迟3d采收，叶尖、叶缘1~5 cm处变白成枯焦，主、支脉全白，整个叶面呈黄或淡黄白色，叶基部变黄绿色。

（二）中部烟叶

在淀粉含量最大时采收，叶面1/3呈黄色，主脉两侧及叶基部呈淡绿色，叶尖、叶缘呈黄色，主脉1/3变白，有少量成熟斑出现。在淀粉含量最大后6 d采收，整个叶面1/2以上呈黄色，叶尖5~6 cm呈淡黄白色或全白，有较多成熟斑，主脉2/3变白，叶面开始出现似赤星病斑点。在淀粉含量最大后9 d采收，叶尖呈淡白色甚至枯焦，叶面淀粉斑开始分解枯焦坏死，整个叶面呈淡黄色，主、支脉全白。

（三）上部烟叶

在淀粉含量最大后6 d采收，叶面1/4呈淡黄色，叶面有少量成熟斑，叶尖、叶缘呈淡黄色，叶基部呈绿色，主脉1/3变白。在淀粉含量最大后9 d采收，叶面2/3呈淡黄色，叶尖3~5 cm变淡黄色，甚至枯焦，叶面有较多成熟斑，并开始分解变黄白色，主脉全白，叶面有少量似赤星病斑出现，叶基部呈黄绿色。在淀粉含量最大后12 d采收，整个叶面呈黄色，叶尖、叶缘3~5 cm枯焦勾尾，有较多淀粉斑，并开始分解、枯焦、坏死或呈黄中透白现象，主支脉变白发亮，叶面有较多似赤星病斑出现，叶基部呈黄色。

第四节　烟叶成熟采收标准

黄璇等（2012）发现对烤烟上、中、下部叶进行不同时间的采收，能够获得较好的成熟度。张丽英（2012）对不同采收期的烤烟细胞结构进行了研究，结果表明，细胞结构被破坏是烟叶变黄的原因。兰金隆等（2012）根据K326品种烤烟大田长势的外观颜色进行了烟叶不同时间采收的研究，结果表明，中、下部叶完全变黄时，其感官质量较好。由于各地植烟环境气候的差异、烤烟移栽方式的不同、人力管理等因素影响，同一种烤烟采收时间都不尽相同。同时，对烤烟采收的方法也有学者做了探究。刘道德（2012）认为对上部叶进行一次性采收能提高烤烟质量。许池华（2009）认为减少烟叶的采收次数能提高烤后烟叶品质。王寒等（2013）研究发现，对烤烟中、下部叶推迟采收能改善烟叶化学成分的协调性。

一、传统采收标准

1. 下部烟叶成熟特征

叶面落黄 6~7 成，烟叶颜色为绿黄色，主脉变白，支脉淡绿，叶尖叶缘稍下垂，茸毛少数脱落时采收，成熟度达欠熟至适熟档次即为下部叶的成熟期，如图 2-5 所示。

图 2-5　下部叶成熟采收外观特征

2. 中部烟叶成熟特征

叶面落黄 7~8 成，烟叶颜色为浅黄色，有黄白色成熟斑，主脉全白发亮，支脉变白，茸毛部分脱落，茎叶角度增大（90°），叶尖叶缘下垂，采摘时有清脆的响声，断面光滑，不带茎皮，如图 2-6 所示。

图 2-6　中部叶成熟采收外观特征

3. 上部烟叶成熟特征

叶面落黄 8~9 成，烟叶颜色为淡黄色，有黄白色的成熟斑，主脉乳白发亮，支脉全白，茸毛大量脱落，茎叶角度大于 90°，叶尖叶缘下垂，叶面有褶皱，采摘时有清脆的响声，断面光滑，不带茎皮，如图 2-7 所示。

图 2-7 上部叶成熟采收外观特征

二、基于叶龄采收标准

应用叶绿素测定仪测定了各部位不同鲜烟成熟度的 SPAD 值，并结合鲜烟叶中的淀粉含量判断田间烟叶的采收标准（表 2-8）。

1. 下部烟叶叶龄

在移栽后 65~70 d，脚叶在打顶后 5~10 d，下二棚在打顶后 15~20 d 采收。结合淀粉含量范围 25%~30%，SPAD 值范围 25~30。

2. 中部烟叶叶龄

在移栽后 80~85 d 采收。结合淀粉含量范围 23%~28%，SPAD 值范围 20~25。

3. 上部叶叶龄

在移栽后 115~125d 采收，顶部 4~6 片叶一次性采收。结合淀粉含量范围 20%~25%，SPAD 值范围 18~27。

表 2-8 不同部位不同成熟度 K326 品种鲜烟叶主要化学成分比较（陈颐 等，2019）（%）

部位	处理	SPAD值	总糖	还原糖	淀粉	总氮	烟碱	蛋白质
上部	尚熟	45.6	14.86	10.27	32.11	1.81	2.11	11.43
	成熟	27.2	16.22	11.48	28.31	1.71	2.04	11.94
	过熟	21.4	13.18	9.49	23.59	1.84	1.96	10.02
中部	尚熟	44.0	11.86	8.46	34.67	1.26	1.22	9.90
	成熟	23.5	14.02	10.63	25.42	1.53	1.67	12.02
	过熟	18.6	10.99	6.74	19.14	1.43	1.59	9.88
下部	尚熟	41.0	11.78	7.44	29.47	1.20	1.12	9.42
	成熟	21.1	12.34	9.38	23.82	1.32	1.37	8.73
	过熟	15.9	11.06	7.02	17.55	1.11	0.99	7.86

K326 品种主脉较粗，支脉较绿、褪绿较慢，容易烤青和挂灰，故对采收烟叶的成熟度要求较高。因此，需要把控好采收标准，相比于云烟 87，K326 品种烟叶的采收成熟度常要提高 1 个成熟度档次。采收时，烟叶成熟期要适当推迟，中、上部烟叶更要成熟或充分成熟。确保下部叶采后成熟烟叶的比例为 80%~85%，中部叶采后成熟烟叶的比例为 85%~90%，上部叶采后成熟烟叶比例在 90%左右。为提高中部叶和上部叶的采收成熟度，应在烤完下部叶、中部叶后，分别停烤 5~7 d，才接着采烤下一批烟叶。田间采收时，可以参考表 2-9。

表 2-9 K326 品种烟叶成熟采收标准

部位/项目	烟叶成熟采收特征	备注
下部叶	叶面黄绿色，叶耳泛黄，基部支脉褪绿转黄；主脉 2/3 长度变白（阴雨寡日照天气下 1/2~2/3 长度变白）。	叶基部变白了，才能进行采收。
中部叶	叶面绿黄色（黄多绿少），叶耳黄绿；主脉 3/4~4/5 左右长度变白，基部茸毛脱落；支脉大多（2/3~3/4）变白发亮（叶基部支脉黄亮）。	
上部叶	叶面落黄至黄多绿少（上二棚以上叶位烟叶接近全黄），叶耳变黄；主脉全白；叶尖起勾，往往枯尖、焦边。	上部 4~6 片叶充分成熟后一次性采收，或带茎烘烤。

三、上部烟叶一次性采收

上部烟叶占单株烟叶产量的 38%~40%，是烟叶产量的主要构成部分。受土壤黏重、气候及环境等的影响，上部烟叶常规逐片采收，导致烟株大田后期的营养集中到顶部 1~3 片烟叶，造成叶片增厚，干物质积累多，含水量少，叶脉较粗，结构紧密，烘烤时变黄和脱水慢，难定色，烘烤特性差，既易烤青，也易烤褐，常年烘烤损失在 20% 左右，直接影响烟农种烟收益，进而影响烟农种烟积极性，给烤烟可持续发展造成了巨大障碍。

延长上部叶片的生长时间能够使顶部烟叶充分落黄成熟，而且可更好地协调烟株内的碳氮代谢及各化学成分的分布，从而提高上部烟叶的品质，故这是实现上部叶充分成熟的重要方法。为了促进上部叶的成熟落黄，在田间管理上要坚持打杈，防止赤星病发生，喷施钾肥，肥料过剩的可喷施磷酸二氢钾促早熟；此外，在成熟采收上要以倒数第二片为标准，烟叶达到色浅黄色，支脉褪绿，主脉 2/3 以上变白，最下面一片叶面有明显黄色成熟斑，出现枯尖、焦边为成熟特征，整个生育期时间要 120d 以上才可一次性采收。在采烟的过程中，要注意最上面 3 片为一组、下面的烟叶为一组分开进行专人采收、搬运、堆放、编烟、入炉。

对于 K326 品种上部叶采收技术，李焱等（2019）设置了 3 种采收方式：CK，常规采收，分 2 次进行（上部叶片自上而下编号 1~5 片叶，第 1 次采收 2 片，第 2 次采收 3 片并清除腋芽）；T1（除芽采收），清除腋芽，当上部第 1 片叶的一半变黄时，将 5 片叶一次性采收；T2（留芽采收），保留 2 个腋芽，当上部第 1 片叶的一半变黄时，将 5 片叶一次性采收。各采收方式应确保中部叶叶龄达到 70 d、上部叶叶龄达到 80d、烟株大田生育期在 130 d 左右。采收后烟叶采用"三段式"工艺进行烘烤。结果表明，留芽处理的 5 片叶的挂灰程度明显小于常规处理和除芽处理的，留芽处理的挂灰程度最小的仅为 26.9%，与对照相比，挂灰程度下降了约 40%，除芽处理的下降约 20%。单叶质量的变化趋势与挂灰程度类似，留芽采收的单叶质量较常规采收明显下降，仅为 9.16 g；除芽处理烟叶的均价略低于常规采收的，而留芽处理的烟叶均价则较常规采收增加了 4%。烟草在生长后期，会由营养生长转变为生殖生长，而打顶后的烟叶能重新进行生殖生长，可对烟叶营养物质的累积造成影响，如烟株的养分和累积物比如烟碱的再分配等，从而影响上部也可用性。在烤烟生产实践中，经过试验表明，K326 品种在初花时期进行打顶，留叶数 21~22 片，各个部位烟叶烟碱含量最适宜，是最符合卷烟工业配方需求的方式（鲁柯伕，2016）。

（1）成熟标准。最顶部两片烟叶主脉变白，叶色黄，叶面落黄成以上，成熟斑明显。

（2）采收时间。正常情况下，宜在上午天明时采收，以便正确识别成熟度。多云、阴天整天均可；午后采收为佳；宜采露水烟；移栽后 120 d 左右，9 月 15 日前后开始采收。

（3）采收原则。4~6 片成熟后，一次性采收的原则；采收数量应与烤房容量相配套的原则。

（4）采收和运输。轻拿轻放，避免挤压、日晒损伤烟叶，应使用专用工具运送。

（5）采后堆放。采收后烟叶应摆放在遮阴地方，避免暴晒。

（6）分类编烟。按叶片大小、成熟程度和病虫危害程度分类；然后按各类烟叶单独编竿，做到同竿同质，不编"杂花"烟。

（7）均匀编烟，控制竿重。编烟时要求均匀编烟，切忌编烟时，一段密，一段稀，每竿鲜烟质量控制在 10 kg 左右。

（8）编烟方法。采用竿式编烟，即直径为 3 cm 左右的竹竿或杂木条编烟时，长度为 1.34～1.67 m，用细麻绳将烟叶以束为单位绑稳在烟竿上，常用的编烟方法有死扣编烟和梭线编烟。采用烟夹夹持烟叶，每夹控制在 15 kg 左右。

（9）分类堆放。在分类编烟的基础上，把编烟好的烟叶，分类堆放。

（10）分类装烟。将成熟稍差的烟叶装在顶台，成熟过度及病虫危害的烟叶装在烤房底台，适熟烟叶装在烤房中部。

（11）调节好各层次的装烟密度。烤房顶台到底台，上下装烟稀密均匀一致，温度低的地方，适当稀装。

（12）装烟密度适宜。以密集烤房为准，装烟竿左右，竿距为 10 cm，普通烤房竿距为 18 cm。

（13）注意事项。装烟时不装潮炉，不装热炉，不装稀密不匀，不装隔夜烟。当天采收编竿的烟叶，要当天装烟并点火烘烤。

烤烟移栽 125 d 左右，顶部 1～3 片叶的成熟特征为叶片以黄为主，黄多绿少，主脉变白 2/3 以上，子脉变白 1/2 左右，茎叶角度接近直角，叶片弯曲呈弓形，叶面皱缩，有较多黄色成熟斑，此时对上部 6 片烟叶进行一次性采收的烟叶的外观质量、物理特性和内在化学成分的协调性最好。适度延长上部烟叶的田间采收时间，提高烟叶的成熟度可有助于改善上部烟叶的外观质量、物理特性和内在化学成分的协调性，提高上部烟叶的品质及可用性（鲁柯佚，2016）。

在田间鲜叶成熟度方面，成熟烟叶各方面品质较好，烤后烟叶质量较高，而尚成熟和充分成熟烟叶在杂色烟和青烟等方面各有不足，烤后烟叶质量稍差。采用成熟烟叶进行烘烤，可明显缩短烘烤时间，降低烘烤成本，同时烤后烟叶外观质量较好，均价较高。成熟烟叶和充分成熟烟叶烘烤总成本较低，尚熟烟叶烘烤总成本相对较高。烘烤成本的差异主要是由烘烤时间的长短引起的，烘烤时间延长，则用煤量增加，这表明控制烘烤成本可从提高田间鲜叶成熟度、缩短烘烤时间等方面入手。上部烟叶成熟时一次性采收对提高烟叶品质、降低烘烤成本有一定效果，在生产中确实可行。

在玉溪市，从 9 月份开始上部烟叶逐渐进入成熟期，到 9 月 15 日左右已经成熟，是采收的最佳时间。9月15日以后,随着时间的推移,最佳时期已过,是由于到9月15日以后,玉溪已经进入白露节气,气温逐渐下降。为了确保玉溪市品种上部烟叶的烘烤质量,必须提倡早栽,采取膜下小苗移栽等能够促进烤烟早生快发的栽培技术,在9月15日左右最后一次采收结束,这对提高品种烘烤质量、增加种烟收入具有很好的效果,能够使烟农、商业、卷烟企业共赢(郑志云,2013)。

第三章
K326品种烟叶成熟度判定技术

第一节　烟叶成熟度判定技术研究概况

长期以来，受国内外烤烟的种植环境、种植模式、种植品种等方面不同的影响，烟叶成熟标准的判断和成熟度的鉴别问题已成为限制我国烟叶质量提高的主要因素。目前，国内外在烟叶成熟采收时所采用的方法不尽相同。日本采用比色卡比色的方法（龙明锦 等，2007）；津巴布韦根据烟叶成熟时彩色图片颜色、烤房试验及抽屉试验的量化指标来判断烤烟成熟度；美国则通过提前1周采摘烟叶样品进行化学成分分析，以此来判断烟叶是否成熟；我国在烤烟生产上，主要采用叶片外观特征结合叶龄的方法，如根据不同成熟度烟叶的外观特征（孙福山 等，2002）、茎叶夹角（王怀珠 等，2005）、适熟烟叶采收叶龄（龙明锦 等，2007）来判别烤烟的成熟度。近几年，随着光电技术的发展，色差计、光谱仪等设备被用于烟叶成熟度数据的采集，使用模糊数学等数据处理方法量化研究烟叶成熟度。其研究方法总体上可分为传统方法（目测主观分析）、定量方法（基于化学成分、基于近红外光谱分析等）和图像方法（机器视觉分析）3种。

一、定性标准判定技术

烟叶生产上主要是通过眼看、手摸等感官感受定性地把握烟叶成熟度，主要包括以下几方面：

（一）叶面颜色及主脉变化

烟叶在田间的颜色变化是判断烟叶成熟度的主要依据。随着采收成熟度增加，叶绿素快速降解，叶色由绿逐渐变黄。

陈乾锦等（2020）研究了采收成熟度对K326品种不同部位烟叶品质的影响，结果表明，K326品种烟叶中部叶叶面80%~90%呈浅黄色、主脉变白2/3以上采收最好，叶面70%~80%呈黄绿色、主脉变白1/2以上采收次之；上部叶叶面100%呈淡黄色、主脉全部变白采收最好，叶面 90%~100% 呈淡黄色、主脉基本变白采收次之。武圣江等（2020）以 K326、毕纳 1 号、遵烟 6 号、贵烟 1 号、贵烟 4 号、红花大金元不同成熟度上部叶为材料，进行了成熟度的烘烤特性研究试验，其对以上烤烟品种的成熟度判断采用了同一个烟叶外观的观察标准，即 M1（尚熟，主脉发白，支脉一半至大部分变白，叶面有不明显成熟黄斑，叶尖和叶缘呈浅黄色）、M2（成熟，主脉发白，支脉大部分变白，叶面呈浅黄色至淡黄色，有黄色成熟斑，叶耳呈浅黄色，叶尖带黄白色，叶面起皱）和 M3（完熟，主脉发白，支脉几乎全白，叶面呈浅黄色至淡黄色，有明显黄白色成熟斑、常伴有赤星病斑，叶耳呈浅黄色，叶尖带黄白色，叶面起皱）。彭隆基等（2022）研究了不同烟草品种和采收成熟度对烟叶等级质量的影响，根据田间烟叶综合变黄程度确定各处理采收时间，结果表明，随着中部烟叶成熟度的增加，烟叶主脉由 1/3 左右至 2/3~3/4 变白，支脉由 2/5 左右至 2/3~4/5 变白，叶尖从黄色略下勾至叶尖枯且下勾，叶缘从开始内曲至枯且内卷，成熟度达 M3 时，成熟斑逐渐显现。

（二）茸毛脱落状况

烟草叶片的上下表皮均密被茸毛，多数为腺毛，腺毛密度随叶片的发育而发生明显变化，且腺毛分泌活动与叶片发育有密切关系，因此，烟叶达到不同的成熟时期，腺毛活动表现差异很大，叶片接近工艺成熟期，腺毛分泌物开始增多，叶片弹性增强；进入工艺成熟期，腺毛分泌物大量溢出，叶片黏性最大，弹性好；进入过熟期，腺头脱落，分泌活动减弱，叶片弹性减弱，内在质量降低。下部烟叶成熟，茸毛几乎不脱落；中部烟叶成熟，茸毛部分脱落；上部烟叶成熟，茸毛大部分脱落。也有人指出，成熟叶片茸毛明显减少，叶面有光泽，手摸烟叶有明显的黏手感，采摘时手上常粘有一层黑色的油状物，俗称"烟油"。

K326 不同成熟度烟叶的外观特征划分标准见表 3-1，K326 品种鲜烟叶的成熟特征如图 3-1 所示。

表 3-1 不同成熟度烤烟叶片的外观特征划分标准（徐兴阳 等，2017）

成熟档次	烟叶特征					叶绿素 SPAD 值		
	叶色	叶面特征	茸毛特征	叶尖特征	叶脉特征	下部	中部	上部
M1	叶色深绿。	叶面较平滑。	茸毛多，未脱落。	叶尖绿色。	主脉支脉皆为绿色。	40~50	45~50	45~50
M2	叶色淡绿，有落黄。	叶面起皱。	较少茸毛脱落。	叶尖浅绿色。	主脉变白 1/2，支脉开始变白。	35~40	40~45	40~45
M3	叶色黄绿，黄色占 6~7 成。	叶面褶皱。	部分茸毛脱落。	叶尖黄色，叶尖叶缘稍下垂。	主脉变白 3/4，支脉变白 1/2 以上。	30~35	30~35	25~30
M4	叶黄色，黄色占 8 成以上。	叶面褶皱严重，出现枯斑。	较多茸毛脱落。	叶尖黄色变白，叶尖叶缘卷曲。	主脉全白，支脉变白 3/4。	25~30	20~30	15~20
M5	叶黄色，发白。	叶面褶皱严重，有成熟斑。	茸毛变白几乎全脱落。	有枯尖出现，有成熟斑。	主脉全白发亮，支脉全白。	10~20	10~20	5~15

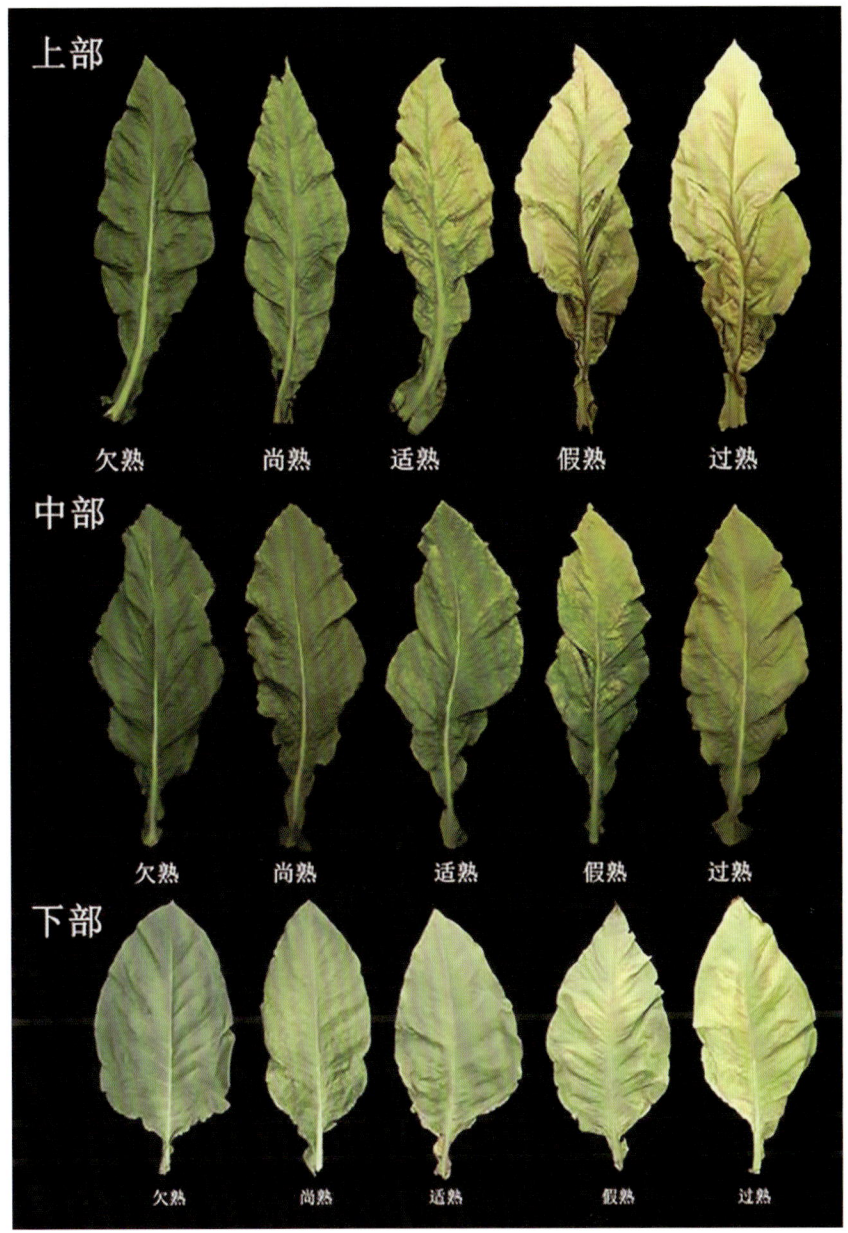

图 3-1　K326 品种鲜烟叶的成熟特征

（三）采收断面情况

在烟叶成熟采收阶段，叶基部形成分离层，使叶片容易被采摘，采摘时会发出清脆的声音，叶片断面整齐，不带有茎皮（宫长荣，2003）。崔国民等（2006）研究指出，在成熟采摘烟叶时，可能会产生略带沉闷的"当"的响声，采摘后的叶片断面呈现马蹄形状；而张海宏（2000）也提到成熟烟叶的特征，包括主脉变白、变脆，容易采摘并伴有清脆的声音，以及断面平整。需要注意的是，在实际操作中，叶基部的分离层是肉眼不可见的，但采摘时的声音可听和采后的马蹄形状可见。这些特征被视为烟叶进入衰老期的表征，也是成熟烟叶在采摘过程中的物理特性表现，通常仅用于验证烟叶是否已经成熟，并作为参考标准。

(四)其他特征

除上述特征之外,烟农还总结了其他用于判断成熟度的经验性特征:

(1)当烟叶成熟时,叶片会下垂,叶缘会卷曲。

(2)叶片表面会出现皱纹和成熟斑点。对于养分和发育水平较好的烟叶,中上部叶片成熟时会出现皱缩、黄色斑点,甚至可能有赤星病斑,叶缘开始出现枯焦。

(3)叶片主脉的基部会产生分离层。

(4)在养分不足、发育不全的烟叶中,下部叶片明显变黄,茸毛部分脱落,叶脉部分变白可视为成熟的迹象;对于中上部的叶片,要观察叶片是否明显下垂才能判定成熟;而对于养分不平衡、发育异常的烟叶,如贪青晚熟烟和黑爆烟,主要以茸毛脱落作为成熟的标志。

综上所述,我国判断烟叶成熟度的方法大多数是依据烟叶颜色、成熟斑、茸毛、主脉支脉颜色和茎叶夹角等方面。这种方法的优点是无损、能快速判断烟叶成熟度,但是也存在一定的缺陷。比如在一些特殊气候和土壤肥力条件下,烟叶容易产生脱肥落黄、干旱缺水落黄、高温逼熟落黄等一些和烤烟正常成熟落黄很像的"假熟"情况,导致判定结果过于笼统和抽象,在应用时存在外观描述的含糊性、经验性及主观性,实际操作过程中很难界定,烟农比较难以掌握。

二、定量标准判定技术

(一)基于生理生化指标的判别技术

烟叶在成熟过程中由绿变黄,实质是叶绿素含量占色素总含量的比例在逐渐下降,导致在烘烤中烟叶逐渐变黄,所以在成熟采收时要考虑鲜烟叶的叶绿素含量(曾宇,2022)。随着烟叶成熟档次的提高,各部位烟叶叶绿素含量均呈现逐渐降低的趋势,将烟叶田间外观特征与叶绿素变化规律相结合,可以将叶绿素含量作为把握烟叶田间采收成熟度的重要指标之一(孙阳阳,2016)。大量研究表明,SPAD值与叶绿素含量存在强相关关系,能定量、准确地反映烟叶成熟度。李佛琳等(2007)经连续两年的田间试验,利用SPAD-502叶绿素计建立叶绿素相对值(SPAD)的成熟度TMDSPADV模型,提出以SPAD作为判断指标,进行量化的鲜烟叶成熟度判别。陈颐等(2019)以K326品种鲜烟叶的植物学特性为基础,并分析不同采收成熟度下鲜烟叶光合特性、主要化学成分、组织结构、细胞超微结构对初烤烟叶产值、产量、内在化学成分以及感官质量的影响,筛选出产质量高、化学成分协调的处理,然后进行反推,初探出了能表征K326品种易烤性中部鲜烟叶植物学特性指标,即:叶色浅黄,叶片落黄80%,主脉变白60%,支脉变白40%,茎叶角度70°,成熟斑达到70%,茸毛脱落将近50%;其他指标分别是中部烟叶SPAD值为23.5,总糖含量为14.02%,还原糖含量为10.63%,淀粉含量为25.42%,蛋白质含量为12.02%,栅栏组织厚度为58.94 μm,海绵组织厚度为68.54 μm。

该方法是基于鲜烟叶 SPAD 值而建立的烟叶光谱学判别技术。通过烟叶田间外观特征并结合叶绿素仪读数准确把握采收成熟度能有效减少外观判断的不确定性和主观性，具有一定的实用性和可操作性。其难点是叶绿素仪测定的最佳部位的确定。曾建敏等（2009）和李佛琳等（2007）研究认为，烟叶叶片的中部位置为叶绿素仪测定的最佳部位；徐照丽等（2006）研究认为，叶绿素仪的最佳测定部位为叶基部。李旭华等（2014）研究表明，上部成熟烟叶的叶中或叶基部为叶绿素仪测定的最佳部位，而中部成熟烟叶的叶基部为叶绿素仪测定的最佳部位，下部适熟和过熟烟叶的叶基部为叶绿素仪测定的最佳部位。造成叶绿素仪测定最佳部位差异的原因可能是烤烟的品种、施肥水平、叶位以及采收成熟度等存在差异，而同一片烟叶不同位置 SPAD 值和叶绿素含量相关性有较大差异。

（二）基于烟叶高光谱成像的判定技术

高光谱既能反映目标物的外观特征，又能探测内部的化学成分信息。高光谱成像技术是一种三维检测技术，通过对目标物进行二维平面扫描可以给出每一个像素单元完整的光谱反射曲线，具有光谱波段多、分辨率高、图谱合一等特点。

绿色植物的高光谱反射特性是由内部组织结构形态和化学成分决定的。在可见光范围内，色素是影响植物光谱吸收的主要因素，其中叶绿素所起的作用最大，此外叶红素和叶黄素以及花青苷在可见光波段也有吸收。当植物开始成熟衰老时，叶片中色素含量降低，进而导致叶片的高光谱反射特性发生变化。在近红外波段，植被的光谱反射特性主要受植物叶片内部构造以及—C—H、—N—H 和—O—H 等化学基团的影响。在可见光与近红外之间，反射率急剧上升，形成所谓"红边"，这是绿色植物高光谱反射曲线最为明显的特征。

李佛琳等（2008）以 NC89、RG17、中烟 101 和云烟 85 等品种为材料，研究了鲜烟叶成熟度的反射光谱特性，构建了量化判别烟叶成熟度模型。结果表明，不同成熟度鲜烟叶在可见光 503～651 nm 光谱差异极其显著，通过逐步回归分析筛选出 514 nm、629 nm、650 nm 的反射率共 3 个主要预测因子的典则判别分析模型，其判别模型的准确率检验结果是训练样本为 98%、验证样本为 97%。基于高光谱的烟叶成熟度判别模型具有较好的稳健性。梁寅等（2013）以云烟 87 中部烟叶为材料，借助光谱连续统去除技术和支持向量机，基于烟叶反射光谱特征建立了判别烟叶成熟度的数学模型，将适熟烟叶和过熟类烟叶分开，且分类精度均在 90% 以上，促进了高光谱遥感探测技术在烤烟成熟采收环节中的应用。邓建强等（2024）运用便携式高光谱仪采集上部烟叶尚熟（SS）、成熟（CS）、过熟（GS）的高光谱图像并提取光谱数据，运用相关性分析、主成分分析以及方差分析等方法分析光谱特征并构建 5 种模型［支持向量机（SVM）、K 近邻（KNN）、随机森林（RF）、Light GBM 和 XGBoost］用于成熟度判别评价。研究结果表明，可见光（400～720 nm）与近红外（750～1 000 nm）内部各波段之间相关性较强；不同成熟度上部烟叶的光谱反射特征在可见光、红边以及部分近红外区域（950～1 000 nm）统计学差异显著；在所建 5 种模型中，SVM 性能最优，样品成熟度的判别精确率在92%以上。这说上部烟叶高光谱存在多重共线性，具有很好的降维效果，且不同成熟度的光谱反射特征存在显著差异。SVM判别性能在不同年度间具有很好的稳定性，可用于上部烟叶成熟度判别。

（三）基于近红外光谱的判定技术

近红外谱区是指界于可见光和中红外区之间的电磁波，波长范围为780～2 526 nm。实际中近红外区又可分为近红外短波（780～1 100 nm）和近红外长波（1 100～2 526 nm）两个区域。近红外谱区的信息主要是分子内部原子之间振动的倍频与合频的信息，几乎包括有机物中所有含氢基团（如C—H、O—H、N—H和C=O等）的信息，信息量极为丰富。在近红外线照射下有机物以及部分无机物分子中各种含氢基团受到激发产生共振，同时近红外的能量一部分被吸收，测量其对光的吸收情况，可以得到极为复杂的近红外光谱图，这种图谱表示被测物质的特征。不同物质在近红外区域有丰富的吸收光谱，每一种成分都有其特定的吸收特征。因此，近红外光谱能反映物质的组成和结构信息，从而可以作为获取信息的一种有效载体。

近红外光谱（NIR）技术是一种新型的检测分析方法，相较于传统化学方法具有很明显的优势。使用该方法可以对田间烟叶成熟度实现快速有效和准确的检测。该技术具有以下特点：

（1）无损分析。在进行烟叶近红外光谱的检测时，不需要对烟叶进行破坏，可以直接在烟株上对烟叶光谱信息进行采集。这可以减少烟叶检测过程中的损失。

（2）分析速度快。在建立烟叶近红外光谱模型时，需要大量的烟叶样本，一般而言样本数越多，容纳的可用信息也就越多，建立的模型就越有代表性，准确度也就越高；进行近红外光谱采集时，用时很短，一般几秒钟就可以完成一个样本光谱的采集，这样对烟叶样本的批量、实时的检测就能够实现。

（3）无污染。近红外光谱技术几乎不需要使用化学药品和试剂，测量过程中也不会产生有害或者影响周围环境的物质，是一种环保、无毒的检测方法。

（4）可实现在线和原位分析。近红外光谱仪可以安装依附在实时在线设备中，与过程控制和优化系统结合实现实时检测。这样的好处是在科学自动评估烟叶外在质量的同时可以对烟叶内在品质进行实时评估，这为实现科学准确的烟叶分级提供了有力的技术支持。

近红外可以分为短波（780～1 100 nm）和长波（1 100～2 526 nm）两个区域。对保山市K326品种烤后品质进行检测，结果表明，中、上部烟叶从生叶到长至成熟过程，抗张强度和平衡含水率都呈现增加趋势，并且在烟叶成熟时达到最大值；长至过熟时，抗张强度和平衡含水率减少。上部叶M3、中部叶M4的含梗率较低，填充值较高，厚度适中，可用性较好。中、上部烟叶中M3、M4的颜色为橘黄色，叶片结构疏松，身份中等或稍厚，油分多，色度强，外观质量较好（王承伟，2017）。

三、智能判别技术

对于烟叶的外观特征来说,颜色特征是最主要、最直观的特征。烟叶色素的变化伴随着其内部多种化学成分的形成和分解,烟叶的外观颜色特征与其内部品质之间存在着很大的相关性。因此,可以通过测量烟叶外观颜色来进行农产品内部品质的检测。史龙飞等(2012)利用机器视觉技术提取不同成熟度烟叶图像的颜色和纹理特征值,采用主成分分析对各个特征值进行优化,利用反传(BP)神经网络建立烟叶成熟度检测模型。王杰等(2013)提取图像的分块颜色直方图特征,利用主成分分析对提取的特征进行降维处理,最后利用极限学习机进行烟叶成熟度识别判断。周首峰(2013)选择合适的颜色空间HSV,提取烟叶H、S、V颜色分量,并对提取的颜色进行分析,得出颜色特征与烟叶成熟度的相关性。

无损分析技术(近红外光谱、机器视觉和传感器技术)应用于烟草领域的无损检测需要配合预测模型来实现,目前的拟合模型主要包括数据预处理、模拟优化、模式识别、多元校正和模型转移等5个方面。

(1)预处理方面。光谱、图像等仪器采集的数据往往包含一些与待测样品性质无关的因素带来的干扰,如样品的状态、光的散射、杂散光及仪器响应等的影响,导致光谱的基线漂移、图像模糊等问题。目前分析应用中使用较多的预处理方法主要有平滑与微分(Savitzky-Golay平滑法、直接差分法)、多元散射校正(MSC)、标准正态变换(SNV)和小波变换(WT)等。

(2)模拟优化。光谱、图像或者传感器的原始信息通常由大量数据点构成,信息复杂且共线性严重。目前主要的变量筛选方法有间隔偏最小二乘法(iPLS)、无信息变量消除法(UVE)、蒙特卡罗无信息变量消除法(MC-UVE)、模拟退火方法(SA)、粒子群算法(PSO)、蚁群算法(ACO)、竞争自适应重采样方法(CARS)等。

(3)模式识别。由于光谱的吸光度、图像的特征信息之间的差异通常较小,不同物质很难采用直接对照的方法来进行区分。主要的模式识别方法包括有监督的模式识别方法——判别分析距离判别、Fisher判别、逐步判别、线性学习机、极限学习机(ELM)、K最邻近算法(KNN)、偏最小二乘判别分析(PLS-LDA)等,和无监督的模式识别方法——聚类分析PCA、K均值聚类、模糊聚类法等。

(4)多元校正。多元校正是指建立物质含量或其他理化性质与分析仪器的响应值之间定量关系的过程,是化学计量学的一个主要分支。目前常用的多元校正算法包含两种不同的类型:一类称为线性建模方法,如多元线性回归法(MLR)、主成分回归法(PCR)、偏最小二乘法(PLS)等;另一类为非线性校正方法,其主要代表为人工神经网络(ANN)、支持向量机(SVM)、分类回归树等。

（5）模型转移。模型转移主要用于校正模型的传递，也叫仪器的标准化。目前解决模型传递问题主要有两类方法：一类是提高校正模型的稳健性，主要是通过一些预处理方法和使用温度、不同仪器测量条件扩充校正模型以及采用稳健回归方法增强源机所建模型的预测能力；另一类是增强校正模型的适应性，指的是通过一定的数学推导建立不同仪器信号或预测结果之间的函数关系。

四、机器视觉技术

机器视觉是通过光学器件进行非接触感知，自动获取和解释某个真实场景的图像，以获取信息，控制机器或过程。机器视觉技术是一门涉及人工智能、神经生物学、心理物理学、计算机科学、图像处理、模式识别等多个领域的交叉新兴学科，具有快速、准确、无损的测量特点，在烟草领域的研究已取得许多成果。徐光辉等（2007）以K326品种为材料，运用数字摄影技术提取烟叶成熟期图像，并使用图像分析技术提取烟叶叶绿素颜色特征值，结果表明，利用颜色特征参数B/(R+G)，色度坐标b可以得到适合于烟草成熟期叶片叶绿素的颜色特征估算模型，在进行精度检验时相关系数均达到0.767，说明该模型具有较高的拟合精度和较强的实用性，可作为判断鲜烟叶的叶色，从而判断烟叶成熟度状况。

史龙飞等（2012）以不同成熟度的中部烟叶为材料，采用主成分分析（PCA）法对烟叶的颜色特征值和纹理特征值进行模式识别研究，成熟度的平均识别率为93.7%。杨睿等（2021）在基于烟叶成熟度智能判别的精准烘烤技术研究的项目中采用近红外光谱与图像识别耦合新技术，基于二者的融合信息，结合极限学习机算法，拟合烟叶光谱和图像数据的成熟度融合判别模型，与图像模型相比，融合判别模型正确率平均提高了9.91%，与近红外光谱模型相比，融合模型的判别正确率平均提高了3.84%，最终得出了满足烟叶成熟度检测的有效方法。

云南省烟草农业科学研究院提出了一种基于图像处理和多分类方法的烟叶成熟度自动判别方法并构建了应用（APP）系统。通过图像采集、预处理和分析，系统能够快速、准确地识别烟叶成熟度。试验结果表明，利用烟叶的颜色和纹理特征可以确定烟叶的生育期和最佳采收期，更接近专家的估计结果。此外，支持向量机被证明是一种潜在的工具，能够在成本、操作时间和吞吐量的考虑下对烟叶成熟度进行分类。因此，建议使用该系统对烟叶成熟期进行分类。该系统具有良好的性能和较低的计算成本。此外，该系统的优点之一是可以在移动智能设备上稳定运行，实时获得准确的预测结果，特别适合于种植者的田间观察和识别。云南省烟草农业科学研究院开发了"看叶识熟"APP和微信小程序。"看叶识熟"是一款检测烟叶成熟度的APP，通过人工智能技术以及全球定位系统（GPS）定位技术，实现对烟叶成熟度级别的预测和分类，准确率达到 85%，从而可以帮助烟农直观、较为准确地掌握烟叶的成熟度，同时会根据成熟度推荐相应的烘烤条件，实现精准烟草生产指导。优点：只需动动手指就能获得烟叶成熟度、采烤提示、技术指导等信息，无损，快速。缺点：准确率有待继续优化提升。

下载安装"看叶识熟"APP（图 3-2）；点击拍照按钮，开始烟叶成熟度识别，可现场进行烟叶成熟度识别（根据提示，把识别烟叶正对镜头，点击拍照识别），也可拍照后从相册进行烟叶成熟度识别（从相册选择烟叶照片）；录入品种、部位、地址位置、当前天气等信息（天气信息会根据当前定位地址，自动获取），点击提交后会显示烟叶成熟度、是否适合烘烤以及适合烘烤时间。"看叶识熟"APP 的烟叶成熟度判断流程如图 3-3 所示，其帮助烟农识别烟叶成熟度的情况如图 3-4 所示。

图 3-2 "看叶识熟"APP 和微信小程序

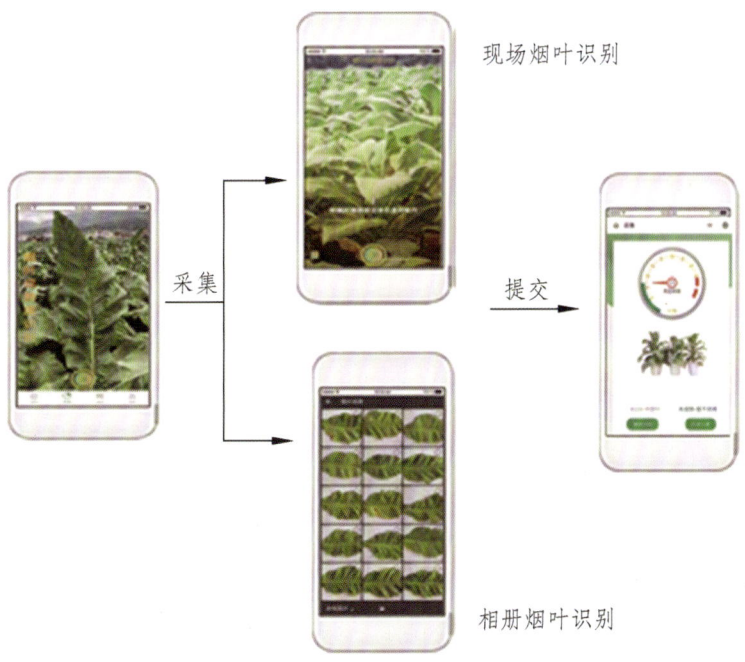

图 3-3 "看叶识熟"APP 的烟叶成熟度判断流程

图 3-4 "看叶识熟" APP 软件帮助烟农识别烟叶成熟度

第二节 基于图像的 K326 品种烟叶成熟度识别技术

成熟度是获得优质烟叶的基础和保障。为解决人工采摘成熟度不一致的问题，计算机视觉最大的特点是可以模拟人类的视觉功能。在利用相关技术分析烟叶成熟度时，将色度学理论与数字图像处理相结合，模拟人类的颜色视觉进行颜色和纹理特征分析。模式识别（常亮，2005）是指处理和分析各种形式的信息、描述、识别、分类和解释事物或现象的过程。它是信息科学和人工智能的重要组成部分。模式识别系统由设计过程（为设计烟草成熟度分类器训练烟草样品）和实施过程（分类器对识别的烟草样品做出分类决策）组成。

基于图像识别技术结合支持向量机（SVM）对烟叶进行成熟度判别，并与 K 最邻近算法（KNN）、卷积神经网络（CNN）、主成分分析（PCA）、随机森林（RF）等 4 种方法进行比较。研究结果表明，以径向基 RBF 作为支持向量机（SVM）的核函数，核参数选择 $C=1$、$\varepsilon=0.001$ 和 $\sigma^2=0.85$ 时，支持向量机（SVM）总体分类精度高达 86%，运行时间短至 2.67 s，预测正确率和运行时间都优于 K 最邻近算法（KNN）、主成分分析（PCA）、随机森林（RF）等方法；CNN 虽然具有较高的识别精度，但收敛速度较慢。因此，图像识别技术结合支持向量机方法简单、高效、准确，为判别烟叶成熟度提供了一种便捷的方法。

以 K326 品种为研究对象，在大理弥渡烘烤试验基地进行田间栽培，按照当地烟叶生产技术措施进行管理，依据表 3-2 标准，使用人工智能（AI）泛智能抓拍筒型网络摄像机（海康威视）采集烟叶图像，将摄像机置于专业的图像采集架上，保持镜头与烟叶垂直高度为60cm，图像以 JPG 格式自动保存于计算机中，分辨率为 3072 像素×1728 像素。

表 3-2　新鲜烟叶在 4 个成熟期特征

成熟度	鲜烟叶特征
未熟	烟叶颜色为深绿色，无黄色，主脉和支脉均为绿色，短绒毛未脱落。
假熟	烟叶尚未成熟，但在外观上表现出一定的成熟特征。
成熟	烟叶色泽黄绿色，主脉全白，约 1/3 支脉变白，短绒毛部分脱落，叶尖微下垂。
过熟	主脉和支脉均为白色明亮，叶色为黄白色；大部分短绒毛脱落，叶耳呈黄色，边缘干枯锋利。

对烟叶图像进行图像去噪、边缘提取和背景抠除等处理，提取包含颜色特征的提取（RGB的平均值和标准差、HSV 的平均值和标准差）以及纹理特征的提取（纹理惯性、纹理能量、纹理熵和纹理相关性）；采用 K 最邻近算法（KNN）、支持向量机（SVM）、卷积神经网络（CNN）、主成分分析（PCA）、随机森林（RF）等 5 种方法，构建了判别模型进行预测，进行软件及模型评价：

$$ACC = \frac{TP}{Num_{total}} \times 100$$

其中：正值（TP）表示正确预测的真实数；Num_{total} 是使用的图像总数。

图像预处理、GLCM、SVM、PCA、KNN、RF 和 CNN 的所有代码均在 MATLAB 2018a（美国 MathWorks 公司）上编写。所有训练和测试判别模型均在 PC 机上进行，采用 2.3 GHz 4 核 CPU、8 GB ARM、Windows 10。经过训练和细化，将判别模型编译为 Java 代码，并移植到 Android 系统（Android 4.4+）手机上，用于便携应用。

一、烟叶图像预处理

图像预处理主要包括图像去噪、边缘提取、背景抠除等。作为图像处理分析的前提和基础，图像预处理直接影响烟叶特征提取和等级判别的准确性。采用小波变换（WT）技术对烟叶图像进行去滤波处理，通过滤波处理除去烟叶图像中的噪声，图 3-5（a）所示为原始图像，图 3-5（b）所示为去噪后图像。在对烟叶图像进行识别和判断前，需要将烟叶的轮廓从图像中提取出来，采用自适应模糊 C-均值聚类算法（AFCM）进行边缘提取，先将原始图像转化为灰度图，然后利用灰度直方图调整图像的灰度，进而执行图像分割，从图中提取到烟叶的轮廓，图 3-5（c）所示为提取的烟叶轮廓。将提取的烟叶轮廓去除图像背景，保留烟叶本身，抠除背景后图像见图 3-5（d）。

(a) 原始图像　　　　　　　　　　　　(b) 去噪后图像

(c) 烟叶轮廓图像　　　　　　　　　　(d) 抠除背景后图像

图 3-5　烟叶图像预处理流程

二、烟叶图像颜色和纹理特征提取

图像处理设备利用红（R）、绿（G）、蓝（B）3 种光敏传感器进行光能量的采集得到彩色图像，自然界的所有颜色都可以通过三基色的不同比例混合而成，因此可以提取这 3 种颜色的平均值和它们的标准差作为图像的颜色特征之一。图 3-6 所示为 R、G、B 3 个颜色通道的分量值。

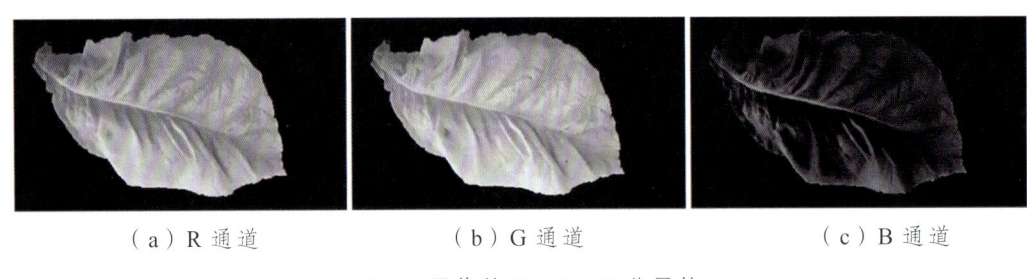

(a) R 通道　　　　　　　(b) G 通道　　　　　　　(c) B 通道

图 3-6　图像的 R、G、B 分量值

HSV 是另一种常用的颜色系统，HSV 分别是指色调（H）、饱和度（S）、明度（V）。可以将 RGB 颜色转换为 HSV 颜色系统，将色调均值、饱和度均值、明度均值以及它们的标准差作为颜色的普遍特征，图 3-7 所示为 H、S、V 3 个颜色分量值。

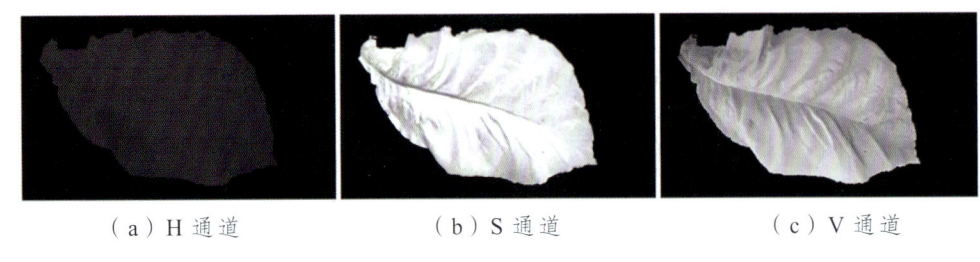

(a) H 通道　　　　　　　(b) S 通道　　　　　　　(c) V 通道

图 3-7　图像的 HSV 分量值

为了获得不同成熟等级烟叶纹理变化的特征信息，可将 RGB 图像转换为灰度图像，并利用图像灰度共生矩阵方法从每幅灰度图像中提取能量、熵、惯性矩、相关性 4 个纹理特征参数，将上述参数的均值及它们的标准差作为纹理特征，综合上述颜色和纹理特征，从每个烟叶图像中可提取 20 个特征变量。

三、烟叶图像判别模型的构建

（一）主成分分析测试

选用 PCA 作为一种无监督的多分类方法来识别 4 个成熟度类别。根据烟叶分类结果，如图 3-8 所示，可以确定，尽管 PCA 是一种适用于许多应用的强大分类技术，但对于 4 种烟草成熟度水平，其分类精度仍然较低。这一结论可为选择合适的分类方法提供参考。

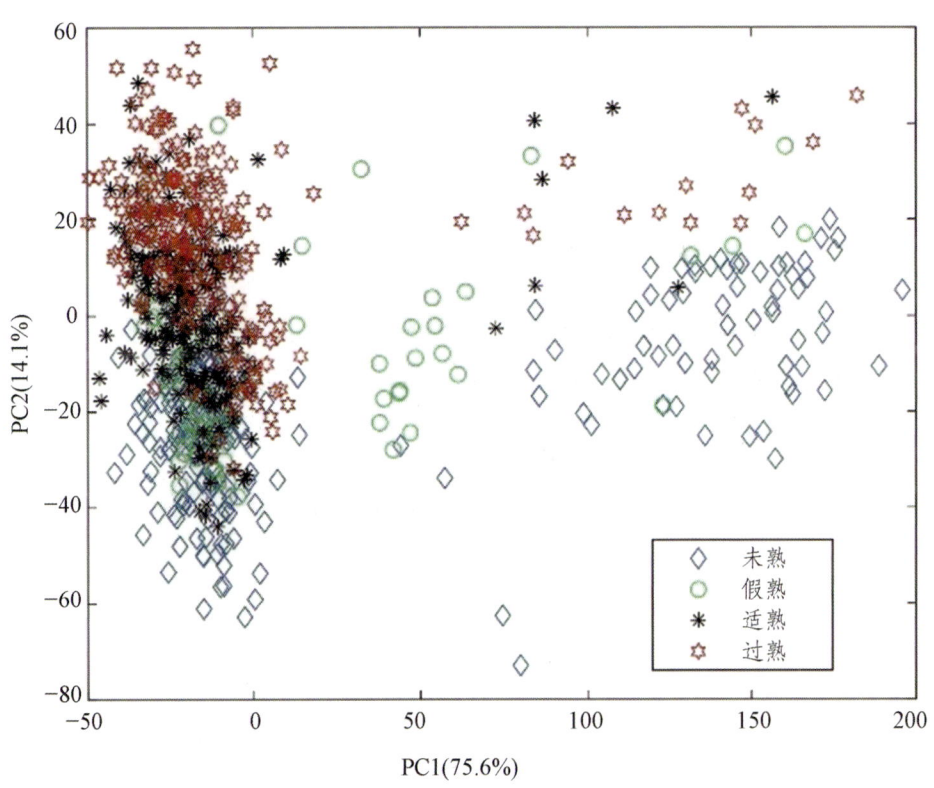

图 3-8　通过无监督 PCA 对 4 种烟草水平分类结果

（二）支持向量机核参数选择

作为一种优秀的分类算法，支持向量机需要调整参数以获得更好的预测结果。在建立模型之前，需要选择 3 个关键参数：核函数和两个核参数。在本试验中，使用了径向基（RBF）、多项式和 S 形核函数 3 种不同的核函数，采用网格五重交叉验证法和局部搜索算法选择核参数。这是根据与专家判断相比较时获得的评估和识别率确定的。如表 3-3 所示，RBF 的识别性能最好，其次是多项式核函数，然后是 S 形核函数，其性能最差。结果表明，RBF 神经网络能取得较好的分类效果。选择 SVM 模型参数为 $C=1$、$\varepsilon=0.001$ 和 $\sigma^2=0.85$。回归判别率和识别率分别为 98% 和 86%。

表 3-3　3 种核函数的识别率比较结果

核函数	支撑向量	交互验证正确率/%	核参数					回收正确率/%	识别率/%
			C	ε	σ^2	v	c		
RBF	21	92.2	1	0.001	0.85	—	—	98	86
Polynomial	19	89.4	107	0.001	—	—	—	95.2	82
Sigmoid	30	86.1	1	0.001	—	0.05	0.17	87.6	69.7

（三）SVM 法性能评估

使用接受者操作特征曲线（ROC）来评估 SVM 的性能，如图 3-9 所示。对基于颜色和纹理特征的预测结果进行精度评估，它们表现出很大的偏差，特别是在假熟阶段。其他成熟度水平的分类精度较高，这与相应时期的纹理变化规律相一致。

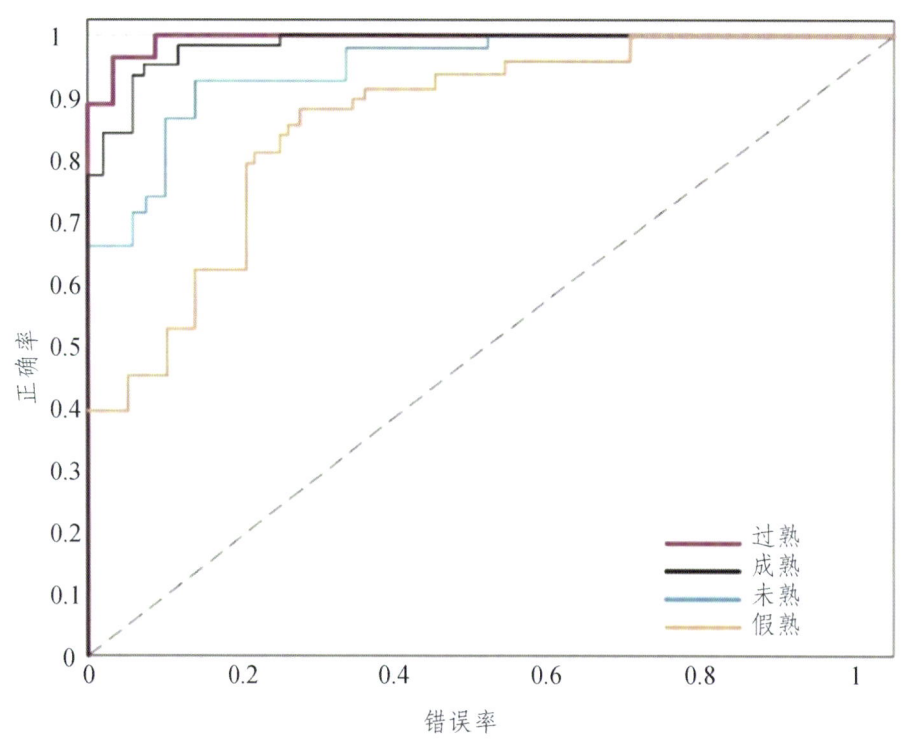

图 3-9　接受者操作特征曲线

（四）SVM 预测结果的混淆矩阵

由表 3-4 可知，未成熟水平的识别正确率（ACC）优于其他 3 个水平。这一发现可能是因为未成熟叶片的颜色与成熟叶片的颜色明显不同，假熟烟叶和成熟烟叶由于外观特征相似，容易混淆。本试验的未来工作是提高假熟和成熟烟叶判别模型的准确性。

表 3-4 通过 SVM 方法预测成熟度水平的混淆矩阵

预测等级	实际等级				总样本数	正确率/%
	未熟	假熟	成熟	过熟		
未熟	220	13	1	0	234	94
假熟	29	140	4	3	176	79.5
成熟	6	29	257	23	315	81.6
过熟	0	2	31	246	279	88.2
总样本	255	184	293	272	1004	86

（五）4 种方法和 2 种文献方法预测成熟度水平的结果对比

对基于纹理特征的各种模型（如 RF、KNN、SVM、GLTP）及其改进方法也进行了研究，结果表明，在所有模型中，与除改进的 GLTP 方法外的其他模型相比，基于支持向量机的模型具有更好的性能（表 3-5）。然而，使用 GLTP 融合不同纹理特征和不同特征选择方法来提高分类精度可能需要大量的验证实验和依赖大样本。对于图像分类，SVM、KNN 和 RF 具有各自的优势和劣势。在比较的分类结果中，SVM 的总体分类预测精度最高（86%），其次是 RF（84.7%）和 KNN（78.3%）。同样，在运行时间方面，SVM 最快，为 2.67s，其次是 KNN 和 RF，分别为 5.887s 和 7.903s。CNN 虽然有较高的识别正确率，但是运行时间较长，因此不适合用于成熟度识别。

表 3-5 通过 4 种方法和 2 种文献方法预测成熟度水平的结果对比

方法	正确率/%		运行时间	
	训练集	测试集	训练集	测试集
SVM	95.6	86	7 432.5ms	2 670.8ms
KNN	97.7	78.3	16 033.4ms	5 887.4ms
RF	94.8	84.7	22 653.7ms	7 903.1ms
CNN	99.2	91.3	67.3 min	19.5 min
GLTP	—	80.8	—	—
GLTP+Wavelet+SBS	—	88.8	—	—

利用烟叶的颜色和纹理特征可以确定烟叶的生育期和最佳采收期，更接近专家的估计结果。采用径向基（RBF）作为支持向量机模型的核函数，能提高其判别准确率，这与潘治利等（2012）的研究结果一致。因此，建议使用该系统对烟叶成熟期进行分类，具有良好的性能和较低的计算成本。此外，该系统不仅在移动智能设备上稳定运行，还能实时获得准确的预测结果，特别适合于种植者的田间观察和识别。

烟叶颜色是衡量烟叶质量的重要指标之一。在环境和人工照明条件下，可使用自动恢复白平衡多种模式，这导致了图像RGB色泽不均匀，出现颜色差异的原因可能来自成像参数，而不是反射特性。因此，为了避免这种差异，将来应在大面积甚至整个区域上选择固定的手动成像模式进行图像采集。

该研究表明，支持向量机法能有效地对图像信息进行分类，对比5种算法，支持向量机总体分类精度最高（86%），运行时间最短（2.67 s），能够在成本、操作时间和吞吐量的考虑下对烟叶成熟度进行分类，且能够在智能手机上稳定运行。因此，这种具有高成熟度识别准确度、有效性和省时性的成熟度判别方法可能会越来越吸引烟草种植者，而无须依赖主观和假设性估计，适合用于成熟度识别。

第三节　K326烟叶成熟度近红外光谱判定技术

近红外光谱技术是一种现场快速检测技术，在现场检测的时候，优点是速度快、无损、可提供多种信息，缺点就是容易受现场环境变化的影响，而这些环境的变化导致了近红外光谱的漂移，漂移导致了预测模型的不稳定。为了修正这一不稳定和光谱漂移，相关学者开展了近红外光谱的标准化校正研究。在环境因素中，对近红外光谱模型影响较大的有光照强度与温度等，因此对不同光照度、温度时的烟叶近红外光谱进行研究，得到的不同光照度与温度的校正系数对建立近红外光谱模型很有意义。

一、影响烟叶近红外光谱的因素

由图3-10可知，不同光照度时的烟叶近红外光谱之间具有差异。当光照度为0级时光谱差异较为显著，即自然环境中晚上与白天进行近红外光谱采集对结果会有较大影响，不同光照强度对光谱数据也有一些影响，所以光谱采集时应在同一光照强度环境中进行较好。由图3-11可知，不同温度时的烟叶近红外光谱之间具有明显差异。温度每变化1 ℃，近红外光谱之间都有差异，说明温度变化对近红外光谱检测具有较大影响。

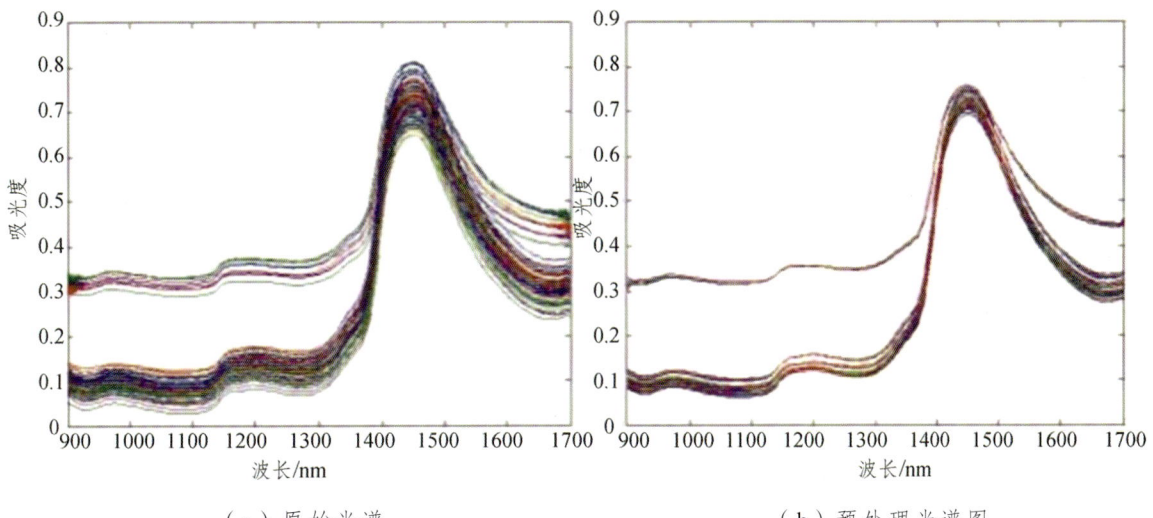

(a)原始光谱　　　　　　　　　　(b)预处理光谱图

图 3-10　不同光照度烟叶近红外光谱

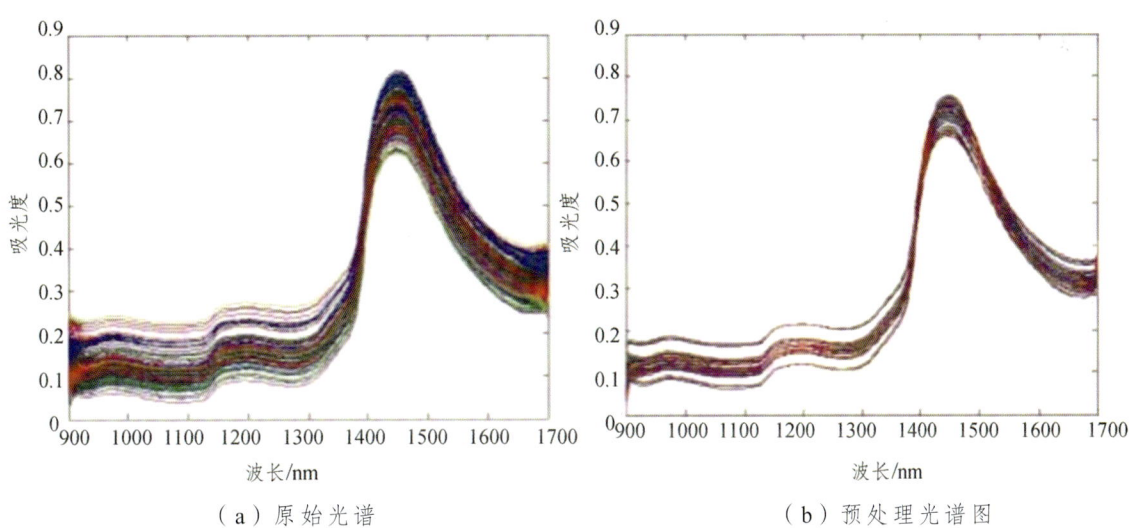

(a)原始光谱　　　　　　　　　　(b)预处理光谱图

图 3-11　不同温度时烟叶近红外光谱

近红外光谱光照度与温度的校正系数：

（1）近红外光谱的光照度校正方程：

$$X_s = X_l b_1$$

其中：X_s 表示标准光照度时的近红外光谱；X_l 表示处于不同光照度时的近红外光谱；b 为校正系数。方程采用最小二乘方法求解。

（2）近红外光谱的温度校正方程：

$$X_s = X_t b_2$$

其中：X_s 表示标准温度时的近红外光谱；X_t 表示处于不同温度时的近红外光谱；b 为校正系数。方程采用最小二乘方法求解。

表 3-6 表示近红外光谱光照度校正系数，以光照度 4 级为标准近红外光谱，代入近红外光谱的光照度校正方程，得到不同光照度的近红外光谱校正系数。表 3-7 表示近红外光谱温

度校正系数，以温度为 20 ℃ 时为标准近红外光谱，代入近红外光谱的温度校正方程，得到不同温度的近红外光谱校正系数。

表 3-6 近红外光谱光照度校正系数

处理	光照度/级	校正系数 b_1
T1	1	1.024 5
T2	2	1.013 8
T3	3	1.000 5
T4	4	1.000 0
T5	5	0.999 7
T6	6	0.986 5

表 3-7 近红外光谱温度校正系数

处理	温度/℃	校正系数 b_2
T1	15	1.033 2
T2	16	1.029 0
T3	17	1.024 4
T4	18	1.018 6
T5	19	1.012 3
T6	20	1.000
T7	21	0.998 0
T8	22	0.987 8
T9	23	0.980 0
T10	24	0.973 2
T11	25	0.968 0

环境的变化导致了近红外光谱的漂移，漂移导致了预测模型的不稳定。为了修正这一不稳定和光谱漂移，对近红外光谱的标准化校正研究。研究结果表明，近红外光谱对环境影响因素中光照强度、温度的变化较为敏感，因此在进行近红外检测时需要消除环境因素对光谱信息的干扰。设定标准光照度为 4 级，标准温度为 20 ℃，采用最小二乘方法求解校正系数 b，

可得到不同光照度的校正系数 b_1 与温度的校正系数 b_2。在田间进行鲜烟叶成熟度的近红外光谱采集时，需要测量田间的光照度与温度，可将测得的光谱转化为标准光照度与温度时的光谱，修正了近红外光谱的漂移，从而增强了模型的准确性与扩大适用范围。

二、基于近红外光谱的烟叶成熟判定技术

通过近红外光谱技术建立 SPAD 值定量预测模型从而对烟叶成熟度进行数字化研究具有重要意义。首先，从原理而言，SPAD 值是可见光的信息，近红外光谱技术采集的是近红外光的信息，两者之间存在不同。其次，近红外光谱信息中包含了烟叶的多种成分的信息，SPAD 值也是其中的一种信息，这里以 SPAD 值为例来对烟叶成熟度进行数字化分析，进而说明近红外光谱技术可以对烟叶的某些成分进行分析。最后，通过建立多种与烟叶成熟度相关性较强的成分如叶黄素、淀粉等含量的光谱模型，我们可以对烟叶成熟度进行更科学与准确的判别。

烟叶光谱 SPAD 模型的预测值与参考值散点图的结果表明：训练集与预测集的预测值与真实值都趋近于对角线，这说明回归方程的拟合值与原值差异较小，拟合效果比较理想。上部叶成熟度光谱 SPAD 模型最优主成分数为 11 个，R^2 为 0.9540，Q^2 为 0.8237，RMSEC 为 2.4824，说明上部叶 SPAD 预测模型较准确，误差较小；中部叶成熟度光谱 SPAD 模型最优主成分数为 19 个，R^2 为 0.9840，Q^2 为 0.8966，RMSEC 为 1.3426，说明中部叶 SPAD 预测模型较准确，误差很小。中、上部烟叶光谱 SPAD 预测模型都较为理想，说明通过烟叶光谱与 SPAD 值能够对烟叶成熟度进行数字化研究，从而对烟叶成熟度进行识别。

上、中、下 3 个部位的烟叶成熟采收标准存在较为明显差异，同一部位烟叶被划分为欠熟、适熟、过熟 3 个不同成熟等级，比较不同分类方法对 3 个部位的烟叶成熟度进行分类建模，选择最优的分类建模方法，建立烟叶成熟度识别模型，实现科学快速地对烟叶成熟度进行判别，给烟农提供准确的采收时间，不仅利于烘烤的科学化管理，也对整个烤烟生长环节具有重要作用。鲜烟叶成熟度评判标准由烟叶成熟度评判专家结合生产经验与文献给出（表 3-8）。

表 3-8　不同处理鲜烟叶的采收成熟度

处理	烟叶特征
M1（欠熟）	叶面基本呈绿色，无可见黄色。
M2（适熟）	叶面呈黄色，叶耳浅黄，主脉 1/2 变白发亮，叶尖叶缘变黄，烟叶弯曲呈弓形。
M3（过熟）	叶面呈黄色，叶脉变白，叶片变薄，叶尖和叶缘枯焦呈褐色。

（一）光谱采集

按批次在试验地现场挑选鲜烟叶，按照上述成熟度特征，在各部位叶片成熟度为欠熟、适熟、过熟时分别采收 12~15 片，每片烟叶为一个样本。采下后，为保证测定结果精确可靠，迅速装入塑封袋，在室内密闭环境下的测量（LI-COR，1983）。采用 B&WTEK i-Spec 近红外光谱仪采集样本光谱，仪器配有标准探头和漫反射白板。扫描次数为 50 次，分辨率为 3.5 nm，积分时间为 400 μs，光谱采集范围为 900~1 700 nm，优化光谱仪扫描条件后，立即进行近红外光谱扫描，扫描时，每个样本在视线范围内避开主脉在左右两侧各取 3 个点，取平均值作为该烟叶的代表光谱。

（二）光谱预处理方法

采用 Savitzky-Golay 平滑法对光谱进行平滑处理，平滑窗口为 9，Savitzky-Golay 卷积平滑（S-G）平滑，波 k 处平滑后的均值为：

$$x_{k,\text{smooth}} = \bar{x} = \frac{1}{H}\sum_{i=-w}^{+w} x_{k+i} h_i$$

式中：h_i 为平滑系数，基于最小二乘原理，由多项式拟合求得；H 为归一化因子。

应用多元散射校正（MSC）算法消除由于烟叶样品颗粒分布不均匀的影响。MSC 具体的算法如下：对于某个样本的光谱 X（1×m），

A. 计算校正集样本的平均光谱 $\bar{x}$；

B. 将 X 与 $\bar{x}$ 进行线性回归，$X=b_0+\bar{x}b$，使用最小二乘拟合求取 b_0 和 b；

C. $X_{\text{MSC}} = (x-b_0)/b$。

（三）分类建模方法

1. 主成分分析（PCA）

主成分分析法（Principal Component Analysis，PCA）是以一种最优化方法去浓缩和综合原始数据信息、研究如何将多指标问题转化为较少的综合指标的统计方法，采用舍弃部分线性变换信息的方法，对高维的变量空间进行了降维处理，达到以少数的综合变量代替原有的多维变量的目的（王一厂等，2015）。PCA 对样本分类主要是通过投影判别法，先直接对样本测量数据矩阵进行分解，只取其中的主成分来投影，然后进行判别分析。PCA 所得的主成分轴是该数据矩阵的最大方差方向，且这些主成分轴相互正交，这样就可保证从高维向低维空间投影时尽量多地保留有效信息。

2. K 最邻近算法（KNN）

K 最邻近算法（K-Nearest Neighbors Algorithm，KNN）是一种简单的机器学习算法，由

Cover 和 Hart 于 1968 年提出（Wu et al., 2008），理论比较成熟。该方法的思路是：若一个样本在特征空间中的 K 个最相似（特征空间中最邻近）的样本中的大多数属于某一类别，则该样本也属于此类别。在 KNN 算法中，基于给定的邻居度量方式以及结合经验选取合适的 K 值，所选择的邻居都是已经正确分类的对象。该方法在分类决策上只依据最邻近的一个或者几个样本的类别来决定待分样本所属的类别。

3. 支持向量机（SVM）

支持向量机（Support Vector Machine，SVM）由 Vapinik 等（Cortes et al., 1995；Li et al., 2009）在 20 世纪 90 年代提出。SVM 能够结合统计学习优化方法和核函数方法，考虑训练误差（经验风险）和测试错误（期望风险）最小化，在模型的复杂性与学习能力中，根据有限样本信息找到最优的解决办法，并拥有准确地预测和避免过拟合问题等优点。SVM 的核函数有线性核函数、多项式核函数、Sigmoid 核函数和径向基核函数（RBF 核函数）。如何选择出应用 SVM 的核函数及惩罚参数 C 和核参数 g 是关键，不同的参数对 SVM 的机器学习性能影响较大。

4. 随机森林（RF）

随机森林（Random Forest，RF）是 Breiman（2001）提出的一种根据分类回归树模型的集成学习算法，它是采取 Bootstrap 重复抽取样本的方法，从原始的训练样本集 N 中有放回地重复随机抽取样本生成 k 个新的训练集；同时从初始训练样本集中未能抽取出来的样本组成的集合，称为袋外数据集（Out Of Bag，OOB），再构建多个决策树模型，通过对决策树模型进行投票，得票愈多的决策树模型分类性能愈高（Liaw et al., 2002）。

（四）光谱预处理及样本划分

预处理前后光谱如图 3-12 所示。预处理后的光谱数据通过 Kennard-Stone 样本划分方法划分为训练集和预测集，具体的样本划分数据见表 3-9。

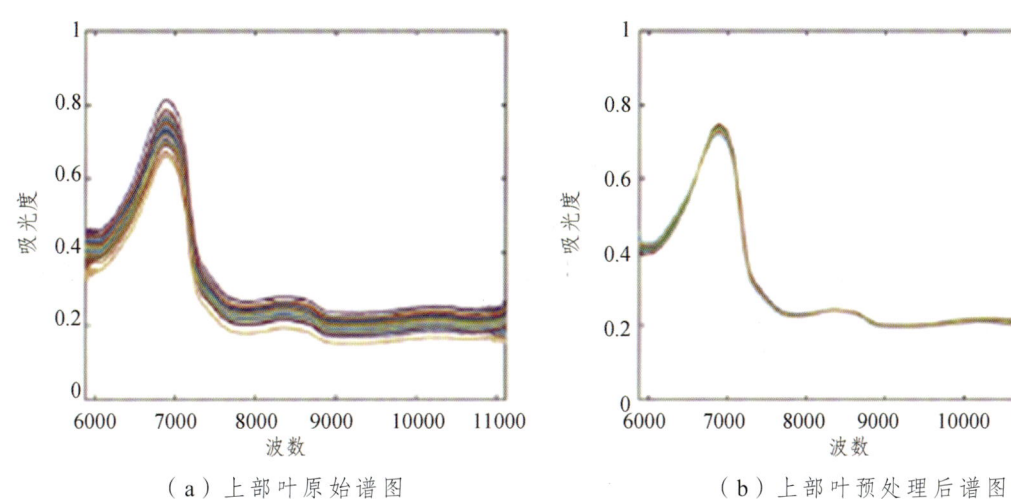

（a）上部叶原始谱图　　　　　　　　（b）上部叶预处理后谱图

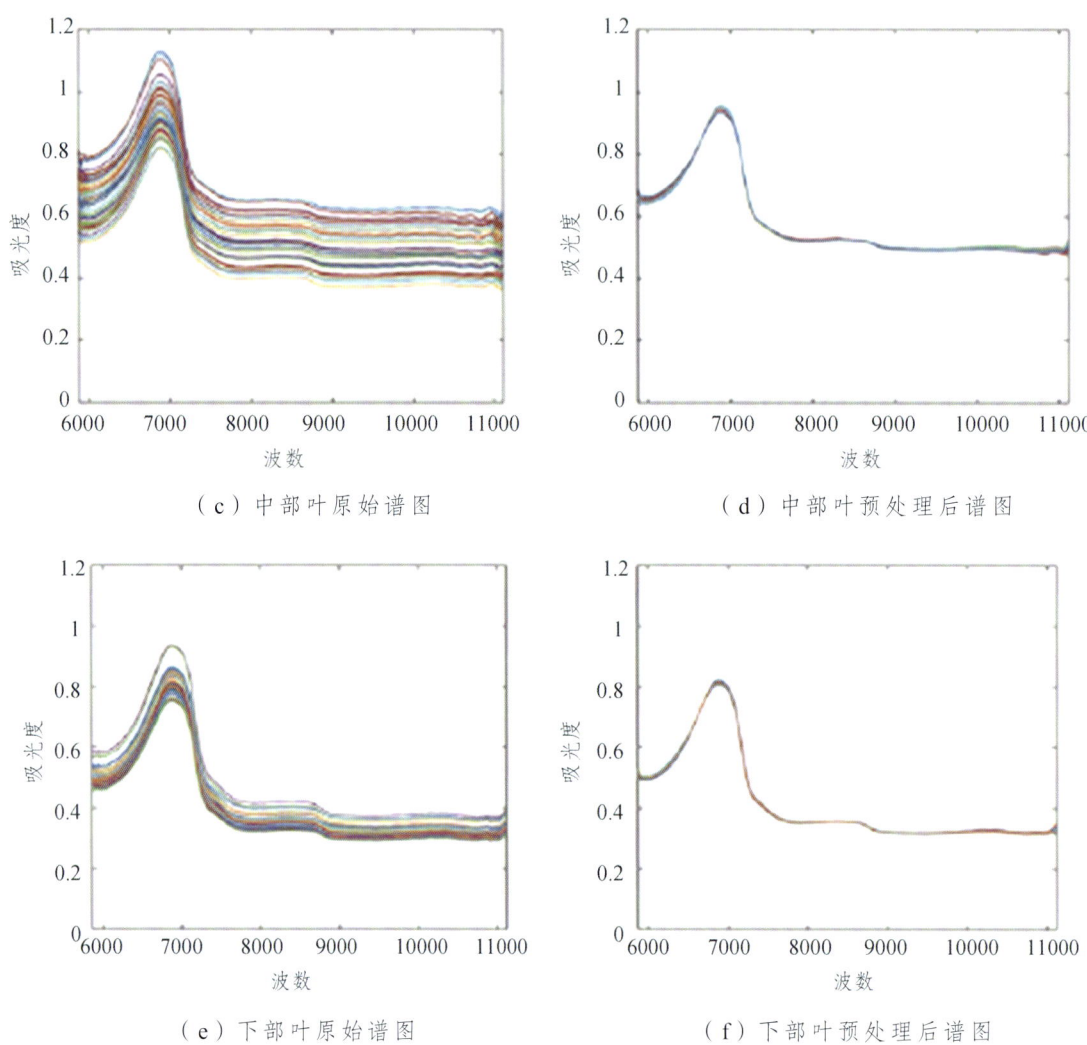

(c) 中部叶原始谱图　　　　　　　(d) 中部叶预处理后谱图

(e) 下部叶原始谱图　　　　　　　(f) 下部叶预处理后谱图

图 3-12　近红外光谱图不同分类模型比较结果

表 3-9　样本划分统计

数据集	上部叶	中部叶	下部叶
总样本数	45	36	37
训练集	32	26	26
预测集	13	10	11

（五）主成分（PCA）分析方法

由图 3-13 可知，上、中、下部烟叶的未熟、成熟和过熟光谱都不能完全分开，上部叶的成熟烟叶和过熟烟叶混合在一起且与未熟烟叶分得比较开，而中下部烟叶的 3 种不同成熟度都不能分开。导致这种结果的原因可能是，PCA 将所有的样本作为一个整体对待，去寻找一个均方误差最小意义下的最优线性映射投影，而忽略了类别属性，而它所忽略的投影方向有可能刚好包含了重要的可分性信息，所以导致 PCA 对烟叶成熟度的聚类分析不准确，需要借助更加复杂的学习算法来解决此问题。

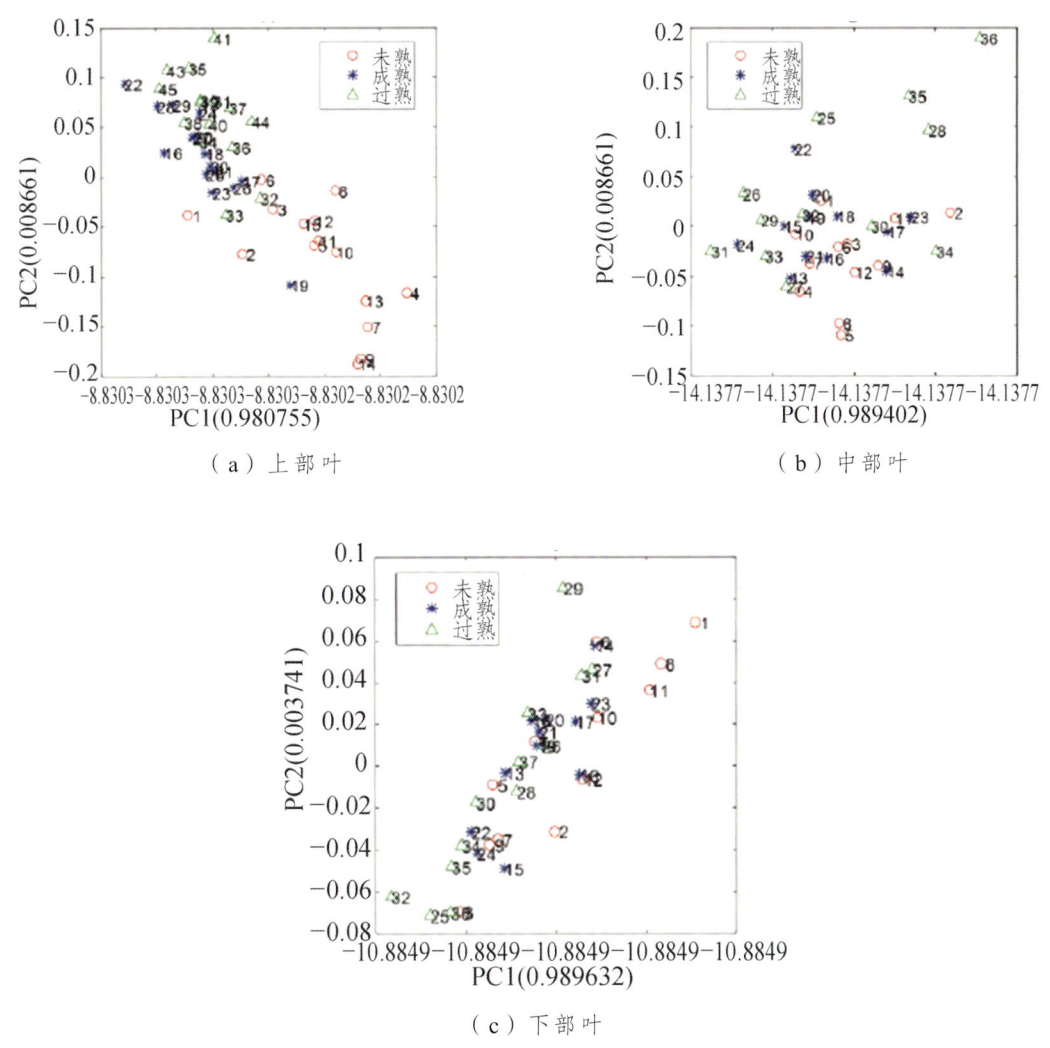

图 3-13　光谱 PCA 得分图

（六）KNN 方法

用 K 最邻近算法（KNN）对数据进行运算处理，得到图 3-14 和表 3-10。从表 3-10 我们可以看出：训练集的上部叶的分类正确率为 78%，高于中部叶和下部叶的 69%。预测集的分类正确率也是一样的趋势，但下部叶要低于训练集的正确率。KNN 被认为是一种经典的懒惰分类算法，与常规的分类算法先通过训练建立模型不同，KNN 采用的是边测试边训练的被动方式建立分类模型，但在进行测试样本分类时会使计算量加大，可解释性较差，无法给出决策树那样的规则，可以看出烟叶成熟度分类效果也不佳。

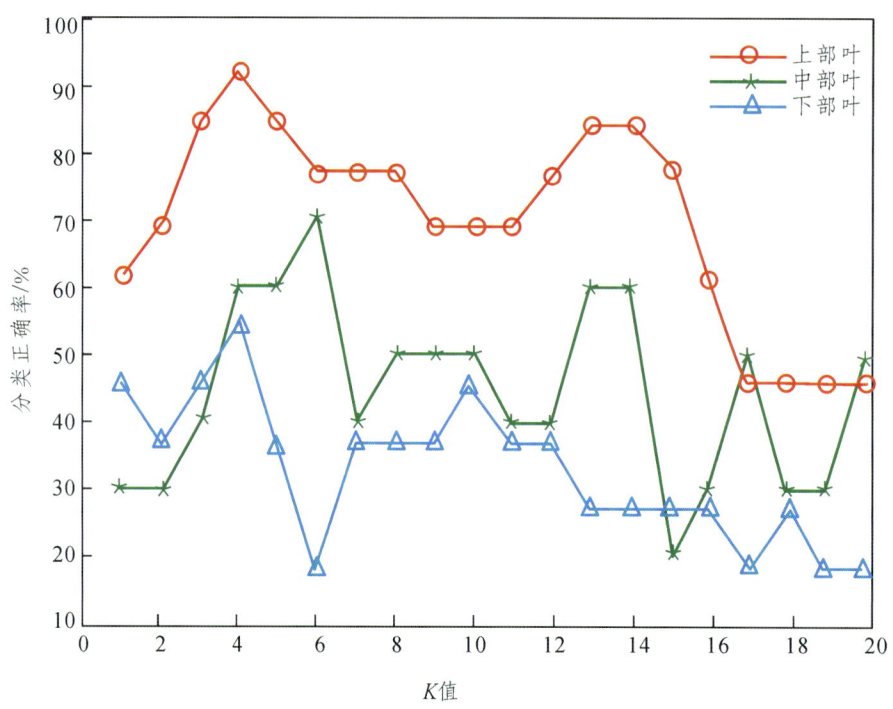

图 3-14 KNN 分类方法 K 值的选择

表 3-10 KNN 预测结果（%）

数据集	上部叶（$K=4$）	中部叶（$K=6$）	下部叶（$K=4$）
训练集	78.125 0（25/32）*	69.230 8（18/26）	69.230 8（18/26）
预测集	92.307 7（12/13）	70（7/10）	54.545 5（6/11）

（七）SVM 方法

从表 3-11 和表 3-12 可知，中部烟叶、上部叶训练集的预测正确率最低，但是在预测集的分类正确率中，上部叶反而最高（92.3%），中部叶最低（40%），下部叶相对稳定（73%）。但 SVM 存在不足的是：依赖经验选择参数，如果参数选择不准确，很容易导致过拟合的出现。中部叶和下部叶分类模型就有可能是过拟合，因为训练集分类准确率非常高，接近100%，但是预测集的分类正确率较低。这也说明 SVM 不是太适合用于烟叶成熟度分类的研究。

表 3-11 SVM 预测结果

数据集	上部叶	中部叶	下部叶
训练集	87.5（28/32）	100（26/26）	96.153 8（25/26）
预测集	92.308（12/13）	40（4/10）	72.727 3（8/11）

表 3-12　SVM 最佳参数（RBF 核）

参数	上部叶	中部叶	下部叶
n_{SV}	28	23	25
c	1	32	4
g	0.031 25	0.031 25	0.031 25

（八）RF 方法

从图 3-15 可知，当各部位烟叶随机森林选择树数目，上部叶选择树数目为 200、中部叶选择树数目为 100 和下部叶选择树数目为 60 时，线条趋于平稳；由图 3-16 可看出各成熟度的预测集和训练集的分布；由表 3-13 可知，上部、中部和下部叶的预测正确率较高，皆在 90% 以上。

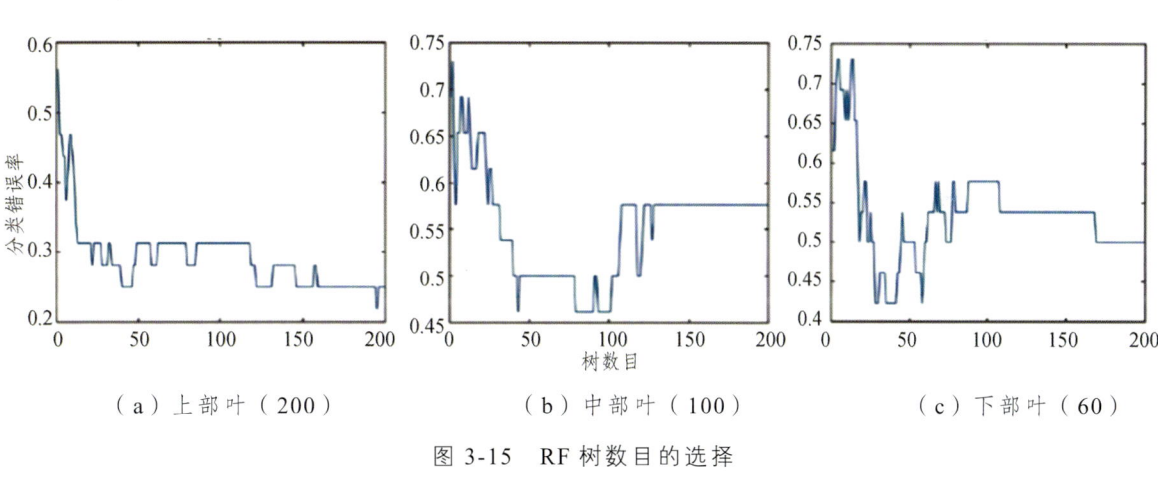

（a）上部叶（200）　　（b）中部叶（100）　　（c）下部叶（60）

图 3-15　RF 树数目的选择

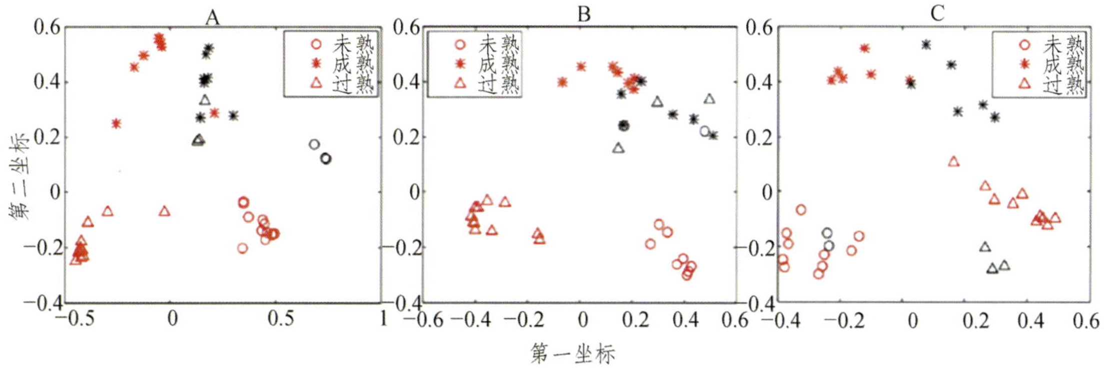

（a）上部叶　　（b）中部叶　　（c）下部叶

图 3-16　RF 分类效果图（红色表示训练样本，黑色表示预测样本）

表 3-13　RF 预测结果（%）

数 据 集	上部叶	中部叶	下部叶
训练集	87.5（28/32）	92.31（24/26）	100（26/26）
预测集	92.31（12/13）	90（9/10）	90.91（10/11）

在对烟叶成熟度进行定性分析的研究中，对 3 个烟叶部位分开讨论分析，比较不同分类方法对 3 个部位的烟叶成熟度进行分类建模，选择出最优的分类建模方法，建立烟叶成熟度识别模型具有重要意义。通过比较 PCA 方法、KNN 方法、SVM 方法、RF 方法等 4 种较为常见且分类较好的方法，对烟叶成熟度进行分类。4 种分类方法，使用 SVM 方法对上部叶的分类效果较为理想，但是对其他部位的烟叶分类效果较差。我们优先选择能够对 3 个不同部位烟叶都能够较好分类的方法。

综上所述，近红外光谱技术结合 RF 方法模型稳健，分类效果较好。该方法不仅确定构建随机森林树数目简单，而且通过子模型循环 500 次即可得到稳定的变量重要度，相对于其他方法更加稳定；RF 能够很好地解决烟草成熟度近红外光谱分类中算法参照经验值和分类模型过拟合问题，具有推广使用价值。选择近红外光谱结合化学计量学算法进行成熟度识别有助于适时采收，提高初烤烟叶的烘烤起点，提高烟叶品质。基于近红外光谱技术的烟叶成熟度判别模型具有较好的稳健性，近红外光谱用于烟叶精细分类是可行的。

三、基于光谱数据的烟叶成熟度数字化技术

在烟叶成熟过程中，有些化学指标的改变具有一定规律，通过对这些化学指标的测量，可以对烟叶成熟度进行数字化研究。研究表明，叶绿素和类胡萝卜素含量随着烟叶成熟度的提高，呈现减少的趋势。烟叶成熟度与烟叶 SPAD 值呈极显著相关性，通过测量烟叶 SPAD 值可判断出烟叶的成熟度。近红外光谱技术具有同时对烟叶成熟度相关性较强的如 SPAD 值、类胡萝卜素含量等化学成分定量分析的优点。以 SPAD 值为例，说明烟叶的近红外光谱能够反映烟叶的某些化学成分信息。采用偏最小二乘方法对不同部位及成熟度的烟叶光谱建立 SPAD 值的定量预测模型，以便于通过近红外光谱技术对烟叶成熟度进行数字化研究。取样时选取长势基本一致，留叶数相等，株高一致的中部叶（第 8~14 叶位）、上部烟叶（15~21 叶位）为试验材料。试验采用的成熟分级标准参照生产实践经验和文献，中部叶的分级标准见表 3-14。

表 3-14 成熟度分级标准

处理	采收标准
M1（生叶）	叶色深绿，未落黄，主支脉全青，茸毛未脱落。
M2（欠熟）	叶色淡绿，刚落黄，主脉 2/3 变白，支脉青，茸毛较少脱落。
M3（尚熟）	叶色黄绿，主脉全白，支脉 1/3 变白，茸毛部分脱落。
M4（成熟）	叶色黄，绿少黄多、黄中透白，主脉全白、发亮，支脉 2/3 变白，茸毛基本或大部分脱落，叶面布满黄斑，叶尖叶缘变白，轻微枯尖焦边，叶尖下勾。
M5（过熟）	主脉和支脉全白、发亮，叶面黄泡变白，茸毛大部分脱落，有较多类似赤星病斑块，枯尖焦边。

光谱预处理可以通过多元散射校正去除奇异样本以及求导和平滑来消除仪器噪声和其他背景的影响，提高分辨率和灵敏度。通过考察验证模型相关系数（R^2、Q^2）和均方根误差（RMSEC），可以选择较优的预处理方法。不同预处理方法所得模型的各项指标见表 3-15 和表 3-16。

表 3-15 不同预处理方法对上部叶烟叶光谱模型的影响

预处理方法	optPC	R^2	RMSEC	Q^2
原始光谱	11	0.927 5	3.402 8	0.803 4
平滑	18	0.946 6	2.920 0	0.802 6
平滑+多元散射校正	20	0.961 9	2.439 2	0.766 0
平滑+一阶导数	11	0.958 0	2.482 4	0.823 7
平滑+二价导数	20	0.987 6	1.380 4	0.759 8

表 3-16 不同预处理方法对中部叶烟叶光谱模型的影响

预处理方法	optPC	R^2	RMSEC	Q^2
原始光谱	19	0.984 0	1.342 6	0.896 6
平滑	17	0.943 3	2.557 0	0.843 7
平滑+多元散射校正	14	0.926 3	2.886 8	0.863 5
平滑+一阶导数	11	0.954 0	2.289 9	0.863 5
平滑+二价导数	14	0.967 8	1.923 7	0.881 6

预处理后的光谱数据通过 Kennard-Stone 样本划分方法（Kennard et al., 1969）分为训练集和预测集，具体的样本划分数据见表 3-17。不同成熟度中部叶与上部叶近红外预处理前后光谱如图 3-17 所示。

表 3-17 样本划分统计

数据集	上部叶	中部叶
总样本	168	161
训练集	135	129
预测集	33	32

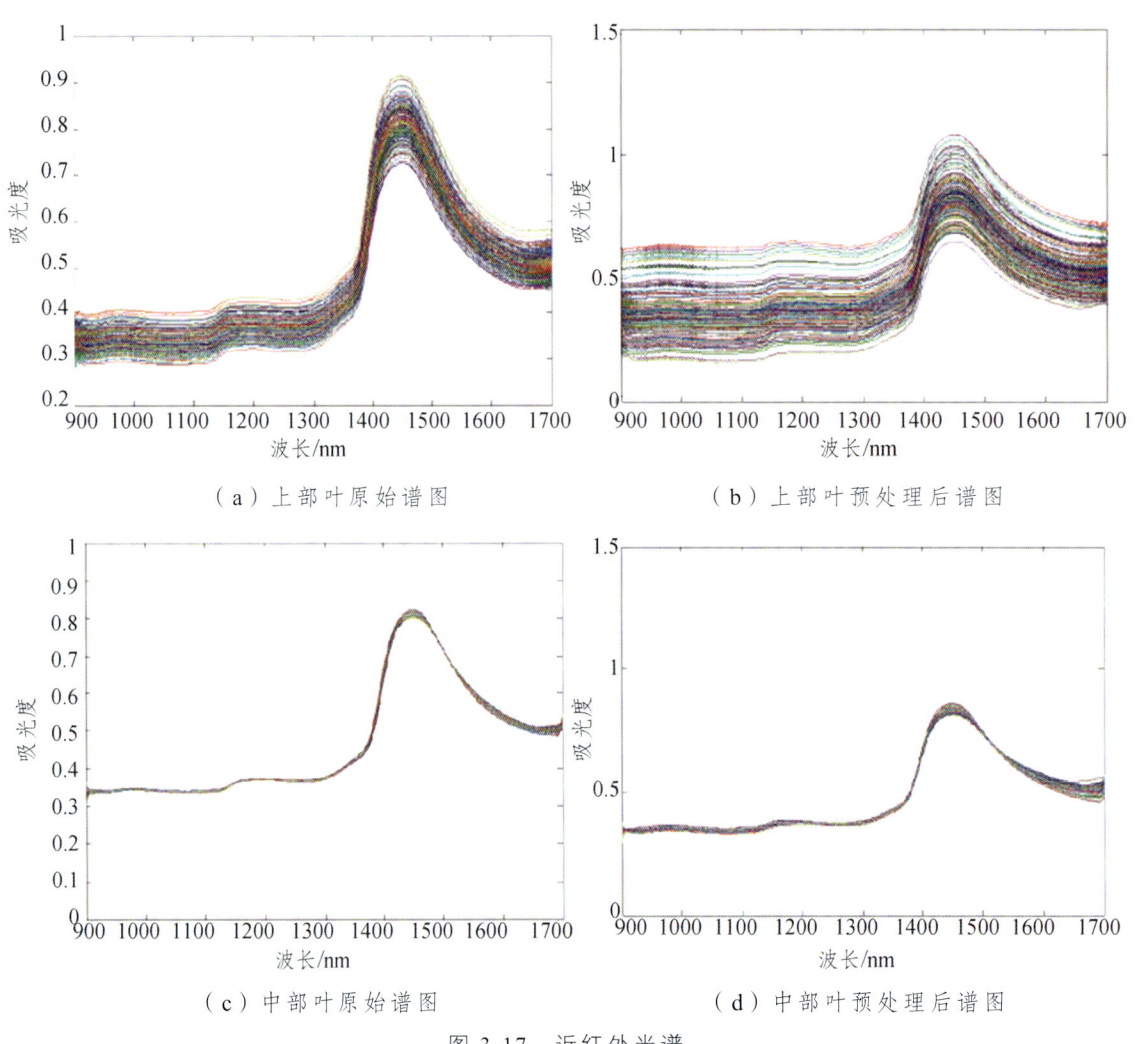

(a) 上部叶原始谱图　　(b) 上部叶预处理后谱图

(c) 中部叶原始谱图　　(d) 中部叶预处理后谱图

图 3-17 近红外光谱

SPAD 值与烟叶成熟度呈显著相关性，通过 SPAD 值可以对烟叶成熟度进行分析。使用 PLS 方法对烟叶成熟度光谱建立了烟叶 SPAD 定量预测模型。由图 3-18 可知，训练集与预测集的预测值与真实值都趋近于对角线，说明回归方程的拟合值与原值差异较小，拟合效果比较理想。上部叶成熟度光谱 SPAD 模型最优主成分数为 11 个，R^2 为 0.9540，Q^2 为 0.8237，RMSEC 为 2.4824，说明上部叶 SPAD 预测模型较准确，误差较小。中部叶成熟度光谱 SPAD 模型最优主成分数为 19 个，R^2 为 0.9840，Q^2 为 0.8966，RMSEC 为 1.3426，说明中部叶 SPAD 预测模型较准确，误差很小。中、上部烟叶光谱 SPAD 预测模型都较为理想，这说明通过烟叶光谱与 SPAD 值能够对烟叶成熟度进行数字化研究，从而对烟叶成熟度进行识别。

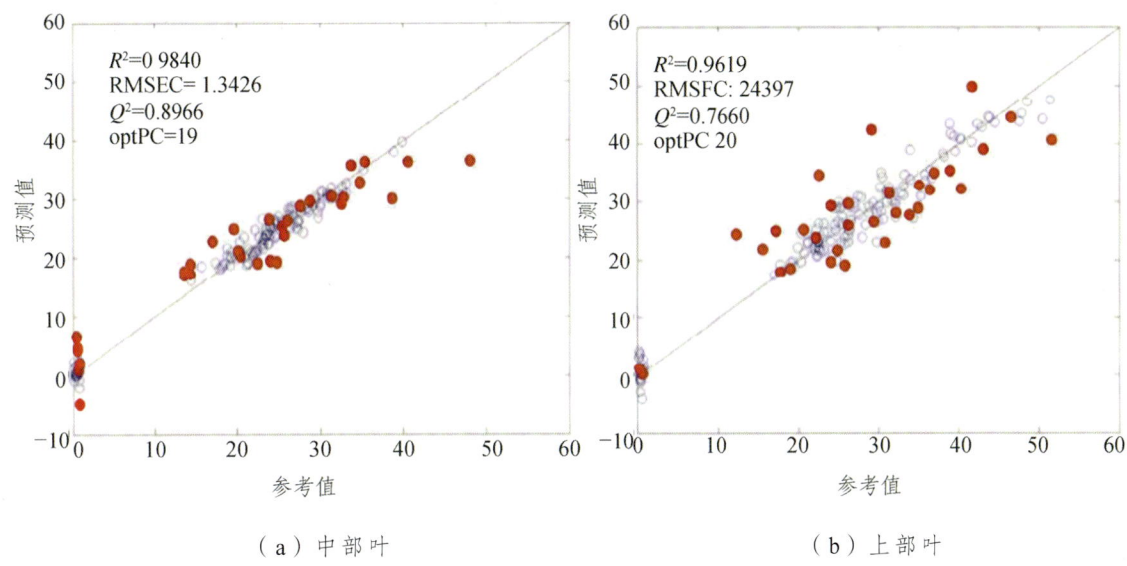

图 3-18　烟叶光谱 SPAD 模型的预测值与参考值散点图

第四章
K326品种烟叶烘烤特性

烟叶烘烤特性是指烟叶在农艺过程中获得的与烘烤技术和效果紧密相关的固有素质特性，反映烟叶在烘烤过程中对温湿度的响应程度及烟叶品质的动态形成，是影响烟叶烘烤效果和烤后烟叶质量的重要因素（王传义，2008；王传义 等，2009）。

烟叶烘烤特性是烟叶品种大田生长过程所获得的并反映于烘烤过程及烤后质量的自身素质特征，可分为"易烤性"和"耐烤性"两方面：

（1）易烤性。易烤性反映烟叶在烘烤过程中变黄、脱水的难易程度，将烟叶变黄时的难易程度、变黄与失水的协调程度归于易烤性，易变黄、易脱水且变黄与脱水的协调程度较为同步的烟叶易烤性较好，反之为不易烤烟叶。近年来，许多学者基于烟叶变黄与失水的精确定量，进一步将易烤性细分为变黄特性、失水特性（武圣江 等，2020；娄元菲，2014；魏光华 等，2021）。

（2）耐烤性。耐烤性主要指烟叶在定色期对烘烤环境变化的敏感性或耐受性。定色期对烘烤环境变化不敏感、不易褐变的烟叶被描述为耐烤性好，反之被描述为不耐烤。烟叶耐烤性评价指标主要是烟叶变褐程度、烟叶颜色参数、棕色化产物、总酚含量、MDA含量、电导率和多酚氧化酶活性（Polyphenol oxidase，PPO）等指标（张进，2020）。

烟叶的易烤性和耐烤性既相互联系又相互独立（宫长荣，2003；王传义，2008），有的品种烟叶既易烤又耐烤（陈飞程，2022），部分品种烟叶易烤但不耐烤，有的烟叶耐烤但不易烤或者易烤性与耐烤性均较差（王行 等，2014）。

影响烟叶烘烤特性的主要因素有遗传因素、气候条件、土壤条件、栽培管理措施、烟叶部位和成熟度，其中遗传因素是影响烟叶烘烤特性的最重要的因素。在我国目前主栽烤烟品种中，K326品种为变黄快的烤烟品种之一。

目前，判断烟叶烘烤特性的主要依据是田间长势长相和成熟度。田间生长发育正常，能适时正常落黄的烟叶，一般烘烤特性较好；成熟较慢、适熟期较长的烟叶耐烤性较好，易烤性较差；适熟期较短、成熟较快的烟叶，耐烤性较差，易烤性较好。在实际生产中，可根据手感判断烟叶烘烤特性：手握质地柔软、弹性好、不易破碎的烟叶，其烘烤特性较好，易烘烤；若烟叶质地硬脆、弹性差、易破碎，则其烘烤特性较差，难烘烤。

第一节 烟叶变黄特性与变褐特性

在烟叶烘烤中，变黄特性作为烟叶易烤性的组成之一，主要反映在烘烤过程中烟叶变黄的难易程度、一致性以及配合失水的协调性。变黄的难易程度需通过烟叶暗箱试验与测定烘烤过程的变黄时间确定（藤田茂隆 等，1984；王传义，2008；朱峰 等，2013），变黄一致性则需要比对实际变黄程度与烘烤工艺目标变黄程度的同步性，变黄与失水的协调性则是通过测定烟叶变黄与失水同步程度确定（方明 等，2019）。

在烟叶烘烤过程中，变褐特性作为耐烤性的重要组成之一，主要是烟叶变褐程度，与酶促棕色化反应密切相关，以 PPO 活性为主导作用（李玉娥 等，2008；张国超，2013；宋洋洋 等，2014）。对烟叶烘烤过程中 PPO 活性进行分析，研究结果表明，PPO 活性呈先下降再上升后急剧下降的趋势。在烘烤 48~66 h 时，水分含量与 PPO 活性表现为未熟>成熟>过熟，总酚和绿原酸含量呈成熟>过熟>未熟，芸香苷和莨菪亭含量无明显规律性（宋洋洋 等，2014）。

近年来，烟叶变黄特性和变褐特性成为烟叶烘烤中研究的热点之一。方明等（2019）在郴州通过暗箱试验研究了 K326 品种烟叶的变黄和变褐特性。通过选取 K326 品种各部位鲜烟叶 6 片，按照文献（肖志君 等，2017）的方法，以 12 h 为周期，采用目测法观察暗箱中每片烟叶的变黄（Y）和变褐（B）成数，并结合观察次数（n）计算出各部位烟叶的变黄指数（YI）和变褐指数（BI）：YI=Y/10n，BI=B/10n。指数值与烟叶变黄速率、变褐速率成正比。结果表明，在暗箱条件下，下部叶变黄快，易烤性较好，变黄后变褐时间短，耐烤性较差；上部叶则与下部叶表现完全相反，易烤性较差而耐烤性较好；中部叶的易烤性和耐烤性介于上部叶和下部叶之间。具体表现为：

（1）烟叶变黄特性。从变黄过程来看，36 h 及以前，不同部位烟叶变黄程度表现为上部叶>下部叶>中部叶；48 h 之后，上部叶变黄速率减缓；至 60 h 烟叶变黄程度均表现为下部叶>上部叶>中部叶，此时下部叶基本完全变黄；84 h 时，中部叶基本完全变黄，而上部叶于 96 h 时基本达到全黄状态。从变黄指数来看，下部叶的变黄指数显著高于中部叶和上部叶，具有较好的易变黄性，上部叶的变黄指数略低于中部叶，但二者差异未达显著水平。

（2）烟叶变褐特性。烟叶在完全变黄后，从叶尖及叶片边缘处开始褐变，并逐渐向叶面和叶基部延伸。72~108 h，各部位烟叶褐变程度均较低，且部位之间差别较小，之后各部位烟叶褐变速率均有所提升；120~168 h 不同部位褐变速率和褐变程度均表现为下部叶>中部叶>上部叶，其中在采后 168 h 后下部叶变褐程度达到 90%，而中、上部叶的变褐程度分别为 70% 和 50%。从褐变指数来看，下部叶的变褐指数最高，其次是中部叶，二者间差异不显著，但均显著高于上部叶，说明下部叶变黄后褐变速度最快。

烟叶变黄是有机物质的转化与分解的生理生化变化的外在表现，变黄速度即有机物质的转化与分解速度是酶促过程。当烟叶内有机物在酶促作用下转化分解时，水分由多到适量减少，为酶促反应创造了适宜的环境条件。烟叶调制工艺的目标，已从传统追求的"黄、鲜、净"，向主攻"色、香、味"的目标转变。香气物质的来源，通常认为大部分属于芳香油或树脂类成分及多酚类物质的分解产物，特别是氨基酸与糖或多酚形成的复合物，在燃烧时会产生香气。多酚也是产生烟气的芳香吃味的一种物质，多酚类物质与香气之间存在着一定关系。多酚类化合物是烟叶内的次生物质，当烟叶成熟后或在调制、发酵等加工过程中，多酚类物质中的苷类物质在酶作用下发生水解，芸香苷、槲皮苷分解往往产生令人愉悦的香气，丁子香酚产生浓重的芳香气味，多酚类物质在烤烟中的含量与烟叶品质的芳香吃味和商品等级基本是一致的。芳香值，即多酚与蛋白质氮比值，是衡量香气吃味的重要参数。烤后烟叶多酚含量高则芳香值高、香味浓、成橘黄色。因此，评价烟叶品质，特别是评定烟叶的香吃味，烟叶中酚类物质的测定是必不可少的指标。许多因素可以影响多酚的含量，包括品种、着生部位、成熟度、光照、营养和调制方法等，烤后烟叶中酚类物质的组成是栽培调制综合作用的结果，它们的含量与变黄时间直接相关。多酚类物质在调制中易被多酚氧化酶氧化成醌类物质，使烟叶品质降低。过氧化物酶与多酚氧化酶有相似的性质，过氧化物酶与过氧化氢结合成一种化合物，在这种化合物中的过氧化物被活化，并能氧化酚和芳香胺，在过氧化物酶存在时，过氧化氢能氧化没食子酚，邻苯二酚，邻、间和对苯甲酚等物质，过氧化氢酶能催化过氧化氢分解为水和氧气。因此，厘清它们在烘烤过程中的活性动态规律，对烟叶的提质增香，有着重要的应用价值。

以南方主栽烤烟品种红花大金元、云烟85为对照，采用普通烤房，按照表4-1中的烟叶烘烤工艺执行，在烟叶烘烤0 h、12 h、24 h、36 h、48 h、60 h、72 h、84 h时分别采取烟叶样品，直到定色期结束为止，共计取样8次，测定多酚氧化酶、过氧化氢酶、过氧化物酶活性（荆家海等，1981），研究K326品种烟叶过氧化氢酶活性、多酚氧化酶活性和过氧化物酶活性在烘烤过程中的变化规律。

表4-1 烘烤工艺

阶段	干球温度/℃	湿球温度/℃	干湿差/℃	相对湿度/%	烟叶变化程度
1	36.0	34.5	1.5	88	底台烟叶变黄6 cm以上。
2	40.0	36.0	4.0	73	底台烟叶叶肉基本变黄。
3	44.0	38.0	6.0	64	底台烟叶叶肉基本干燥。
4	54.0	39.0	15.0	36	全炉烟叶叶肉基本干燥。
5	68.0	40.0	28.0	15	全炉烟叶干燥。

一、烟叶烘烤过程中过氧化氢酶活性变化规律

过氧化氢酶在烟草代谢过程中占有重要的地位，它的作用是可引起过氧化物中氢的分解，其活性的大小与烤后烟叶色泽存在着极为密切的关系。过氧化氢酶能把过氧化氢分解成水和氧分子，其功能在鲜烟活组织中尤为显著（肖协忠 等，1997）。烟叶在烘烤过程中，随着温度的升高，过氧化氢酶活性增加，反应速度加快；温度超过 60 ℃后，过氧化氢酶产生热变性，有效浓度降低，使反应速度变慢。过氧化氢酶对过氧化氢的分解发挥着极其重要的作用，与烟叶的烘烤质量密切相关。不同品种烟叶的过氧化氢酶活性的变化规律均呈抛物线形（表 4-2），变黄初期酶活性开始缓慢上升，在变黄 12～36 h 达最大值，随后活性开始下降，到定色中后期渐近值为 0。

表 4-2　烟叶烘烤过程中过氧化氢酶活性测定结果　　单位：U/mg

品种	部位	取样时间/h							
		0	12	24	36	48	60	72	84
K326	下部	0.72	1.32	1.48	1.17	0.74	0.33	0.06	0.00
	中部	1.39	5.63	2.80	1.95	1.55	0.21	0.56	0.34
	上部	1.19	4.02	1.73	0.85	0.19	0.00	0.00	0.00
红大	下部	0.92	1.07	1.09	0.90	0.67	0.30	0.11	0.00
	中部	1.90	1.31	2.96	2.51	1.77	0.17	0.00	0.17
	上部	3.43	1.07	1.99	1.22	0.51	0.00	0.00	0.00
云烟85	下部	0.76	1.20	1.52	1.42	0.70	0.41	0.09	0.00
	中部	0.93	1.99	3.14	3.14	3.14	0.16	0.48	0.18
	上部	1.88	1.51	1.27	0.82	0.18	0.16	0.00	0.00

在烟叶烘烤过程中，烟叶过氧化氢酶活性峰值出现时间因品种不同而差异较大（表 4-2）。云烟 85 的最大值出现在烟叶烘烤后的第 24 h，最高达 3.14 U/mg；红大的最大值出现在烟叶烘烤的开始之时，最高达 3.43 U/mg。K326 烟叶过氧化氢酶活性峰值出现时间较早，为在烟叶烘烤后的第 12 h，最高达 9.93 U/mg。与云烟 85 相比，K326 烟叶在烘烤过程中过氧化氢酶活性峰值出现较早，但比红大品种晚。依据过氧化氢酶的保鲜特性可推测，K326 烤后烟叶色泽比云烟 85 烟叶色泽较深，略比红大浅，可能与其过氧化氢酶峰值出现的早迟和曲线陡度密切相关，因为过氧化氢酶能氧化没食子酚，邻苯二酚，邻、间和对苯甲酚等物质，分解为水和氧气，这样可以减轻棕色化反应的程度。

上部烟叶过氧化氢酶活性总体较低，可能是上部烟叶成熟时，干物质积累较多，细胞排列紧密，呼吸作用较低的缘故；上部烟叶过氧化氢酶活性较低，导致较多的过氧化氢将酚类

物质氧化为醌类物质，致使上二棚烟叶和顶叶在调制过程中产生大量的棕色化反应。

中部烟叶的变化均表现出过氧化氢酶活性较高。K326 和云烟 85 两个品种中部烟叶的变化趋势基本一致。红大鲜烟叶的过氧化氢酶活性较高，变黄初期，过氧化氢酶呈下降趋势，到变黄中前期开始上升，24～48 h 保持较大值，到变黄结束时活性仍然较高，进入定色期后活性迅速下降。云烟 85 品种过氧化氢酶的变化，在烟叶变黄初期上升，24～48 h 似乎保持最大值恒定，到变黄结束时仍然有较大的活性。

二、烟叶烘烤过程中过氧化物酶活性变化规律

过氧化物酶是烟叶中氧化酶的一种，其特性是只有在氧化物存在时，才能氧化某些化合物。过氧化物酶含有氧化血红素，而且在有氧化物存在时可以轻而易举地把酚氧化掉；同时，这种酶在植物进行呼吸作用时还参与氧化过程，它的活性远低于过氧化氢酶。烟叶烘烤过程中的过氧化物酶活性变化见表 4-3。

表 4-3　不同品种、不同部位烟叶烘烤过程中过氧化物酶变化规律　　单位：U/mg

品种	部位	时间/h							
		0	12	24	36	48	60	72	84
K326	下部	0.001 25	0.002 395	0.000 661	0.002 406	0.000 965	0.003 056	0.002 831	0.004 769
	中部	0.000 94	0.002 17	0.001 237	0.002 145	0.003 061	0.006 651	0.011 538	0.000 112
	上部	0.001 87	0.000 903	0.019 685	0.013 822	0.020 689	0.002 176	0.000 391	—
红大	下部	0.002 18	0.000 982	0.000 995	0.003 071	0.000 987	0.001 757	0.004 133	0.004 337
	中部	0.000 32	0.000 292	0.002 305	0.003 645	0.004 988	0.018 917	0.007 956	0.000 332
	上部	0.001 99	0.002 167	0.022 84	0.012 254	0.030 678	0.000 729	0.000 482	—
云烟 85	下部	0	0.004 908	0.004 656	0.002 919	0.003 206	0.004 502	0.003 607	0.002 396
	中部	0.002 53	0.003 628	0.001 345	0.002 315	0.003 552	0.007 773	0.013 567	0.001 509
	上部	0.001 26	0.001 007	0.012 311	0.011 866	0.009 998	0.001 885	0.000 295	—
NC82	下部	0	0.008 326	0.003 727	0.020 183	0.000 594	0.008 24	0.002 555	0.008 436
	中部	0.005 76	0.011 585	0.001 354	0.000 658	0.005 423	0.012 99	0.010 69	0.000 111
	上部	0.001 49	0.001 50	0.013 853	0.017 332	0.012 55	0.000 693	0.000 263	—

由表 4-3 可看出：

（1）过氧化物酶的活性较小，4 个品种不同部位烟叶在 0～0.030 678 U/mg 变化。

（2）部位不同，过氧化物酶的活性不同，呈现上部叶过氧化物酶活性大于中部叶和下部叶的规律性，且上部叶过氧化物酶的活性较高。

（3）品种不同，过氧化物酶的活性不同。NC82 在烘烤条件下，过氧化物酶活性要高一些；

云烟 85、K326、红大 3 个品种相对要低一些。

（4）各烤烟品种鲜叶中过氧化物酶的活性很低，特别是下部叶。品种部位不同，中下部叶过氧化物酶活性在很小的范围变化。

① 下部叶过氧化物酶的活性较小，在烟叶烘烤过程中的变化看不出明显的规律性。云烟 85 是在变黄 12 h 升到最大值 0.004 908 U/mg，直到定色结束都保持一定的酶活性，且变化比较平缓。K326、红大两个品种的过氧化物酶变化基本相似，鲜烟叶中过氧化物酶的活性与整个变黄定色中的酶活性在数值上很小，变化不大。NC82 过氧化物酶在变黄定色中变化活跃，变化幅度较大，有多个峰值。4 个品种在变黄定色结束时，过氧化物酶均保持有一定的活性。

② 中部叶过氧化物酶活性介于下部叶与上部叶之间。各品种在相同的烘烤条件下，过氧化物酶活性的变化呈现出一定的规律性，即 NC82、K326、云烟 85 的过氧化物酶活性呈现"上升→下降→再上升→再下降"的规律，呈"双抛物线形"；红大品种中部烟叶过氧化物酶的活性变化，从变黄时开始缓慢上升，但酶活性及上升的幅度很小，到定色中期 62 h 有一个快速升高的峰值 0.018 917 U/mg。

③ 上部烟叶过氧化物酶活性较大。上部烟叶过氧化物酶活性，在变黄和定色过程中变化较为激烈。NC82、云烟 85 的过氧化物酶活性的动态变化趋势相同，均是沿"上升→下降"的趋势，呈"抛物线形"，且规律较为明显。在变黄中期和后期的 12~48 h，活性都保持较高，到变黄结束时，酶活性降低到很小的数值，均在 0.002 176 U/mg 以下。在定色期酶活性很小，均为 0 或接近 0。红大与 K326 品种上部叶过氧化物酶活性的变化趋势相同，在变黄 12 h 以前及 48 h 以后，酶活性均很低，12~48 h，酶活性较高，变黄 36 h 有一个下降的趋势，下降幅度为（0.022 840 - 0.012 254）0.010 586 U/mg，（0.019 685 - 0.013 822）0.005 863 U/mg。

三、烟叶烘烤过程中多酚氧化酶活性变化规律

烟叶中富含各种酚类物质和多酚氧化酶（PPO），在烟叶烘烤中，PPO 催化各种酚类物质氧化成醌类物质，再经聚合成黑色素，这是烤房内烟叶褐变成黑糟烟的原因所在，为此，烟叶中 PPO 活性与烟叶烘烤特性密切相关。在烟叶烘烤中，烟叶褐变与 PPO 活性升高问题发生，PPO 活性除受烘烤环境影响外，还受烟叶素质重要影响，其中，品种是最重要的决定因素。在变黄阶段，烟叶尚处于生命活性状态，多酚类物质在进行氧化的同时，也产生还原作用，氧化还原处于动态平衡之中，烟叶颜色不会变黑。进入变黄后期和定色阶段，烟叶细胞逐渐死亡，细胞原生质膜结构遭到破坏，导致细胞膜的透性增加，细胞内物质渗透进入细胞间隙，氧气可以自由进出烟叶组织，氧化作用得到加强，还原作用减弱，再加上原来分属于不同区域的多酚氧化酶和多酚类物质得以混合，使多酚类物质迅速氧化成深色醌类物质。醌

类物质积累和聚合的程度不同，导致烟叶出现深浅不同的杂色，烟叶品质因此下降。烟叶在烘烤过程中的变黄、定色阶段，控制氧化酶（特别是多酚氧化酶）的活性很重要。不同品种、不同部位烟叶在调制过程中多酚氧化酶活性的变化见表4-4。

表4-4 不同品种、不同部位烟叶在烘烤过程中多酚氧化酶测定结果　　单位：U/mg

品种	部位	时间/h							
		0	12	24	36	48	60	72	84
K326	下部	0.032 258	0	0.059 2105	0.112 5	0.059 028	0.072115	0.153 226	—
	中部	0.061 483	0.076 636	0.009 543	0.001 516	0.049 89	0.007 122	0.003 038	0.006 546
	上部	0.044 087	0.042 915	0.015 6	0.010 406	0.018 625	0.041 474	0.026 672	—
红大	下部	0.045 732	0.046 053	0.043 478	0.047 619	0.090 909	0.074 286	0.005	—
	中部	0.009 625	0.043 381	0.009 037	0.039 001	0.010 606	0.034 871	0.006 535	0.002 736
	上部	0.119 96	0.035 988	0.048 222	0.039 078	0.004 606	0.014 17	0.023 784	—
云烟85	下部	0.067 568	0.069 444	0.187 5	0.118 421	0.275	0.083 333	0.069 148	—
云烟85	中部	0.021 849	0.006 977	0.009 923	0.045 923	0.042 68	0.015 275	0.030 494	0.004 421
	上部	0.013 749	0.044 708	0.026 12	0.063 625	0.018 002	0.004 291	0.022 879	—
NC82	下部	0.051 724	0.036 765	0.243 75	0.05	0.054 286	0.076 923	0.051 136	—
	中部	0.127 756	0.088 936	0.011 522	0.044 132	0.001 986	0.033 617	0.003 41	0.019 025
	上部	0.010 216	0.054 708	0.042 091	0.007 629	0.039 66	0.009 539	0	—

由表4-4可以看出：

（1）品种不同，鲜烟叶中多酚氧化酶的活性不同，呈现NC82>红大>>K326>云烟85的趋势。

（2）部位不同，鲜烟叶中多酚氧化酶的活性不同，其中以下部叶多酚氧化酶的活性最大，中部叶和上部叶的多酚氧化酶活性相似，在数值上相差不大。

（3）在变黄定色过程中，品种、部位不同，多酚氧化酶的动态变化趋势也不相同。具体为：

① 下部烟叶多酚氧化酶的活性较大，且变化较为激烈。鲜烟叶中红大、云烟5、NC82多酚氧化酶活性变化不大，而K326的多酚氧化酶活性呈下降趋势。在烟叶变黄的24～48 h内，各品种下部烟叶多酚氧化酶的活性较高，云烟85保持较大的活性，在变黄结束时，云烟85、红大下部烟叶均保持较高的活性。在定色中后期，各个品种（除红大外）下部叶多酚氧化酶均保持一定的活性，以K326活性最高，达0.153 326 U/mg。这说明下部烟叶在定色后

期，如果温湿度掌握不当，很容易变红甚至变黑。

② 中部烟叶多酚氧化酶活性在变黄期的变化幅度不大，对烟叶潜在品质的形成无重大影响。在定色期，各品种多酚氧化酶均保持较低的活性。在定色结束时，云烟85多酚氧化酶活性有一个上升的趋势，中部叶多酚氧化酶在定色后期仍然有活性升高的趋势，在实际操作中定色后期稍有不慎就容易把烟叶烤坏。

③ 上部烟叶多酚氧化酶活性与中部叶一样，在变黄期变化幅度不大，保持较低的活性，但在定色结束时，K326品种、红大、云烟85上部烟叶相对其他品种而言，多酚氧化酶活性仍然较高。多酚氧化酶在干叶加热时其活性保持很好，在潮湿的空气中加热，能大大加快酶活性的钝化。所以，在生产实际操作当中，对K326、红大、云烟85上部叶的烘烤，在定色后期应当比正常的调制工艺排湿时间适当延长，有利于降低多酚氧化酶的活性，这样更有利于颜色的固定，以提高上部烟叶的调制质量。红大上部叶调制中排湿定色很难掌握，烤坏烟（杂色烟）的数量特别大，这可能与上部叶多酚氧化酶的活性在定色后期较高有直接关系。

四、结论与讨论

各品种的过氧化氢酶的活性远大于过氧化物酶与多酚氧化酶的活性。在相同的烘烤条件下，各品种不同部位烟叶过氧化氢酶的变化规律较为一致。在变黄中期活性较大，在变黄初期及定色期活性均较低，不同品种相同部位烟叶过氧化氢酶活性变化规律相似。

（一）过氧化氢酶活性变化规律

（1）不同品种、不同部位烟叶，在烘烤过程中过氧化氢酶活性的变化趋势较为一致，呈抛物线形。变黄中期活性较大，变黄初期及定色期活性较低。

（2）烟叶在烘烤过程中过氧化氢酶活性变化，中部烟叶与上部烟叶和下部烟叶之间存在极显著差异，与不同品种之间差异不显著。

（3）过氧化氢酶活性的大小与烤后烟叶色泽存在着极为密切的关系。通常情况下，中部烟叶易烤，下部烟叶、上部烟叶难烤，其主要原因就是棕色化反应难于控制，这与上部烟叶、下部烟叶过氧化氢酶活性低有着直接的关系。过氧化氢能氧化酚类物质为醌类物质，过氧化氢酶能催化过氧化氢分解为水和氧气。这样，如果烟叶中的过氧化氢酶活性较高就可以减轻棕色化反应的程度，减少挂灰烟、枯焦烟的出现。

（4）过氧化氢酶活性的大小与烤烟致香物质形成存在一定程度的相关性。西柏烷类和类胡萝卜素类的降解产物大多是烟叶的致香物质。这一过程需要氧气的参与，过氧化氢酶能把过氧化氢氧化分解为水和氧气，为致香物质的产生，创造了有利条件。

（5）不同品种、不同部位烟叶，在烘烤过程中过氧化氢酶活性所表现出来的特点是制定烤烟调制工艺的重要依据。在烤烟调制过程中要调整适当的温湿度，保持过氧化氢酶较高的活性,积极促成过氧化氢的分解转化,防止棕色化反应,保持烟叶光泽鲜亮,提高烟叶香吃味。

(二)过氧化物酶活性变化规律

(1)过氧化物酶在烟叶烘烤过程中酶活性较低,在变黄定色期,不同品种相同部位烟叶过氧化物酶的活性动态变化规律相似。同一品种不同部位烟叶的过氧化物酶活性动态变化规律也相似。

(2)在烟叶烘烤过程中过氧化物酶的活性高,变黄定色期的动态变化趋势无明显的规律性。各品种均表现出下部叶多酚氧化酶的活性大于中部叶和上部叶多酚氧化酶的活性。在变黄定色过程中,不同品种相同部位的烟叶多酚氧化酶的活性动态变化相似。相同品种不同部位烟叶在变黄、定色过程中的动态变化差异较大,红大、云烟85的中部叶与下部叶达到显著差异。

综上所述,在实际烟叶烘烤过程中应根据各个品种不同部位烟叶的酶活性动态特点来确定特定的调制工艺。

在相同的烘烤条件下,通过对不同品种、不同部位烟叶,在调制过程中的水分散失及氧化酶类的研究,以中部叶为例,说明水分、温度及酶活性之间的关系。烟叶变黄中后期的36 h,烤房温度恒定在 39~40 ℃,过氧化物酶及多酚氧化酶的活性很小,对潜在品质的形成无重大影响,做了过氧化氢酶活性与水分的相关性分析,得到相关系数 -0.488,说明在相同温度下变黄中的烟叶含水量大,过氧化氢酶活性有下降的趋势。

西柏烷类和类胡萝卜素的降解过程,需要氧气的参与,过氧化氢酶能把过氧化氢氧化分解为水和氧气,在变黄过程中过氧化氢酶的活性很大。

第二节　烟叶失水特性

烘烤是烟叶生化与脱水干燥的相变过程,干燥的本质是以热量为媒介,在烟叶内部与烘烤环境之间形成渗透压差,内部完成水分的迁移、蒸发和散失的过程(魏硕,2018;国家烟草专卖局,1996)。

烟叶的失水特性是判断烟叶耐烤性和易烤性的重要指标之一。在烟叶烘烤过程中,水分动态控制与烟叶形态变化及内含物的分解转化直接相关,甚至决定烤后的烟叶质量,是烘烤中各项操作的核心,也是烘烤成败的关键。烟叶脱水干燥速度对色泽的影响至关重要,正常的脱水速度是:当烟叶开始变黄和没有完全变黄时,应防止脱水过多,保持适量水分,使烟叶内部物质正常分解转化,促进烟叶变黄;当烟叶完全变黄时,要适时适量排水,加快干燥速度,控制内含物质的变化程度。如果烘烤初期脱水过多,烟叶内部大分子物质分解转化速度降低,绿色不易变黄，便烤成青黄烟；后期若脱水过迟、过少，烟叶在水分充足条件下继续变黄，将使烟叶出现挂灰或花片。由此可见，水分代谢在烟叶烘烤过程中，起着非常重要的作用。

宋朝鹏等（2017）对K326品种不同开片程度上部叶烘烤过程中烟叶水分和形态的变化进行了研究，结果表明，随着开片度的增加，鲜烟叶组织结构中的栅栏组织细胞密度、栅栏组织厚度、栅栏组织厚度/海绵组织厚度均显著减小，海绵组织厚度、疏松度显著增加，从而使鲜烟叶含水率显著增加，主脉含水率显著减小，叶片的束缚水/自由水减小；随着烟叶开片度的增加，定色期烟叶全叶、叶片、主脉含水率呈减小趋势。方明等（2019）研究表明，K326品种不同部位鲜烟叶及12～96 h各烘烤时间点的烟叶含水量均表现为下部叶＞中部叶＞上部叶；随着烘烤过程的进行，各部位烟叶含水量不断降低，失水速率表现出一致的"慢→快→慢"的变化规律，在烘烤36 h之内，各部位烟叶失水速率均较为缓慢，降低幅度差异较小，上部叶含水量在36～96 h期间快速降低，中、下部叶在48～96 h期间失水速率最快、失水幅度最高；96 h之后烘烤进入干筋期，叶片已基本干燥，各部位烟叶的失水速率明显降低并逐渐趋于稳定，上部叶的失水量和失水速率在此阶段略高于中、下部叶，这说明K326品种上部叶烟筋中水分迁移散失速率较慢。

K326品种烟叶在烘烤过程中的失水特性差异显著。在K326品种变黄期失水速率在72 h最快。其中K326品种在烘烤到变黄期失水量为15.38%，而在变黄期失水速率较快的K326品种达到0.93%/h（表4-5）。

表4-5　K326品种烟叶烘烤过程中烟叶水分变化（中部叶）情况

指标	0 h	24 h	48 h	72 h	96 h
鲜叶含水量/%	86.22	80.53	72.96	53.62	46.37
失水量/%	0	6.60	15.38	37.81	40.85
失水速率/(%/h)	0	0.27	0.37	0.93	1.14

综上所述，K326品种烟叶在烘烤72 h内叶绿素平均降解速率在1.25%/h以上，降解量在90%以上，再加上变黄期失水适宜，则品种K326品种变黄特性理想，易烤性较好。

充分发育的烟叶烘烤过程中失水速率表现出"近等速-减速-再减速"的特征（王正刚等，1999）。叶片中自由水、总水含量在烘烤过程中呈下降趋势，束缚水含量呈先升高后降低的趋势（任一鹏等，2010）。烘烤过程中上部烟叶形态变化呈现出变黄期缓慢、定色期剧烈、干筋期又减缓的趋势。为此，研究K326品种烟叶的失水特性有利于制定和优化最佳烘烤工艺。

一、材料和方法

（1）供试品种。K326品种、红花大金元、云烟85、NC82。

（2）种植规格。每个品种分不同小区种植，小区面积 30 m²，每小区栽烟 50 株，行株距 100 cm × 60 cm。

（3）施肥方法。采用重施底塘肥，总肥量的 60%作底肥，15%作提苗肥，25%作追肥。全部肥料在移栽后 25 d 全部施完。

（4）栽培管理过程。2020 年 2 月 10 日播种，4 月 13 日假植，5 月 2 日移栽，7 月 24 日开烤，9 月 16 日采烤结束。

（5）烤房及烘烤方法。烤房为普通烤房。烘烤方法采取 32~33 ℃为起点温度，湿球温度为 31~32 ℃，底台烟叶变黄 6 cm 时，每小时升温 1.0 ℃到 39~40 ℃，湿球温度为 35~36 ℃，使底台烟叶变黄 8~9 成黄、中上部变黄 9.5 成黄左右。再按每小时升温 1.0 ℃到 46~47 ℃，湿球保持在 36~37 ℃，使顶台烟叶全部变黄，底台烟叶干燥 3~5 成，保持干球温度为 55~56 ℃、湿球温度为 37~38 ℃干叶。干筋期湿球温度为 39~40 ℃，干球温度不超过 68 ℃。

烟叶成熟，分品种采收后，取样 60 片编竿装于烤房底台，自起火开始每 12 h，打孔取样 1 次，直到定色期结束为止，取样时间为 0 h、12 h、24 h、36 h、48 h、60 h、72 h、84 h，共计取样 8 次。

（6）烟叶水分测定方法。烟叶总水分的测定采用杀青烘干法测定。烟叶自由水、束缚水的测定方法：烟叶的自由水测定方法采用阿贝仪折射法，总水分减去自由水量，即束缚水含量。

二、结果与分析

（一）烟叶烘烤过程中的水分散失规律

水分变化对烟叶变黄、定色以及烘烤后烟叶的质量影响极大，只有当水分散失和变黄、定色相协调时，烘烤质量才高。不同品种、不同部位烟叶在烘烤过程中水分散失规律见表 4-6。在 K326、红大、云烟 85、NC82 在烘烤到 48 h 以后烟叶水分散失开始增多。

表 4-6　不同品种、不同部位烟叶水分散失情况（%）

品种	部位	时间/h						
		0	12	24	36	48	60	72
K326	下部	88.31	79.69	80.05	75.35	76.18	60.72	50.58
	中部	70.99	70.87	70.80	67.50	64.63	34.38	28.87

续表

品种	部位	时间/h						
		0	12	24	36	48	60	72
K326	上部	66.35	59.84	60.49	52.10	27.48	13.16	7.80
红大	下部	86.62	80.97	78.70	71.80	70.33	58.54	47.70
	中部	71.32	69.09	68.54	67.63	61.87	20.71	15.52
	上部	68.15	62.19	58.96	55.74	46.25	13.31	6.79
云烟85	下部	88.6	80.35	80.20	75.84	74.81	61.19	52.34
	中部	71.50	72.41	66.76	61.34	56.77	17.24	17.89
	上部	64.14	63.97	57.02	49.60	24.30	13.77	8.53
NC82	下部	85.15	76.33	76.71	73.62	74.76	68.72	58.26
	中部	71.82	70.09	66.4	59.18	51.40	21.74	17.62
	上部	63.44	52.20	53.26	35.12	21.26	22.18	22.46

由表4-6可以看出：

（1）在相同的栽培条件下，品种不同，鲜叶的含水量相接近。4个品种中，鲜烟叶含水量最高的是红花大金元品种，平均为75.36%，最低的NC82为70.14%，变幅为5.22%。

（2）在相同的烘烤条件下，不同品种、不同部位烟叶水分散失动态趋势相同。在烘烤过程中均表现出变黄期失水速度慢、失水量少，定色期失水速度快、失水量大，后期失水速度又减慢的规律性。失水动态呈现"慢—快—慢"的S形曲线。

（3）不同品种、不同部位烟叶，鲜烟叶含水量不同，呈现下部烟叶含水量>中部烟叶含水量>上部烟叶含水量的规律性。含水量差异变幅亦较大，变幅达25.16%（88.6%～63.44%）。

在相同的烘烤条件下，品种不同，烟叶散失水分的规律不相同，同一品种不同部位的烟叶散失水分的规律也不相同，不同品种同一部位烟叶散失水分动态趋势相同（表4-7）。其中，中部烟叶规律特别明显。

表4-7 烟叶烘烤过程中的水分变化情况

品种	部位	变黄期		定色期	
		失水量/%	失水速度/(%/h)	失水量/%	失水速度/(%/h)
K326	下部	12.30	0.25	25.6	1.10
	中部	6.36	0.13	35.76	1.49
	上部	38.87	0.81	19.68	0.82
红大	下部	16.29	0.34	22.63	0.94

续表

品种	部位	变黄期		定色期	
		失水量/%	失水速度/(%/h)	失水量/%	失水速度/(%/h)
红大	中部	9.45	0.19	46.35	1.93
	上部	21.90	0.46	39.46	1.64
云烟85	下部	13.79	0.29	22.47	0.94
	中部	14.73	0.30	38.88	1.62
	上部	39.74	0.83	15.77	0.66
NC82	下部	10.39	0.22	16.50	0.68
	中部	20.42	0.43	33.78	1.40
	上部	42.18	0.88	-1.20	-0.05

1. 不同品种下部烟叶失水规律

K326和NC82两个品种的水分散失具有相似的规律性。变黄期的水分散失率在9.22%~12.30%，变幅为3.08%；失水速度在0.19%/h~0.25%/h，变幅为0.06%/h。红花大金元品种烟叶，在变黄期的失水速度较快，变黄期失水达16.29%，失水速度也相应较快，达0.81%/h，失水量比K326品种大3.99%（表4-7）。

在定色期，K326下部叶的水分散失率在25.60%~29.37%，变幅为3.79%；红大、云烟85两个品种的失水量相似，失水速度相同，为0.94%/h。NC82失水量最少，为16.50%，失水速度为0.68%/h。

在变黄期，K326的失水量为12.3%，红大为16.29%；在定色期，K326的失水量为25.6%，红大为22.63%。由此看出，下部叶红大在变黄期失水快，而在定色期失水较慢。

在烟叶烘烤过程中，对下部烟叶的烘烤，应针对各个品种的失水特性，确定合适的烘烤工艺。

红大变黄期失水快，不利于内含物的分解转化和叶绿素的降解；在定色期失水慢，不利于品质因素及颜色的固定，这也是生产上红大下部叶片难以烘烤，烤后青筋黄片多的原因之一。红大下部叶的烘烤，在工艺上应采取变黄期适当降低起火温度，减小失水趋势和失水量，在定色期特别是定色中后期，适当提高温度，加大排湿量，有利于烟叶品质因素的固定。

K326品种下部烟叶，变黄期失水慢，定色期失水快。变黄期，应保持较高的温度，湿度采用低湿或中湿，这样的温湿度组合，有利于烟叶失水变黄；定色期，应保持较低的温度或中温烘烤，湿度采用中湿，这样的温湿度组合，有利于烟叶失水干燥。

NC82 和云烟 85 两个品种的下部烟叶，变黄期、定色期失水速度均较慢，烘烤工艺上要求变黄期、定色期温度较高，湿度采用中湿或低湿，这样的温湿度组合，有利于烟叶变黄和色泽的固定，同时能改善烟叶品质，提高烟叶香吃味。

2. 不同品种中部叶水分失水规律

在相同的烘烤条件下，中部烟叶变黄期以 NC82 的失水速度最快，失水量达 20.42%，失水速度为 0.43%/h；K326 品种失水最慢，变黄期仅失水 6.36%，失水速度均为 0.13%；红大、云烟 85 失水介于两者之间，失水量在 9.45%～14.73%，变幅为 5.28%。定色期 4 个品种均表现出大量失水，失水速度均增加 5～10 倍，失水量在 33.78%～46.35%。中部烟叶在烘烤过程中，定色期要求增大或全部打开天窗、进风洞，做到稳温排湿，慢烘烤。这样才有利于把最佳的品质因素固定下来。

在相同的烘烤条件下，NC82 中部叶，变黄期水分散失趋势较大，在定色期散失趋势小。变黄期应保持温度稍低，并做到慢而稳地升温，缓慢排湿，适当延长变黄期的时间；定色期应保持稍高的温度，中湿烘烤，适当延长时间，慢定色。这样的温湿度组合有利于 NC82 中部烟叶的变黄干燥和烘烤质量的提高。

红大中部叶的失水特性明显不同于下部叶。虽然红大在变黄期失水速度快于 K326 品种，但失水的趋势已比下部叶大大降低，且在定色期的失水速度大大加快。从水分散失的角度来看，红大可按正常烘烤工艺要求来烘烤。但是红大由于烘烤过程中叶绿素降解缓慢，中部叶水分散失明显比下部叶加快，在实际烘烤中，中部叶也容易产生青筋黄片和浮青烟，对品质极为不利。红大中部叶的变黄期应坚持低温慢变黄的原则，定色期应采取中温中湿的温湿度组合，较为适宜。

K326、云烟 85 两个品种中部叶水分散失特性，按正常的烘烤工艺要求，均能使这几个品种的烟叶烤好，但它们都有一个失水特性，即：在转入定色的 12 h 内，水分散失特别快，平均失水速度高达 3.01%/h，所以对这几个品种的烘烤，关键技术在于定色中前期排湿一定要及时快速，保持通风排湿顺畅。

3. 不同品种上部叶失水规律

不同品种上部叶的失水特性，仍然遵循"慢—快—慢"的失水规律。从烟叶变黄开始，上部烟叶均表现出缓慢均匀失水，到变黄结束时，失水量在 21.90%～42.18%，同中部叶相比失水量较大，失水速度在 0.88%/h～2.46%/h。进入定色期后 K326 品种、云烟 85 两个品种的失水量、失水速度基本相似，红大失水速度加快、失水量较大，失水量为 39.46% 和 46.50%。

在实际烘烤过程中，对于 NC82、云烟 85、K326 上部叶，变黄期应坚持低温慢变黄的原则，适当降低升温速度，减小这几个品种的失水趋势和失水量，使内含物质充分转化，否则在变黄期失水过多，生理生化变化减弱，内含物质得不到充分转化，将对烟叶品质产生极为不利的影响。定色期，保持中温中湿烘烤，用"以温控水"的原理，增大烟叶的失水趋势和失水量，有利于烟叶定色干燥。

红大上部叶变黄期失水趋势较小，在定色期失水趋势较大，这对烘烤极为有利。红大叶绿素降解相对较慢，按正常的烘烤工艺，很难把红大上部叶烤好。在实际烘烤过程中，变黄期温度稍高一点，增加失水趋势和失水量，有利于烟叶失水变黄；定色期应适当降低升温速度、延长烘烤时间，减小失水趋势或失水量，有利于香气前体物质的产生及致香物质的合成。

（二）自由水在烟叶烘烤过程中变化规律

烟叶变黄期，自由水的含量很高，进入定色期，烟叶自由水的含量快速减少。烟叶自由水含量的多少直接关系到生理生化反应的强弱。不同品种、不同部位烟叶的自由水变化见表4-8。由表4-8可以看出：

（1）部位不同，鲜烟叶中的自由水含量不同，呈现下部叶>中部叶>上部叶的趋势。

（2）在相同的烘烤条件下，不同品种、不同部位烟叶在变黄初期大多表现出自由水减少的趋势（红大中部叶除外）。

（3）4个品种，不同部位烟叶在整个变黄阶段，自由水的变化均有1~2个变化高峰，且变化幅度较大（54.24%~17.39%），平均为36.85%。

（4）品种不同，在变黄期的各个阶段，自由水的变化差异较大，可能与各个品种的叶表面气孔数量的多少和生理生化变化强弱有一定关系。

表4-8 自由水在烟叶烘烤过程中的变化情况（%）

品种	部位	时间/h				
		0	12	24	36	48
K326	下部	71.95	70.37	34.19	21.55	38.35
	中部	26.60	17.39	54.24	24.75	18.75
	上部	21.99	18.97	9.20	15.67	2.36
红大	下部	61.03	40.91	48.21	18.33	36.47
	中部	32.84	38.36	25.81	24.49	15.29
	上部	38.74	22.23	18.95	15.46	15.54
云烟85	下部	76.54	38.98	49.54	20.00	46.84
	中部	32.84	26.47	29.35	28.00	12.37
	上部	28.70	25.52	12.50	20.94	7.84
NC82	下部	82.76	40.91	36.35	20.00	53.62
	中部	29.20	23.41	15.96	25.26	10.26
	上部	28.57	35.61	15.58	20.73	5.60

不同品种相同部位烟叶，在烘烤过程中自由水的变化不相同，红大、云烟85、NC82这3

个品种的自由水变化，具有在变黄初期减少，变黄中期升高，变黄后期减少，变黄结束时又上升的规律性，呈 W 形，出现两个峰值。K326 品种在变黄初期自由水的变化不大，仅减少 1.58%，之后就一直减少到变黄后期的 21.5%，减少 49.12%，到变黄结束时缓慢上升到 38.35%（表 4-8）。

1. 不同品种下部烟叶自由水变化规律

K326 下部烟叶自由水含量与云烟 85 相当，比 NC82 低，比红大略高。在烟叶烘烤过程，K326 下部烟叶自由水呈现出"先降后升"的趋势，在 36 h 时达最低，48 h 时又升高，其变化趋势与 NC82 相同；而红大和云烟 85 下部烟叶自由水变化呈现出"降低—升高—降低—升高"的趋势。

2. 不同品种中部叶自由水变化规律

K326 品种在变黄中期有一个较高的峰值，自由水的含量达 54.24%，随后就呈现一直降低趋势，到变黄结束时含量为 18.75%。红大与云烟 85，在变黄中后期自由水变化相似，都呈现缓慢下降的趋势。红大中部叶在变黄初期自由水缓慢上升，幅度为 5.52%；云烟 85 的自由水变化较为平缓，且自由水含量在整个变黄过程中相对较高。

3. 不同品种上部叶自由水的变化规律

K326、云烟 85 两个品种自由水的动态变化趋势基本相似，从变黄开始减少到 24 h 自由水含量开始上升，到变黄后期达最大值，之后就开始下降，到变黄结束时自由水含量很少。红大整个变黄期自由水的含量均呈减少的趋势，由变黄开始的 38.74% 减少为变黄结束时的 15.4%。NC82 在整个变黄阶段最明显的特征是出现两个向上变化的峰值，变黄 12 h 自由水含量升高 7.04%，变黄中后期升高 5.15%。变黄 24 h 迅速下降到 15.58%，变黄结束时自由水含量为 5.6%。

（三）束缚水在烟叶烘烤过程中的变化规律

束缚水在烟叶组织内被蛋白质、淀粉、果胶等亲水胶体物质吸附，在烘烤过程中扩散排出阻力大，以水蒸气形式移动，消耗的能量多，蒸发散失比较困难，自由水大量汽化散失后，束缚水才能汽化排出。由表 4-9 可以看出，4 个品种鲜叶中束缚水平均含量 K326、红大较为接近，在 31.04%～36.48%；云烟 85、NC82 基本相同，在 26.63%～28.72%。鲜烟叶束缚水含量呈现中部烟>上部叶>下部叶的规律性。品种不同，束缚水变化规律不同，束缚水含量与自由水含量成反比。束缚水含量总是随自由水含量下降而升高，随自由水含量的升高而降低。不同品种、不同部位烟叶在烘烤过程中束缚水的变化总是大多沿着"上升→下降→再上升→

再下降"锯齿型规律散失。不同品种相同部位烟叶束缚水变化具有相似的规律性。

表4-9 不同品种、不同部位烟叶束缚水含量测定结果（%）

品种	部位	时间/h					
		0	12	24	36	48	60
K326	下部	16.36	9.32	45.86	53.8	37.83	54.31
	中部	44.39	53.48	16.56	42.75	45.88	31.41
	上部	44.36	40.87	51.29	36.43	25.13	11.6
红大	下部	25.59	40.06	30.49	53.47	34.26	53.71
	中部	38.48	30.73	42.73	43.14	46.58	16.53
	上部	29.44	39.96	40.01	40.28	30.99	11.25
云烟85	下部	12.06	41.37	35.99	55.84	27.97	40.41
	中部	38.66	45.94	37.41	33.34	44.40	14.86
	上部	35.44	38.45	44.52	28.66	14.20	10.32
NC82	下部	22.39	35.42	40.36	53.62	36.55	46.13
	中部	42.62	46.68	50.44	33.92	51.40	15.56
	上部	34.87	16.59	37.68	14.39	16.63	15.55

由表4-9可以看出：

（1）4个品种鲜叶中束缚水平均含量K326品种、红大较为接近，在31.04%~36.48%；云烟85、NC82基本相同，在26.63%~28.72%。

（2）各品种鲜烟叶束缚水含量呈现中部烟>上部叶>下部叶的规律性。

（3）品种不同，束缚水变化规律不同，束缚水含量与自由水含量成反比。束缚水含量总是随自由水含量下降而升高，随自由水含量的升高而降低。

（4）不同品种、不同部位烟叶在烘烤过程中束缚水的变化总是大多沿着"上升→下降→再上升→再下降"锯齿形规律散失。不同品种相同部位烟叶束缚水变化具有相似的规律性。

1. 不同品种下部烟叶束缚水变化规律

K326下部烟叶束缚水含量与云烟85相当，比红大和NC82略低。在烟叶烘烤过程中，K326下部烟叶束缚水变化规律呈现出"降低—升高—降低"的趋势，与红大、云烟85和NC82不同。

2. 不同品种中部烟叶束缚水变化规律

（1）NC82束缚水动态变化趋势相似，在整个变黄期和定色期沿着"上升→下降→再上升→再下降"的趋势变化，呈"M"形。

（2）红大中部叶束缚水的变化，在变黄初期下降之后就一直缓慢上升，到变黄结束时达最大值，为46.58%。

（3）云烟85中部叶束缚水变化，在变黄初期上升7.28%后，在变黄中期和后期均呈下降趋势。12~36 h下降12.36%，之后又上升到变黄结束时的44.4%。在定色初期下降的幅度较大，为14.86%。

（4）K326品种在变黄过程中，束缚水的变化起伏较大，在变黄中期有一个较低的峰值，为16.56%，在变黄24～48 h上升到45.88%，在定色初期下降到31.41%。

3. 不同品种上部叶束缚水变化规律

除NC82外，其余3个品种上部叶束缚水的变化都呈现"上升→再上升→下降→再下降"的规律性变化，呈"Λ"形。K326品种、云烟85两个品种上升的峰值出现在变黄中期的24 h。红大上升的峰值出现在变黄中后期的36 h。红大品种在变黄后期束缚水含量较高，为39.4%。

三、讨论与结论

在相同的烘烤条件下，通过对不同品种、不同部位烟叶，在烘烤过程中的变黄期、定色期水分散失规律的研究，得出以下结论：

（1）不同品种、不同部位烟叶在烘烤过程中的变黄期及定色期水分散失均表现为前期失水慢、失水量少，中期失水快、失水量大，后期失水又减慢、失水量少的"慢→快→慢"的规律，呈S形曲线。

（2）品种相同，下部叶、中部叶、上部叶在烘烤过程中变黄、定色期失水速度及失水量均不相同，t测验表明均达到显著或极显著差异水平。

（3）在相同的烘烤条件下，各品种在烘烤过程中的自由水、束缚水含量不是一直呈减少的趋势。在变黄、定色期均有1～2个向上升高的峰值，品种、部位的不同，变化程度不同。下部叶的自由水含量在定色后期均上升较大，4个品种平均上升22.97%，其中以NC82上升最大，达33.62%。中部叶、上部叶在变黄结束时自由水含量均较低。各品种束缚水在进入定色期后，下部叶呈上升趋势，中、上部叶呈下降趋势。下部叶与上部叶自由水含量在变黄过程中变化规律和趋势不相似，达极显著差异。各品种下部叶、中部叶自由水变化趋势相似。上部叶随品种的不同，自由水的变化规律不相似，K326品种与云烟85、NC82的自由水变化规律差异较大。

第三节　烟叶色素降解特性

烟草质体色素降解产物是烟叶重要的致香物质。为此，烟草质体色素不仅直接影响烟叶的外观质量，而且直接影响烟叶内在品质，其降解产物的种类和含量与烟叶的香气密切相关。烟草质体色素主要包括叶绿素和类胡萝卜素。在烟叶烘烤中，叶绿素的降解是烟叶烘烤黄色品质形成和香气物质形成的基础；类胡萝卜素是重要的香气前体物质，在烟叶烘烤中充分降解，才能丰富烟叶的香味物质。烟草通过质体色素获得光能，烟草中的质体色素包括叶绿素和类胡萝卜素，是本身不具有香味的物质，但在烘烤过程中可通过分解、转化形成百余种致香物质。由质体色素分解转化形成的致香物质含量约占烟叶致香物质总量的 85%~96%（周冀衡 等，2004）。在质体色素降解产物中，叶绿素的降解产物新植二烯含量最丰富，占致香物质总量的 85%以上；类胡萝卜素的降解物质种类最多，有近百种，其含量约占致香物质总量的 8%~12%（左天觉 等，1993；杨伟祖 等，2006；史宏志 等，2011）。鉴于此，国内外关于烟叶质体色素的研究依然是个热点。

烟叶质体色素及其降解产物的组成和含量与品种、生态环境、栽培技术和调制技术等有密切关系。不同部位的烟叶由于生长条件不同，化学成分含量差异较大，质体色素降解产物含量的差异与其前体物质含量的差异有关。方明等（2019）研究表明，K326 品种不同部位烟叶烘烤过程中叶绿素含量表现出一致的不断降低的变化趋势，鲜烟叶采收后及烘烤 12 h 时叶绿素含量均为下部叶＞中部叶＞上部叶；下部叶烤前叶绿素含量为 1.837 mg/g，烘烤 24 h 时叶绿素降解率为 40.60%，至 48h 时叶绿素降解率为 79.83%，72 h 时下部叶叶绿素含量为 0.146 mg/g，降解率达到 92.02%，之后叶绿素含量趋于稳定；中部叶烤前叶绿素含量为 1.561 mg/g，烘烤 48 h 内叶绿素降解速率和幅度明显低于下部叶，烘烤 24 h 时叶绿素降解率为 27.82%，48 h 时降解率达到 67.11%，至 72 h 时降解率达到 87.56%，之后叶绿素含量趋于稳定；上部叶于充分成熟后采收，鲜烟叶中叶绿素含量较低，为 1.169 mg/g，在烘烤 48 h 之前叶绿素降解率已达到 84.37%，48~60 h 表现为略有降低的趋势，之后叶绿素含量趋于稳定。

周钰淇（2013）研究表明，K326 品种鲜烟叶叶绿素含量及降解速率的不同使烘烤中烟叶叶绿素含量差异明显，降解速率较快的 K326 品种在烘烤 24h 时叶绿素已降解 47.12%；到 48 h 时 K326 品种降解 82.04%；到 72 h 时 K326 品种降解 92.81%。初始期叶绿素含量 K326 品种为 2.78 mg/g（表 4-10）。

表 4-10　K326 品种烟叶烘烤过程中色素降解情况（中部叶）　（周钰淇，2013）

指标	0 h	24 h		48 h		72 h		96 h	
	含量/(mg/g)	含量/(mg/g)	降解速率/(%/h)	含量/(mg/g)	降解速率/(%/h)	含量/(mg/g)	降解速率/(%/h)	含量/(mg/g)	降解速率/(%/h)
叶绿素	2.78	1.47	1.96	0.5	1.45	0.20	0.45	0.16	0.17
类胡萝卜素	0.70	0.48	1.31	0.39	0.54	0.30	0.53	0.24	0.25
叶绿素/类胡萝卜素	3.97	3.06		1.28		0.67		0.67	

K326 品种烟叶类胡萝卜素与叶绿素的降解差异较大。一方面表现为降解速率明显减慢，

叶绿素含量降解速率最高达 2%/h，而类胡萝卜素最高降解速率均在 1%/h 左右；另一方面是叶绿素含量的降解主要发生在 0~48 h，而类胡萝卜素含量变化主要发生在 0~96 h。其中，降解速率较快的 K326 品种在烘烤 24 h 时类胡萝卜素已降解 31.43%，到 48 h 时 K326 品种降解 44.28%；并且随着烘烤进行，叶类比逐渐减小，96 h 后降至 0.67（表 4-10）。

在烤黄、烤干的基础上，增加烟叶香吃味，改善烟叶品质，提高烟叶工业可用性，是烤烟烘烤的根本目的。烤后烟叶黄色鲜亮而且香气浓郁，才意味着烘烤质量的提高。烤黄的目的是多出上等烟，少出或不出含青烟、杂色烟、挂灰烟。增香的目的是烟叶的香气质好、香气量足。烟叶在烘烤过程中变黄和黄色的固定，是烟叶组织内部复杂的化学和生物化学变化的外在反映，是叶绿素降解而导致绿色消失和类胡萝卜素颜色显现的结果。

研究人员在国内外前人研究的基础上，进行了烘烤中烟叶色素的变化规律研究，旨在为制定不同品种、不同部位烟叶的烘烤技术及正确的水分调控提供理论依据，让烟叶在烘烤过程中提质增香。但关于烟叶色素在烘烤过程中的变化规律，许多研究结果不一致，为此深入研究 K326 品种烟叶在烘烤中的变化规律具有十分重要的意义。

一、材料与方法

（1）试验地点。云南省烟草农业科学研究院科研基地。

（2）供试品种。K326、红大、云烟 85。

（3）种植规格。各个品种分不同小区种植，小区面积 30 m²，每小区栽烟 50 株，行株距 100 cm×60 cm。

烤房采用普通烤房。烘烤方法采用 32~33 ℃ 为起点温度，湿球温度为 31~32 ℃，烤到底台烟叶叶尖变黄 6 cm 时，以每小时升温 1.0 ℃ 的速度升到 39~40 ℃，湿球温度为 35~36 ℃，烤到底台烟叶：下部烟叶变黄 8~8.5 成；中部烟叶变黄 9 成，上部烟叶变黄 9.5 成左右。再按每小时升温 1.0 ℃ 的升温速度，升到 46~47 ℃，湿球温度保持在 36~37 ℃，使顶台烟叶全部变黄，底台烟叶干燥 30%~50%；保持干球温度为 55~56 ℃、湿球温度为 37~38 ℃ 进行干叶；干筋期湿球温度为 39~40 ℃，干球温度不超过 68 ℃。

（4）取样。以生长时间为成熟度的主体因素，每 6 d 采收一次，每次采收，按各处理的成熟度特征，挑选成熟一致的烟叶，按品种采摘后取样 60 片编竿装于烤房中，自起火开始每 12 h 打孔取样一次，直到烘烤结束为止。取样时间为 0 h、12 h、24 h、36 h、48 h、60 h、72 h、132 h，共计取样 8 次。

（5）色素的测定方法。用中国烟草育种研究（南方）中心编的《生理生化研究方法》中的改进后的 Arnon 法。

二、结果与分析

（一）烟叶中叶绿素 a 在烘烤过程中的变化规律

在烟叶烘烤过程中，色素的降解使烟叶变黄，其降解产物对烟叶的香吃味有着重要的贡献。烟叶中的叶绿素主要由叶绿素 a 和叶绿素 b 组成。新鲜烟叶中叶绿素 a 约占总叶绿素的 70%，叶绿素 a 在植物细胞中与蛋白质结合在一起，性质较稳定，叶绿素 a 的颜色为蓝绿色。烟叶在烘烤过程中，叶绿素 a 含量的变化，对烟叶变黄及增加烟叶香吃味，有着重要的影响。

由表 4-11 ～ 表 4-14 可以看出：

（1）随着烟叶烘烤的进行，烟叶中叶绿素 a 的含量逐渐减少，说明叶绿素 a 在烘烤过程中逐渐降解。

（2）叶绿素 a 的大量降解集中在烘烤过程的 0 ～ 36 h，温度 32 ～ 39 ℃、31 ～ 35.5 ℃，降解程度较大，其叶绿素 a 降解量平均达 86.49%，标准差为 5.50，最大值为 96.64%，最小值为 70.75%，平均降速 2.40%/h。变黄阶段是叶绿 a 降解的关键时期。

（3）在烟叶烘烤 36 ～ 72 h，温度在 39 ～ 46 ℃，叶绿素 a 含量的总体趋势是降低，但在这一过程中，不同品种、不同部位的烟叶变化不尽相同，除 K326 品种外，其余品种的腰叶叶绿素 a 含量都出现了上升的现象，上升的幅度在 0.023 ～ 0.147 mg/g，平均为 0.085 mg/g，可见其幅度较下二棚叶要小，只有下二棚叶的 1/2。上二棚叶叶绿素 a 含量在这一阶段，只有红大、云烟 85 出现了上升的现象，幅度在 0.013 ～ 0.226 mg/g，平均为 0.089 mg/g，接近腰叶，说明随着叶位上升，在 36 ～ 72 h 这一阶段，叶绿素 a 含量有回升现象的程度逐渐减少。

（4）在烟叶烘烤的 72 ～ 132 h，曲线近似平走，烟叶中叶绿素 a 降解较少，上二棚叶平均为 2.06%，腰叶平均为 1.97%，下二棚叶平均为 1.20%。说明随叶位的下降，定色中后期和干筋期叶绿素 a 的降解速度逐渐下降。

（5）叶绿素 a 的总平均绝对降解速度为 0.021 mg/(g·h)。最大值为 0.034 mg/(g·h)，最小值为 0.013 mg/(g·h)，品种间、部位间差异不显著。

（6）所有品种烟叶的相对降解总量平均为 94.44%，上二棚叶平均为 93.50%，腰叶平均为 94.89%，下二棚叶平均为 94.93%。经方差检验，各品种之间、各部位之间差异不显著。相对剩余量上二棚叶平均为 6.44%，腰叶平均为 5.11%，下二棚叶平均 5.07%，总平均为 5.54%。随着叶位下降，相对剩余量相应减少，但对不同品种、不同部位，经检验其差异性并未达显著水平。

表 4-11 2019年不同品种、不同部位烟叶在烘烤过程中的叶绿素 a 含量测定结果

品种	部位	烘烤时间/h	0	12	24	36	48	60	72	132
		干球温度/°C	32.0	35.0	37.0	39.0	40.0	43.0	46.0	68.0
		湿球温度/°C	31.0	33.5	35.0	35.5	36.0	36.0	37.0	39.0
		干湿差/°C	1.0	1.5	2.0	3.5	4.0	7.0	9.0	29.0
		相对湿度/%	92.0	89.0	86.0	77.0	75.0	60.0	52.0	13.0
K326	上二棚叶	含量/mg	1.852	1.337	0.509	0.271	0.150	0.222	0.119	0.121
		降速/(%/h)	0.00	2.32	5.16	3.90	3.72	−4.00	3.87	−0.14
	腰叶	含量/mg	2.577	1.425	0.643	0.251	0.143	0.115	0.149	0.105
		降速/(%/h)	0.00	3.73	4.57	5.08	3.59	1.63	−2.46	0.49
	下二棚叶	含量/mg	2.243	1.404	0.257	0.315	0.052	0.443	0.119	0.111
		降速/(%/h)	0.00	3.12	6.81	−1.88	6.96	−62.67	6.09	0.11
红大	上二棚叶	含量/mg	1.612	1.362	1.203	0.356	0.361	0.314	0.298	0.189
		降速/(%/h)	0.00	1.29	0.97	5.87	−0.12	1.08	0.42	0.61
	腰叶	含量/mg	2.731	1.571	1.040	0.637	0.460	0.230	0.355	0.248
		降速/(%/h)	0.00	3.54	2.82	3.23	2.32	4.17	−4.53	0.5
	下二棚叶	含量/mg	3.430	1.658	0.546	0.703	0.499	0.878	0.215	0.327
		降速/(%/h)	0.00	4.31	5.59	−2.40	2.42	−6.30	6.29	−0.87
云烟85	上二棚叶	含量/mg	1.797	1.426	0.316	0.377	0.142	0.065	0.082	0.075
		降速/(%/h)	0.00	1.72	6.49	−0.51	5.19	4.52	−2.18	0.001
	腰叶	含量/mg	2.223	1.384	0.749	0.233	0.156	0.107	0.130	0.151
		降速/(%/h)	0.00	3.15	3.82	5.74	2.75	2.62	−1.79	−0.003
	下二棚叶	含量/mg	1.313	1.362	0.307	0.127	0.274	0.125	0.148	0.143
		降速/(%/h)	0.00	−0.31	6.45	4.89	−9.65	4.53	−1.53	0.001

表 4-12 2019年不同品种、不同部位烟叶在烘烤过程中的叶绿素 a 的降解速度

品种	部位	绝对降解总值/mg	平均绝对降解速度/(mg/g)	相对降解总量/%	相对剩余量/%
K326	上二棚叶	1.731	0.013	93.52	6.48
	腰叶	2.472	0.019	95.93	4.07
	下二棚叶	2.132	0.016	95.05	4.95
红大	上二棚叶	1.423	0.011	88.28	11.72
	腰叶	2.483	0.019	90.92	9.08
	下二棚叶	3.103	0.024	90.47	9.53
云烟85	上二棚叶	1.722	0.013	95.83	4.17
	腰叶	2.072	0.016	93.21	6.79
	下二棚叶	1.17	0.009	89.11	10.89

表 4-13　2020 年不同品种、不同部位烟叶在烘烤过程中叶绿素 a 含量测定结果

品种	部位	烘烤时间/h	0	12	24	36	48	60	72	132
品种	部位	湿球温度/℃	31.0	33.5	35.0	35.5	36.0	36.0	37.0	39.0
		干湿差/℃	1.0	1.5	2.0	3.5	4.0	7.0	9.0	29.0
		相对湿度/%	92.0	89.0	86.0	77.0	75.0	60.0	52.0	13.0
K326	上二棚叶	含量/mg	0.595	0.635	0.358	0.097	0.157	0.077	0.105	0.064
		降速/(%/h)	0.00	2.82	3.64	2.18	−5.15	4.25	−3.03	−0.06
	腰叶	含量/mg	1.862	0.435	0.329	0.219	0.085	0.085	0.065	0.019
		降速/(%/h)	0.00	6.39	2.03	2.79	5.10	0.00	1.96	1.18
	下二棚叶	含量/mg	2.424	1.368	0.974	0.435	0.248	0.215	—	0.076
		降速/(%/h)	0.00	3.63	2.40	4.61	3.58	1.11	—	0.009
红大	上二棚叶	含量/mg	1.561	1.520	1.210	0.295	0.260	0.504	0.235	0.169
		降速/(%/h)	0.00	0.22	1.70	6.30	0.99	−7.82	4.45	0.22
	腰叶	含量/mg	2.229	0.829	0.521	0.342	0.236	0.181	0.274	0.097
		降速/(%/h)	0.00	5.23	3.10	2.86	2.58	1.94	−4.28	1.08
	下二棚叶	含量/mg	3.970	2.555	1.256	0.168	0.873	0.323	—	0.307
		降速/(%/h)	0.00	2.97	4.24	7.22	−34.98	5.25	—	0.69

表 4-14　2020 年不同品种、不同部位烟叶在烘烤过程中叶绿素 a 的降解速度

品种	部位	绝对降解总值/mg	平均绝对降解速度/(mg/g)	相对降解总量/%	相对剩余量/%
K326	上二棚叶	0.089 5	0.007	93.33	6.67
	腰　叶	1.843	0.014	98.98	1.02
	下二棚叶	2.348	0.018	96.86	3.14
红大	上二棚叶	1.392	0.011	89.17	10.83
	腰　叶	2.132	0.016	95.65	4.35
	下二棚叶	3.663	0.028	92.27	7.73

烤前不同品种、不同部位叶绿素 a 含量有差异。品种间的差异经 F 检验未达显著水平，而部位间的差异达到了极显著水平。不同部位叶绿素 a 含量：下二棚叶>腰叶>上二棚叶。这

说明随着叶位上升，叶绿素 a 含量渐下降（表 4-15）。

表 4-15 K326、红大、云烟 85 烤前品种间、部位间叶绿素 a 含量方差分析结果

差异源	SS	df	MS	F 值	P-value	F crit
品种	4.844 430	7	0.692 061	2.232 125	0.095 234	2.764 196
部位	7.586 846	2	3.793 423	12.235 03	0.000 845	3.738 89
误差	4.340 644	14	0.310 046			
总计	16.771 92	23				

综上所述，烟叶烘烤后品种间、不同部位间，叶绿素 a 含量差别不明显。在烘烤过程中出现叶绿素 a 含量在某些阶段有回升的现象，这主要是由于烘烤过程中呼吸作用造成叶片干重的降低，而使色素含量测定结果偏高。

（二）烟叶中叶绿素 b 在烘烤过程中的变化规律

叶绿素 b 约占总叶绿素的 30%。在光合作用中，叶绿素 b 有利于吸收短波光。颜色上，叶绿素 b 呈黄绿色。烤烟品种间叶绿素 b 含量差异不显著。部位间叶绿素 b 含量平均为 1.299 mg/g，最高的是下二棚叶（1.736 mg/g），最低的是上二棚叶（0.847 mg/g），部位间叶绿素 b 含量存在显著性差异。可以看出，除云烟 85 外，其余品种下部叶片叶绿素 b 含量比中部叶和上部叶都要低。

随着烟叶烘烤的进行，烟叶中叶绿素 b 含量逐渐减少，说明叶绿素 b 随着烘烤时间的推进而逐渐降解。叶绿素 b 降解幅度最大的阶段是 0~24 h（表 4-16~表 4-19）。

表 4-16 2019 年不同品种、不同部位烟叶在烘烤过程中的叶绿素 b 含量测定结果

品种	部位	烘烤时间/h	0	12	24	36	48	60	72	132
		干球温度/℃	32.0	35.0	37.0	39.0	40.0	43.0	46.0	68.0
		湿球温度/℃	31.0	33.5	35.0	35.5	36.0	36.0	37.0	39.0
		干湿差/℃	1.0	1.5	2.0	3.5	4.0	7.0	9.0	29.0
		相对湿度/%	92.0	89.0	86.0	77.0	75.0	60.0	52.0	13.0
K326	上二棚叶	含量/mg	1.021	0.697	0.500	0.155	0.111	0.094	0.078	0.116
		降速/(%/h)	0.00	2.64	2.14	0.58	2.37	1.28	1.42	-0.81
	腰叶	含量/mg	1.427	0.74	0.342	0.207	0.140	0.111	0.137	0.105
		降速/(%/h)	0.00	4.01	4.48	3.29	2.70	1.73	-2.03	0.39

续表

品种	部位									
K326	下二棚叶	含量/mg	1.357	0.691	0.262	0.209	0.049	0.208	0.075	0.06
		降速/(%/h)	0.00	5.55	3.58	1.69	6.38	−27.04	5.33	0.33
红大	上二棚叶	含量/mg	0.899	0.689	0.573	0.211	0.185	0.143	0.168	0.098
		降速/(%/h)	0.00	1.95	1.40	5.26	1.03	1.89	−1.46	0.79
	腰叶	含量/mg	1.488	0.805	0.514	0.324	0.252	0.134	0.278	0.134
		降速/(%/h)	0.00	3.83	3.01	3.08	3.85	3.90	−8.96	0.86
	下二棚叶	含量/mg	1.760	0.807	0.319	0.355	0.262	0.345	0.122	0.149
		降速/(%/h)	0.00	4.51	5.04	0.94	2.18	−2.64	5.39	0.37
云烟85	上二棚叶	含量/mg	0.935	0.745	0.189	0.258	0.103	0.074	0.085	0.076
		降速/(%/h)	0.00	1.69	6.22	−3.04	5.01	2.35	−1.24	0.18
	腰叶	含量/mg	2.484	0.695	0.377	0.163	0.182	0.107	0.153	0.137
		降速/(%/h)	0.00	6.00	3.81	4.73	−0.97	3.43	−3.58	0.17
	下二棚叶	含量/mg	0.642	0.800	0.226	0.111	0.183	0.093	0.102	0.096
		降速/(%/h)	0.00	−2.05	5.98	4.24	−5.41	4.10	−0.81	0.98

表 4-17　2019 年不同品种、不同部位烟叶在烘烤过程中的叶绿素 b 的降解速度

品种	部位	绝对降解总值/mg	平均绝对降解速度/(mg/g)	相对降解总量/%	相对剩余量/%
K326	上二棚叶	0.905	0.007	88.64	11.36
	腰叶	1.322	0.010	92.64	7.36
	下二棚叶	1.297	0.010	95.58	4.42
红大	上二棚叶	0.801	0.006	89.10	10.90
	腰叶	1.354	0.010	90.99	9.01
	下二棚叶	1.611	0.012	91.53	8.47
云烟85	上二棚叶	0.859	0.007	91.87	8.13
	腰叶	2.347	0.018	94.48	5.52
	下二棚叶	0.546	0.004	85.05	14.95

表 4-18　烤前不同品种、不同部位烟叶叶绿素 b 含量方差分析结果

差异源	SS	df	MS	F	P-value	F crit
品种	1.237 286	7	0.176 755	0.651 293	0.708 335	2.764 196
部位	3.161 972	2	1.580 986	5.825 49	0.014 427	3.738 890
误差	3.799 475	14	0.271 391			
总计	8.198 732	23				

在 0~24 h，叶绿素 b 相对降解量较大，3 个品种平均为 72.37%，最大降解量为 78.41%，最小值为 66.3%，按由大到小的排列顺序为云烟 85>K326>红大（表 4-19）。品种间的降解量差异不显著（表 4-19）。部位间的降解量为下二棚叶>腰叶>上二棚叶。下二棚叶平均降解 80.99%，腰叶为 74.4%，上二棚叶为 61.71%。彼此之间的差异经 q 检验，上二棚叶与下二棚叶差异极显著，上二棚叶与腰叶差异显著，腰叶与下二棚叶差异不显著（表 4-20）。说明下部烟叶的叶绿素 b 降解量比上部烟叶大。

表 4-19　0~24 h 叶绿素 b 相对降解量（%）

差异源	求和	平均	方差	标准差	变异系数
K326	202.250 0	67.416 7	226.402 6	15.047 6	0.223 2
红大	198.080 0	66.026 7	287.358 5	16.951 7	0.256 7
云烟 85	229.410 0	76.470 0	108.466 9	10.414 7	0.136 2
上二棚叶	493.650 0	61.706 3	161.357 3	12.702 4	0.205 9
腰叶	595.200 0	74.400 0	24.943 5	4.994 3	0.067 1
下二棚叶	647.920 0	80.990 0	74.165 1	8.598 2	0.106 2

表 4-20　0~24 h 叶绿素 b 相对降解量方差分析结果

差异源	SS	df	MS	F	P-value	F crit
品种	545.222 3	7.000 0	77.888 9	0.853 2	0.563 8	2.764 2
部位	1 537.126 4	2.000 0	768.563 2	8.419 1	0.004 0	3.738 9
误差	1 278.039 1	14.000 0	91.288 5			
总计	3 360.387 8	23.000 0				

在 24～48 h，叶绿素 b 的降解较为复杂，不同品种、不同部位叶绿素 b 的降解，规律性不强（表 4-21）。

（1）上二棚叶。除云烟 85 在这一阶段出现了含量上升的现象外，其余品种均表现为下降趋势。

（2）腰叶。除云烟 85 外，其余品种均为下降趋势。

（3）下二棚叶。云烟 85 出现了含量上升，其余品种为下降趋势。含量略为上升的现象，下部烟叶比上部烟叶要出现得早一些，从品种来看，云烟 85 出现较早。

从降速看，上二棚叶>腰叶>下二棚叶，上二棚叶最小值为 0.009%/h，最大值为 0.014 1%/h，平均为 0.012 7%/h；腰叶最小值为 -0.004 2%/h，最大值为 0.012 5%/h，平均为 0.008 9%/h；下二棚叶最小值为 0.004%/h，最大值为 0.015 7%/h，平均为 0.008 8%/h。品种间、部位间差异不显著（表 4-21）。

表 4-21 24～48 h 叶绿素 b 降速统计指标描述

描述项目	上二棚叶	腰叶	下二棚叶
平均/（%/h）	0.012 662 5	0.008 925	0.008 812 5
标准误差	0.000 558 358	0.001 945 668	0.001 483 292
中值/（%/h）	0.013 05	0.010 75	0.008 6
标准偏差	0.001 579 274	0.005 503 181	0.004 195 384
样本方差	2.494 11E-06	0.000 030 285	1.760 13E-05
峰值	5.312 314 998	6.326 534 083	-1.108 820 388
偏斜度	-2.173 519 867	-2.457 851 781	0.435 823 874
最小值/（%/h）	0.009	-0.004 2	0.004
最大值/（%/h）	0.014 1	0.012 5	0.015 7
求和/（%/h）	0.101 3	0.071 4	0.070 5
计数	8	8	8
最大/（%/h）	0.014 1	0.012 5	0.015 7
最小/（%/h）	0.009	-0.004 2	0.004
置信度（95.0%）	0.001 320 305	0.004 600 771	0.003 507 427

对比叶绿素 a 和叶绿素 b 在变黄期的降解过程，可以看出，在烟叶烘烤过程中叶绿素 a 和叶绿素 b 降解速度很快，叶绿素 b 的降解量比叶绿素 a 多，这一点与前人的研究结果基本一致。

在 48～132 h，叶绿素 b 的降解总体趋势是降低，降幅较小，较为平稳。上二棚叶的平均含量是 0.070 mg/g，腰叶为 0.098 mg/g，下二棚叶为 0.095 mg/g。

（三）叶绿素 a 与叶绿素 b 总相对降解速度比较

叶绿素是叶绿体中的质体色素，它参与光合作用，使太阳能转化为化学能而贮藏在形成的有机化合物中。叶绿素在烟叶成熟和烤烟烘烤过程中大量降解消失，它在干烟叶中是一种不利的化学成分，往往带来青杂气味，是烟叶分级中严格控制的指标之一。

由表 4-22～表 4-25 可看出，不同品种间叶绿素含量虽有不同，但尚未达到显著差异水平，K326 品种叶绿素含量平均为 3.524 mg/g。部位间总叶绿素的含量呈现出下部叶>腰叶>上部叶的规律（除云烟 85 外），而且部位间的含量差异达到了极显著水平。烟叶部位平均值为 3.524 mg/g。这说明在制定烘烤技术时，要以烟叶部位作为主要依据，上部烟叶、中部烟叶和下部烟叶的烘烤技术要有所区别，特别是在变黄期时间的确定上。

随着烘烤进程推进，烟叶中总叶绿素的含量逐步减少，说明叶绿素随着烘烤的进行而逐步降解，尤其是在变黄期降解量最大。总叶绿素的降解主要集中在 0～36 h 这一阶段。品种间相对降解量在 80.39%～89.22%，平均为 85.25%，品种间降解量的大小顺序为 K326 品种>云烟 85>红大。品种间相对降解量差异不显著。部位间相对降解量在 80.58%～87.63%，平均为 85.25%。其差异达到显著水平。经两两比较，上二棚叶与腰叶、下二棚叶的差异达到了显著水平，腰叶与下二棚叶的差异未达到显著水平。这说明在变黄初期腰叶与下二棚叶的总叶绿素降解比上二棚叶快。

变黄期是烟叶叶绿素降解的关键时期，在烘烤调制过程中，应充分利用变黄期，提高变黄程度，最大限度地让叶绿素降解转化；进入定色期后，随着温度的上升，细胞脂氧化酶活性升高和自由基大量增加，导致膜结构破坏和透性增加，从而诱导多酚氧化酶活性升高。如果为降解叶绿素而保持较高的水分和环境湿度，那么可能会加剧酶促棕色化反应，而引起褐变。

表 4-22 2019 年不同品种、不同部位烟叶在烘烤过程中的总叶绿素含量测定结果

品种	部位	烘烤时间/h	0	12	24	36	48	60	72	132
		干球温度/℃	32.0	35.0	37.0	39.0	40.0	43.0	46.0	68.0
		湿球温度/℃	31.0	33.5	35.0	35.5	36.0	36.0	37.0	39.0
		干湿差/℃	1.0	1.5	2.0	3.5	4.0	7.0	9.0	29.0
		相对湿度/%	92.0	89.0	86.0	77.0	75.0	60.0	52.0	13.0

续表

K326	上二棚叶	含量/mg	2.873	2.034	1.009	0.426	0.263	0.316	0.197	0.237
		降速/(%/h)	0.00	2.43	4.20	4.81	3.23	-1.76	3.14	-0.34
	腰叶	含量/mg	4.004	2.165	0.985	0.458	0.283	0.226	0.286	0.210
		降速/(%/h)	0.00	3.83	4.54	4.46	3.18	1.68	-2.21	0.44
	下二棚叶	含量/mg	3.6	2.095	0.519	0.524	0.101	0.651	0.194	0.171
		降速/(%/h)	0.00	3.48	6.27	-0.08	6.73	-43.80	5.85	0.20
红大	上二棚叶	含量/mg	2.511	2.051	1.776	0.567	0.546	0.457	0.466	0.287
		降速/(%/h)	0.00	1.53	1.12	5.67	0.31	1.36	-0.16	0.64
	腰叶	含量/mg	4.219	2.376	1.554	0.961	0.712	0.364	0.633	0.382
		降速/(%/h)	0.00	3.64	2.88	3.18	2.16	4.07	-6.16	0.66
	下二棚叶	含量/mg	5.19	2.465	0.865	1.058	0.761	1.233	0.337	0.476
		降速/(%/h)	0.00	4.38	5.41	-1.86	2.34	-5.06	6.04	-0.69
云烟85	上二棚叶	含量/mg	2.732	2.171	0.505	0.635	0.245	0.139	0.167	0.151
		降速/(%/h)	0.00	1.71	6.39	-2.15	5.12	3.61	-1.68	0.16
	腰叶	含量/mg	4.707	2.079	1.126	0.396	0.338	0.214	0.283	0.288
		降速/(%/h)	0.00	4.65	6.35	5.40	1.22	3.06	-2.69	-0.03
	下二棚叶	含量/mg	1.955	2.162	0.533	0.238	0.457	0.218	0.250	0.239
		降速/(%/h)	0.00	-0.88	6.28	4.61	-7.67	4.36	-1.20	0.07

表 4-23　2019 年不同品种、不同部位烟叶在烘烤过程中的总叶绿素的降解速度

品种	部位	绝对降解总值/mg	平均绝对降解速度/[mg/(g·h)]	相对降解总量/%	相对剩余量/%
K326	上二棚叶	2.636	0.020	91.75	8.25
	腰叶	3.794	0.029	94.76	5.24
	下二棚叶	3.429	0.026	95.25	4.75

续表

品种	部位	绝对降解总值/mg	平均绝对降解速度/[mg/(g·h)]	相对降解总量/%	相对剩余量/%
红大	上二棚叶	2.224	0.017	88.57	11.43
红大	腰叶	3.837	0.029	90.95	9.05
红大	下二棚叶	4.714	0.036	90.83	9.17
云烟85	上二棚叶	2.581	0.020	94.47	5.53
云烟85	腰叶	4.419	0.033	93.88	6.12
云烟85	下二棚叶	1.716	0.013	87.77	12.23

表4-24 2020年不同品种、不同部位烟叶在烘烤过程中总叶绿素含量测定结果

品种	部位	烘烤时间/h	0	12	24	36	48	60	72	132
		干球温度/℃	32.0	35.0	37.0	39.0	40.0	43.0	46.0	68.0
		湿球温度/℃	31.0	33.5	35.0	35.5	36.0	36.0	37.0	39.0
		干湿差/℃	1.0	1.5	2.0	3.5	4.0	7.0	9.0	29.0
		相对湿度/%	92.0	89.0	86.0	77.0	75.0	60.0	52.0	13.0
K326	上二棚叶	含量/mg	1.348	0.89	0.561	0.165	0.274	0.120	0.141	0.086
K326	上二棚叶	降速/(%/h)	0.00	2.83	3.08	5.88	-5.51	4.68	1.46	3.25
K326	腰叶	含量/mg	2.628	0.654	0.494	0.325	0.147	0.154	0.107	0.035
K326	腰叶	降速/(%/h)	0.00	6.26	2.04	2.85	4.56	-0.40	2.54	1.12
K326	下二棚叶	含量/mg	3.846	1.966	1.399	0.674	0.368	0.362	—	0.123
K326	下二棚叶	降速/(%/h)	0.00	4.07	2.40	4.32	3.78	0.14	—	1.10
红大	上二棚叶	含量/mg	2.253	2.182	0.382	0.413	0.367	0.670	0.292	0.253
红大	上二棚叶	降速/(%/h)	0.00	0.26	6.87	-0.68	0.93	-6.88	4.70	0.22
红大	腰叶	含量/mg	3.200	1.160	0.755	0.482	0.351	0.255	0.404	0.128
红大	腰叶	降速/(%/h)	0.00	5.31	2.91	3.01	2.26	2.28	-4.87	1.14
红大	下二棚叶	含量/mg	6.528	3.801	1.760	0.268	1.166	0.466	—	0.413
红大	下二棚叶	降速/(%/h)	0.00	3.48	4.47	7.06	-27.90	5.00	—	0.19

表 4-25　2020 年不同品种、不同部位烟叶在烘烤过程中总叶绿素的降解速度

品种	部位	绝对降解总值/mg	平均绝对降解速度/[mg/(g·h)]	相对降解总量/%	相对剩余量/%
K326	上二棚叶	1.262	0.010	93.62	6.38
	腰叶	2.593	0.019	98.67	1.33
	下二棚叶	3.723	0.028	96.80	3.20
红大	上二棚叶	2.000	0.015	88.77	11.23
	腰叶	3.072	0.023	96.00	4.00
	下二棚叶	6.115	0.046	93.67	6.33

(四) 胡萝卜素在烟叶烘烤过程中的变化规律

烟叶的胡萝卜素呈橙黄色，是不饱和的碳氢化合物，是由 68% 的 β-胡萝卜素和 32% 的新 β-胡萝卜素组成的。β-胡萝卜素降解时在 $C_6—C_7$、$C_7—C_8$、$C_8—C_9$ 和 $C_9—C_{10}$ 不同位置上发生键的断裂，分别生成含有 9、10、11、13 个碳原子的化合物，2,2,6-三甲基-5-环己烯酮、β-环柠檬醛、二氢猕猴桃内酯、β-紫罗兰酮。β-紫罗兰酮和 2,2,6-三甲基-5-环己烯酮，可以进一步形成 β-二氢大马酮，后者在卷烟加香中广泛应用，可见胡萝卜素是重要的香气物质来源之一。不同烤烟品种烟叶烘烤过程中胡萝卜素含量的测定结果见表 4-26、表 4-27。

表 4-26　不同品种、不同部位烟叶在烘烤过程中胡萝卜素含量测定

品种	部位	烘烤时间/h	0	12	24	36	48	60	72	132
		干球温度/℃	32.0	35.0	37.0	39.0	40.0	43.0	46.0	68.0
		湿球温度/℃	31.0	33.5	35.0	35.5	36.0	36.0	37.0	39.0
		干湿差/℃	1.0	1.5	2.0	3.5	4.0	7.0	9.0	29.0
		相对湿度/%	92.0	89.0	86.0	77.0	75.0	60.0	52.0	13.0
K326	上二棚叶	含量/mg	0.210	0.186	0.190	0.146	0.040	0.181	0.130	0.134
		降速/(%/h)	0.00	1.08	-0.18	2.51	22.08	-6.49	3.27	-0.05
	腰叶	含量/mg	0.245	0.178	0.220	0.200	0.190	0.198	0.212	0.089
		降速/(%/h)	0.00	3.14	-1.59	0.83	0.44	-0.34	-0.55	0.967
	下二棚叶	含量/mg	0.414	0.377	0.395	0.414	0.375	0.298	—	0.064
		降速/(%/h)	0.00	0.82	-0.38	-0.38	0.87	2.15	—	0.33
红大	上二棚叶	含量/mg	0.276	0.296	0.200	0.258	0.303	0.385	0.264	0.214
		降速/(%/h)	0.00	-0.56	4.00	-1.87	-1.24	-1.77	3.82	0.316
	腰叶	含量/mg	0.296	0.306	0.258	0.309	0.243	0.286	0.416	0.176
		降速/(%/h)	0.00	-0.27	1.55	-1.38	2.26	-1.25	-2.60	0.962
	下二棚叶	含量/mg	0.616	0.493	0.414	0.288	0.772	0.422		0.116
		降速/(%/h)	0.00	2.08	1.59	3.65	-5.22	6.91		0.43

表 4-27 不同品种、不同部位烟叶在烘烤过程中胡萝卜素的降解速度

品种	部位	绝对降解总值/mg	平均绝对降解速度/[mg/(g·h)]	相对降解总量/%	相对剩余量/%
K326	上二棚叶	0.076	0.000 6	36.190 5	63.81
	腰叶	0.156	0.001 2	63.673 5	36.327
	下二棚叶	0.350	0.002 7	84.541 1	15.459
红大	上二棚叶	0.062	0.000 5	22.463 8	77.536
	腰叶	0.120	0.000 9	40.540 5	59.459
	下二棚叶	0.500	0.003 8	81.168 8	18.831

K326 和红大烤烟烘烤前不同部位烟叶胡萝卜素含量不同（表 4-26），K326 不同部位烟叶中胡萝卜素含量都低于红大烤烟，K326 烤烟上二棚、腰叶和下二棚烟叶的胡萝卜素含量分别为 0.210 mg/g、0.245 mg/g 和 0.414 mg/g，都低于红大品种。不同品种之间的差异不显著。K326 品种和红大烟叶从部位看，胡萝卜素含量都表现出下二棚叶>腰叶>上二棚叶。这说明随着烟叶部位的升高，胡萝卜素含量有下降的趋势。下二棚叶与腰叶、上二棚叶之间的差异达到显著水平，腰叶与上二棚叶差别不显著。

烤后烟叶中 K326 品种的胡萝卜素相对降解总量平均达 61.47%，红大的胡萝卜素相对降解总量平均达 48.06%。与红大烟叶相比，K326 品种烟叶中胡萝卜的相对剩余量较小，不同品种间的剩余量显著差异。从部位看，K326 品种下二棚叶的降解量最大，达 84.54%；腰叶次之，达到 63.37%；上二棚叶最小，仅 36.19%；烤后烟叶中胡萝卜素剩余量的变化趋势与降解量相反，上二棚叶（77.54%）>腰叶（59.46%）>下二棚叶（18.83%）。与红大烤烟品种相似，K326 品种随着叶位上升，胡萝卜素相对降解量减少，而相对剩余量增加。

腰叶、上二棚叶的胡萝卜素相对剩余量较接近，与下二棚叶有着明显差异，因而反映在烟叶质量上有很大的差别，下部叶油分少，香气不足，吃味平淡，品质差；腰叶油分足，香气足，劲头适中，质量较好；上部烟叶虽杂气和刺激性较重，但香气较充足，叶片厚，腺毛多，品质虽不及中部烟叶，但优于下部烟叶。烟叶中的胡萝卜素含量和尼古丁含量成正相关关系，实践表明，尼古丁和胡萝卜素含量高的基因组烟叶比含量低的基因组烟叶质量要好，油分含量要高。烤后胡萝卜素含量高的品种，往往易获得较好的品质。

三、结论

在相同的烘烤条件下，研究不同品种、不同部位烟叶在烘烤过程中色素的变化规律，得出以下结论：

（1）K326 品种的烟叶在烘烤前叶绿素 a、叶绿素 b 和总叶绿含量与其他品种无显著差异，

但部位间存在显著差异。除云烟85外，其他品种的下二棚叶所含叶绿素a、叶绿素b和总叶绿素均高于上二棚叶和腰叶。烤后不同品种、不同部位间叶绿素a、叶绿素b和总叶绿素的含量无显著差异。叶绿素a的降解速度要快于叶绿素b。叶绿素a在0~36 h时相对降解量较大，平均降速为2.4%/h；叶绿素b的相对降解量较大的时期出现在0~12 h，早于叶绿素a，平均降解速度为3.62%/h。上二棚叶和下二棚叶的总叶绿素最大降速出现在24 h以前，腰叶出现在36 h以前。变黄期叶绿素的降解速度表现为前期缓慢、分解量小，中期加快、分解量大，后期降解又趋于缓慢的规律。烤后不同品种的叶绿素相对剩余量在4.86%~12.24%。

（2）不同烤烟品种的烟叶中胡萝卜素含量在烤前和烤后变化不显著，同一品种烟叶部位间在烤前和烤后差异均显著；变黄期不同品种、不同部位胡萝卜素的降解量与降解速度无显著差异，在定色期和干筋期的差异显著。烤后不同品种、不同部位胡萝卜素的相对降解量和相对剩余量差异显著。

第五章
K326品种烟叶烘烤技术

K326品种香味特征明显，风格突出，香气质好，香气量足，工业可用性高，在卷烟配方中的重要作用，深受卷烟企业青睐。但K326品种耐烤性差，不易定色，淀粉含量较高，香气质量不突出，烟叶外观颜色较暗，易出现糟片、挂灰、色泽偏淡、油分偏少等问题，极大地影响了K326品种的推广种植和工业使用。

2014—2015年，对云南K326品种种植核心烟区昆明、玉溪、红河、大理和楚雄等地的K326品种烟叶烘烤质量进行调查，结果表明，不同产地烤烟品种K326品种的轻度挂灰烟均存在显著性差异（$P<0.05$），其中不同产地烤烟品种K326品种轻度挂灰烟的比例大小为大理>红河>云溪>昆明>楚雄（表5-1）。近年来，7—8月份多雨天气持续时间长，烟叶耐养性变差，加上采收不当，存在采青或过熟现象，在烘烤中常出现青烟、挂灰烟等现象，特别是上部烟叶较为突出。

表5-1 云南K326品种主要种植区2014—2015年杂色烟和青烟比例（%）

市（州）	杂色烟			青烟
	轻度	中度	重度	
昆明	6.72b	4.82	7.63	4.81
玉溪	7.91b	3.76	5.24	2.46
红河	9.31a	2.85	6.48	4
大理	9.43a	5.93	5.82	3.83

注："小写字母"表示在5%下差异性达到显著水平。

第一节 烟叶烘烤设施的演变

烤房是烤烟生产中一项不可缺少的基本建设。我国烤烟种植近100余年来，烤房设备由简陋到合理，由低能到高级，由手工操作到半机械化、机械化。随着烟叶生产力的发展，烤房不断更新换代，自烤烟生产以来经历了明火烤房、自然通风式普通烤房、热风循环烤房、普改密烤房、密集烤房等形式，并分别在当时的经济社会条件下形成了与烤房形式相适应的烘烤工艺，烟叶的烘烤原理也随着研究的深入不断得到深化，烤烟的生产水平和烟叶质量不断得到提高。

一、烤房演变

（一）第一阶段：传统土烤房

我国早期的烤房形似农村普通住房，规格不一，一般挂烟 5 棚。烤房内砌筑 6~7 个火炉，无烟管烟道，烧无烟煤，热气直接散发到烤房空间（图 5-1）。烤房墙基部开的进风口和房顶上安装的各种各样的天窗均很小。这种形式的烤房事实上带有简陋的明火烤烟性质，一直沿用到 20 世纪 50 年代。

图 5-1　早期传统土烤房

（二）第二阶段：改进土烤房

随着烤烟生产组织形式的变化，烤房规格逐渐统一，长宽均为 4.0 m，安装 2 路挂烟梁，挂 3 路烟竿，装烟量为 350~400 竿，能满足 8~10 亩烤烟需要（图 5-2）。烤房四周墙基部开设 8 个冷风洞；房顶（或房坡）上开设很小而且很简易的天窗，用于排湿；烤房内挂烟梁距地面高度一般仅有 1.4~1.5 m，间距在 20 cm 左右；用土坯或砖瓦砌筑火炉和烟道，热烟气流经烟道散发热量再由烟囱排出，以避免烟气对烟叶造成伤害。这种烤房的整体结构形式十分简单，烤房内温湿度不均匀，排湿不顺畅，易造成闷炕烤黑、挂灰和烤青现象。

图 5-2　改进土烤房

（三）第三阶段：标准化烤房

20世纪80年代，我国逐步推行"三化"生产，烤烟种植水平不断提高，烤房的研究和改造比较活跃。一是适应于农村经济体制改革和生产组织形式的变化需要，研究并推了容量150竿左右的小型烤房，适合种烟3~5亩的需要。二是对通风系统改造，以确保烤房通风排湿顺畅。增大地洞和天窗面积，改冷风洞为各种形式的热风洞，改"老虎大张嘴"式的天窗为高天窗，后发展为通脊长天窗，从而有效地解决了烟叶蒸片、糟片和挂灰等问题（图5-3）。

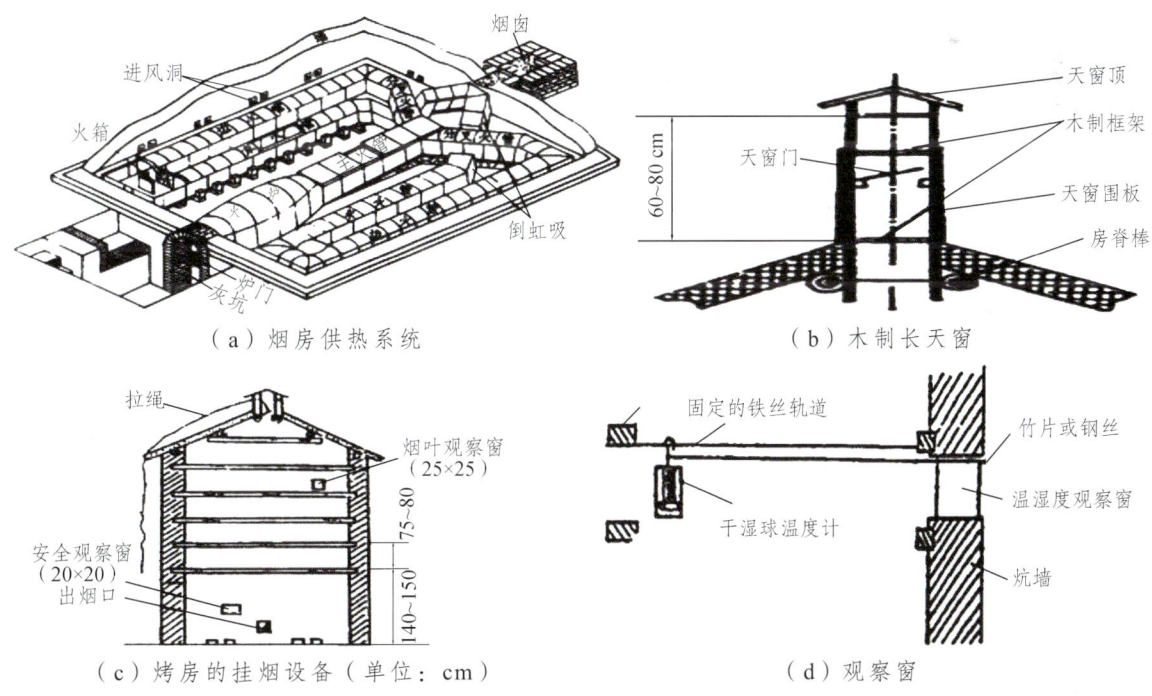

（a）烟房供热系统　　（b）木制长天窗

（c）烤房的挂烟设备（单位：cm）　　（d）观察窗

图 5-3　带有天窗烤房结构示意图

（四）第四阶段：改进标准化烤房

20世纪90年代，全国烤烟生产整体水平提高，但烟叶烘烤技术和烤房设备相对滞后。

为此，国家烟草专卖局组织有关科研单位经过多年研究和生产验证，提出并在全国推广三段式烘烤技术，同时提出以增加装烟棚数、加大底棚高度和棚距、改传统的卧式火炉为立式火炉或蜂窝煤火炉等节能型火炉、改梅花形天窗为长天窗、冷热风洞兼备、增加热风循环系统为重点的普通烤房标准化改造（图5-4）。

图 5-4　改进标准化烤房

（五）第五阶段：新型增质型烤房

到2000年，全国380多万座烤房达到标准化要求，占应用烤房总数的80%以上。其中蜂窝煤炉烤房、热风循环烤房、立式炉平板式换热器烤房等新型增质节能烤房有220多万座，由于能够很好地满足三段式烘烤工艺的要求，技术优势明显，发展较快，使我国烤房设备产生了一次重大飞跃（图5-5）。

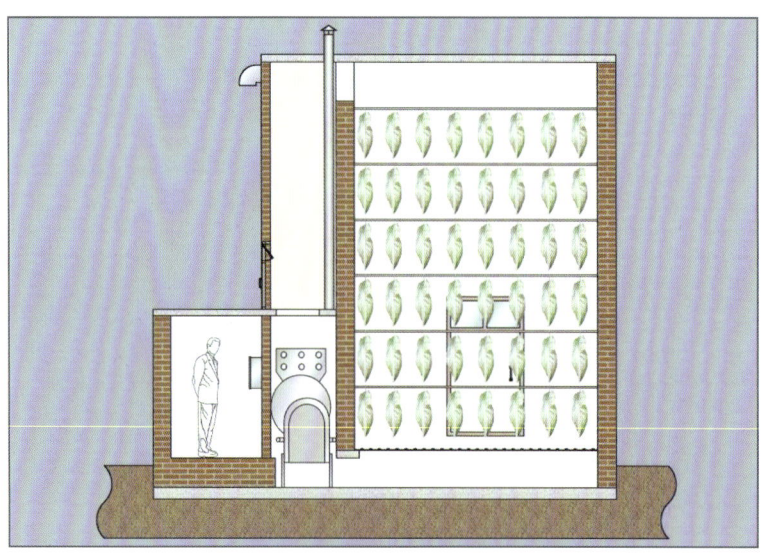

图 5-5　新型增质节能烤房示意图

（六）第六阶段：密集烤房（2006年至今）

密集烤房的研究始于20世纪50年代中期，美国北卡罗来纳州立大学的约翰逊（W. H. Johnson et al., 1960）等进行了密集烤房实验研究，并对烟叶烘烤设备、绑烟和装烟方式以及烘烤工艺进行了重大改革，从而揭开了烟叶烘烤的新篇章。

密集烤房（图5-6）的基本特点是强制通风、热风循环和烘烤过程自动控制。装烟容量较大，操作简便，省工。一座密集烤房一般可承担烟叶面积30~40亩，装烟容量是普通烤房的4倍以上。

图5-6 普通密集烤房群

20世纪50年代中期，美国和日本开始研究密集烘烤设备，60年代初逐步用于烤烟生产。到60年代，密集烘烤设备已经在加拿大、美国、日本等经济发达国家全面推广。

我国于20世纪六七十年代研制了烧煤的密集烤房，并在生产中进行了一定范围的示范。但是，由于当时农村生产组织形式的变化和社会经济条件限制，这种密集烤房没有能够得到推广，而且绝大多数被废弃掉，仅吉林省保留了适宜于烤烟15亩左右的密集烤房。

20世纪90年代，全国烤烟生产水平快速提高，为了改善烤烟设备和进一步提高烤后烟叶质量水平，云南、福建、河南、山东等省借鉴吸收国外烘烤设备的先进技术，相继购置引进了烧柴油、煤燃锅炉供热、烧煤直接供热等形式的密集烤房200余座，经试验验证，能有效地减少或避免烤青烟、挂灰烟和花片烟，提高橘色烟比例、烟叶颜色、色度及内在品质，但购置成本高、烤烟成本高，加之性能不稳定，烤烟效果不尽如人意。据当时调查，这种烤房90%左右处于闲置状态。

进入21世纪，适度规模种植成为烤烟生产新的发展方向。大户快速发展并开始出现烤烟生产专业户，这种规模化种植形式就成为密集烤房发展的社会基础和背景，促进了密集烤房的大面积示范应用成功，实现了我国烤房设备质的飞跃。

目前，根据气流运动方向不同，可将我国的密集烤房分为气流上升式和气流下降式（图

5-7）。标准化立式炉烤房如图 5-8 所示。

（a）气流上升式密集烤房　　　　　　（b）气流下降式密集烤房

图 5-7　密集烤房结构

图 5-8　标准化立式炉烤房

二、基于烘烤热源的烤房类型

（一）传统能源型

烤烟离不开火，起初使用木炭明火燃烧直接供热。在此后很长的一段时间内，人们一直采用木炭作为烟叶的烘烤燃料。普及火管暗火烤烟之后，干燥的木材省去了炭化环节，同样能够快速地提供烟叶烘烤的热量，逐步流行了木材燃烧供热，延续到今天仍有人使用木材烤烟（Chivuraise et al.，2016）。然而，连续多年持续地使用木材烘烤烟叶，很容易造成森林的过度砍伐而导致生态的破坏。为了烤烟生产与生态结构的平衡发展，研究人员和种植者一方面研发提高燃料效率的供热设备，一方面寻求更加廉价的热源。Snidow（1888）设计了一种提高烤房系统热效率的供热设备，燃料既可以使用木材也可煤炭。直到1900年，煤炭作为燃料才陆续应用到烟叶的烘烤中。液体油类燃料最初使用于皮革等贵重物品的干燥上，1926年左右开始应用于烟叶的烘烤（Gardner et al., 1926），人们发现其供热能力好于传统的燃煤或木材，并省去了烧火添加燃料的环节。此后经过不断改进，炉膛结构、燃油喷嘴、供热设备的布局构造和自动控制等技术日益完善。随着人工成本上涨，欧美烟区逐渐盛行利用节约用工的燃油替代燃煤作为烟叶烘烤的主要热源。

新中国成立前以柴草为主夹杂煤炭供热的方式，一直延续到20世纪70年代后期，到目前变成以燃煤为主、边远山区以干燥木材为辅的供热方式。目前，我国密集烤房数量为94.80万座，但是95%以上的密集烤房使用燃煤烘烤烟叶。我国是烤烟生产大国，又是能源匮乏的国家，我国烤烟年产量维持在150万吨左右，按"每烤干1 kg 烟叶需要1.5～2.0 kg 煤炭"计，烘烤烟叶需要消耗煤炭225万～300万吨。因此，深入探讨当前密集烤房能源利用现状及存在的问题，研究烤房节能和新能源利用途径，不仅有利于降低烤烟生产成本，增加烟农收入，而且有利于烟草生产的可持续发展，降低环境污染，为低碳环保的现代烟草农业建设提供保障。

（二）电热泵型

1930年，热泵技术在德国问世，很快应用到社会中的各个方面。由于热泵在节能和减排方面有着明显的优势，热泵干燥技术被广泛地应用到现代工业中（Bao Y et al., 2016）。宫长荣等（2003）首次把热泵换热技术应用于中国烟草烘烤的独立供热。2013年，河南佰衡节能科技股份有限公司在河南的烟区推广了600多座热泵供热的密集烤房，自此开启了热泵烤烟大面积推广的新时代，于是今天在国内的烟叶产区能够轻易见到许多新建或改造后的热泵供热的密集烤房（图5-9）。

图 5-9　电加热泵烤房

（三）生物质燃料型

生物质能可再生能力强，属于清洁能源。目前，生物质燃料应用到烟叶烘烤中的类型主要有两种：生物质成型燃料和干燥的木材。生物质燃料作为烟草烘烤领域的一种清洁能源，由最初干燥后木材截段，逐渐发展到生物质碎屑（如木材或秸秆）和燃烧值较低的褐煤混合挤压成生物质型煤，到现在将粉碎后的生物质原料在一定的压力下固化成棒状、粒状或块状的颗粒燃料，前后时间跨度近百年。传统上利用生物质成型燃料烘烤烟叶，是直接把燃料放到燃煤的炉膛内燃烧提供热量（姚宗路 等，2010）。虽然能够提高烟叶的烘烤质量，但其热效率比较低，而且较低的容积密度导致烘烤中燃料添加频繁，易增加烟农的烘烤劳动用工。另外，生物质在燃烧中产生的大量焦油，会加速钢制散热管的老化，而且焦油会使管道内烟尘粘连累积，从而影响管道散热。为了尝试生物质烘烤烟叶，许多学者开展了生物质成型燃料代替煤作为烟叶烘烤热源的研究。飞鸿等（2011）改变这种供热方式，在烤房外建立专门的生物质气化设备（图 5-10），把生物质在设备内产生的气化气体经管道输送到烤房的加热室内燃烧供热，实现了工程化开发生物质燃料烘烤烟叶的尝试。压制加工的生物质颗粒燃料（图 5-11）具有发热量大、纯度高等优点。

图 5-10　生物质烤房中生物质燃烧机

图 5-11 生物质颗粒

烟叶烘烤过程非恒热,但在定色和干筋阶段需要持续大量供热,气化生物质能源中传统的沼气产出慢和量少,供热不稳定,难以满足密集烘烤工艺对热能的要求,而采用气化炉价格高,且存在上料难、除焦难等技术问题,难以大面积推广;液体生物质能源应用于密集烘烤供热不存在技术问题,但如醇基燃料等对安全性要求较高,在运输和存储环节需要专业设备,同时来源基本商品化、价格偏高也推高了烘烤成本,难以被烟农所接受;生物质型煤固体燃料制作过程若添加煤炭燃烧时,将难以克服煤炭燃烧时的惯性和滞后性,加大自动化控制难度,添加黏土和其他黏合剂则会存在结焦等问题,而生物质颗粒燃料不仅具备气体和液体生物质燃料匹配燃烧机实现自动控火的特点,而且便于就地加工、就地消费、价格低,是当前及今后一段时间烟叶密集烘烤最适宜的能源(崔志军 等,2010;蒋笃忠 等,2011)。

(四)太阳能型

我国是太阳能资源比较丰富的国家。全国总面积 2/3 以上地区年日照时数超过 2 200 h,年辐射总量超过 5×10^3 MJ/m^2。全年照射到我国的太阳能是全年的煤、石油、天然气、柴草等全部常规燃料所提供能量的 2000 多倍。我国每年每平方米地面上所接受的太阳热量从一类地区到五类地区相当于燃烧 285~1 425 kg 标准煤。我国在高能耗的烟叶烘烤上完全可以利用太阳能这一巨大而廉价的能源。利用太阳能辅助烘烤烟叶能明显节省燃料、降低烘烤成本、减轻烟农负担;可有效减少有毒有害物质及固体废物的排放,减轻对附近人员健康的危害,减轻对环境的污染,有利于保护环境;有利于烤烟生产的可持续发展;有利于烟草行业树立响应国家号召、积极进行节能减排、提倡低碳经济的负责任形象。

我国在烟叶烘烤上利用太阳能始于20世纪70年代，杨树申（1981）设计了一种平板式太阳能集热器，安装在三巷道平吹风烤房上面。集热器的中间悬挂多层黑色金属网作为吸热层，集热器的顶面为一层4 mm厚的玻璃。通过风机把太阳能加热的空气送入烤房用于烘烤烟叶。1974—1986年，我国研发了两种类型太阳能温室设计：密集烤房整体外壳和墙体外壳的薄膜结构。前者利用太阳能间接地提高密集烤房周围环境温度，后者直接利用太阳能温室效应烘烤烟叶。经过几年的试验，验证了太阳应用于烟叶烘烤的可行性。随后，印度烟草技术人员在拉贾芒德里建造了太阳能烤房，发现能够节约43%~45%的燃料。中国也是利用太阳能进行烟叶烘烤最早的国家之一。2006年后，随着密集烤房在我国广泛地推广应用，研究人员在闲置的烤房顶部建造了太阳能加热系统（图5-12），普遍应用于烟叶的变黄期。然而受电脑芯片技术的限制，早期应用太阳能烘烤烟叶设备相当简单，并且不能够精确控制。由于太阳能本身分布较为分散，且受到昼夜、季节、地理纬度和海拔等自然条件的限制以及晴、阴、云、雨等随机因素的影响而不稳定，目前，太阳能利用技术和存储技术还有待进一步提高，能源产出的效率低、成本高，与其他技术结合更是增加了一定的技术难度，而且成本会更高。利用太阳能的烤房均能够明显节煤，是实现烤房节能减排的一条很好的途径。

（a）烤房　　　　　　　　　　　　（b）太阳能光伏板

图5-12　太阳能烤房

（五）天然气型

天然气是一种高效、清洁的优质能源，主要成分是甲烷（CH_4），产生能量的主体元素是氢，其燃烧后产生的是清洁无污染的水，几乎无颗粒尘埃物质的产生，而且可减排60%的CO_2和50%的NO_x，对环境污染程度小。我国的天然气资源非常丰富，并且随着国家天然气西气东输工程的实施，天然气已经逐渐走入了偏远乡村人们的日常生活中。目前，我国城市居民的生活饮食起居的供气基本得到普及。即便如此，天然气在能源构成中所占比例也仅仅在5.9%左右，远远低于世界23.5%的平均水平，发展潜力较大。因此，提高天然气在能源构成中的比重，是我国经济与环境可持续发展的重要途径之一。我国天然气可采资源量约 32 万亿立方米，特别是在西气东输管道经过的省级行政区中，一线工程 5 个、二线有 8 个，大多数是我国的重点产烟地区，这为天然气燃料作为烟叶烘烤的热源提供了一条思路。天然气易于运输，在我国目前已经基本建成全国性天然气管网的前提下，使用天然气进行烟叶烘烤的外围投资比较小。在技术上，天然气使用难度小，易于点火和熄火，可以长期稳定地燃烧，而且负荷调整速度快、精度高，作为热能利用的原始燃料，具有非常好的优点。以年周期看，烟叶烘烤通常不在天然气负荷最高的冬季，而是在负荷非高峰的春夏秋（由烟叶种植区自然条件决定）3 季，因此使用天然气进行烟叶烘烤对全国性的天然气负荷平衡也是非常有利的。天然气烤房如图 5-13 所示。

图 5-13　天然气烤房

（六）甲醇型

甲醇燃料作为一种清洁能源，具有许多优点：

（1）清洁和高效。甲醇燃料在燃烧时，产生的是二氧化碳和水蒸气，能比传统石油燃料产生更少的污染物和温室气体，从而减少对环境的污染。甲醇燃料具有高能量密度和易储存等优点，具有高能效性，其能量密度高于传统的化石燃料。

（2）可再生性。甲醇燃料是可再生的能源，与传统石油燃料相比，它的来源更广泛，包括生物质、废弃物等，减少了对化石燃料的依赖。

（3）经济性。甲醇燃料的生产成本较低，因此它的价格也相对较低，具有较高的经济竞争力。

（4）适应性。甲醇燃料可以与传统石油燃料混合使用，也可以直接替代石油燃料。甲醇密集烤房（图5-14）升温灵敏，控温精确，能够满足烟叶烘烤对温湿度的要求。研究表明，甲醇烤房烤后烟叶上等烟比例和橘黄烟比例较燃煤密集烤房大幅提高，在颜色、油分、色度等方面明显改善（段美珍 等，2013）。

图5-14 甲醇烤房

三、密集烤房烘烤技术

（一）密集烘烤的特殊性

1. 烟叶在密集烘烤过程中的生理效应

密集式烤房在烟叶烘烤的变黄阶段一般都要保持密闭状态，且烤房内装烟密度一般在$60\sim70$ kg/m³。在此期间，与普通烤房相比：

（1）密集烤房中的CO_2浓度较高，烟叶外观的变黄速度更快。

（2）密集烤房在整个烘烤过程中，装烟密度为$55\sim65$ kg/m³，烟叶淀粉酶、过氧化物酶、抗坏血酸过氧化物酶的活性较高，叶绿素含量最低。

（3）密集烤房的保温保湿性能更好，对环境温湿度和通风的精准控制，能够有效控制烟叶水分动态。变黄阶段烟叶失水量较小，有利于使淀粉酶和蛋白酶保持较高的活性，实现淀粉、蛋白质和叶绿素、胡萝卜素等大分子物质的完全转化。

（4）低温中湿变黄条件（变黄阶段干球温度为38 °C，相对湿度为80%~85%）下淀粉酶、蛋白酶、超氧化物歧化酶（SOD）、过氧化物酶、过氧化氢酶（CAT）活性提高，作用时间延长，丙二醛积累较少，有利于烟叶内含物质的分解转化；在中湿定色条件下，烤后烟叶颜色深、油分足、身份适中、化学成分含量适宜且比例协调。

（5）密集烘烤低温中湿处理能提高烟叶中性致香物质的含量，有利于改善烟叶的内在品质。

2. 风机强制通风和热风循环

密集烤房在烘烤过程中，装烟室与加热室之间既有热空气的内循环，又有冷空气不断进入加热室内、热空气不断从装烟室排出的外循环，这种冷热空气在外源机械动力作用下的双循环是密集式烤房最重要的属性。与普通烤房相比，密集烤房的换热效果更好，热量能得到重复利用，平面温差和垂直温差更小，叶间隙风速增加。据测定，普通烤房在烟叶定色阶段的叶间隙风速是 0.04～0.06 m/s，而密集式烤房同期叶间隙风速是 0.2～0.3 m/s。叶间隙风速增加，能使热空气充分和叶面接触进行湿热交换，能够有效地避免烤黑、烤青、挂灰等烤坏现象，使烤后烟叶颜色鲜亮、色度更均匀。

3. 温湿度精准控制

密集烤房的温湿度自控设备，对干球温度和湿球温度的测量范围均为 0～99.9 ℃，分辨率均为 0.1 ℃，整体配置能够达到装烟室干球温度控制精度 ±1.5 ℃，装烟室湿球温度控制精度 ±0.5 ℃，装烟室平面温差 ≤2 ℃，湿球温度差 ≤0.5 ℃。烘烤过程中温湿度的精准控制，能确保烟叶在最佳湿度环境和通风排湿条件下实现烟叶的调制。

（二）密集烘烤的基本原则和关键工艺指标

1. 基本原则

"适度低温中湿变黄，中湿定色干叶，相对高温干筋，适当控制各阶段的风量风速"，这是密集烤房烟叶烘烤的基本原则。其含义是：

（1）低温中湿变黄使烟叶以较慢的速度和较长的时间均衡变黄，保持失水速度和变黄速度的协调，提高烟叶变黄程度的均衡性，实现有效促进烟叶大分子物质的转化分解和烟叶香气前体物质的形成。

（2）中湿定色使烟叶在适宜的温度下进一步促进大分子物质彻底转化，另一方面小分子香气基础物质聚缩形成更多的致香物质。

（3）干筋阶段相对高湿和低速通风，减少烟叶内含物质挥发，确保烟叶外观质量和物理特性改善，化学成分适宜，内在品质提高。

2. 关键工艺指标

（1）变黄阶段：① 干球温度为 35～38 ℃，湿球温度为 34～36 ℃，烟叶达到七八成黄，叶片发软；② 干球温度为 41～42 ℃，湿球温度为 36～37 ℃，烟叶达到九成黄，主脉充分发软。分别在 37～38 ℃ 和 42 ℃ 左右延长时间。

（2）定色阶段：① 干球温度为 42~48 ℃，湿球温度为 37 ℃~39 ℃，烟叶达到半干；② 干球温度为 48~54 ℃，湿球温度为 38~40 ℃，烟叶达到全干。分别在 47 ℃左右和 54~55 ℃延长时间。

（3）干筋阶段：干球温度为 54~68 ℃，湿球温度为 41~43 ℃，达到烟筋干筋，在 65~67 ℃延长时间。

3. 配套烘烤工艺

三段式烘烤工艺将烟叶烘烤过程划分为变黄期、定色期和干筋期，每个阶段的干球温度分升温控制和稳温控制两步。通过对烘烤环境温度、湿度、时间调控，实现对烟叶水分动态和物质转化的协调，达到最终烟叶烤黄、烤干、烤香，这是三段式烘烤技术的核心。三段式烘烤工艺的技术关键点为：低温变黄、黄干协调，适宜升温定色，重视湿球温度，允许烘烤技术指标必要时作调整。

（三）密集烤房的优势与短板

1. 烘烤环境

密集烘烤的垂直温差和平面温差小于普通烤房，可以实现全炕烟叶变化一致；密集烘烤的叶间隙风速大于普通烤房，排湿顺畅，能减少杂色烟叶比例。密集烘烤时间普遍比普通烘烤缩短（王玉军 等，1999；王亚辉 等，2006）。刘洪祥等（2003）认为在烘烤过程中增加 CO_2 浓度可对鲜烟叶呼吸起到抑制作用，从而提高烟叶质量。

2. 烘烤过程中烟叶的变化

不同烤房、不同部位烟叶均表现出前期失水少而慢、中期失水多而快、后期失水少而快的特点。烟叶烘烤过程中失水最快的是普通烤房，其次是气流上升式密集烤房，气流下降式密集烤房失水最慢。因此，在密集烘烤过程中要注意变黄期提前排湿的问题，以保证烟叶适度失水凋萎，防止烟叶变硬变黄，导致烤后烟叶组织结构紧密，光滑烟比例增大（马翠玲 等，2007）。陈翾（2007）研究表明，密集烤房温差小，整座烤房烟叶变黄干燥一致，有利于淀粉的降解以及总糖、还原糖的积累，并在一定程度上降低了烤后烟叶总氮、烟碱和蛋白质的含量。

3. 烤后烟叶经济性状

密集烤房的劳动力成本、能耗成本比普通烤房显著降低，并且烤后烟叶的中上等烟比例有不同程度的提高，杂色烟叶和挂灰烟叶有效减少，但是光滑烟比例有所增加（陈远平 等，2011）。光滑烟比例大，烟叶僵硬、组织结构紧密是目前密集烘烤烤后烟叶存在的一个主要问题。肖艳松等（2009）研究表明，密集烤房烤后烟叶较普通烤房色泽强，青筋率和杂色率较低，成熟度较好，但是烤后烟叶颜色较浅，多为柠檬黄，而普通烤房烤后烟叶的颜色多为橘黄色。烟叶颜色淡、油分减少是目前影响密集烤房烤后烟叶质量的又一个主要因素，密集烘烤综合经济效益较好。

4. 烤后烟叶外观质量

与普通烤房烘烤烟叶相比，密集烤房烤后烟叶色泽较鲜亮，可能与烘烤定色期烟叶表面的附着水在强制性热风循环的作用下迅速排出，从而减少了挥发油和树脂的自然消耗有关。由于密集烤房使用的风机风速过快，通风量过大，烤后烟叶光泽较鲜明，但叶背面呈白色，烟叶正反面色差大，总体趋向于柠檬黄色；而普通烤房风速过慢，通风量过小，烤后烟叶光泽暗，颜色偏深。密集烤房升温排湿快，常常由于变黄不充分，易出现颜色偏淡、柠檬黄烟叶偏多、青黄烟或黄片青筋现象；而普通烤房升温排湿慢，温度偏低，易出现烟叶变黄过度、叶片变薄、挂灰或糟片等现象。

光滑僵硬烟叶产生的原因是：第一，密集烤房装烟密度大，烤房温度升高时，烟叶内部水分加速外移，但叶片"互相重叠"，烟叶表面水分不能及时蒸发，阻挠内部水分向外扩散，随着后期的升温排湿，易在烟叶上留下"痕迹"；第二，密集烤房风速快，使烟叶水分的表面蒸发率大于内部扩散率，烟叶表面易出现干裂。内部水分来不及转移到烟叶表面，使烟叶表面迅速形成一层干燥薄膜，其渗透性极低，从而将大部分残留水分保留在烟叶内，使失水速率急剧下降，内部转化停滞。之后叶片内部干燥和收缩时就会脱离干燥膜而出现内裂孔隙，从而烟叶表面出现凹凸不平。反映在烟叶内部，可能是一些与细胞壁等物质降解有关的酶，如果胶甲基酯酶、多聚半乳糖醛酸酶等活性受到抑制，烟叶水分不适宜，使得细胞壁物质水解不完全或很少，内含物质降解转化不充分，从而导致光滑烟的形成。

5. 烤后烟叶内含物质转化与香气质量

在密集烤房烘烤烟叶过程中，为了降低能耗、减少干物质损失而片面追求快速升温排湿、缩短烘烤时间，使得水分不能满足酶及生理生化反应的需要，导致烟叶内部物质，如淀粉、色素等大分子物质转化降解不充分。而普通烤房虽然基本设施较差，升温排湿速度较慢，但烟叶外观形态和内部物质的变化较为一致，细胞内的各种酶能长时间保持活性，使烟叶内叶绿素、类胡萝卜素、淀粉、蛋白质等物质充分降解，为烟叶提供更多的香气前体物质。此外，由于密集烤房通风量过大、风速快，特别是在干筋期温度高的情况下，很容易将烟叶形成的油分和一些香气物质排出烤房，最终导致烟叶香气质量下降。

（四）密集烤房亟待解决的问题

首先，密集烤房烟叶烘烤机制问题。目前，应用密集烤房烟叶质量问题集中反映为烤后烟叶僵硬、颜色变淡、叶面部分光滑、橘色烟减少。若定色后期和干筋烤房内通风过量，湿球温度低，则会导致烟叶干燥过快，颜色变淡，油分降低，青筋烟增加。因此需要进一步研究密集烤房的烘烤条件，包括装烟密度、烘烤湿度、烤房内气流速度等对烟叶品质的影响。

其次，密集烤房本身问题。一是建造成本偏高，目前建造纯板块结构容量在 1.0 hm² 左右的密集烤房需要 3 万元左右，容量在 1.6~2.0 hm² 的需要 5 万元左右；纯砖混结构，1.0 hm² 左右的要 1 万元左右，1.6~2.0 hm² 的多数在 1.5 万~2 万元。烟农难以接受，要加大对密集烤房的配套设施研发力度，因地制宜、就地取材，降低建造成本。二是烘烤自控设备和技术不完善，尤其是控制供热量大小和控温技术不成熟。其原因是软件设计简单和硬件不齐全或者不合理，要继续完善烘烤自控技术，开发设计与烘烤工艺配套的自控设备。三是配套设备标准化和质量问题。在生产使用过程中常出现风机损坏、电机烧毁、炉膛和换热器漏气漏火的现象，给烟农造成很大经济损失，因此供热设备和所选用的风机电机都需要进一步标准化、规范化，保证安全可靠。

应针对密集烘烤的特殊性，采取相应的烘烤措施，不断优化和完善密集烘烤工艺，努力揭示密集烘烤过程中烟叶变化的特殊规律，促使烟叶外观形态变化与内含物质变化相协调，真正实现烟叶的烤黄、烤干、烤香。

第二节　传统烘烤工艺

烟叶烘烤的实质是田间积累物质降解转化与叶片脱水协调推进的过程，在此过程中，烟叶会发生形态收缩和生化变化，最终完成工业可用性的"烤黄、烤干和烤香"的目标。烟草不同于其他经济作物，田间形成的烟叶须在适宜的烘烤工艺下才能彰显较优品质，最后经由陈化固存和改善品质才能成为工业可用的产品原料（罗柱石 等，2021）。烟叶品质形成一方面与烟叶田间形成的自身潜质有关，另一方面则与烘烤工艺对烟叶的配套性有关，相同素质鲜烟叶以不同烘烤工艺烘烤，所得烟叶品质均不同（李峥 等，2017；赖荣洪 等，2018；孟智勇 等 2018；陈飞程，2022）。

20 世纪中期，国内的烟叶烘烤还处于人工指导生产的状态，只靠主观感受来确定烤房内温度、湿度等烘烤因素，导致烤后烟叶质量不高。自 50 年代末期将干湿球温度计应用于烤房中开始，我国烟叶烘烤工艺进入探索阶段。到 60 年代，密集烤房的研究加速了烘烤工艺研究进程。80 年代之后，由于我国鲜烟素质明显提高，出现了与之配套的多段式烘烤工艺和双低烘烤工艺等（魏硕 等，2017）。

20 世纪 80 年代，我国基于传统烘烤工艺，引入国外烘烤先进技术，经过多年试验的过程，形成了适用于我国烟叶烘烤的三段式烘烤工艺，加上密集烤房的推广，该烘烤工艺广泛应用于我国各大烟叶产区（武劲草 等，2017）。

一、三段式烘烤工艺

三段式烘烤工艺的烘烤初始阶段与巴西工艺相似,但每阶段可根据鲜烟叶素质的差异调整干湿球温度、稳温时间和升温速度等(李生栋 等,2016;陈飞程,2022)。具体操作步骤为:变黄阶段以平均 0.5 ℃/h 的小火升温至 35~38 ℃,保持 1~2 ℃ 的干湿差,直至烟叶 8 成黄,失水达到 30%,叶片发软,随后升高干球温度至 40~42 ℃,干湿差保持在 4~5 ℃ 左右,直至烟叶黄片青筋;定色阶段保持 0.5 ℃/h 升温速度不变,升到 46~48 ℃,湿球温度控制在 37~38 ℃,直至烟叶全黄,叶片干燥 1/2 左右,随后将干/湿球温度升至 54 ℃/39 ℃,确保烟叶叶片全干,叶片姿态呈大卷筒,主脉干至 1/2 左右;干筋阶段,大火(1 ℃/h)将干球温度升到 68 ℃ 左右,湿球温度控制在 42 ℃ 左右,直至烟筋全干。三段式烘烤工艺参数精确定量,操作简便,烟叶状态变化得以明确,烤后烟质量显著提高。烘烤前中期以慢速升温为主,因此可灵活调整烘烤操作,避免了盲目烘烤,减少了烤坏烟的产生,唯有干筋阶段采用高湿来胁迫主脉水分的进一步散失,此操作适用于大部分常规烟叶烘烤。

随着我国各大烟区的品种开发与推广,三段式烘烤工艺在不同烤烟品种的适应性方面略显不足,难以满足不同品种烟叶的烘烤特性。皖南烟区在三段式烘烤工艺基础上,通过调整不同阶段的稳温时间,因地制宜改变时间分配策略,最终提出了"一长两短"的烘烤工艺。延长变黄期关键温度点的稳温时间,有利于促进烟叶内大分子物质降解和改善变黄与失水不协调的问题(杜如万 等,2016)。云南大理烟区在三段式烘烤工艺基础上加以改进,形成二慢、二低和二长的 222 烘烤工艺,对当地的 K326 品种中上部叶烘烤有较好的适配效果(苏家恩 等,2016)。新宁烟区基于不同的烘烤工艺,在变黄策略上对云烟 87 和 K326 品种进行了烘烤比较试验,发现中温中湿变黄策略更为符合新宁烟区山地烟叶的烘烤,而低温低湿变黄则会造成当地烟叶干物质的过度损耗,形成身份较薄的烤后烟;高温高湿变黄的烤后烟颜色质量不佳(符新妍 等,2016)。胡亚杰等(2018)通过不同叶位烟叶对三段式烘烤工艺的质量评分响应,为上部叶的成熟采收控制和对应的配套烘烤工艺提供了理论参考。

烤烟三段式烘烤理论和技术体系的推广运用,强调烟叶在较低的温度下变黄,定色阶段可在 50~54 ℃ 延长时间,促进烟叶香气物质的转化,干筋阶段的温度最高不超过 65 ℃,使得三段式烘烤工艺在有效提高烟叶的香气、吸味及中上等烟叶比例、减少烤青烟等方面起到了提质增效的作用。

(一)K326 品种下部烟叶烘烤工艺

采收成熟度一致的田间烟叶,分类编装进烤房,烘烤点火后按照 1 ℃/h 的升温速率,将烤房中的干球温度升温到 38 ℃、湿球温度升温到 35 ℃ 后开始稳定温度,使烟叶叶片尖部变黄；然后按照 1 ℃/h 的升温速率，将干球温度升温到 40 ℃、湿球温度升温到 37 ℃ 开始稳定温度，目的是使烟叶烟片变黄、主脉变软，使得烟片呈现完全的凋萎塌架状态；此后再按照 1 ℃/2 h 的升温速率，将干球温度升温到 46 ℃、湿球温度升温到 39 ℃ 后开始稳定温度，这样使烟叶烟片变黄呈现干燥软卷筒状态；然后再按照 1 ℃/h 的升温速率，使干球温度升温到 54 ℃、湿球温度升温到 40 ℃ 后开始稳定温度，使叶片干燥并呈现大卷筒状态，此后适当并延长 12 h 以上的烘烤时间，然后使全烤房烟叶达到干片定色目的；最后按照 1 ℃/h 的升温速率，将干球温度升温到 68 ℃、湿球温度升温到 42 ℃ 后开始稳定温度，直到使全烤房烟叶干筋为止，整个烘烤完成。

（二）K326 品种中部烟叶烘烤工艺

烟叶编装完毕，烘烤点火后按照 1 ℃/h 的升温速率，使得干球温度达到 38 ℃、湿球温度达到 36 ℃ 后开始稳定温度，使烤房中的烟叶烟片叶尖变黄；此后按照 1 ℃/4h 的升温速率，将干球温度升温到 40 ℃、湿球温度升温到 37 ℃ 后开始稳定温度，使整个烤房的烟叶变黄（每一叶片黄片黄筋）、烟片干燥，并呈现软卷筒状态；此后再按照 1 ℃/3h 的升温速率，使干温度升温至 54 ℃、湿球温度升温至 40 ℃ 开始稳定温度，使整个烤房的烟叶叶片干燥并呈现大卷筒状态；然后再按照 1 ℃/2 h 的升温速率，使干球温度升温至 68 ℃、湿球温度升温至 42 ℃ 后开始稳定温度，使整个烤房的烟叶干燥并呈现出小卷筒状态（叶片干燥 2/3），此后再按照 1 ℃/h 的升温速率，使干球温度升温至 54 ℃、湿球温度升温至 40 ℃ 后开始稳定温度，使烟叶的叶片干燥呈大卷筒状态，此后维持并延长 12h 以上烘烤时间；最后按照 1 ℃/h 的升温速率，将干球温度升温到 68 ℃、湿球温度升温到 42 ℃ 后开始稳定温度，直到使全烤房的烟叶干筋，整个烘烤完成。

（三）K326 品种上部烟叶烘烤工艺

烟叶装进烤房以后，点火后按照 1 ℃/h 的升温速率，使干球温度升到 38 ℃、湿球升温到 37 ℃ 后开始稳定温度，达到使烟叶的尖部开始变黄的目的；然后按照 1 ℃/h 的升温速率，使得干球温度达到 40 ℃、湿球温度达到 38 ℃ 后开始稳定温度，使烟叶开始变黄（黄片青筋），烟叶的主脉变软，整个叶片呈现出完全的凋萎塌架状态；然后按照 1 ℃/3h 的升温速率，使得干球温度升温到 48 ℃、湿球温度升温到 39 ℃ 后开始稳定温度，使得整个烟叶变黄（黄片黄筋），叶片干燥并呈现出软卷筒状态；此后再按照 1 ℃/2h 的升温速率，使得干球温度升温至 54 ℃、湿球温度升温到 40 ℃ 后开始稳定温度，这样使得整个烟叶的叶片干燥，并呈现出大卷筒状态，维持此温度并延长 12h 以上的烘烤时间，直到使整个烤房的烟叶干片定色；最后按照 1 ℃/h 的升温速率，使得干球温度升温达到 68 ℃、湿球温度升温达到 42 ℃ 后开始稳定温度，最后使全烤房烟叶干筋，整个烘烤完成（周钰淇，2013）。

第三节 烟叶精细化烘烤工艺

一、密集烤房与普通烤房温、湿度分布规律和烘烤时间对比

（一）材料与方法

在玉溪市和文山州砚山县盘龙乡种植K326，分别选择在用标准化密集烤房（上升或下降）和普通烤房各一座，采用符合国标要求的电子测温仪，按平面"六点"挂法或"三点"挂法，挂放在两种类型烤房的顶层、中层、底层；测量两种类型烤房烘烤变黄期的干球温度达到35～36 °C、38～39 °C、42～43 °C，定色期的干球温度达到46～47 °C、55～56 °C，干筋期的干球温度达到60～61 °C、66～67 °C这7个温度点时各层的温、湿度分布情况和烘烤时间。干球温度达到目标值并稳定1 h后，测量温、湿度。

其中，玉溪试验点采收的烟叶按平面"六点"挂法试验，密集烤房装鲜烟309竿（2 453 kg），普通烤房装鲜烟105竿（843 kg）。密集烤房为2018年8月25日20时至8月31日19时，共计167 h；普通烤房为2018年8月25日18时至8月31日14时，共计164 h。文山试验点采收的烟叶按平面"三点"挂法在K326品种中部烟叶成熟时进行试验。普通烤房为7×9五台杆立式炉烤房，烤房垄路为明三暗五式，供试品种为K326，装烟量178竿（平均单竿质量为5.8 kg），点火时间为9月8日20:00，闭火时间9月16日20:00，总烘烤时间为192 h；密集烤房为气流下降式三台烤房，品种为K326，装烟量450竿（平均单竿质量为7.2 kg），点火时间为8月18日8:00，闭火时间为8月25日20:00，总烘烤时间为180 h。

（二）结果与分析

1. 不同类型烤房烘烤阶段干球温度分布比较

烤房结构决定了其在烘烤过程中的干球温度的分布，最终决定了烘烤工艺的选择，即温、湿度的设定。不同的烤房类型在不同的烘烤阶段其温度分布规律差异较大。由表5-2可看出：

（1）气流上升式密集烤房。底层温度最高，中层次之，顶层最低。平面温度极差值顶层最大，平均为2.7 °C；底层次之，比顶层低1.0 °C；最小为中层，比顶层低1.4 °C。立面温度极差平均为2.3 °C。

（2）气流下降式密集烤房。顶层温度最高，低层次之，中层最低。平面温度极差中层最大，平均为1.9 °C；底层次之，比顶层低0.2 °C；顶层最小达1.0 °C，比中层低0.9 °C。立面温度极差平均1.6 °C。

（3）普通烤房。底层温度最高，中层次之，顶层最低。平面温度极差值底层最大，平均

为 1.4 ℃；中层次之，比底层低 0.1 ℃；最小为顶层，比底层低 0.3 ℃。立面温度极差平均为了 5.5 ℃。

表 5-2 不同类型烤房烘烤阶段干球温度统计结果　　　　单位：℃

烤房类型	设定目标 干球	设定目标 湿球	底层 实测平均	底层 极差	中层 实测平均	中层 极差	顶层 实测平均	顶层 极差	立面极差
气流上升式	35.0	35.0	34.4	2.5	32.0	1.9	31.8	3.2	2.6
	38.0	36.0	37.7	1.8	35.4	1.3	34.7	2.5	2.9
	40.0	36.0	—	—	—	—	—	—	—
	42.0	36.0	41.5	1.0	40.5	1.5	40.8	1.3	1.0
	47.0	37.0	47.5	2.5	43.4	1.6	46.2	2.9	4.2
	55.0	37.0	53.6	1.6	53.2	1.0	51.4	3.3	2.2
	60.0	38.0	58.7	2.0	58.8	1.0	59.0	1.0	0.3
	67.0	38.0	66.3	0.8	66.6	0.6	64.0	4.4	2.6
平均				1.7		1.3		2.7	2.3
气流下降式	35.0	35.0	36.8	1.6	36.5	1.3	36.9	1.2	0.4
	38.0	36.0	38.5	1.7	38.0	1.4	38.7	0.5	0.7
	40.0	36.0	39.9	4.2	38.8	3.7	40.4	1.1	1.6
	42.0	37.0	39.6	1.6	39.5	3.2	41.6	1.3	2.0
	47.0	37.5	46.4	0.7	45.4	1.7	47.0	0.7	1.6
	55.0	38.0	53.0	0.8	52.0	1.2	53.9	1.1	1.9
	60.0	39.0	58.7	1.5	57.3	2.0	59.8	0.7	2.5
	67.0	41.0	64.4	0.8	63.2	1.0	65.1	1.4	1.9
平均				1.7		1.9		1.0	1.6
普通烤房	35.0	35.0	34.2	1.5	32.6	1.1	31.2	1.3	3.0
	38.0	36.0	37.3	1.1	35.0	1.2	33.5	1.5	3.8
	40.0	36.0	—	—	—	—	—	—	—
	42.0	36.0	41.3	1.1	39.1	1.3	36.7	1.1	4.6
	47.0	37.0	46.7	0.6	43.7	1.2	42.0	1.2	4.7
	55.0	37.0	54.6	2.0	50.9	1.7	47.1	0.6	7.4
	60.0	38.0	60.2	1.8	56.1	1.0	52.2	0.5	8.0
	67.0	38.0	67.5	1.6	64.7	1.3	60.5	1.5	7.0
平均				1.4		1.3		1.1	5.5

比较三种类型的烤房温度极差可知：平面温度极差以普通烤房最小，气流下降式烤房次之，气流上升式烤房最大；立面温差以普通烤房最大，气流上升式密集烤房次之，气流下降式烤房最小。

2. 不同类型烤房烘烤阶段湿球温度分布比较

烤房中的湿球温度分布是衡量烤房性能好坏的重要指标之一。湿球温度与干球温度一起控制着烘烤中的烟叶干燥和定色速度。由表 5-3 可看出：

（1）气流上升式密集烤房。湿球温度分布以底层和顶层最高，中层稍低。平面湿球温度极差以顶层最大，平均为 1.1 ℃；底层和中层相同，位居第二，比顶层低 0.3 ℃。立面湿球温度极差为 0.7 ℃。

表 5-3　不同类型烤房烘烤阶段湿球温度统计结果　　　单位：℃

烤房类型	目标设定 干球	目标设定 湿球	底层平均 实测	底层平均 极差	中层平均 实测	中层平均 极差	顶层平均 实测	顶层平均 极差	立面极差
气流上升式	35.0	35.0	33.7	3.3	31.6	2.2	31.2	2.4	2.5
	38.0	36.0	35.5	0.3	35.0	1.4	34.0	2.5	1.5
	40.0	36.0	—	—	—	—	—	—	—
	42.0	36.0	35.9	0.3	35.7	0.3	35.8	0.5	0.2
	47.0	37.0	36.1	0.4	36.5	0.4	36.2	1.0	0.5
	55.0	37.0	37.0	0.4	36.6	0.3	36.8	0.4	0.3
	60.0	38.0	37.7	0.3	37.5	0.6	37.7	0.4	0.2
	67.0	38.0	37.9	0.5	37.9	0.3	37.9	0.4	0.0
平均				0.8		0.8		1.1	0.7
气流下降式	35.0	35.0	35.8	0.3	35.5	0.7	36.0	0.8	0.5
	38.0	36.0	36.7	0.3	36.6	0.5	36.5	0.2	0.2
	40.0	36.0	37.1	0.1	36.5	0.4	36.6	1.0	0.6
	42.0	37.0	37.1	0.5	37.1	0.7	36.6	0.4	0.5
	47.0	37.5	37.5	0.3	37.5	0.4	37.1	0.3	0.4
	55.0	38.0	38.3	0.1	38.1	0.1	37.7	0.2	0.6
	60.0	39.0	38.6	0.1	38.5	0.1	38.6	0.6	0.1
	67.0	41.0	41.4	0.5	41.3	0.3	40.5	0.6	0.9
平均				0.3		0.4		0.5	0.5
普通烤房	35.0	35.0	33.8	1.2	32.3	1.1	31.2	1.2	2.7
	38.0	36.0	34.8	1.0	33.9	0.8	33.4	1.5	1.4
	40.0	36.0	—	—	—	—	—	—	—
	42.0	36.0	36.4	0.8	36.3	0.9	36.6	1.3	0.3
	47.0	37.0	37.0	0.4	36.8	1.1	36.4	0.6	0.6
	55.0	37.0	37.1	0.7	37.0	0.8	37.0	0.1	0.3
	60.0	38.0	38.0	0.3	37.1	0.3	36.4	0.8	1.6
	67.0	38.0	38.0	0.4	38.0	0.3	37.4	0.3	0.6
平均				0.7		0.8		0.8	1.0

（2）气流下降式密集烤房。湿球温度分布以底层稍高，中层次之，顶层稍低。平面湿球温度极差均较小，但顶层较高，平均为 0.5 ℃；其次是中层，比顶层低 0.1 ℃；最低的是低层，比顶层低 0.2 ℃。立面湿球湿差为 0.5 ℃。

（3）普通烤房。湿球温度分布以底层最高，中层次之，最低为顶层。平面湿球温度极差以中层、顶层最大，平均为 0.8 ℃；低层次之，比中层、顶层低 0.1 ℃。立面湿球温度差 1.0 ℃。

比较三种类型烤房烘烤过程中的湿球温度平面、立面极差可知：气流下降式密集烤房的最小，气流上升式密集烤房与普通烤房相近。

3. 不同类型烤房烘烤阶段烘烤时间比较

烟叶的成熟度、烘烤时间与烤房的温、湿度分布均匀关系密切。由表 5-4 可看出，在烟叶变黄期，文山点的烘烤时间长于玉溪点；在烟叶定色期和干筋期除文山点普通烤房时间稍长外，其余均比玉溪点时间短。文山点以变黄期时间最长，普通烤房长达 92 h，气流下降式密集烤房达 88 h；定色期普通烤房为 60 h，密集烤房为 50 h；干筋期差距不大。与气流下降式密集烤房相比，普通烤房总烘烤时间多 14 h。玉溪点变黄期、定色期和干筋期三个时期均达到 50 h，其中变黄期烘烤时间最长达 60 h，定色期为 54～55 h，干筋期为 49～51 h。与气流上升式密集烤房相比，普通烤房总烘烤时间多了 3 h。

表 5-4　不同类型烤房烘烤阶段时间统计结果　　　　　单位：h

阶段设置	密集烤房		普通烤房	
	文山气流下降式	玉溪气流上升式	文山气流上升式	玉溪气流上升式
变黄期	88	61	92	61
定色期	50	54	60	55
干筋期	26	49	26	51
累计	164	164	178	167

（三）结论

不同烤房结构对烘烤过程中的温、湿度分布影响较大。烤房从底层到高层的温度、湿度分布，气流上升式烤房（密集、普通）均表现出由高到低的规律，而气流下降式烤房则表现出由低到高的规律。

平面温度极差以气流上升式密集烤房最大，最大平均极差为 2.7 ℃；气流下降式次之，最大平均极差为 1.9 ℃；普通烤房最小，最大平均极差为 1.4 ℃。立面温度极差则以普通烤房最大，平均极差为 5.5 ℃；气流上升式密集烤房次之，平均极差为 2.3 ℃；气流下降式密集烤房最小，平均极差为 1.6 ℃。

平面湿球温度极差以气流上升式密集烤房最大，平均极差为 1.1 °C；普通烤房次之，最大平均极差为 0.8 °C；气流下降式密集烤房最小，最大平均极差为 0.5 °C。立面湿球温度极差以普通烤房最大，最大湿球温度平均极差为 1.0 °C；气流上升式密集烤房次之，最大湿球温度平均极差为 0.7 °C；气流下降式密集烤房最小，最大湿球温度平均极差为 0.5 °C。

不同类型烤房的温、湿度分布差异最终影响到烟叶的烘烤时间。变黄期烘烤时间以普通烤房最长，其次是气流下降式密集烤房和气流上升式密集烤房；定色期均差异较小；干筋期以气流下降式烤房较短，其次是气流上升式密集烤房，最长的是普通烤房。

二、小型密集烤箱烘烤变黄期的温度容差

（一）材料与方法

供试品种为 K326，由玉溪中烟种子有限责任公司提供。试验于 2019 年在云南省玉溪市红塔区研和试验基地（海拔 1 635 m，坐标 24°14′21″N、102°29′58″E）进行。植烟土壤基本理化性状：pH 为 6.40，有机质含量为 10.7 g/kg，有效氮含量为 82.0 mg/kg，有效钾含量为 160.0 mg/kg，有效磷含量为 90.0 mg/kg。试验选取田间长势一致、正常成熟落黄的下部烟叶（4~5 片）、中部烟叶（9~11 片）、上部烟叶（15~16 片）鲜烟叶进行处理和取样。采收成熟度良好的鲜烟叶编竿后放入自动电热式控温、控湿中型密集烤箱（两层，容量为 2 000~2 400 片）进行烘烤试验。

试验在小型密集烤箱设施环境中进行，烘烤变黄期工艺主要依据玉溪烟区主推烘烤模式并参考烘烤专家经验设计（图 5-15）。

变黄期温度容差试验设计如下：

（1）以 30 °C 为准基点，按+2 °C 的递进规律，在烘烤下部烟叶时，设置 10 个不同温度处理（2~3h 从室内自然温度升到 30 °C，之后的处理按升温速度为 1 °C/h 到试验温度）。试验下部烟叶变黄的温度处理为 30 °C、32 °C、34 °C、36 °C、38 °C、40 °C、42 °C、44 °C、46 °C、48 °C。

（2）通过试验下部烟叶，淘汰最低和最高变黄的温度处理，优化减少成 8 个处理温度。试验中部烟叶变黄的温度处理为 32 °C、34 °C、36 °C、38 °C、40 °C、42 °C、44 °C、46 °C。

（3）通过烘烤中部烟叶后，再次淘汰不适宜的温度处理，再优化成 8 个处理温度。试验上部烟叶变黄的温度处理为 34 °C、36 °C、38 °C、40 °C、42 °C、43 °C、44 °C、45 °C。

变黄期湿度方面设定叶尖部变黄 8 cm 左右对湿度为 90%，叶肉变黄 7~8 成左右相对湿度为 80%，叶肉全黄相对湿度为 70%。定色期和干筋期烘烤工艺参数按照玉溪烟区主推烘烤模式进行。

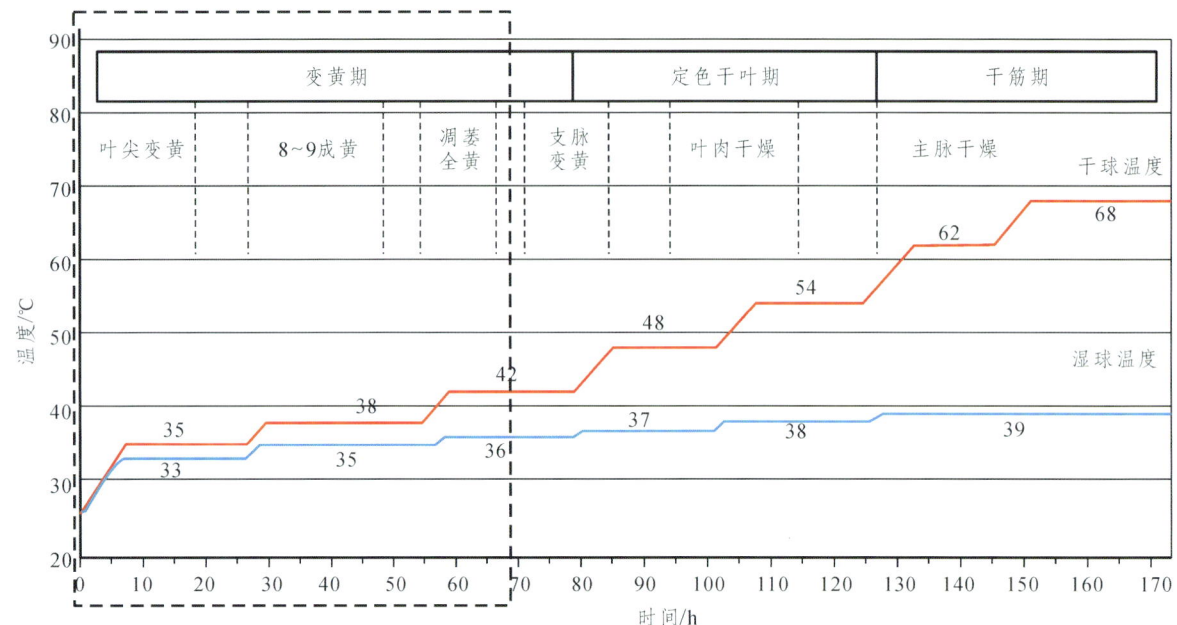

图 5-15　玉溪烟区 K326 品种密集烤房烘烤技术主推工艺

各处理选取具有代表性的烟叶 10 片称重，用叶绿素测量仪测量叶绿素，标记烘烤；在烘烤过程中每隔 12 h，对各处理标记烟叶进行称重、叶绿素测量，记录烘烤时间。叶绿素测定到烟叶全黄或不再变黄，称重到烟叶定色基本定色，最后到烟叶干筋，以测定烟叶颜色、含水率动态变化。

按照国标对各处理烤后烟叶逐叶分级，各小级分别称重，测定每个处理各级烤烟的均价、下中上等烟比例等经济性状。

各处理取烤后烟叶各 1 kg，送云南省烟草农业科学院分析测定中心检测烟叶的常规化学成分（总糖、还原糖、烟碱等）。

烟叶感官质量由云南中烟技术中心进行评价。其指标主要统计香气特性、烟气特性和口感特性的分值，共计 12 个指标，即愉悦性、细腻度、圆润性、绵延感、香气量、浓度、刺激性、劲头、杂气、干净度、津润感、回味。采用专家咨询法和借鉴其他专家的建议，确定感官质量各评价指标的权重，愉悦性、细腻度、圆润性、绵延感、香气量、浓度、刺激性、劲头、杂气、干净度、津润感、回味等指标的权重分别为 0.10、0.05、0.05、0.05、0.15、0.10、0.15、0.05、0.10、0.10、0.05、0.05，最终以专家评吸打分值作为量化分值。

（二）结果与分析

1. 变黄期温度梯度处理对不同部位烟叶失水率的影响

温度是烟叶失水干燥和定色的重要因素之一。温度的高低影响着烘烤过程中烟叶失水速度的快慢，最终决定了烟叶的烘烤质量。由表 5-5 可知，在不同温度梯度处理下，不同部位烟叶在变黄过程 24 h、48 h 和 72 h 时失水率均存在极显著差异（$P<0.01$），单位时间失水率

从低温到高温，表现出逐渐加快的规律。其中：

（1）下部烟叶。以48 ℃处理烟叶失水率最快，中部烟叶和上部烟叶分别以46 ℃和45 ℃处理最快；以48 ℃和46 ℃处理烘烤至72 h时，烟叶失水率超过60%，即烟叶基本定色状态，不能再变黄。

（2）中部烟叶。以44 ℃和46 ℃处理烘烤至48h时，烟叶失水率达到60%。

（3）上部烟叶。以44 ℃和45 ℃处理烘烤至48h时，烟叶失水率达到60%。

因此，高温处理不适宜于烟叶的变黄，会导致烟叶烤青。

下部烟叶以30 ℃和32 ℃低温处理烟叶失水过于迟缓，烘烤至72h时，失水率仅为40%左右，烟叶处于高含水量状态下，易导致烟叶腐烂、发霉，不适宜于烟叶变黄。中部烟叶以32 ℃和34 ℃低温处理，烘烤至72 h时，失水率仅为40%左右，含水量高的烟叶易造成硬变黄，对定色不利。下部烟叶以36 ℃、38 ℃、40 ℃、42 ℃和44 ℃处理，中部烟叶以36 ℃、38 ℃、40 ℃、42 ℃处理，上部烟叶以34 ℃、36 ℃、38 ℃、40 ℃、42 ℃处理的烟叶，烤至72 h时，失水率均达到50%~60%，有利于烟叶变黄和定色。

表5-5 不同温度梯度下烟叶失水率

烟叶部位	温度/℃	失水率/%		
		24 h	48 h	72 h
下部	30	22.67bD	32.21bB	40.63dD
	32	23.37bD	34.00bB	43.17dCD
	34	24.02bBC	35.79bB	45.33cdBCD
	36	24.15bBC	36.57bB	47.91bcdBCD
	38	25.73bBC	37.19bB	51.6bcBC
	40	26.01bBC	39.26bB	53.28bBC
	42	26.74bBCD	39.35bB	53.77bB
	44	32.29aABC	39.75bB	54.79bB
	46	34.49aAB	50.15aA	64.49aA
	48	35.56aA	50.45aA	70.17aA
	F值	6.53**	7.54**	15.79**
中部	32	23.56eD	36.46dB	43.04dD
	34	25.59deCD	36.65dB	43.88dD
	36	27.40cdeCD	38.52cdB	50.54cCD

续表

烟叶部位	温度/°C	失水率/%		
		24 h	48 h	72 h
中部	38	29.43cdeBCD	39.70cdB	53.61cC
	40	32.43cdBCD	42.74cdB	54.7cC
	42	35.50bcBC	45.48cB	55.57cC
	44	40.47abAB	61.36bB	76.44bB
	46	47.60aA	70.52aA	87.27aA
	F 值	10.47**	24.82**	62.32**
上部	34	24.50bB	42.44dB	50.46dD
	36	24.55bB	43.5cdB	52.56dCD
	38	24.61bB	47.26bcdB	51.19dCD
	40	24.99bB	47.48bcdB	56.50cBC
	42	25.89bB	51.81bcB	59.18bcB
	43	26.49bB	53.38bB	62.00bB
	44	27.58bB	62.82bA	71.47bA
	45	36.25aA	73.31aA	80.91aA
	F 值	3.98**	11.77**	56.69**

注：$F_{0.05}(9,20)=2.39$，$F_{0.01}(9,20)=3.46$；"*"表示在5%下差异达到显著水平，"**"表示在1%下差异性达到极显著水平。下同。

2. 变黄期温度梯度处理对不同部位烟叶叶绿素降解率的影响

由表 5-6 可知，不同温度梯度间随着烘烤时间的延长，叶绿素降解率不断加快。起初即烘烤的 24 h 叶绿素降解率较慢，下部烟叶降解率仅为 10%；至烘烤 48 h 时，叶绿素降解率达到最大值；至 72 h 时达到烟叶全黄。

在不同温度梯度下，不同部位烟叶在变黄过程 48 h 和 72 h 时叶绿素降解率均存在极显著差异（$P<0.01$），并且均以高温处理烟叶（下部烟叶为 46 °C 和 48 °C、中部烟叶为 44 °C 和 46 °C、上部烟叶为 44 °C 和 45 °C）叶绿素降解率最低；烤至 72 h 时，叶绿素降解率均在 80%以下。这说明叶绿素降解率缓慢的原因是温度过高，烟叶失水快，含水量过少，不足以使烟叶变黄。

表 5-6 不同温度梯度下烟叶叶绿素降解率

烟叶部位	温度/°C	降解率/%		
		24 h	48 h	72 h
下部	30	10.80a	61.31abA	92.97aA
	32	10.90a	64.00aA	91.24aA
	34	10.81a	60.18bA	91.96aA
	36	11.32a	61.20abA	93.15aA
	38	10.77a	61.33abA	91.82aA
	40	11.51a	60.77bA	92.19aA
	42	11.38a	60.50bA	91.81aA
	44	11.08a	51.66cB	89.49aA
	46	11.18a	39.32dC	59.68bB
	48	11.39a	36.60dC	55.32bB
	F 值	1.38	108.01**	50.65**
中部	32	34.50a	52.20bcB	91.40aA
	34	28.78a	48.73cB	92.48aA
	36	29.59a	50.25bcB	91.17aA
	38	29.11a	49.44cB	92.50aA
	40	28.66a	58.7abAB	92.47aA
	42	29.83a	65.62aA	92.92aA
	44	29.74a	49.25cB	73.73bB
	46	30.22a	35.47dC	43.88cC
	F 值	2.16	9.60**	50.33**
上部	34	27.53a	74.91aA	95.60aA
	36	25.71a	74.75aA	95.36aA
	38	28.26a	74.74aA	95.51aA
	40	27.48a	75.19aA	95.62aA
	42	24.40a	74.14aA	95.62aA
	43	30.74a	75.19aA	90.94aA
	44	22.37a	56.46abB	77.19bB
	45	18.64a	31.85cC	39.57cC
	F 值	1.12	25.04**	100.96**

3. 变黄期温度梯度处理对不同部位烤后烟叶经济性状的影响

由表 5-7 可知，不同温度梯度下的不同部位烤后烟叶上等烟比例、中等烟比例、下等烟比例、均价以及青黄烟比例均存在极显著差异（$P < 0.01$）。其中：下部烟叶中等烟比例和均价以 36～42 ℃ 的处理最高，中等烟比例为 87.17%～89.25%，均价为 14.55～19.41 元/kg，以 46 ℃ 和 48 ℃ 高温处理存在青黄烟；中部烟叶上等烟比例和均价以 36～42 ℃ 的处理最高，上等烟比例为 70.56%～85.53%，均价为 26.81～32.48 元/kg，在 44 ℃ 和 46 ℃ 高温处理下会出现青黄烟；上部烟叶上等烟比例和均价以 36～42 ℃ 之间的处理最高，上等烟比例为 68.31%～69.60%，均价为 26.22～30.48 元/kg，以 44 ℃ 和 45 ℃ 高温处理存在青烟。

表 5-7 不同温度梯度下烤后烟叶经济性状

烟叶部位	处理/℃	上等烟比例/%	中等烟比例/%	青黄烟比例/%	下等烟比例/%	均价/（元/kg）
下部	30	—	42.81cC	—	57.19cC	5.73dD
	32	—	58.51bB	—	41.49dD	6.31dD
	34	—	62.93bB	—	37.07dD	7.81dD
	36	—	87.17aA	—	12.83eE	14.55bcAB
	38	—	89.25aA	—	10.75eE	17.06abcAB
	40	—	88.73aA	—	11.27eE	19.41aA
	42	—	88.73aA	—	11.27eE	17.60abAB
	44	—	80.92aA	—	19.08eE	13.45cB
	46	—	20.10dD	72.92bB	79.90bB	4.34dC
	48	—	—	100.00aA	100aA	—
	F 值	—	79.88**	43.26**	145.24**	22.76**
中部	32	47.59eD	30.63bA	—	21.78cC	19.78dB
	34	62.53dC	18.55cB	—	18.92cdCD	19.68cA
	36	74.38cB	15.70cdB	—	9.92deCDE	30.82abcA
	38	81.56bA	12.57cdB	—	5.87eDE	31.59abA
	40	85.53aA	9.84dB	—	4.63eE	32.48aA
	42	70.56cB	18.71cB	—	10.73deCDE	26.81bcA
	44	—	38.35aA	49.30bB	61.65bB	10.00eC

续表

烟叶部位	处理/°C	上等烟比例/%	中等烟比例/%	青黄烟比例/%	下等烟比例/%	均价/(元/kg)
中部	46	—	10.65dB	89.10aA	89.35aA	5.60eC
	F 值	125.83**	23.47**	25.78**	106.81**	32.44**
上部	34	53.34cC	30.37bB	—	16.29bB	22.61cdB
	36	68.57aAB	19.81cC	—	11.62bB	26.35bcAB
	38	68.51aAB	19.52cC	—	11.97bB	29.59abA
	40	69.60aA	21.34cC	—	9.06bB	30.48aA
	42	68.62aAB	21.38cC	—	10.00bB	26.22bcAB
	43	62.31aAB	22.30cC	—	15.39bB	22.41cdB
	44	—	46.71aA	40.46bB	53.29aA	11.40eC
	45	—	32.50bB	66.97aA	67.50aA	8.79eC
	F 值	10.34**	13.90**	34.99**	18.50**	44.15**

4. 变黄期温度对不同部位烟叶化学成分的影响

由表 5-8 可知，各温度梯度处理下不同部位烤后烟叶总糖含量、还原糖含量和糖碱比均存在极显著差异（$P<0.01$）。其中，下部烟叶总糖含量、还原糖含量和糖碱比以 36～42 °C 的处理最高，总糖含量为 17.50%～20.34%，还原糖含量为 17.50%～20.34%，糖碱比为 11.37～12.16，一般认为优质烟化学成分品质指标糖碱比的比值接近 10 为最佳；中部烟叶总糖含量、还原糖含量和糖碱比以 34～44 °C 的处理最高，总糖含量为 25.55%～27.61%，还原糖含量为 21.72%～24.65%，糖碱比为 10.52～11.88；上部烟叶总糖含量、还原糖含量和糖碱比以 34～44 °C 的处理最高，总糖含量为 31.31%～36.63%，还原糖含量为 25.63%～27.87%，糖碱比为 9.58～11.14。

表 5-8 不同温度梯度下烤后烟叶化学成分测定结果（%）

烟叶部位	温度/°C	总糖	还原糖	总氮	烟碱	氮碱比	糖碱比
下部	30	7.47cD	6.52cD	1.84a	1.61a	1.14a	4.66cC
	32	8.41cCD	7.50cCD	1.63a	1.44	1.13a	5.94bcBC
	34	9.72cCD	7.43cCD	1.67a	1.55a	1.08a	6.23bcBC
	36	17.50aAB	14.53abAB	1.67a	1.52a	1.10a	11.61aA
	38	18.55aA	15.45aAB	1.71a	1.64a	1.04a	11.37aA

续表

烟叶部位	温度/°C	总糖	还原糖	总氮	烟碱	氮碱比	糖碱比
下部	40	20.34aA	17.61aA	1.74a	1.67a	1.04a	12.16aA
	42	19.48aA	17.56aA	1.78a	1.67a	1.07a	11.69aA
	44	13.39bBC	11.54bBC	1.85a	1.57a	1.18a	8.62bAB
	46	8.42cCD	6.53cD	1.85a	1.67a	1.11a	5.00cBC
	48	9.72cCD	6.77cD	1.84a	1.64a	1.12a	5.19cBC
	F 值	20.36**	19.14**	2.34	1.12	0.56	12.81**
中部	32	18.93bB	15.82cB	2.38a	2.20a	1.08a	8.65bBC
	34	26.47aA	21.97abA	2.41a	2.42a	0.99a	10.94aA
	36	27.61aA	24.65aA	2.39a	2.49a	0.96a	11.07aA
	38	25.55aA	21.72bA	2.57a	2.42a	1.06a	10.55aAB
	42	26.53aA	23.05abA	2.56a	2.53a	1.01a	10.52aAB
	44	26.86aA	22.07abA	2.47a	2.26a	1.09a	11.88aA
	45	15.85bcBC	12.55dBC	2.29a	2.22a	1.03a	7.11cCD
	46	13.23cC	10.25dC	2.20a	2.03a	1.08a	6.49cD
	F 值	26.73**	37.11**	2.19	2.06	1.76	16.36**
上部	34	36.63aA	27.87aA	3.11a	3.30a	0.95a	11.11aB
	36	34.86abA	25.88aA	2.97a	3.30a	0.90a	10.58abA
	38	31.31cB	26.62aA	3.08a	2.96a	1.04a	10.61abA
	40	34.65abAB	26.78aA	3.03a	3.64a	0.84a	9.58bcAB
	42	35.98abA	27.48aA	3.08a	3.61a	0.85a	10.04abAB
	43	33.71bAB	25.63aA	3.24a	3.02a	1.08a	11.14aA
	44	34.17abAB	26.79aA	3.16a	3.47a	0.91a	9.84abAB
	45	26.02dC	21.17bB	2.95a	3.07a	0.96a	8.47cA
	F 值	19.04**	6.86**	0.57	1.52	1.10	5.07**

5. 密集烤箱烘烤变黄期湿度梯度对不同部位烤后烟叶感官质量的影响

根据变黄期不同温度梯度下烤后烟叶经济性状和化学成分的结果，选用下中部烟叶 36～

42 ℃处理和上部烟叶 34~43 ℃处理的烤后烟叶感官质量进行描述。由图 5-16 可知，下部烟叶 38 ℃、40 ℃、42 ℃处理的烤后烟叶感官质量好于 36 ℃处理，主要表现为烟气细腻柔和性较好，香气量较少和香气质稍弱，刺激性较小，稍有杂气，浓度较好；由图 5-17 可知，中部烟叶，36 ℃、38 ℃、40 ℃、42 ℃处理的烤后烟叶感官质量差异不大，主要表现为香气丰富性较好，质感细腻柔和，香气量和浓度适中，刺激性较小，干净度尚可，口感舒适；由图 5-18 可知，上部烟叶，36 ℃、38 ℃、40 ℃、42 ℃和 43 ℃处理的烤后烟叶感官质量好于 34 ℃处理，主要表现为清甜香显著，香气丰富性较好，香气量中偏上，浓度较大，刺激性较大，杂气稍重，烟气稍显干燥。

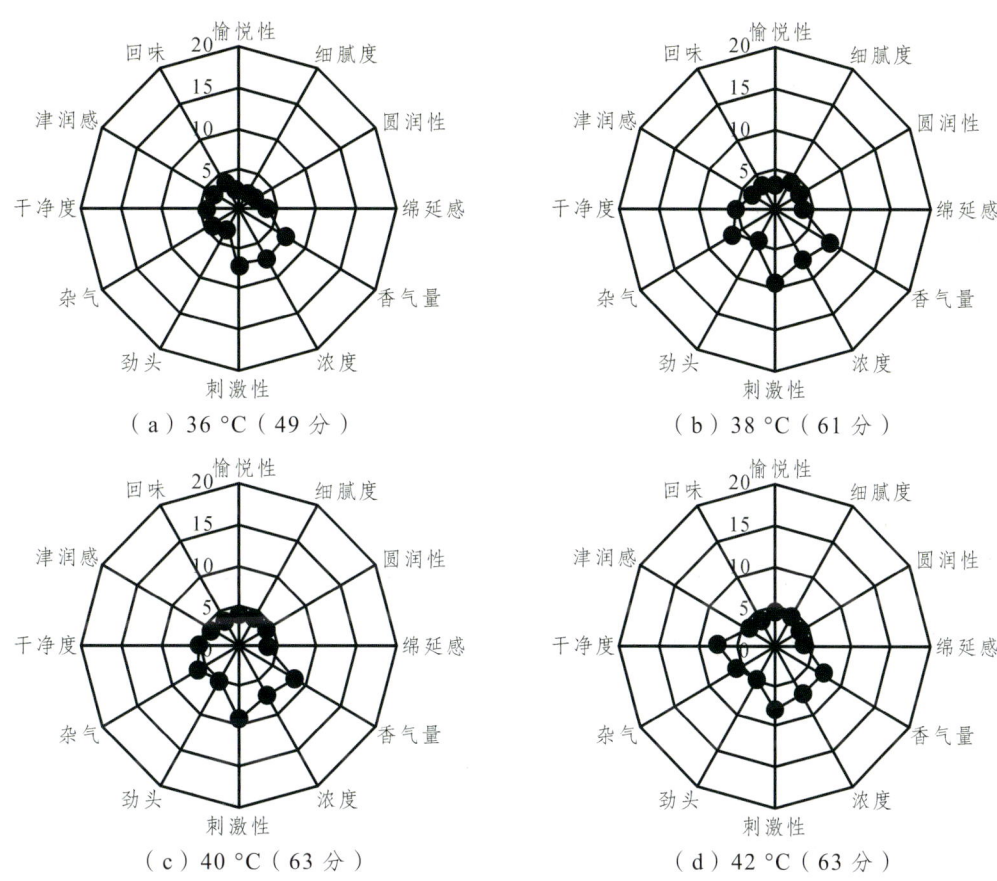

图 5-16 下部烟叶 36 ℃、38 ℃、40 ℃和 42 ℃处理下烤后烟叶感官质量雷达图

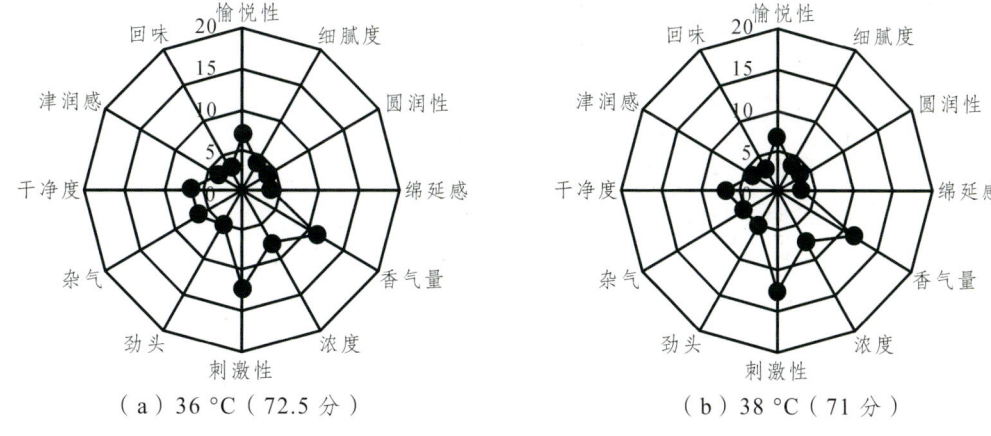

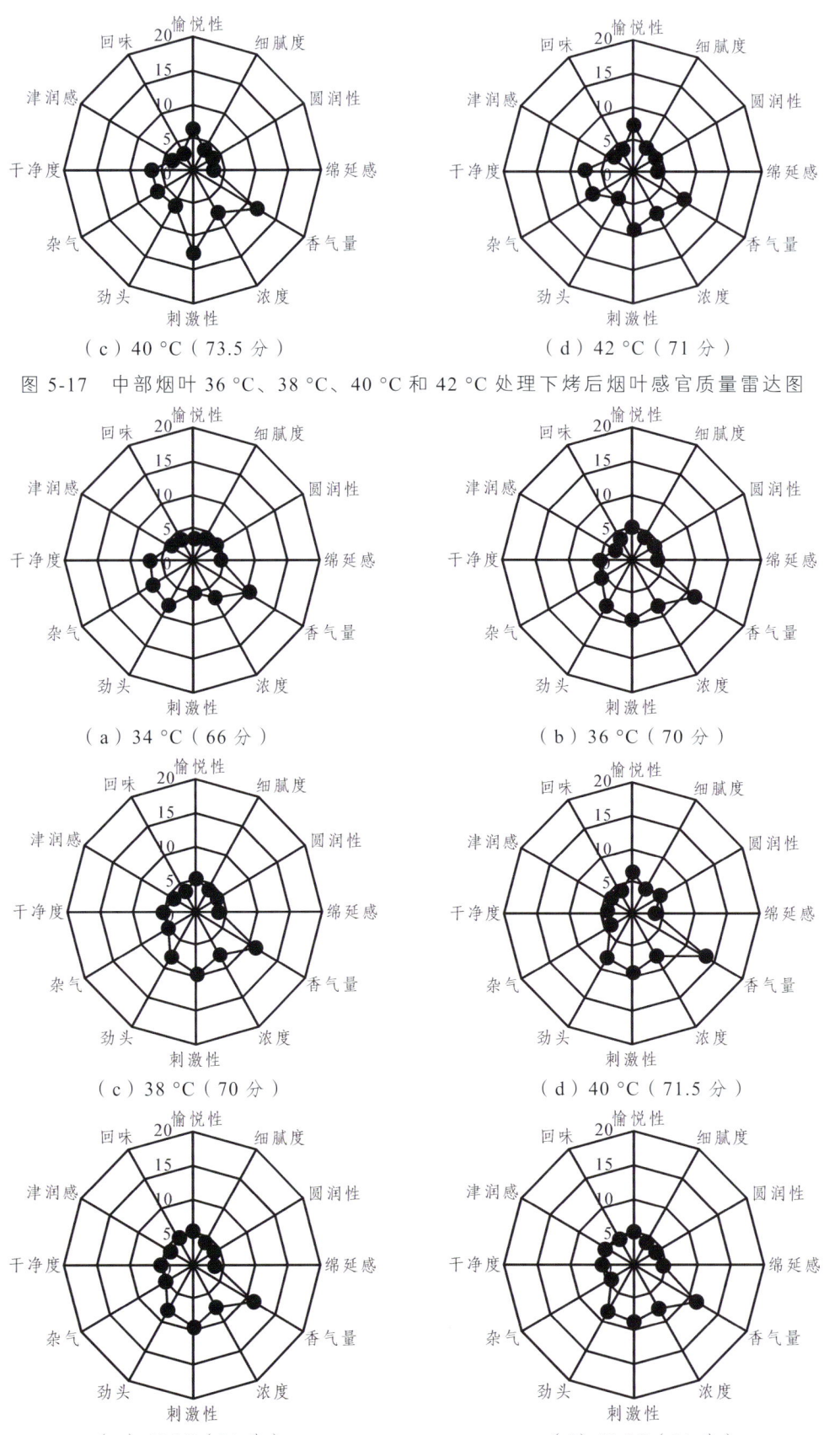

(c) 40 ℃（73.5 分）　　　　　　　（d) 42 ℃（71 分）

图 5-17　中部烟叶 36 ℃、38 ℃、40 ℃和 42 ℃处理下烤后烟叶感官质量雷达图

(a) 34 ℃（66 分）　　　　　　　（b) 36 ℃（70 分）

(c) 38 ℃（70 分）　　　　　　　（d) 40 ℃（71.5 分）

(e) 42 ℃（71 分）　　　　　　　（f) 43 ℃（71 分）

图 5-18　上部烟叶 34 ℃、36 ℃、38 ℃、40 ℃、42 ℃和 43 ℃处理下烤后烟叶感官质量雷达图

对变黄期不同温度梯度与烤后烟叶感官质量关系进行拟合（图 5-19），下部烟叶变黄期温度曲线方程为 $y=0.35x^2+26.99x-451.49(R^2=0.777，P=0.001)$；中部烟叶曲线方程为 $y=0.32x^2+23.69x-366.38(R^2=0.849，P=0.001)$；上部烟叶曲线方程为 $y=0.28x^2+21.82x-366.51(R^2=0.666，P=0.001)$。表明不同处理下不同部位烤后烟叶感官质量变化趋势一致，随着变黄期温度的增加呈现先增加后减少的变化规律。由此可得，下、中部烟叶在变黄期 38～40 ℃ 处理综合感官质量达到最好；上部烟叶在变黄期 36～40 ℃ 处理综合感官质量最好。

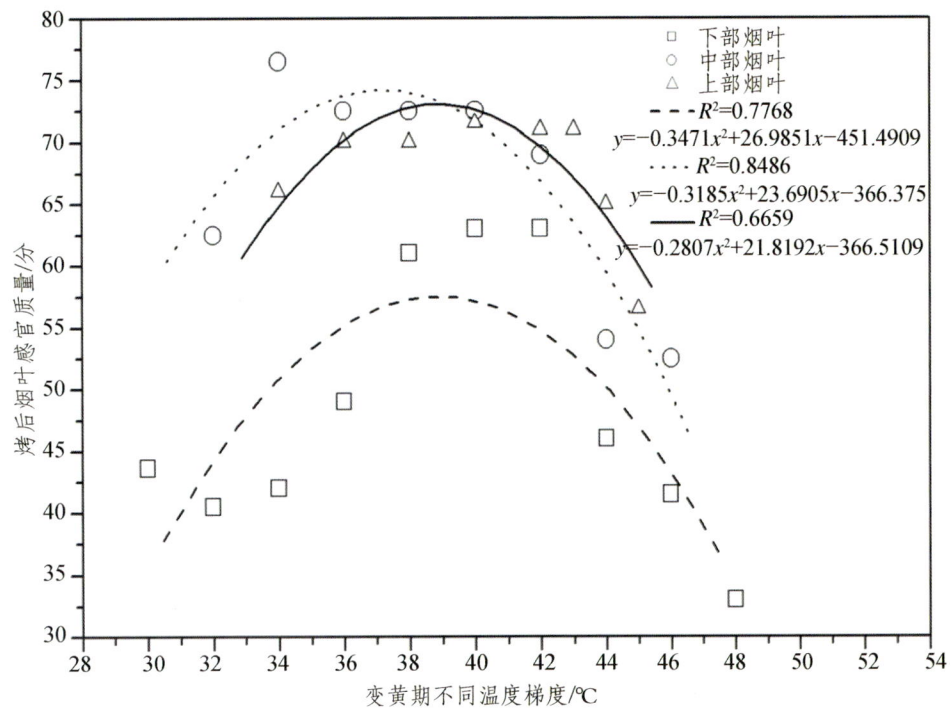

图 5-19 K326 品种烟叶变黄期不同温度梯度与烤后烟叶感官质量关系拟合图

（三）讨论与结论

从烟叶植物学特性指标的变化来看，密集烘烤过程中烟叶颜色变化主要集中在变黄期（32～42 ℃），此过程是生化反应剧烈的时期，并伴随着大部分物质降解以及小分子香气物质产生。烟叶变黄温度过高，叶内质体色素等内含物分解转化不充分，从而导致烟叶出现烤青现象；变黄温度过低，则造成内含物质消耗过度，会影响烤后烟叶感官质量。因此，适宜的变黄温度是获得优质烟叶的前提之一。就不同部位烟叶烘烤过程中失水率和叶绿素降解率而言，下部烟叶以 36～44 ℃ 变黄处理，中部烟叶以 36～42 ℃ 变黄处理和上部烟叶以 34～42 ℃ 变黄处理的烟叶，烤至 72 h 时，失水率均达到 50%～60%，叶绿素降解率均在 90% 以上，有利于烟叶变黄和定色，其中变黄温度存在差异主要与烟叶的部位不同有关。烟叶的变黄温度还受到品种烘烤特性以及鲜烟叶素质的影响，在实际烘烤操作中温度较难固定。因此，根据烟叶外在的变黄程度以及失水速率来确定变黄温度则具有一定的可操作性。

在烟叶烘烤过程中，优化变黄期温度能显著改善中上部烟叶的外观质量，橘黄烟比例明显提升，微带青烟叶比例减小，烟叶的经济性状显著提高。本研究结果表明，不同部位烤后烟叶均价和上中等烟比例等经济性状指标均以 36～42 ℃ 的处理最高。造成这现象的原因可能是变黄期温度过低（30～34 ℃）或过高（44～48 ℃），导致烟叶变黄时间过长而呈现为结构僵硬、不柔软，烤后光滑烟比例较高；没有足够的时间使不利于烟叶品质的大分子物质如叶绿素、蛋白质、淀粉等充分或适度降解转化，导致生成的致香物质及其前体物质不够丰富，且杂气较重，最终青黄烟较多。另外，变黄期低温阶段的持续时间较长，玉溪烟区一般在 34 ℃ 稳温 12 h 以上，这样较难以确保全炕烟叶烘烤质量。因为我国密集烤房多装烟 3 层，烘烤过程中不同层次烟叶的空气状态即环境条件存在一定温度梯度，温度差距一般为 2～3 ℃，而烤房内传感器感温探头测定的温度一般为最高温度，因此，控制器所显示的温度实际上只能代表主控传感器层次烟叶的烘烤工艺条件。如 34 ℃ 稳温时间过长，其他层次烟叶温度较低，从而淀粉酶和蛋白酶等水解酶的活性较低，导致内部大分子降解不充分，之后，由于定色期升温速率较快，又使得原来温度较低层次烟叶在较短的时间内越过了适宜大分子物质降解转化的温度范围，此后由于温度较高和湿度较低，烟叶中自由水汽化排出较多而导致烟叶含水率较低，水解酶的活性受到抑制，不利于提高烤后烟叶品质。综上所述，以 36～43 ℃ 变黄烘烤工艺能显著提高烟叶经济性状。

本研究结果表明，在内在化学成分方面，烘烤不同变黄温度处理下，下部烟叶以 36～42 ℃ 变黄处理最协调，而中上部烟叶以 34～44 ℃ 变黄处理较优；在感官评吸质量方面，下部烟叶以 38～42 ℃ 变黄处理得分最高，而中上部烟叶以 36～43 ℃ 变黄处理较优。综合分析表明，不同部位烤后烟叶在 36～42 ℃ 变黄处理下内在化学成分和感官评吸质量均较好，这一方面是由于烟叶中糖类及蛋白质等大分子物质在 36～42 ℃ 环境下，可以被大部分水解酶进行充分的降解转化，生成大量的小分子物质如氨基酸、单糖等致香前体物，从而使烤后烟叶化学成分更加协调；另一方面是因为脂氧合酶是质体色素降解的关键酶，干球温度为 36～43 ℃ 时更有利于烟叶质体色素的降解与转化，可减轻烤后烟叶含青现象。归根结底就是烤后烟叶的品质好坏直接受烘烤过程中变黄期温度影响极大。

目前，现有关于变黄温度与烟叶质量关系的相关研究均在设施环境中通过密集烤箱进行，与生产实际推广的密集烤房或者普通烤房差别较大，中型密集烤箱仅能装烟 20～24 竿，而在密集烤房中装烟层数一般为 3 层，装烟量在 400 竿或 300 夹以上，为立体烘烤模式，变黄期上棚和底棚温度差别可达 2～3 ℃，烟叶变黄程度差别较大。因此，变黄期温度容差范围的适应性需进一步研究。

综上所述，K326 品种烟叶在不同变黄温度梯度处理下，综合烤后烟叶经济性状、内在化学成分和感官评吸质量分析，以 36～42 ℃ 容差范围变黄烘烤工艺处理的烤后烟叶基本满足工业可用性；下中部烟叶以 38～40 ℃ 变黄处理和上部烟叶以 36～40 ℃ 变黄处理感官评吸质量达到最好。

三、小型密集烤箱烘烤变黄期的湿度容差

（一）材料与方法

试验材料和田间设计同本节"二、小型密集烤箱烘烤变黄期的温度容差"。

试验在小型密集烤箱设施环境中进行，烘烤变黄期工艺主要依据玉溪烟区主推烘烤模式并参考烘烤专家经验设计（图 5-20）。变黄期湿度容差试验设计如下：以相对湿度 50%为准基点，按+10%的递进规律。

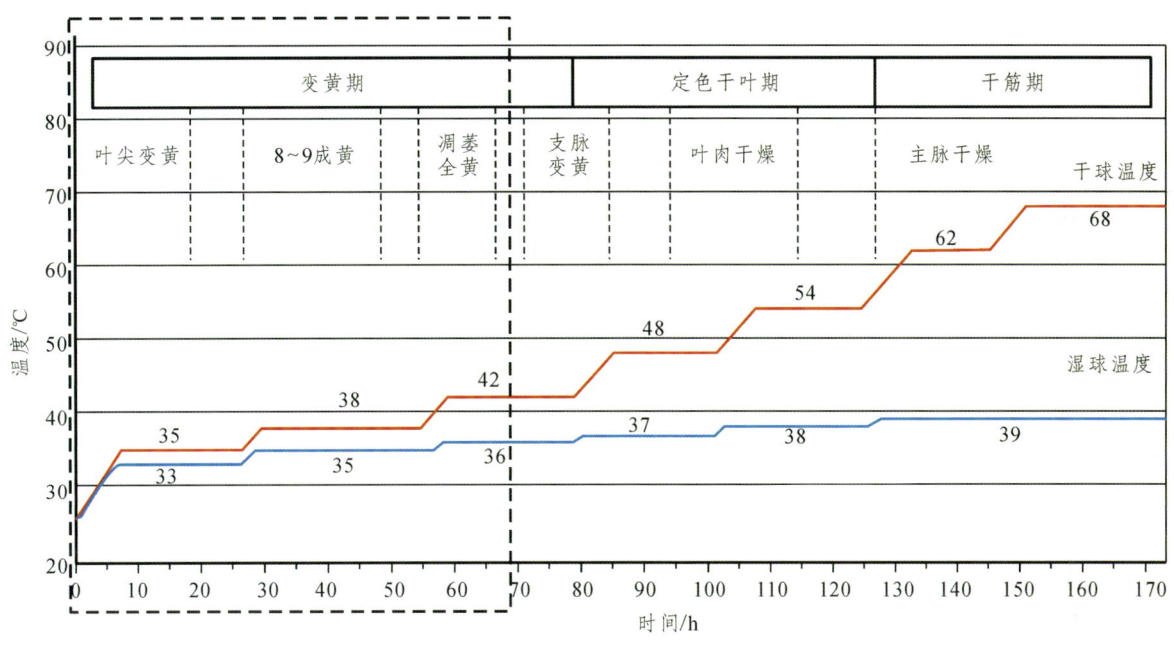

图 5-20　玉溪烟区 K326 品种密集烤房烘烤技术主推工艺

（1）在烘烤下部烟叶时，设置 5 个不同湿度处理，即 50%、60%、70%、80%、90%。

（2）通过试验下部烟叶，淘汰最低和最高变黄的湿度处理，优化成 5 个处理，试验中部烟叶变黄的湿度处理为 55%、60%、70%、80%、85%。

（3）烘烤中部烟叶后，淘汰不适宜的湿度处理，再优化成 5 个处理，试验上部烟叶变黄的湿度处理为 60%、65%、70%、75%、80%。

变黄期湿度方面设定叶尖部变黄 8cm 左右干球温度为 35 ℃，叶肉变黄 7~8 成左右干球温度为 38 ℃，叶肉全黄干球温度为 42 ℃。定色期和干筋期烘烤工艺参数按照玉溪烟区主推烘烤模式进行。

烘烤烟叶颜色、含水率动态变化、经济性状和感官质量评价方法同本节中"二、小型密集烤箱烘烤变黄期的温度容差"。

（二）结果与分析

1. 变黄期湿度梯度处理对不同部位烟叶失水率的影响

湿度是烟叶失水干燥、变黄及定色的重要因素之一，湿度的高低直接影响着烟叶生理生

化反应发生的快慢。由表 5-9 可知，不同湿度梯度处理下不同部位烟叶在变黄过程 24h、48h 和 72h 时失水率均存在极显著差异（$P < 0.01$），单位时间失水率从低湿度到高湿度，表现出逐渐降低的规律。其中，下部烟叶和中部烟叶分别以相对湿度 50% 和 55% 处理烟叶失水率最快，烘烤至 72h 时，烟叶失水率超过 60%，即烟叶基本定色状态，不能再变黄。这表明低湿度处理不适宜于烟叶的变黄，会导致烟叶烤青。而下部烟叶以相对湿度 90% 处理烟叶失水过于迟缓，烘烤至 72h 时，失水率在 40% 以下，烟叶处于高含水量状态下，易导致烟叶腐烂、发霉，不适宜于烟叶变黄，含水量高的烟叶易造成硬变黄，对定色不利。由此可见，不同部位烟叶以相对湿度 60%～80% 处理，烤至 72h 时，失水率均达到 40%～60%，有利于烟叶变黄和定色。

表 5-9 不同湿度梯度烟叶失水率

烟叶部位	湿度/%	失水率/%		
		24 h	48 h	72 h
下部	50	21.68aA	41.80aA	72.44aA
	60	18.73bB	34.79bB	54.71bB
	70	18.87bB	30.44cB	48.95cB
	80	16.79cBC	29.52cB	42.17dC
	90	15.50cC	22.70dC	37.97dC
	F 值	21.38**	34.26**	91.10**
中部	55	32.97aA	48.68aA	67.31aA
	60	27.48bB	44.47bB	58.51bB
	70	25.34bcBC	39.41cC	50.29cC
	80	23.09cCD	38.84cC	46.87dCD
	85	20.43dD	34.80dD	43.18eD
	F 值	42.67**	86.23**	107.91**
上部	60	24.67aA	42.44aA	55.36aA
	65	23.22bA	40.17bcA	51.90bB
	70	20.99cB	38.94bAB	50.11bB
	75	20.36cdB	35.71cBC	46.50cC
	80	19.46dB	33.12dC	43.85dC
	F 值	22.27**	23.46**	37.36**

2. 变黄期湿度梯度处理对不同部位烟叶叶绿素降解率的影响

由表5-10可知，不同湿度梯度处理之间随着烘烤时间的延长，叶绿素降解率不断加快，起初即烘烤的24 h叶绿素降解率较慢，上部烟叶降解率仅为20%左右；至烘烤48 h时，叶绿素降解率达到最大值；至72 h时基本达到烟叶全黄。在不同湿度梯度处理下，不同部位烟叶在变黄过程48 h和72 h时叶绿素降解率均存在极显著差异（$P < 0.01$），并且均以低湿度处理烟叶（下部烟叶为相对湿度50%和中部烟叶为相对湿度55%）叶绿素降解率最低，烤至72 h时，叶绿素降解率均在80%以下，叶绿素降解缓慢的原因是烟叶失水过快，含水量过少，不足以使烟叶变黄。由此可见，不同部位烟叶以相对湿度60%~90%处理，烤至72 h时，叶绿素降解率均达到80%，有利于烟叶变黄和定色。

表5-10 不同湿度梯度烟叶叶绿素降解率

烟叶部位	处理/%	降解率/%		
		24 h	48 h	72 h
下部	50	32.41a	37.66cC	60.66cB
	60	32.14a	51.33bB	90.40abA
	70	31.47a	62.52aA	98.22aA
	80	31.74a	63.15aA	96.18aA
	90	31.67a	53.49bB	83.14bA
	F 值	2.82	21.88**	22.52**
中部	55	28.78a	40.59cC	67.19dD
	60	29.50a	53.06bB	90.82bcBC
	70	29.84a	65.25aA	97.78aA
	80	29.96a	67.11aA	94.83abAB
	85	30.27a	57.07bB	88.47cC
	F 值	2.13	49.34**	88.91**
上部	60	21.07a	54.33cB	90.93bC
	65	22.50a	60.42abAB	96.02aAB
	70	22.71a	64.12aA	98.29aA
	75	22.75a	62.53abA	96.62aA
	80	23.07a	58.18bcAB	91.84bBC
	F 值	0.57**	6.46**	10.42**

3. 变黄期湿度梯度处理对不同部位烤后烟叶经济性状的影响

由表 5-11 可知，不同湿度梯度处理下的不同部位烤后烟叶上等烟比例、中等烟比例、下等烟比例以及均价均存在极显著差异（$P < 0.01$）。其中，下部烟叶中等比例和均价以相对湿度 70%~80% 的处理较高，中等烟比例为 74.84%~77.92%，均价为 16.73~18.74 元/kg，在相对湿度 50% 低湿处理下，会出现青黄烟；中部烟叶上等烟比例和均价以相对湿度 70%~80% 的处理较高，上等烟比例为 74.22%~77.72%，均价为 24.25~28.35 元/kg，在相对湿度 55% 低湿处理下，会出现青黄烟；上部烟叶上等烟比例和均价以相对湿度 70% 的处理最高，上等烟比例为 78.01%，均价为 29.26 元/kg。

表 5-11　不同湿度梯度烤后烟叶经济性状

烟叶部位	湿度/°C	上等烟比例/%	中等烟比例/%	青黄烟/%	下等烟比例/%	均价/(元/kg)
下部	50	—	11.49cB	83.48a	88.51aA	4.90cC
	60	—	66.84bA	—	33.16bcB	13.92bB
	70	—	77.92aA	—	22.08cB	18.74aA
	80	—	74.84aA	—	25.16bcB	16.73aA
	90	—	63.36bA	—	37.64bB	13.93bB
	F 值	—	41.35**	—	41.35**	11.70**
中部	55	—	34.35aA	57.72a	65.65aA	14.11cB
	60	62.53bB	18.55bB	—	18.92bB	21.65bA
	70	77.72aA	15.04bB	—	7.25dC	28.35aA
	80	74.22aA	14.24bB	—	11.54cdBC	24.25abA
	85	64.57bB	17.51bB	—	17.93bcB	21.70bA
	F 值	8.17**	12.75**	—	115.62**	11.52**
上部	60	60.91dC	31.92aA	—	17.18aA	22.61bA
	65	65.53bcB	23.48bcABC	—	9.99bB	28.01abA
	70	78.01aA	17.52cC	—	4.48cB	29.26aA
	75	70.60bAB	19.67cBC	—	9.73bB	24.40abA
	80	62.95cB	27.04abAB	—	10.00bB	22.89bA
	F 值	21.55**	9.28**	—	13.47**	13.28**

4. 变黄期湿度梯度处理对不同部位烤后烟叶化学成分的影响

一般认为优质烟化学成分品质指标糖碱比的比值接近 10 以及氮碱比的比值接近 1 为最佳。由表 5-12 可知，不同湿度梯度处理下，下部烟叶和中部烟叶烤后烟叶总糖含量、还原糖含量、氮碱比和糖碱比均存在极显著差异（$P<0.01$），其他指标差异不显著。其中，下部烟叶总糖含量、还原糖含量和糖碱比以相对湿度 60%~80%的处理较高，总糖含量为 14.20%~18.55%，还原糖含量为 12.50%~16.90%，糖碱比为 8.18~10.16，氮碱比为 0.98~1.00；中部烟叶总糖含量、还原糖含量、糖碱比和氮碱比以相对湿度 60%~80%的处理较高，总糖含量为 24.14%~27.61%，还原糖含量为 20.05%~24.65%，糖碱比为 8.90~10.24，氮碱比 0.92~1.09；上部烟叶烤后烟叶常规化学成分指标差异均不显著。

表 5-12　不同湿度梯度下烤后烟叶化学成分测定结果

烟叶部位	湿度/℃	总糖/%	还原糖/%	总氮/%	烟碱/%	氮碱比	糖碱比
下部	50	8.43cB	6.05cB	1.95a	1.71a	1.14aA	4.92cB
	60	14.20bA	12.50abAB	1.73a	1.74a	1.00bB	8.18abA
	70	18.55aA	16.90aA	1.78a	1.82a	0.98bB	10.16aA
	80	18.15abA	13.19abAB	1.64a	1.67a	0.98bB	9.11abA
	90	13.72bB	11.10bAB	1.64a	1.76a	0.93bB	7.78bAB
	F 值	9.37**	6.19**	3.08	1.22	11.34**	8.62**
中部	55	16.26cB	13.15cB	3.13a	2.53a	1.24aA	6.42cB
	60	24.14abA	20.97abA	2.91a	2.67a	1.09abAB	9.23abAB
	70	27.61aA	24.65aA	2.72a	2.70a	1.01bcAB	10.24aA
	80	25.22abA	20.05bA	2.60a	2.83a	0.92bcB	8.90abAB
	85	22.20bA	19.05bA	2.46a	2.85a	0.87cB	7.80bcAB
	F 值	12.04**	10.09**	2.93	1.34	7.04**	6.10**
上部	60	32.63a	27.53a	3.29a	3.08a	1.07a	10.62
	65	30.19a	26.88a	3.02a	3.16a	0.96a	9.56
	70	34.04a	29.29a	3.32a	3.39a	0.98a	10.03
	75	29.98a	26.04a	3.11a	3.30a	0.95a	9.17
	80	29.98a	25.81a	3.25a	3.39a	0.96a	8.86
	F 值	1.64	1.02	0.82	1.58	1.09	1.35

5. 不同变黄期湿度梯度处理对不同部位烤后烟叶感官质量的影响

根据变黄期不同湿度梯度下烤后烟叶经济性状和化学成分的结果，选用不同湿度处理下烤后烟叶感官质量进行描述。由图 5-21～图 5-23 可知，下部烟叶相对湿度 70%～80% 处理的烤后烟叶感官质量好于其他处理，主要表现为香气较丰富和香气质较好，刺激性较小，稍有杂气，浓度较好；中部烟叶相对湿度 70%～80% 处理的烤后烟叶感官质量好于其他处理，主要表现为香气丰富性较好，质感细腻柔和，香气量和浓度适中，刺激性较小，干净度尚可，口感舒适；上部烟叶相对湿度 60%～80% 处理的烤后烟叶感官质量差异不大，主要表现为香气丰富性较好，香气量中偏上，浓度较大，刺激性较大，杂气稍重，烟气稍显干燥。

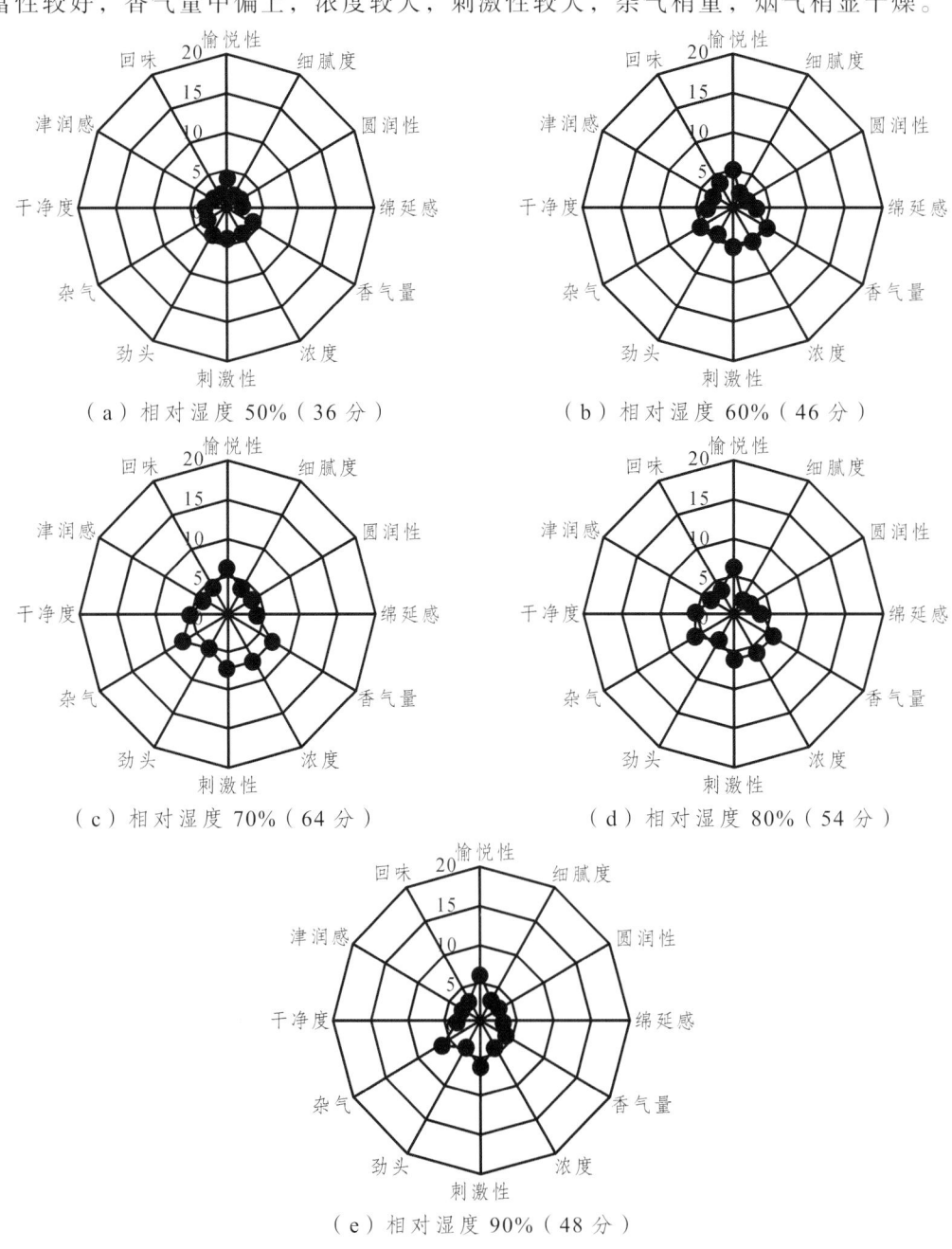

图 5-21　K326 品种下部烟叶不同湿度处理下烤后烟叶感官质量雷达图

（a）相对湿度 55%（50 分）

（b）相对湿度 60%（61 分）

（c）相对湿度 70%（73 分）

（d）相对湿度 80%（68 分）

（e）相对湿度 85%（61 分）

图 5-22　中部烟叶不同湿度处理下烤后烟叶感官质量雷达图

（a）相对湿度 60%（64 分）

（b）相对湿度 65%（68 分）

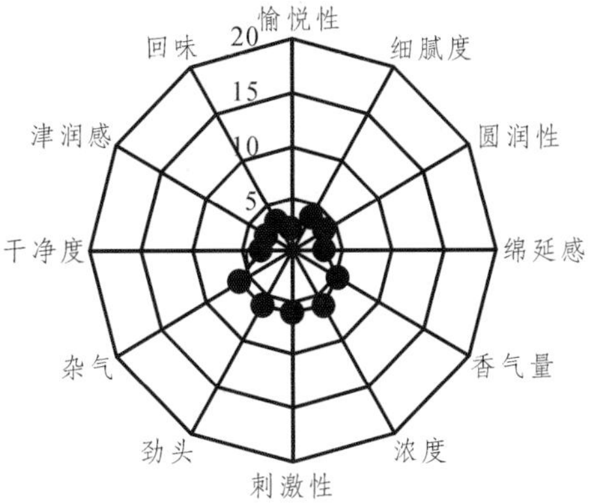

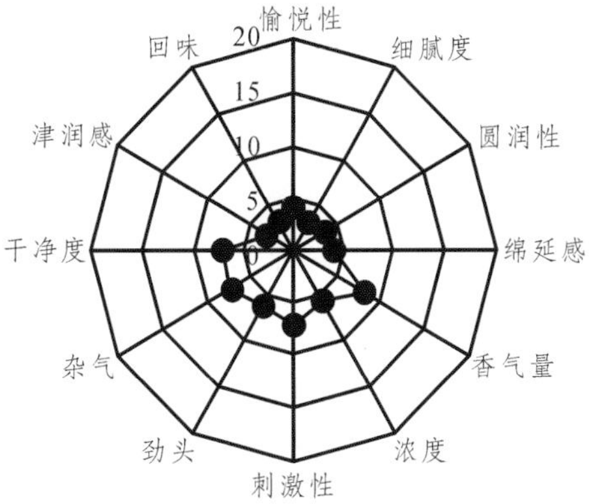

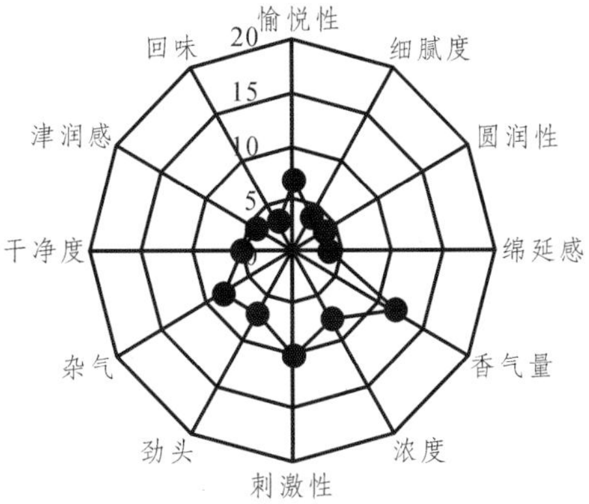

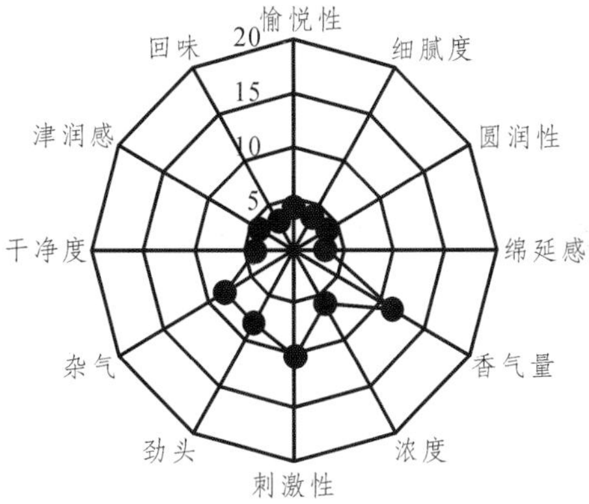

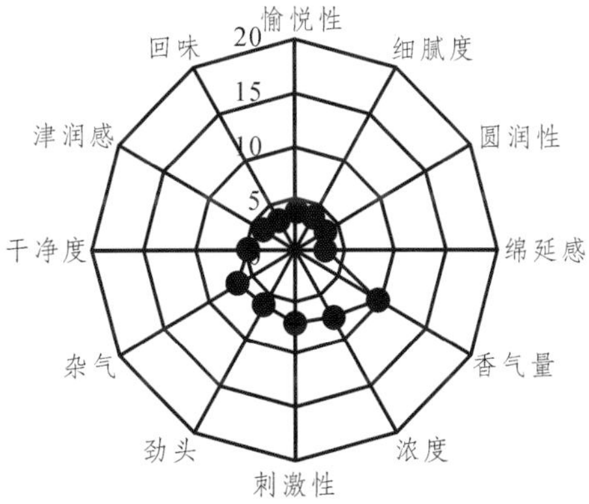

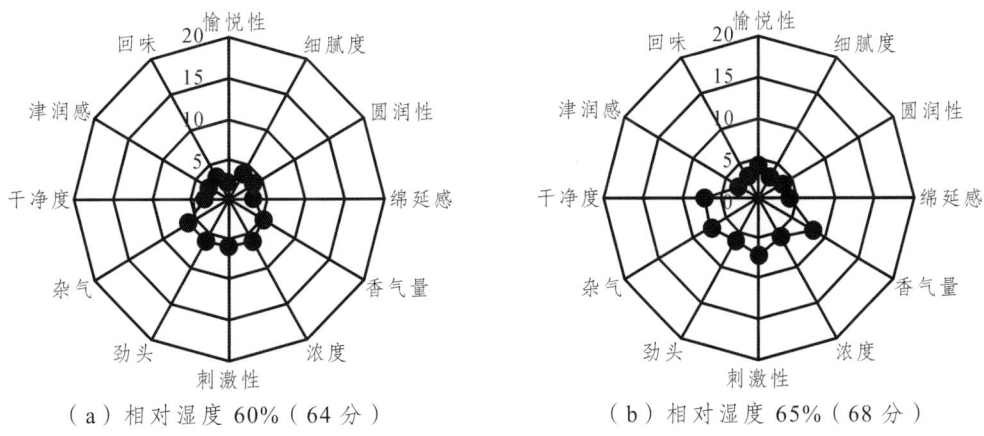

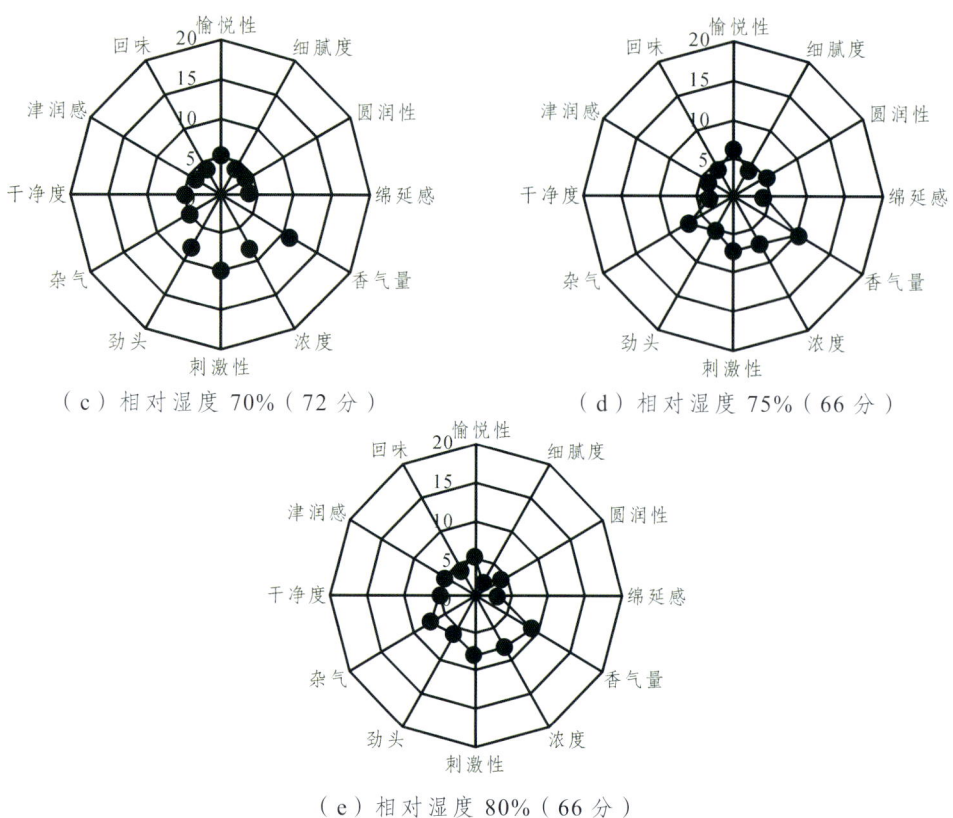

图 5-23 上部烟叶不同湿度处理下烤后烟叶感官质量雷达图

对变黄期不同湿度梯度与烤后烟叶感官质量关系进行拟合（图 5-24），下部烟叶变黄期温度曲线方程为 $y=0.043x^2+6.32x-174.23(R^2=0.842，P=0.001)$；中部烟叶曲线方程为 $y=-0.10x^2+13.70x-398.5(R^2=0.857，P=0.001)$；上部烟叶曲线方程为 $y=0.07x^2+10.28x-285.49(R^2=0.877，P=0.001)$。这表明不同处理下不同部位烤后烟叶感官质量变化趋势一致，随着变黄期湿度的增加呈现"先增加后减少"的变化规律。由此可知，下、中部烟叶在变黄期相对湿度70%~80%综合感官质量达到最好；上部烟叶在变黄期相对湿度60%~80%综合感官评吸质量最好。

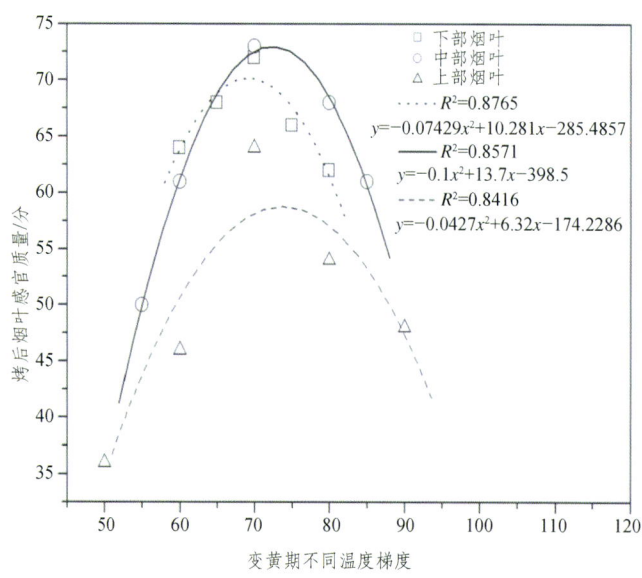

图 5-24 K326 品种烟叶变黄期不同湿度梯度与烤后烟叶感官质量关系拟合图

（三）讨论与结论

在烟叶烘烤过程中，烟叶内部生理生化反应剧烈，其中大分子物质的降解、转化和合成与烟叶含水率密不可分。若烤房内相对湿度越低，越有利于烟叶水分的散失，导致干燥速度过快，则易产生烤青烟和微带青烟叶；若相对湿度较高，导致干燥速度过慢，则容易形成硬变黄，烟叶失水干燥和变黄是相辅相成的，互为条件，相互制约，烤房内相对湿度成了烘烤调控关键因素之一。就不同部位烟叶烘烤过程中失水率和叶绿素降解率而言，K326品种烟叶不同部位均以相对湿度60%～80%变黄处理的烟叶，烤至72 h时，失水率均达到40%～60%，叶绿素降解率均在80%以上，有利于烟叶变黄和定色。这与宋朝鹏等（2017）研究结果中表明的观点——中湿条件有利于烟叶叶绿素的降解转化相一致。

在烟叶烘烤过程中，优化变黄期湿度能显著改善中上部烟叶的外观质量，橘黄烟叶比例明显提升，烟叶的经济性状显著提高。本研究表明，不同部位烤后烟叶均价和上中等烟比例等经济性状指标均以相对湿度70%～80%的处理最高。造成这种现象的原因可能是变黄期相对湿度过低（50%以下）或过高（80%以上）。一方面是没有足够的时间使不利于烟叶品质大分子物质如叶绿素、蛋白质、淀粉等充分或适度降解转化，最终导致青黄烟较多；另一方面是会导致烟叶变黄时间过长而呈现为结构僵硬、不柔软，烤后光滑烟比例较高。变黄期烟叶黄色的固定以变黄为基础通过失水干燥实现，一旦烘烤过程中细胞壁物质解体，将使烟叶细胞质体和膜结构的破坏变得容易，导致细胞内区间结构被破坏；若湿度控制不当，烟叶内充足的水分、酶类和自由出入细胞的氧气混杂在一起，会加快酶促棕色化反应导致烟叶褐变。因此变黄期烟叶水分控制显得尤为重要，充分协调变黄和干燥是提高烟叶经济性状的关键环节。

烟叶烘烤过程中保持适宜的湿度并使水分持续有度地排出，有利于大分子物质的转化和香气物质的形成，改善烤后烟叶评吸质量。在内在化学成分方面，在烘烤不同变黄湿度处理下，不同部位烤后烟叶均以相对湿度60%～80%变黄处理较优；在感官评吸质量方面，不同部位烤后烟叶均以相对湿度70%变黄处理最佳。综合分析表明，在相对湿度60%～80%变黄处理下，不同部位烤后烟叶内在化学成分和感官评吸质量均较好，这是由于烟叶中糖类及蛋白质等大分子物质在相对湿度60%～80%烘烤环境下，可以被大部分水解酶进行充分的降解转化，生成大量的小分子物质如氨基酸、单糖等致香前体物，从而使烤后烟叶化学成分更加协调。

目前，现有关于变黄湿度与烟叶质量关系的相关研究，均在设施环境中通过密集烤箱进行，与生产实际推广的密集烤房或者普通烤房差别较大，密集烤房装烟密度大，空间狭小，烟叶性状收缩受到阻碍，导致皱缩严重，最终烟叶变黄程度差异明显（魏硕等，2017）。

综上所述，通过对K326品种烟叶不同变黄湿度梯度处理，综合烤后烟叶经济性状、内在化学成分和感官评吸质量分析可知，相对湿度60%～80%容差范围的变黄烘烤工艺处理的烤后烟叶基本满足工业可用性；下、中部烟叶在变黄期相对湿度70%～80%感官质量达到最好，上部烟叶在变黄期相对湿度60%～80%感官评吸质量最好。

四、小型密集烤箱烘烤变黄期的时间容差

（一）材料与方法

试验材料和田间设计同本节"二、小型密集烤箱烘烤变黄期的温度容差"。

试验在小型密集烤箱设施环境中进行，烘烤变黄期工艺主要依据玉溪烟区主推烘烤模式并参考烘烤专家经验设计（图5-25）。变黄期时间是指42 ℃前烘烤时间的总和，一般根据烟叶变黄期可分为3个时间段进行：叶尖变黄阶段、主变黄阶段和全黄阶段。根据烟叶在变黄期既要达到变黄要求，又要达到主脉变软要求，严格控制烟叶烘烤变黄时间为70h。变黄期时间容差试验设计见表5-13。

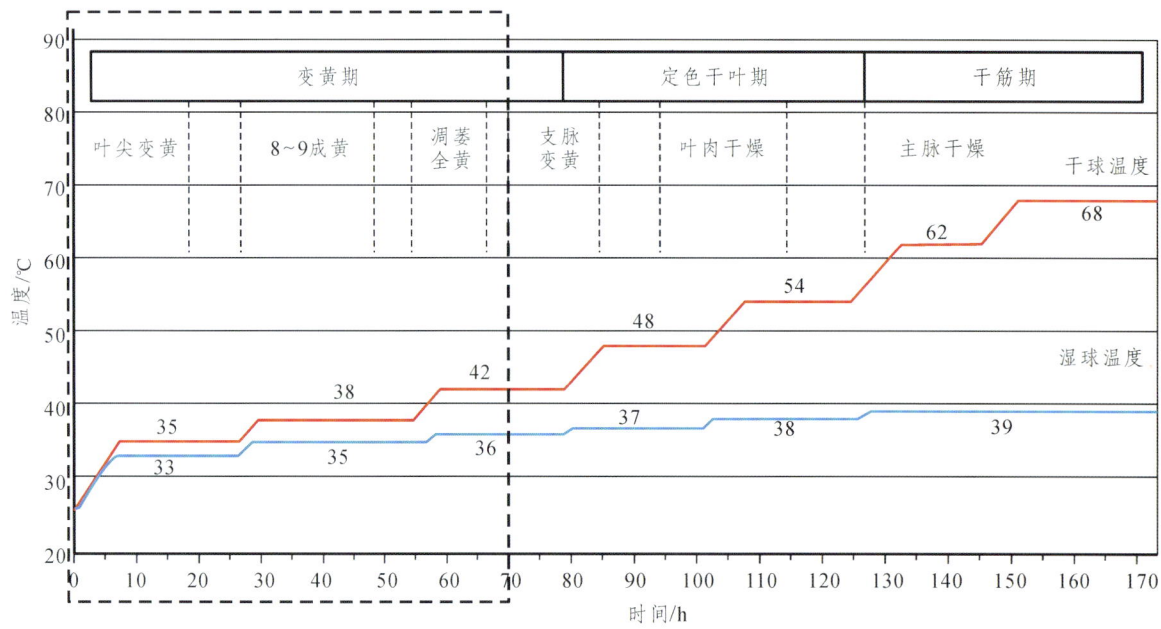

图 5-25　玉溪烟区 K326 品种密集烤房烘烤技术主推工艺曲线

表 5-13　密集烘烤变黄期时间容差组合试验设计

烟叶部位	处理	叶尖变黄阶段时间/h	主变黄阶段时间/h	全黄阶段时间/h	总时间/h
下部	X1	10	10	50	70
	X2	10	20	40	70
	X3	10	30	30	70
	X4	10	40	20	70
	X5	10	50	10	70

续表

烟叶部位	处理	叶尖变黄阶段时间/h	主变黄阶段时间/h	全黄阶段时间/h	总时间/h
下部	X6	20	10	40	70
	X7	20	20	30	70
	X8	20	30	20	70
	X9	20	40	10	70
	X10	20	50	—	70
中部	C1	10	15	45	70
	C2	10	20	40	70
	C3	10	30	30	70
	C4	10	40	20	70
	C5	10	45	15	70
	C6	20	15	35	70
	C7	20	20	30	70
	C8	20	30	20	70
	C9	20	40	10	70
	C10	20	45	5	70
上部	B1	10	20	40	70
	B2	10	25	35	70
	B3	10	30	30	70
	B4	10	35	25	70
	B5	10	40	20	70
	B6	20	20	30	70
	B7	20	25	25	70
	B8	20	30	20	70
	B9	20	35	25	70
	B10	20	40	10	70

固定变黄期时间为 70 h。试验采用裂区设计，叶尖变黄为主区，设置 2 个水平，分别为

10 h 和 20 h。主变黄为副区：

（1）在烘烤下部烟叶时，按+10 h 的递进规律，设置 5 个不同时间组合处理，全黄阶段时间自由组合，共有 10 个处理。

（2）通过试验下部烟叶后，淘汰不适宜主变黄阶段的时间处理，在烘烤中部烟叶时，优化为 5 个不同时间组合处理，共有 10 个处理。

（3）通过烘烤中部烟叶后，再次淘汰不适宜主变黄阶段的时间处理，在烘烤上部烟叶时，继续优化成 5 个不同时间组合处理，共有 10 个处理。

变黄期温度和湿度方面设定叶尖部变黄阶段干湿球温度为 35 ℃/33 ℃，主变黄阶段干湿球温度为 38 ℃/35 ℃，全黄阶段干湿球温度为 42 ℃/36 ℃。定色期和干筋期烘烤工艺参数按照玉溪烟区主推烘烤模式进行。

烘烤烟叶颜色、含水率动态变化、经济性状和感官质量评价方法同本节中"二、小型密集烤箱烘烤变黄期的温度容差"。

（二）结果与分析

1. 变黄期时间组合处理对不同部位烟叶失水率的影响

烘烤时间是烟叶失水干燥和定色的重要因素之一。时间的长短影响着该阶段烟叶失水量的多少，最终决定了烟叶的烘烤质量。由表 5-14 可知，在烟叶变黄期不同时间组合处理下，不同部位烟叶在变黄过程 24 h 内无显著性差异，而在 48 h 和 72 h 时失水率均达到极显著差异（$P<0.01$）。下、中部烟叶以 X1（C1）和 X6（C6）处理烘烤至 72 h 时，烟叶失水率超过 60%，即烟叶基本定色状态，不利于烟叶变黄，易产生烤青烟；而 X5（C5）和 X10（C10）的处理烟叶则失水过于迟缓，烘烤至 72 h 时，失水率低于 40%，烟叶处于高含水量状态下，易导致烟叶腐烂、发霉，不适宜于烟叶变黄；X2（C2）、X3（C3）、X4（C4）、X7（C7）、X8（C8）和 X9（C9）处理，烘烤至 72 h 时，失水率均达到 45%~55%，有利于烟叶变黄和定色。上部烟叶各处理在烘烤 72h 后失水率均在 50% 左右，有利于烟叶变黄和定色。

表 5-14 不同时间组合处理下烟叶失水率

烟叶部位	处理	失水率/%		
		24 h	48 h	72 h
下部	X1	28.00a	42.54aA	62.29aA
	X2	25.71a	39.33bcABC	54.50bA
	X3	26.65a	36.79cdC	49.74bB
	X4	25.92a	36.24dC	47.58bB
	X5	25.92a	36.19dC	39.01cC

续表

烟叶部位	处理	失水率/%		
		24 h	48 h	72 h
下部	X6	23.35a	41.59abAB	60.28aA
	X7	23.27a	38.42cdBC	52.77bB
	X8	23.22a	36.02dC	48.46bB
	X9	23.16a	36.48dC	46.41cC
	X10	23.22a	36.12dC	39.17cC
	F 值	1.53	8.55**	26.73**
中部	C1	29.89a	43.21aA	60.71aA
	C2	28.25a	39.65bcBCD	53.88bB
	C3	28.40a	37.52cdBCD	52.54bB
	C4	28.43a	37.03dCD	47.95cdC
	C5	28.43a	32.74cD	39.70eD
	C6	24.17a	40.81bAB	61.27aA
	C7	24.48a	40.36bABC	53.11bB
	C8	24.93a	38.52bcdBCD	47.61cdC
	C9	24.89a	37.81cdBCD	48.90cC
	C10	24.83a	33.45cD	39.83deCD
	F 值	0.57	7.41**	40.92**
上部	B1	24.71a	40.58aA	55.00aA
	B2	24.99a	39.44abAB	54.46abABC
	B3	24.89a	39.17abAB	53.56bBCD
	B4	24.95a	38.59abcAB	49.53cDE
	B5	24.67a	36.84cdBBC	49.33cDE
	B6	24.81a	37.76bcBC	54.89aA
	B7	24.84a	37.48bcBC	53.83ABC
	B8	24.56a	35.48dD	51.85bcCD
	B9	24.49a	35.39dD	49.71cDE
	B10	24.93a	35.32dD	47.31cE
	F 值	0.03	8.49**	14.84**

2. 变黄期时间组合处理对不同部位烟叶叶绿素降解率的影响

由表5-15可知，变黄期不同时间组合处理下不同部位烟叶随着烘烤时间的延长，叶绿素降解率不断加快，起初即烘烤的24 h叶绿素降解率较慢，下部烟叶降解率仅为20%左右；至烘烤48 h时，叶绿素降解率达到最大值；至72 h时基本达到烟叶全黄。

在变黄期不同时间组合处理下，不同部位烟叶在变黄过程48 h和72 h叶绿素降解率均存在极显著差异（$P < 0.01$）。烘烤至48 h时烟叶叶绿素降解率达到最高，随着时间的推移，叶绿素降解率逐渐降低，推测叶绿素降解率缓慢的原因是烤房温度升高，烟叶失水速度加快，含水量过少，相关酶活性降低。其中，下、中部烟叶以X1（C1）、X5（C5）、X6（C6）和X10（C10）处理烟叶叶绿素降解率最低，烘烤至72 h时，叶绿素降解率均在85%以下。这表明叶绿素降解率缓慢的原因：一方面是全黄阶段温度过高，且时间拉得太长，烟叶失水快，含水量过少，不足以使烟叶变黄而导致；另一方面是主变黄时间过长，烘烤至72 h，烟叶叶绿素还未充分降解。上部烟叶各处理在烘烤72h后叶绿素降解率均达到85%，烟叶变黄效果较好。

表5-15 不同时间组合处理下烟叶叶绿素降解率

烟叶部位	处理	降解率/%		
		24 h	48 h	72 h
下部	X1	21.60a	46.31eC	72.64cC
	X2	20.91a	56.34dB	90.02aA
	X3	20.81a	60.18abAB	90.60aA
	X4	21.25a	61.86aA	92.49aA
	X5	21.03a	61.33abA	75.14bcBC
	X6	20.51a	47.43eC	75.52bcBC
	X7	20.88a	56.83cdB	91.47aA
	X8	20.75a	61.33abA	92.40aA
	X9	20.51a	59.48abcAB	99.99aA
	X10	21.06a	58.60bcdAB	77.71bB
	F 值	1.56	30.15**	60.67**
中部	C1	29.29a	44.85cD	75.11eE
	C2	28.98a	55.06bC	90.15bB
	C3	29.48a	55.91bBC	91.45bAB
	C4	29.11a	53.77bC	92.52abAB

续表

烟叶部位	处理	降解率/%		
		24 h	48 h	72 h
中部	C5	29.16a	52.62bC	80.83cCD
	C6	30.48a	46.35cD	82.25cC
	C7	29.72a	53.25bC	91.79bAB
	C8	30.61a	61.00aA	93.85aA
	C9	30.48a	61.31aA	90.42bB
	C10	29.69a	60.48aAB	78.54dD
	F 值	0.48	22.45**	33.11**
上部	B1	28.51a	53.71eC	89.20bB
	B2	20.03a	61.99cB	91.27abA
	B3	28.28a	64.09bcB	90.45abA
	B4	28.41a	65.37bB	92.08abA
	B5	28.25a	64.50bB	91.97abA
	B6	27.66a	56.80dC	88.62bB
	B7	30.14a	65.19bB	91.46bAB
	B8	29.40a	68.51aA	94.84aA
	B9	29.23a	68.86aA	91.94abA
	B10	28.54a	68.85aA	92.05abA
	F 值	0.54	42.96**	14.27**

3. 变黄期时间组合处理对不同部位烤后烟叶经济性状的影响

由表 5-16 可知，在变黄期不同时间组合处理下，不同部位烤后烟叶上等烟比例、中等烟比例、下等烟比例以及均价都存在极显著差异（$P < 0.01$）。其中，下部烟叶上等烟比例和均价以 X4 和 X8 处理最高，上等烟比例分别为 23.49%和 26.86%，均价分别为 18.21 元/kg 和 18.45 元/kg；中部烟叶上等烟比例和均价以 C4 和 C8 处理最高，上等烟比例分别为 68.41%和 69.31%，均价分别为 33.25 元/kg 和 34.26 元/kg；上部烟叶所有处理均未产生青黄烟，其中，上等烟比例和均价以 B4 和 B8 处理最高，上等烟比例分别为 55.93%和 58.53%，均价分别为 29.48 元/kg 和 29.95 元/kg。

表 5-16　不同时间组合处理下烤后烟叶经济性状

部位	处理	上等烟比例/%	中等烟比例/%	青黄烟比例/%	下等烟比例/%	均价/(元/kg)
下部烟叶	X1	—	32.48cB	61.90a	67.52aA	5.74dC
	X2	16.92eC	68.18bcAB	—	14.90deD	14.32bB
	X3	20.58cdBC	68.60abAB	—	10.82efE	15.81bAB
	X4	23.49bAB	70.50aA	—	6.01gF	18.21aA
	X5	—	47.75cB	44.90a	52.25cC	8.05cC
	X6	—	42.77abcAB	52.13a	57.23bB	6.41dC
	X7	22.09bcB	64.40abAB	—	13.51deDE	13.93bB
	X8	26.86aA	66.25aA	—	6.89efF	18.45aA
	X9	18.36deC	65.78aA	—	15.86dD	14.68bB
	X10	—	39.98bcAB	53.38a	60.02bB	8.24cC
	F 值	19.08**	24.48**	1.94	16.16**	58.46**
中部烟叶	C1	20.92eD	33.32bcABC	25.42a	45.76aA	11.75eD
	C2	56.86cB	35.98abAB	—	7.16cdC	25.35cB
	C3	63.33abAB	31.23cdBCD	—	5.44cdC	32.16abA
	C4	68.41aA	26.97dD	—	4.62cdC	33.25abA
	C5	23.53eCD	35.40abAB	21.07a	41.07aA	17.81dC
	C6	30.23dC	37.73aA	18.37a	32.04B	18.14dC
	C7	63.60abAB	28.35dD	—	8.05cdC	25.67cB
	C8	69.31aA	27.56dD	—	3.13dC	34.26aA
	C9	64.22abAB	27.74dD	—	8.04cdC	30.46bA
	C10	30.65dC	28.75dCD	20.60a	40.60aA	19.42dC
	F 值	14.09**	19.13**	2.03	45.75**	69.74**
上部烟叶	B1	31.85gG	43.70aA	—	24.44abA	18.94dC
	B2	44.57dCD	43.15abA	—	12.29efCDE	23.68bcdABC
	B3	47.84cC	42.18abcA	—	9.98edfDE	26.26abAB

续表

部位	处理	上等烟比例/%	中等烟比例/%	青黄烟比例/%	下等烟比例/%	均价/（元/kg）
上部烟叶	B4	55.93abAB	37.00dAB	—	7.06gE	29.48aA
	B5	38.29fEF	43.38abA	—	18.34cdABC	19.22dC
	B6	35.65fF	38.97abcdAB	—	25.38aA	19.08dC
	B7	47.78cC	37.77cdAB	—	14.46deBCE	24.31bcABC
	B8	58.53aA	35.07dB	—	6.40gE	29.95aA
	B9	54.11bB	37.66cdAB	—	8.23fgDE	27.24abA
	B10	41.59eDE	38.62bcdAB	—	19.79cAB	19.62cdBC
	F值	27.07**	14.07**	—	18.50**	7.75**

4. 变黄期时间组合处理对不同部位烤后烟叶化学成分的影响

由表5-17可知，在变黄期不同时间组合处理下，不同部位烤后烟叶总糖含量、还原糖含量和糖碱比均存在显著差异（$P<0.01$）。其中，下部烟叶总糖含量、还原糖含量和糖碱比均以X3、X4、X8和X9处理最高，总糖含量为18.45%~21.24%，还原糖含量为14.14%~17.16%，糖碱比为9.45~10.93，一般认为优质烟化学成分品质指标糖碱比的比值接近10为最佳；中部烟叶总糖含量、还原糖含量和糖碱比以C3、C4、C8和C9处理最高，总糖含量为27.09%~30.95%，还原糖含量25.24%~27.66%，糖碱比为10.14~10.98；上部烟叶总糖含量、还原糖含量和糖碱比以B4、B5、B8和B9处理最高，总糖含量为31.66%~34.97%，还原糖含量为26.30%~28.59%，糖碱比为10.08~10.28。

表5-17 不同时间组合处理下烤后烟叶化学成分

烟叶部位	处理	总糖/%	还原糖/%	总氮/%	烟碱/%	氮碱比	糖碱比
下部	X1	10.34eD	5.95eD	1.83a	1.77a	1.04a	5.87dC
	X2	16.64dBC	11.67cC	1.72a	1.81a	0.96a	9.20bcAB
	X3	19.13bABC	14.14bB	1.71a	1.76a	0.98a	10.93aA
	X4	21.24aA	17.16aA	1.91a	2.03a	0.94a	10.47abAB
	X5	10.13eD	7.62dD	1.73a	1.84a	0.94a	5.53dC
	X6	10.15eD	7.81dD	1.61a	1.78a	0.90a	5.71dC
	X7	15.95dC	11.46cC	1.68a	1.77a	0.95a	8.99cB

续表

烟叶部位	处理	总糖/%	还原糖/%	总氮/%	烟碱/%	氮碱比	糖碱比
	X8	19.79abAB	16.70aA	1.69a	1.99a	0.85a	9.99abcAB
	X9	18.45bcABC	14.54bB	1.67a	1.95a	0.86a	9.45bcAB
	X10	10.50eD	7.59dD	1.76a	1.78a	0.99a	5.89dC
	F 值	35.97**	60.01**	0.50	1.48	0.96	27.24**
中部	C1	17.30cC	14.28eD	2.73a	2.53a	1.08a	6.84dC
	C2	24.34bB	21.10cC	2.45a	2.66a	0.92a	9.15bB
	C3	27.09bB	25.24aAB	2.63a	2.47a	1.07a	10.98abAB
	C4	30.28aA	27.39aA	2.92a	2.98a	0.98a	10.15bB
	C5	20.05cC	15.70deD	2.76a	2.66a	1.04a	7.55cdC
	C6	19.51cC	16.02deD	2.87a	2.65a	1.08a	7.37cdC
	C7	28.75abA	25.30abAB	2.71a	2.97a	0.91a	9.68bB
	C8	30.95aA	27.66aA	2.96a	3.05a	0.97a	10.14bB
	C9	30.11aA	26.49aAB	2.76a	2.84a	0.97a	10.63abAB
	C10	21.69cC	17.51dD	2.67a	2.64a	1.01a	8.21cC
	F 值	46.03**	39.00**	1.74	1.47	1.80	27.06**
上部	B1	23.94cC	20.25cD	3.17a	2.96a	1.08a	8.10cB
	B2	28.35bB	23.55bCD	2.98a	3.34a	0.90a	8.49bcAB
	B3	25.49bB	22.10bcD	3.10a	3.18a	0.97a	8.02cB
	B4	32.52aA	26.30aABC	3.10a	3.22a	0.96a	10.12aA
	B5	31.66aA	28.59aA	3.06a	3.08a	0.99a	10.28aA
	B6	26.81bB	22.35bcD	2.84a	3.01a	0.95a	8.93abcAB
	B7	29.77aA	24.38cBCD	3.07a	3.28a	0.94a	9.08abAB
	B8	34.85aA	27.79aABC	3.27a	3.45a	0.95a	10.10aA
	B9	34.97aA	27.89aAB	3.21a	3.47a	0.93a	10.08aA
	B10	28.23bB	23.63bBCD	3.05a	3.39a	0.90a	8.38bcAB
	F 值	15.37**	8.13**	1.25	1.88	2.29	14.48**

5. 变黄期时间组合处理对不同部位烤后烟叶感官质量的影响

由图 5-26 ~ 图 5-28 可知，下部烟叶的 X8 处理烤后烟叶感官质量好于其他处理，主要表现为香气量较丰富和香气质较好，刺激性较小，稍有杂气，浓度较好；中部烟叶的 C4、C8 和 C9 处理的烤后烟叶感官质量好于其他处理，主要表现为香气丰富性较好，质感细腻柔和，香气量和浓度适中，刺激性较小，干净度尚可，口感舒适；上部烟叶的 B4、B5、C8 和 C9 处理的烤后烟叶感官质量差异不大，主要表现为香气丰富性较好，香气量中偏上，浓度较大，刺激性较大，杂气稍重，烟气稍显干燥。

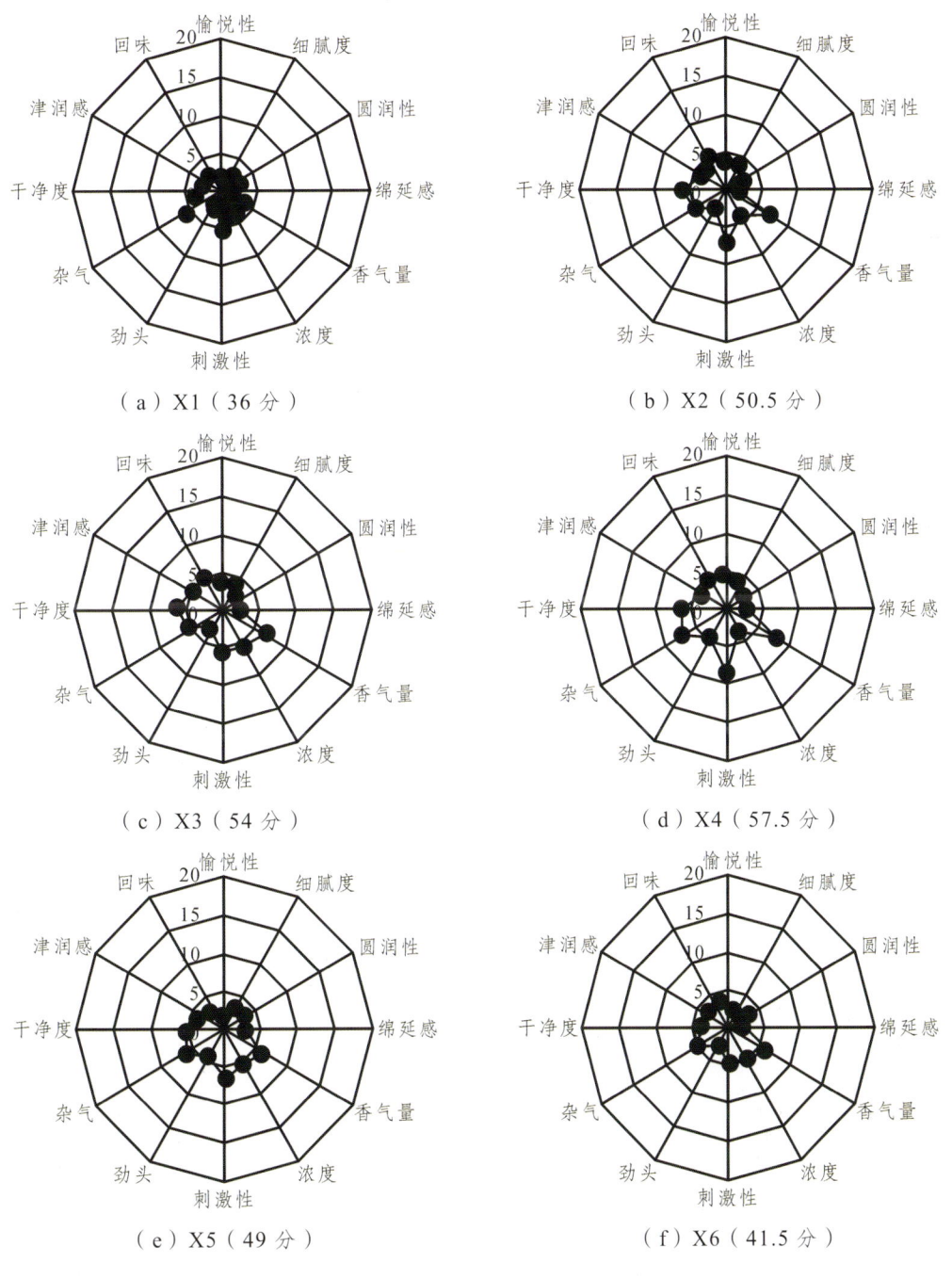

(a) X1（36分）　　　　　　　　(b) X2（50.5分）

(c) X3（54分）　　　　　　　　(d) X4（57.5分）

(e) X5（49分）　　　　　　　　(f) X6（41.5分）

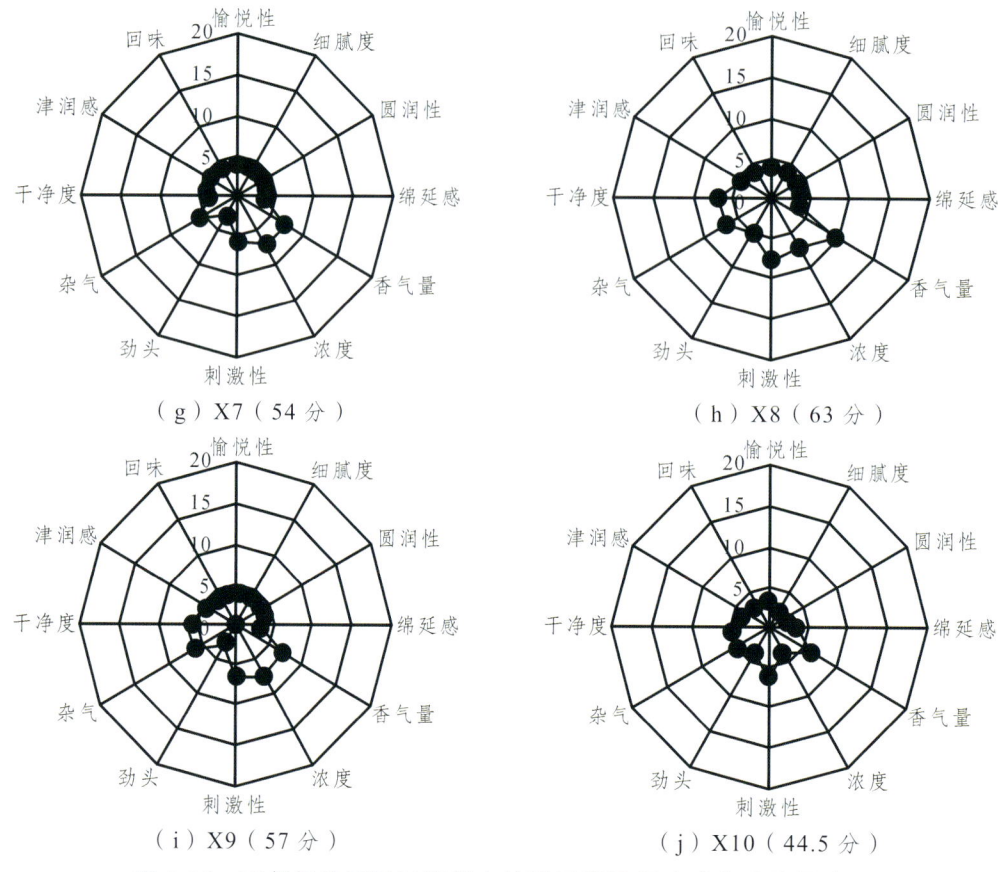

(g) X7（54分）　　　　　　　　（h) X8（63分）

(i) X9（57分）　　　　　　　　（j) X10（44.5分）

图5-26　下部烟叶不同时间组合处理下烤后烟叶感官质量雷达图

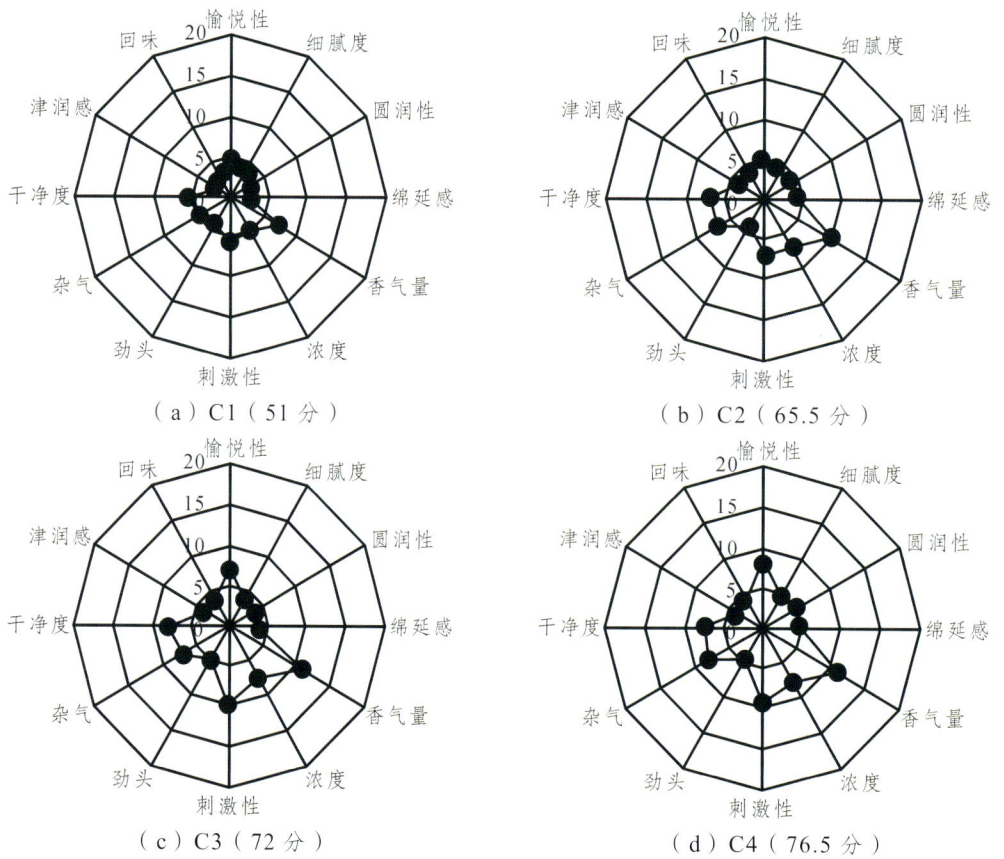

(a) C1（51分）　　　　　　　　（b) C2（65.5分）

(c) C3（72分）　　　　　　　　（d) C4（76.5分）

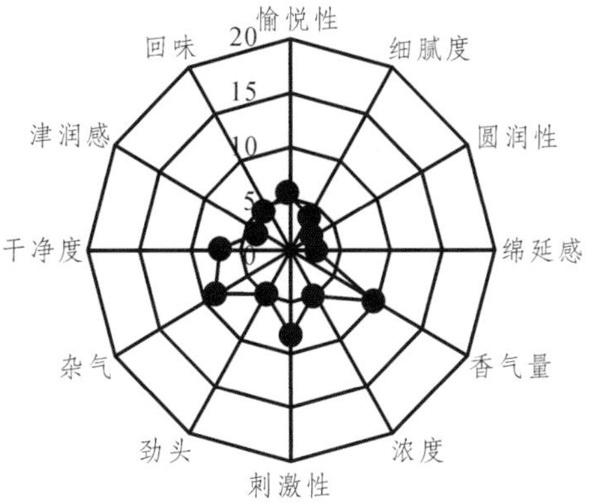

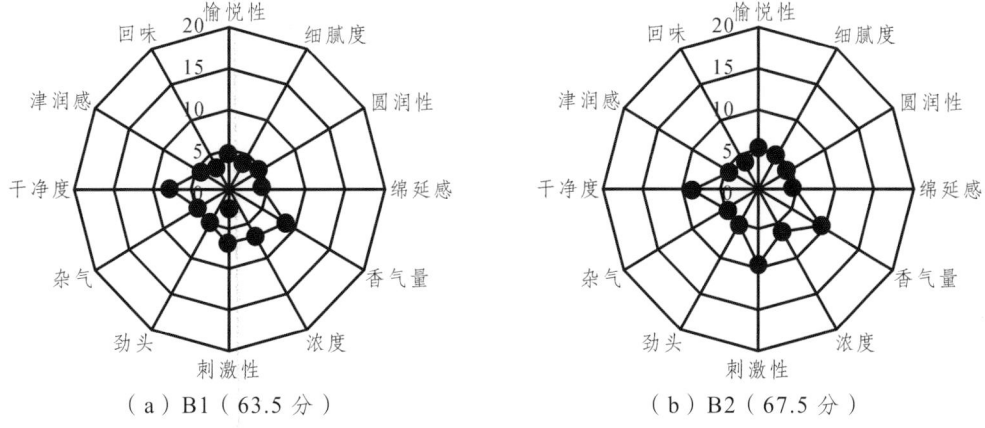

(e) C5（64.5 分） 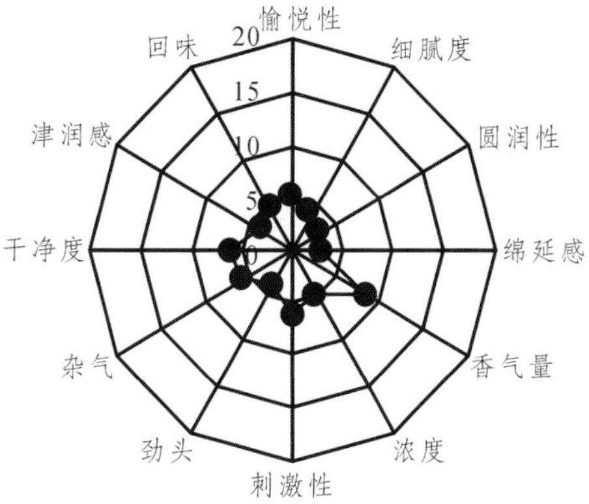　　　　　　（f) C6（58 分）

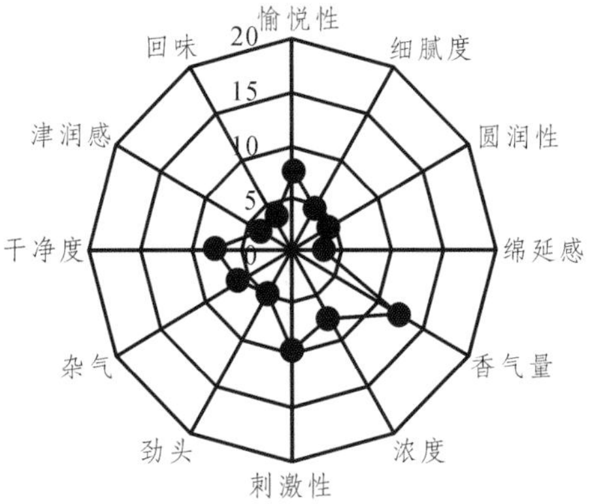

(g) C7（70.5 分） 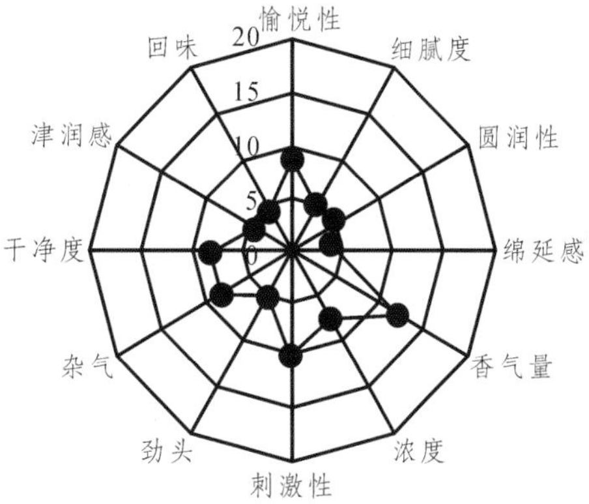　　　　　　（h) C8（80 分）

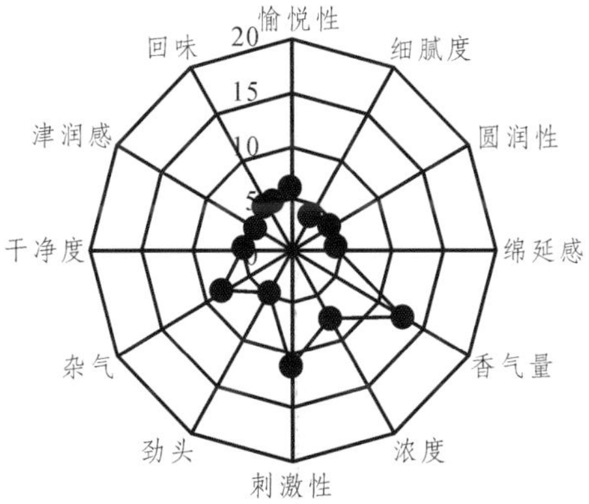

(i) C9（75.5 分） 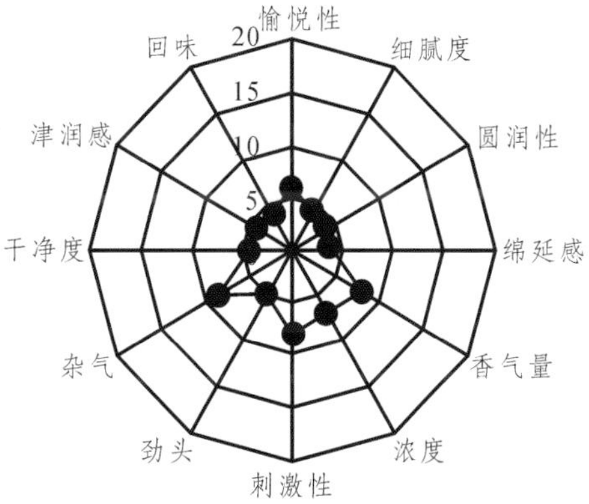　　　　　　（j) C10（65 分）

图 5-27　中部烟叶不同时间组合处理下烤后烟叶感官质量雷达图

(a) B1（63.5 分）　　　　　　（b) B2（67.5 分）

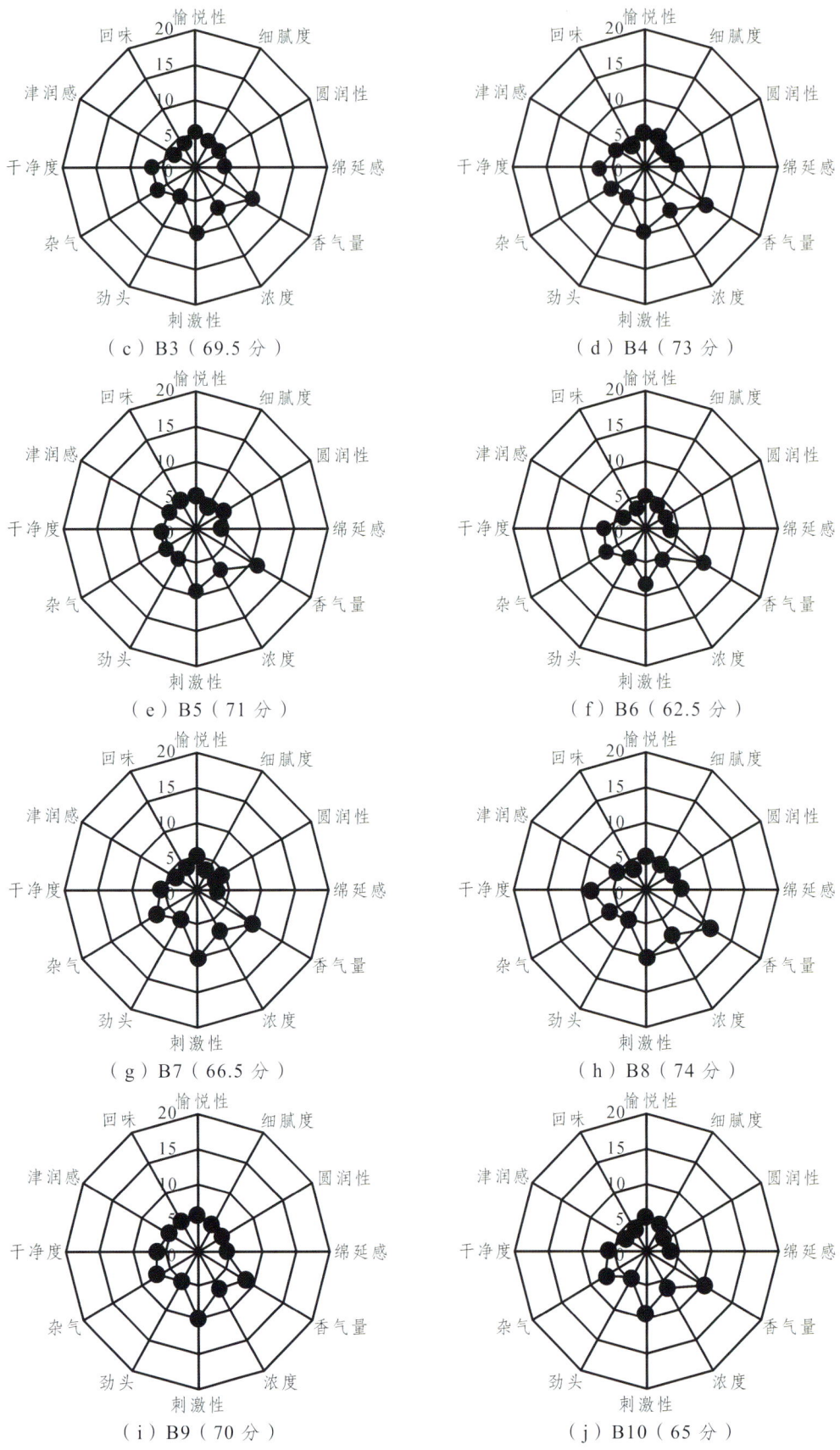

图 5-28　上部烟叶不同时间组合处理下烤后烟叶感官质量雷达图

对主变黄时间梯度处理（叶尖变黄 10h）与烤后烟叶感官质量关系进行拟合（图 5-29），下部烟叶曲线方程 $y=-0.03x^2+2.30x+16.50(R^2=0.97，P=0.001)$，中部烟叶曲线方程为 $y=0.07x^2+4.67x-2.47(R^2=0.92，P=0.001)$，上部烟叶曲线方程为 $y=0.03x^2+2.21x-31.10(R^2=0.95，P=0.001)$。对主变黄时间梯度处理（叶尖变黄 20 h）与烤后烟叶感官质量关系进行拟合（图 5-30），下部烟叶曲线方程 $y=0.04x^2+2.58x+19.50(R^2=0.97，P=0.001)$，中部烟叶曲线方程为 $y=0.09x^2+5.47x-5.08(R^2=0.99，P=0.001)$，上部烟叶曲线方程为 $y=0.08x^2+5.19x-8.52(R^2=0.877，P=0.001)$。这表明不同时间组合处理下不同部位烤后烟叶感官质量变化趋势一致，随着主变黄时间的增加呈现先增加后减少的变化规律。由此可知，在叶尖变黄 10h 处理下，不同部位烟叶在主变黄 35~40 h 时间组合区间综合感官质量达到最好；在叶尖变黄 20h 处理下，不同部位烟叶在主变黄 30~35 h 时间组合区间综合感官质量达到最好。

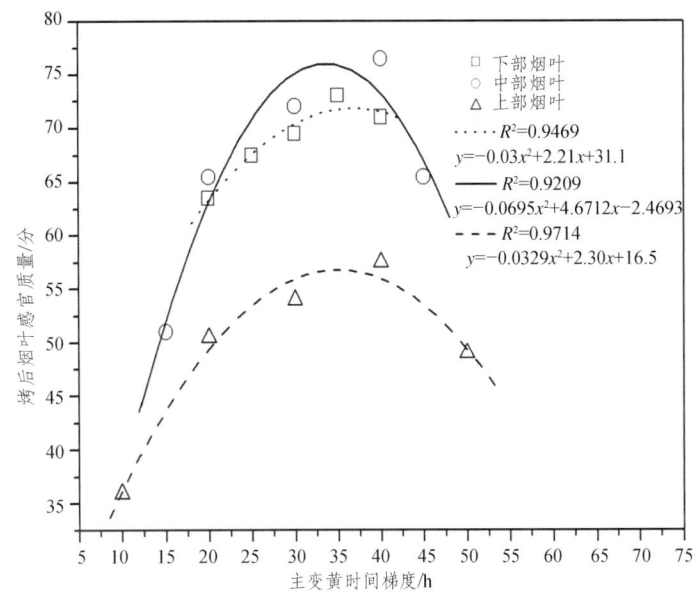

图 5-29 不同主变黄时间梯度处理与烤后烟叶感官质量关系拟合图（叶尖变黄为 10 h）

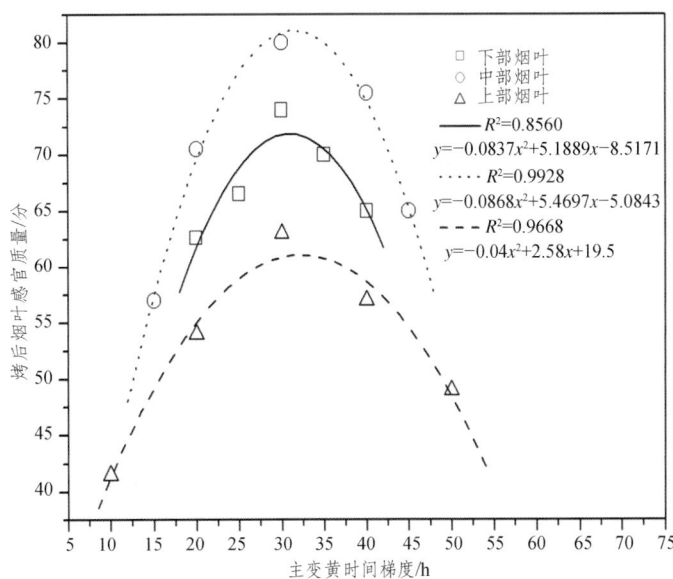

图 5-30 不同主变黄时间梯度处理与烤后烟叶感官质量关系拟合图（叶尖变黄为 20 h）

（三）讨论与结论

从烟叶植物学特性指标的变化来看，密集烘烤过程中烟叶颜色变化主要集中在变黄期（24~48 h），此过程是生化反应剧烈的时期，并伴随着大部分物质降解以及小分子香气物质产生。烟叶变黄时间过短，叶内质体色素等内含物分解转化不充分，从而导致烟叶出现烤青现象；变黄时间过长，则造成内含物质消耗过度，势必影响烤后烟叶感官质量。因此，适宜的变黄时间是获得优质烟叶的前提之一。使烟叶生理生化变化朝着有利于提高烟叶品质的方向发展，从而保证烟叶内各种化学成分含量适宜，且比例协调，提高烟叶烘烤质量。就不同部位烟叶烘烤过程中失水率和叶绿素降解率而言，不同部位烟叶在烘烤变黄时间 70 h 条件下，以主变黄 20~40 h 处理，烤至 72 h 时，失水率均达到 45%~55%，叶绿素降解率均在 85% 以上，有利于烟叶变黄和定色。

在烘烤过程中，优化变黄期烘烤时间能显著改善中上部烟叶的外观质量，橘黄烟比例明显提升，微带青烟叶比例减少，烟叶的经济性状显著提高。本研究表明不同部位烤后烟叶均价和上中等烟比例等经济性状指标均以主变黄 30~40 h 处理最高。造成这现象的原因可能是主变黄时间过短（10~20 h）或时间过长（40~50 h）。一方面是没有足够的时间使不利于烟叶品质大分子物质如叶绿素、蛋白质、淀粉等充分或适度降解转化，最终导致青黄烟较多；另一方面会导致烟叶变黄时间过长而呈现为结构僵硬、不柔软，烤后光滑烟比例较高。因此，变黄期烟叶时间控制显得尤为重要，充分协调变黄和干燥是提高烟叶经济性状的关键环节。

在内在化学成分方面，烘烤不同变黄时间处理下，不同部位烟叶以主变黄 30~40 h 处理化学成分最协调，这是因为随着主变黄时间的延长，还原糖和总糖含量逐渐增加；当延长时间过长（40~50 h）时，糖类物质又开始降低，处理间有显著性差异，这是因为主变黄时间延长，促进淀粉充分分解，增加了糖分的积累，但是变黄时间过长，糖分含量因淀粉分解趋于彻底，从而呼吸作用继续消耗而逐渐降低，烟叶内含物大量消耗，不利于烟叶外观质量。在感官评吸质量方面，不同部位烟叶以主变黄 30~40 h 处理感官评吸分数最高，变黄期是大分子物质降解的关键时期，相应酶活性高，烟叶中糖类及蛋白质等大分子物质可以被大部分水解酶充分降解转化，生成大量的小分子物质如氨基酸、单糖等致香前体物质，从而显著增加了烤后烟叶香气成分含量；另外，因为脂氧合酶是质体色素降解的关键酶，它在此阶段最活跃，更有利于烟叶质体色素的降解与转化，减少烤后烟叶含青现象。合理分配烘烤变黄时间，可提高烘烤后烟叶还原糖、总糖和糖碱比含量，对改善烟叶内在质量有积极的促进作用。

目前，现有关于变黄时间与烟叶质量关系的相关研究，均在设施环境中通过密集烤箱进行，与生产实际推广的密集烤房或者普通烤房差别较大，密集烤房装烟密度大，空间狭小，烟叶性状收缩受到阻碍，导致皱缩严重，上棚和底棚温度差别可达 2~3 ℃，最终烟叶变黄程度差异明显。

综上所述，在 K326 品种不同烘烤变黄组合时间处理下，对烤后烟叶经济性状、内在化学成分和感官评吸质量进行综合分析可知：在烘烤变黄时间 70 h 条件下，以主变黄 20～40 h 容差范围的烘烤工艺烤后烟叶可较好满足工业可用性；在叶尖变黄 10 h 处理下不同部位烟叶在主变黄 35～40 h 时间容差范围综合感官质量达到最好，在叶尖变黄 20 h 处理下不同部位烟叶在主变黄 30～35 h 时间容差范围综合感官质量达到最好。

五、烘烤变黄期温、湿度及时间容差验证

（一）材料与方法

在玉溪市江川区九溪镇种植 K326 品种，在烟叶成熟期选择田间生长一致、正常成熟落黄的下部（4～5 片）、中部（9～11 片）、上部（15～16 片）鲜烟叶。K326 品种烟叶烘烤验证试验选择在玉溪市江川区九溪镇的标准化密集烤房群中进行。

选取田间长势一致、正常成熟落黄的中部烟叶分别装入标准化密集烤房（气流上升式、气流下降式）进行烘烤，采用符合国标要求的电子测量仪，按平面"六点"挂法，分别挂放在各个烤房的顶层、中层、底层，实时监测烤房内部温湿度情况。

1. 变黄期的温度容差验证

分别设 36 ℃、38 ℃、40 ℃和 42 ℃四个温度处理（不设重复）进行温度容差验证试验。在试验过程中，统一采用装烟后以 2～3 h 从室内自然温度升到 32 ℃，之后调减升速度为 1 ℃/h 到试验温度设定温度，再稳定温度不变，使烟叶烘烤到变黄为止。在烟叶变黄过程中，各处理对应的相对湿度为：温、湿度控制层烟叶叶尖变黄大约 15 cm 以前，相对湿度设定为 90%～95%；之后降减相对湿度至 85%，烤该层烟叶变黄 7～8 成；再降减相对湿度至 60%～70%左右，烤到该层烟叶全黄。定色期和干筋期烘烤工艺参数按照玉溪烟区主推烘烤模式进行。待烟叶烤干、出炉、回软、下竿后，按国标 42 级分级要求，对烟叶进行分级、计产和各部位处理取样 3 kg，分析比较烟叶烤后烟叶质量及化学成分、感官评吸质量。

2. 变黄期的湿度容差验证

分别设 60%、65%、70%、75%、80%、85%和 90%六个相对湿度处理（不设重复）进行相对湿度容差验证试验。在试验过程中，统一采用装烟后以 2～3 h 从室内自然温度升到 32 ℃，之后调减升温速度为 1 ℃/h 升温到 38 ℃，同时设置对应的相对湿度；烤至烟叶变黄 7～8 成后，再统一用 1 ℃/h 的速度将干球温度升到 42 ℃，相对湿度调整至 60%以下，烤到该层烟叶拖条、全黄。定色期和干筋期烘烤工艺参数按照玉溪烟区主推烘烤模式进行。待烟叶烤干、出炉、回软、下竿后，按国标 42 级分级要求，对烟叶进行分级、计产和各部位处理取样 3 kg，分析比较烟叶烤后烟叶质量及化学成分、感官评吸质量。

3. 变黄期的时间容差验证

该试验只验证变黄期的时间容差,定色期和干筋期烘烤工艺参数按照当地烟区主推烘烤模式进行。变黄期温度和湿度方面设定为叶尖部变黄阶段干湿球温度为 35 ℃/33 ℃,主变黄阶段干湿球温度为 38 ℃/35 ℃,全黄阶段干湿球温度为 42 ℃/36 ℃。固定其总变黄期时间为 70 h,分为叶尖变黄、主变黄和全黄三个阶段。

K326 品种设定叶尖部变黄阶段干湿球温度为 35 ℃/33 ℃,主变黄阶段干湿球温度为 38 ℃/35 ℃,全黄阶段干湿球温度为 42 ℃/36 ℃;设叶尖变黄阶段 10~20h,主变黄阶段 20~40h,自由组合 6 个验证处理(表 5-18)。

表 5-18 变黄期的时间容差设计

验证处理	叶尖变黄/h	主变黄/h	全黄/h
B1	10	20	40
B2	10	30	30
B3	10	40	20
B4	20	20	30
B5	20	30	20
B6	20	40	10

(二)结果与分析

1. 温度容差对 K326 品种烟叶烘烤质量的影响

温度是烟叶失水干燥、定色的重要因素之一,温度的高低影响着烟叶失水速度的快慢,最终决定了烟叶的烘烤质量。由表 5-19 可知,K326 品种烟叶以 38 ℃、40 ℃ 两个处理烤后烟叶的黄烟率最高,均达到 100%;42 ℃ 处理烤的烟叶,因温度偏高,产生了少量的青烟;36 ℃ 处理烘烤的烟叶,又因变黄温度偏低,烟叶变黄失水量少,产生了少量枯烟。在 38~42 ℃ 的温度下变黄的 K326 品种烟叶,其黄烟率均在 99% 以上,上等烟比例在 60% 以上,中上等烟比例都在 93% 以上。

表 5-19 不同温度处理下 K326 品种烟叶烘烤质量统计结果

温度/℃	产量/g	黄烟率/%	青黄烟率/%	枯烟率/%	上等烟比例/%	中上等烟比例/%	均价/(元/kg)
36	1393.7	98.77	—	1.23	54.37	90.17	29.16
38	1407.1	100.00			65.38	96.26	35.06
40	1410.4	100.00			66.03	97.16	35.14
42	1420.2	99.66	0.34	—	60.15	93.65	33.14

温度影响烟叶失水速度的同时，也影响着烟叶的内在质量。由表 5-20 可知，K326 品种烟叶的综合感官评吸质量在 38~42 ℃ 处理下较好，总分值可以达到 68 分，其中 38~40 ℃ 的分值可以达到 70 分，烟叶的内在质量最好。

表 5-20 不同温度处理下 K326 品种烤后烟叶感官评吸结果

温度/℃	愉悦性(10分)	细腻度(5分)	圆润性(5分)	绵延感(5分)	香气量(15分)	浓度(10分)	刺激性(15分)	劲头(5分)	杂气(10分)	干净度(10分)	津润感(10分)	回味(5分)	总分(100分)
36	6.5	3.5	3.5	3	7	6	8	4.5	6.5	6.5	3	3	61
38	6.5	3.5	3.5	3.5	11	7	12	5	6.5	6.5	3.5	3	71.5
40	6.5	3.5	3.5	3	11.5	7.5	12.5	5	6.5	7	3.5	3	73
42	7	4	3.5	3.5	9	7.5	7.5	5	7.5	7	3.5	3	68

综上所述，密集烘烤变黄期 K326 品种烟叶适宜变黄温度为 36~42 ℃，最佳为 38~40 ℃。

2. 湿度容差对 K326 品种烟叶烘烤质量的影响

由表 5-21 可知，烘烤 K326 品种烟叶的变黄期 60% 和 65% 湿度处理烘烤的烟叶，因湿度偏低，产生少量青黄烟；变黄期 70%~80% 湿度处理烘烤的烟叶，黄烟率达到 100%；变黄期 85%~90% 湿度处理，产生了少量的枯烟。在 60%~90% 的湿度下变黄的 K326 品种烟叶，其黄烟率均在 98% 以上，上等烟比例在 60% 以上，中上等烟比例都在 90% 以上。

表 5-21 不同湿度处理下 K326 品种烤后烟叶外观质量统计结果

湿度/%	产量/g	黄烟率/%	青黄烟率/%	枯烟率/%	上等烟比例/%	中上等烟比例/%	均价/(元/kg)
60	1306.8	98.59	1.41	—	61.26	90.38	30.12
65	1309.2	99.86	0.14	—	63.25	93.35	32.31
70	1289.8	100	—	—	65.91	95.06	33.41
80	1286.6	100	—	—	65.03	95.74	34.50
85	1293.2	99.69	—	0.31	62.14	92.23	31.14
90	1225.9	98.89	—	1.11	60.15	90.18	30.43

烘烤湿度对烟叶的内在质量影响较大，并且对不同品种的影响效果不同。由表 5-22 可知，K326 品种的综合感官评吸在 60%~90% 的湿度下较好，总分值可以达到 60 分，其中 70%~80% 湿度的分值可以达到 70 分，烟叶的内在质量最好。

表 5-22　不同湿度处理下 K326 品种烤后烟叶感官评吸结果

湿度/%	愉悦性(10分)	细腻度(5分)	圆润性(5分)	绵延感(5分)	香气量(15分)	浓度(10分)	刺激性(15分)	劲头(5分)	杂气(10分)	干净度(10分)	津润感(5分)	回味(5分)	总分(100分)
60	6	3.5	3	3	7	6	8.5	4.5	6.5	6	3.5	3	60.5
65	6.5	3.5	3.5	3	7.5	6.5	10	5	6.5	6.5	3.5	3	65
70	6.5	4	3.5	3.5	10.5	7.5	12	5	6.5	6.5	4	3	72.5
80	7	3.5	3.5	3.5	11	7	11.5	5	7	7	4.5	3	73.5
85	6.5	3.5	3.5	3	9	7	10.5	5	7	6.5	3.5	3	68
90	6.5	3	3	3.5	7.5	6.5	9	4.5	6.5	6.5	3.5	3	63

综上所述，密集烘烤 K326 品种烟叶适宜变黄相对湿度为 60%～90%，最佳为 70%～80%。

3. 时间容差对 K326 品种烟叶烘烤质量的影响

由表 5-23 可知，K326 品种烟叶在 B1 处理下因主变黄处理时间相对较短，产生了少量的青黄烟；而在 B4～B6 处理下因叶尖变黄和主变黄处理时间相对较长，产生了少量的枯烟；B2 和 B3 的黄烟率达到 100%。在 B1～B5 处理下黄烟率均在 98% 以上，上等烟比例均在 60% 以上，中上等烟比例在 90% 以上。

表 5-23　不同时间容差下 K326 品种烟叶烘烤质量统计结果

处理	产量/g	黄烟率/%	青黄烟率/%	枯烟率/%	上等烟比例/%	中上等烟比例/%	均价/(元/kg)
B1	1309.2	99.86	0.14	—	63.25	93.35	32.31
B2	1289.8	100	—	—	65.91	95.06	33.41
B3	1286.6	100	—	—	65.03	95.74	34.50
B4	1293.2	99.69	—	0.31	62.14	92.23	31.14
B5	1225.9	98.89	—	1.11	60.15	90.18	30.43
B6	1202.6	98.06	—	1.94	59.26	88.26	29.18

由表 5-24 看出，K326 品种的综合感官质量在 B1～B6 的时间容差内较好，总分可以达到 65 分，其中 B2～B5 的分值可以达到 70 分，烟叶的内在质量最好。

表 5-24 不同时间容差下 K326 品种烤后烟叶感官评吸结果

处理	愉悦性(10分)	细腻度(5分)	圆润性(5分)	绵延感(5分)	香气量(15分)	浓度(10分)	刺激性(15分)	劲头(5分)	杂气(10分)	干净度(10分)	津润感(10分)	回味(5分)	总分(100分)
B1	6.5	3.5	3.5	3	10	7	10	4.5	6.5	6.5	3	3.5	67.5
B2	7	4	3.5	3.5	11.5	7.5	10.5	5	6.5	7	3.5	3	72.5
B3	6.5	4	3.5	3.5	10.5	7.5	10.5	5	6.5	6.5	3.5	3	70.5
B4	6.5	4	3.5	3.5	10.5	7	11.5	4.5	7	6.5	3.5	3	71
B5	6.5	3.5	3.5	3.5	11	7.5	11.5	5	7	6.5	3	3	71.5
B6	6.5	3.5	3	3	10	7	9.5	4.5	6.5	6.5	3.5	3	66.5

综上所述，密集烘烤 K326 品种烟叶适宜变黄时间容差为叶尖变黄阶段 10~20 h，主变黄阶段 20~40 h，最佳为叶尖变黄阶段 10~20 h，主变黄阶段 20~40 h。

（三）结论

K326 品种烟叶变黄时期的温度、湿度容差范围和时间容差范围较宽。其中，烟叶适宜变化温度为 36~42 ℃，最佳为 38~40 ℃；适宜变黄相对湿度为 60%~90%，最佳为 70%~80%；适宜变黄时间容差为叶尖变黄阶段 10~20 h，主变黄阶段 20~40 h，最佳为叶尖变黄阶段 10~20 h，主变黄阶段 20~40 h。

六、不同生态区 K326 品种烟叶密集烘烤变黄期温、湿度及时间容差验证

（一）材料与方法

试验在玉溪江川区九溪镇（海拔 1 370 m，坐标 24°18′14″N、102°38′13″E）与文山丘北县（海拔 1 500 m，坐标 24°19′N、103°34′E）进行。

供试品种为 K326，种植行距为 1.2 m，株距为 50 cm，田间管理按照优质烟叶栽培生产技术规范操作，以中部烟叶为试验材料。依据烟叶成熟标准，烟叶成熟时按叶位采收，编竿后在当地密集烤房中进行验证试验。

选取田间长势一致、正常成熟落黄的中部烟叶分别装入标准化密集烤房（气流上升式、气流下降式）进行烘烤，采用符合国标要求的电子测量仪，按平面"六点"挂法，分别挂放在各个烤房的顶层、中层、底层，实时监测烤房内部温湿度情况。

变黄期的温度、湿度、时间的容差验证方法同本节中"五、不同品种密集烘烤变黄期温、

湿度及时间容差验证"。设叶尖变黄阶段 10~20 h，主变黄阶段 20~40 h，自由组合 6 个验证处理（表 5-25）。

表 5-25　变黄期的时间容差设计

验证处理	叶尖变黄/h	主变黄/h	全黄/h
B1	10	20	40
B2	10	30	30
B3	10	40	20
B4	20	20	30
B5	20	30	20
B6	20	40	10

（二）结果与分析

1. 温度容差对不同生态区烟叶烘烤质量的影响

由表 5-26 可知，试验点九溪 K326 品种烟叶以 38 ℃、40 ℃ 两个处理烤后烟叶的黄烟率最高，均达到 100%；42 ℃ 处理烤的烟叶，因温度偏高，产生了少量的青黄烟；36 ℃ 处理烘烤的烟叶，又因变黄温度偏低，烟叶变黄失水量少，产生了一定量的枯烟。在 38~42 ℃ 的温度下，其黄烟率均在 99% 以上，上等烟比例在 60% 以上，中上等烟比例都在 93% 以上。试验点丘北 K326 品种以 36 ℃、38 ℃ 两个处理最高，均达到 100%。随着变黄期设定温度的升高，40 ℃ 处理烘烤的红大烟叶，因变黄温度偏高，出现了 2.51% 的青黄烟；42 ℃ 处理烘烤的红大烟叶，因变黄温度更高，出现了 8.21% 的青黄烟。在 36~38 ℃ 的温度下变黄的红大烟叶，其黄烟率均为 100%，上等烟比例在 65% 左右，中上等烟比例都在 94% 左右。

表 5-26　不同温度处理对不同生态区 K326 品种烟叶烘烤质量统计结果

地区	处理/℃	产量/g	黄烟率/%	青黄烟率/%	枯烟率/%	上等烟比例/%	中上等烟比例/%	均价/（元/kg）
九溪	36	1393.7	98.81	—	1.19	55.37	90.17	29.16
	38	1407.1	100.00	—	—	64.61	96.26	34.86
	40	1410.4	100.00	—	—	65.03	97.37	35.02
	42	1420.2	99.43	0.57	—	60.15	93.02	33.58

续表

地区	处理/°C	产量/g	黄烟率/%	青黄烟率/%	枯烟率/%	上等烟比例/%	中上等烟比例/%	均价/(元/kg)
丘北	36	1327.5	100	—	—	64.73	94.32	30.38
	38	1339.2	100	—	—	65.29	95.88	31.14
	40	1368.2	98.49	2.51	—	56.18	88.18	27.09
	42	1379.9	91.79	8.21	—	49.21	81.29	25.35

温度影响烟叶失水速度的同时，也影响着烟叶的内在质量。由表 5-27 可知，九溪地区 K326 品种烟叶的综合感官质量在 36～42 ℃处理下较好，总分值可以达到 63 分，其中 38～40 ℃的分值可以达到 70 分，烟叶的内在质量最好；而丘北地区 K326 品种烟叶在 4 个温度的处理下，以 36～42 ℃处理较好，感官评吸总分达到 64 分，而最佳处理温度在 36～38 ℃，分值可以达到 69 分。

表 5-27　不同温度处理对不同生态区 K326 品种烤后烟叶感官评吸结果

地区	处理/°C	愉悦性(10分)	细腻度(5分)	圆润性(5分)	绵延感(5分)	香气量(15分)	浓度(10分)	刺激性(15分)	劲头(5分)	杂气(10分)	干净度(10分)	津润感(10分)	回味(5分)	总分(100分)
九溪	36	5	3.5	3.5	3	10	5.5	9.5	3.5	6	6.5	4	3	63
	38	6.5	3.5	3.5	3.5	10.5	7	11.5	4	6.5	6.5	4	3.5	70.5
	40	6	3.5	3.5	3	11	7.5	12	3.5	6.5	7	4.5	3.5	71.5
	42	5	3	3.5	3	9.5	7	10.5	3.5	6	6.5	3.5	3.5	64.5
丘北	36	6	3.5	3.5	3.5	10.5	7	10.5	3.5	6.5	7	4	3.5	69
	38	6.5	3.5	3.5	3.5	11	7.5	10.5	4	6.5	7	4	3.5	71
	40	5	3.5	3	3.5	10	6.5	9.5	3.5	6.5	6.5	3.5	3.5	64
	42	4.5	3	3	3.5	9.5	6.5	9	3.5	6	6.5	3.5	3	61.5

综上所述，密集烘烤变黄期九溪地区的烟叶适宜变黄温度为 36～42 ℃，最佳为 38～40 ℃；烘烤丘北地区的烟叶适宜的变黄期温度为 36～42 ℃，最佳温度为 36～38 ℃。

2. 湿度容差对不同生态区烟叶烘烤质量的影响

由表 5-28 可知，试验点九溪 K326 品种烟叶变黄期 60%和 65%湿度处理烘烤的烟叶，因湿度偏低，产生了少量的青黄烟；变黄期 70%～80%湿度处理烘烤的烟叶，黄烟率达到 100%；变黄期 85%～90%湿度处理，产生了少量的枯烟。在 60%～90%的湿度下变黄的

K326品种烟叶,其黄烟率均在98%以上,上等烟比例在60%以上,中上等烟比例都在90%以上。试验点丘北K326品种烟叶变黄期60%~70%湿度处理烘烤的烟叶,因湿度偏低,产生了一定数量的青黄烟,其中60%~70%青烟率超过10%;变黄期80%~85%湿度处理烘烤的烟叶,黄烟率达到100%;变黄期90%湿度处理,产生了少量的枯烟。在70%~90%的湿度下变黄的K326烟叶,其黄烟率均在96%以上,上等烟比例在60%以上,中上等烟比例都在90%以上。

表5-28 不同湿度处理对不同生态区K326品种烟叶烘烤质量统计结果

地区	处理/%	产量/g	黄烟率/%	青黄烟率/%	枯烟率/%	上等烟比例/%	中上等烟比例/%	均价/(元/kg)
九溪	60	1307.3	98.61	1.39	—	60.37	90.51	29.96
	65	1307.6	99.74	0.26	—	63.78	93.64	32.52
	70	1293.8	100	—	—	66.18	95.33	34.18
	80	1287.1	100	—	—	65.27	95.17	33.72
	85	1293.7	99.49	—	0.51	62.82	93.10	31.46
	90	1228.2	98.62	—	1.38	60.88	91.06	30.12
丘北	60	1257.8	81.71	18.29	—	47.21	74.26	20.31
	65	1259.4	87.97	12.03	—	51.23	82.12	22.32
	70	1254.7	96.75	3.25	—	60.57	90.63	29.65
	80	1228.6	100	—	—	62.38	93.01	32.27
	85	1217.8	100	—	—	63.16	93.52	33.51
	90	1205.6	99.19	—	0.81	60.01	91.82	30.08

烘烤湿度对烟叶的内在质量影响较大,并且对不同品种的影响效果不同。由表5-29可知,九溪地区烟叶的综合感官质量在60%~90%的湿度下较好,总分值可以达到60分,其中70%~80%湿度的分值可以达到71分,烟叶的内在质量最好;而丘北K326品种烟叶在不同湿度处理下,以70%~90%处理较好,感官评吸总分达到60分,而最佳处理湿度在80%~85%时,分值可以达到70分。

表5-29 不同湿度处理对不同生态区K326品种烤后烟叶感官评吸结果

地区	处理/%	愉悦性(10分)	细腻度(5分)	圆润性(5分)	绵延感(5分)	香气量(15分)	浓度(10分)	刺激性(15分)	劲头(5分)	杂气(10分)	干净度(10分)	津润感(10分)	回味(5分)	总分(100分)
九溪	60	6	3	3.5	3	8.5	6	8.5	4	6.5	6.5	3	3	61.5
	65	6.5	3.5	3.5	3.5	9	6	9	4	6.5	6.5	3	3	63.5

续表

地区	处理/%	愉悦性(10分)	细腻度(5分)	圆润性(5分)	绵延感(5分)	香气量(15分)	浓度(10分)	刺激性(15分)	劲头(5分)	杂气(10分)	干净度(10分)	津润感(10分)	回味(5分)	总分(100分)
九溪	70	7	3.5	3.5	3.5	11	7	11	4	7	7	3.5	3.5	71.5
	80	7	3.5	3.5	3.5	11.5	7.5	11.5	4.5	7	6.5	3.5	3.5	73
	85	6.5	3.5	3	3.5	10.5	6.5	9.5	4	6.5	6.5	3.5	3	66.5
	90	6	3	3	3	9.5	6	8	4	6.5	6	3	3	61
丘北	60	5	3	3	3	6	5	6	3.5	6	5.5	3	3	52
	65	5	3	3.5	3	6	6.5	6	4	5.5	5.5	3	3	54.5
	70	6	3	3.5	3	7.5	6	8.5	4	6.5	6	3.5	3.5	61
	80	6.5	3.5	3.5	3.5	11	7.5	10.5	4	7	6.5	3.5	3.5	70.5
	85	6.5	3.5	3.5	3.5	10.5	7	10	4.5	7.5	7.5	3.5	3.5	71
	90	6	3	3.5	3	8	6.5	9.5	4	6.5	7	3.5	3	63.5

综上所述,密集烘烤九溪地区烟叶适宜变黄相对湿度为60%~90%,最适宜为70%~80%;烘烤丘北地区烟叶适宜的变黄相对湿度为70%~90%,最适宜为80%~85%。

3. 时间容差对不同生态区烟叶烘烤质量的影响

由表5-30可知,试验点九溪K326品种烟叶在B1~B2处理下因主变黄处理时间相对较短,产生了少量的青黄烟;而在B5~B6处理下因叶尖变黄和主变黄处理时间相对较长,产生了少量的枯烟;B3和B4的黄烟率达到100%。在B1~B6处理下黄烟率均在99%以上,上等烟比例均在62%以上,中上等烟比例在94%以上。试验点丘北K326品种烟叶在B1~B2处理下因主变黄处理时间相对较短,产生了少量的青黄烟;而B5~B6处理下因叶尖变黄和主变黄处理时间相对较长,产生了少量的枯烟;B3~B4的黄烟率达到100%。在B1~B6的处理下,上等烟比例可以达到62%以上,中上等烟比例在93%以上。

表5-30 不同时间容差对不同生态区K326品种烤后烟叶经济性状

地区	处理	产量/g	黄烟率/%	青黄烟率/%	枯烟率/%	上等烟比例/%	中上等烟比例/%	均价/(元/kg)
九溪	B1	1309.5	99.63	0.37		63.88	95.02	33.99
	B2	1301.3	99.89	0.11		64.12	95.83	34.52
	B3	1295.1	100			65.96	96.65	35.02
	B4	1293.6	100			65.65	96.31	34.86

续表

地区	处理	产量/g	黄烟率/%	青黄烟率/%	枯烟率/%	上等烟比例/%	中上等烟比例/%	均价/(元/kg)
九溪	B5	1291.5	99.84		0.16	63.31	95.06	34.05
	B6	1288.3	99.68		0.32	62.95	94.69	33.81
丘北	B1	1298.3	99.42	0.58		63.02	94.88	32.85
	B2	1296.5	99.64	0.36		63.83	95.36	33.25
	B3	1292.8	100			65.28	96.60	34.11
	B4	1285.1	100			65.16	96.18	33.96
	B5	1280.6	99.75		0.25	64.61	94.69	32.92
	B6	1277.5	99.43		0.57	62.35	93.36	32.28

由表 5-31 可知，试验点九溪 K326 品种在 B1~B6 的时间容差内烟叶的感官评吸较好，总分值可以达到 66 分，其中 B3~B5 的分值可以达到 70 分，烟叶的内在质量最好；而丘北 K326 品种烟叶在不同时间容差下，以 B1~B6 处理较好，感官评吸总分达到 63 分，而最佳处理在 B3~B5，分值可以达到 69 分。

表 5-31　不同时间容差对不同生态区 K326 品种烤后烟叶感官评吸结果

地区	处理	愉悦性(10分)	细腻度(5分)	圆润性(5分)	绵延感(5分)	香气量(15分)	浓度(10分)	刺激性(15分)	劲头(5分)	杂气(10分)	干净度(10分)	津润感(10分)	回味(5分)	总分(100分)
九溪	B1	6	3.5	3	3.5	10	7	10	4.5	6.5	6.5	3	3	66.5
	B2	6.5	3.5	3.5	3	10.5	7	10	4.5	6.5	6.5	3	3.5	68
	B3	7	4	3.5	3.5	11	7.5	11	4.5	6.5	6.5	3.5	3.5	72
	B4	6.5	4	3.5	3.5	10.5	7.5	10.5	5	6.5	7	3.5	3.5	71.5
	B5	6.5	3.5	3	3.5	10.5	7.5	11	4.5	7	6.5	3.5	3.5	70.5
	B6	6.5	3.5	3	3.5	10.5	7	10.5	4.5	6.5	6.5	3.5	3.5	68
丘北	B1	6	3.5	3.5	3.5	8.5	6	9.5	4.5	6	6	3	3.5	63
	B2	6	3.5	3.5	3	9.5	6.5	9.5	4.5	6	6.5	3	3.5	65
	B3	6.5	3.5	3.5	3.5	10.5	7	10	4.5	6.5	7	3.5	3.5	69.5
	B4	7	3.5	3.5	3.5	10.5	7.5	10	5	6.5	6.5	3.5	3.5	70.5
	B5	6.5	3.5	3	3.5	10.5	7	10.5	4.5	6.5	6.5	3.5	3.5	69
	B6	6.5	3.5	3	3.5	9.5	7	9	4.5	6.5	6.5	3	3	65.5

综上所述，密集烘烤九溪地区烟叶适宜变黄时间容差为叶尖变黄阶段 10~20 h，主变黄

阶段 20~40 h，最适宜为叶尖变黄阶段 10~20 h，主变黄阶段 20~40 h；密集烘烤丘北地区烟叶适宜变黄时间容差为叶尖变黄阶段 10~20 h，主变黄阶段 20~40 h，最适宜为叶尖变黄阶段 10~20 h，主变黄阶段 20~40 h。

（三）结论

九溪 K326 品种烟叶的温度、湿度容差较宽，其烟叶适宜变黄温度为 36~42 ℃，最适宜为 38~40 ℃；适宜变黄相对湿度为 60%~90%，最佳为 70%~80%；适宜变黄时间容差为叶尖变黄阶段 10~20 h，主变黄阶段 20~40 h，最佳为叶尖变黄阶段 10~20 h，主变黄阶段 20~40 h。丘北 K326 品种烟叶的温度、湿度容差较窄。其烟叶适宜变黄温度为 36~42 ℃，最佳为 36~38 ℃；适宜变黄相对湿度为 70%~90%，最适宜为 80%~85%；适宜变黄时间容差为叶尖变黄阶段 10~20 h，主变黄阶段 20~40 h，最佳为叶尖变黄阶段 10~20 h，主变黄阶段 20~40 h。

七、不同素质鲜烟叶烘烤变黄期温、湿度及时间容差验证

（一）材料与方法

本试验将鲜烟叶素质划分为高素质鲜烟叶和低素质鲜烟叶。

鲜烟叶高素质指标为：叶面积范围为 1.20~1.60 m^2，单叶鲜重范围为 72~97 g，单叶干重范围为 9~12 g，SPAD 值范围为 23~33，总糖含量范围为 10%~14%，淀粉含量范围为 20%~30%，蛋白质含量范围为 10%~14%。

鲜烟叶低素质指标为：

（1）叶面积范围为 1.20 m^2 以下，单叶鲜重范围为 72 g 以下，单叶干重范围为 9 g 以下，SPAD 值范围为 23 以下，总糖含量范围为 10% 以下，淀粉含量范围为 20% 以下，蛋白质含量范围为 10% 以下。

（2）叶面积范围为 1.60 m^2 以上，单叶鲜重范围为 97 g 以上，单叶干重范围为 12 g 以上，SPAD 值范围为 33 以上，总糖含量范围为 14% 以上，淀粉含量范围为 30% 以上，蛋白质含量范围为 14% 以上。

试验在玉溪市江川区九溪镇进行（海拔 1 370 m，坐标 24°18′14″N、102°38′13″E），供试品种为 K326 品种，通过烘烤不同鲜烟叶素质的烟叶来进行密集烘烤变黄期温、湿度及时间容差验证。

将不同鲜烟叶素质的烟叶分别装入标准化密集烤房（气流上升式、气流下降式）进行烘烤，采用符合国标要求的电子测量仪，按平面"六点"挂法，分别挂放在各个烤房的顶层、中层、底层，实时监测烤房内部温湿度情况。

变黄期的温度、湿度、时间的容差验证方法同本节中"五、不同品种密集烘烤变黄期温、湿度及时间容差验证"。设叶尖变黄阶段10~20h，主变黄阶段20~40h，自由组合可得6个验证处理（表5-32）。

表 5-32　变黄期的时间容差设计

验证处理	叶尖变黄/h	主变黄/h	全黄/h
B1	10	20	40
B2	10	30	30
B3	10	40	20
B4	20	20	30
B5	20	30	20
B6	20	40	10

（二）结果与分析

1. 温度容差对K326品种不同鲜烟叶素质烟叶烘烤质量的影响

由表5-33可知，烘烤高素质的烟叶以38 ℃、40 ℃两个处理烤后烟叶的黄烟率最高，均达到100%；42 ℃处理烤的烟叶，因温度偏高，产生了少量的青烟；36 ℃处理烘烤的烟叶，又因变黄温度偏低，烟叶变黄失水量少，产生了少量的枯烟。在38~36 ℃的温度下变黄的高素质烟叶，其黄烟率均在99%以上，上等烟比例在61%以上，中上等烟比例都在94%以上。

在4个温度处理中，烘烤低素质的烟叶黄烟率以36 ℃、38 ℃两个处理最高，均达到100%；随着变黄期设定温度的升高，40 ℃处理烘烤的低素质烟叶，因变黄温度偏高，出现了1.18%的青黄烟；42 ℃处理烘烤的低素质烟叶，因变黄温度更高，出现了6.55%的青黄烟。在36~40 ℃的温度下变黄的低素质烟叶，其黄烟率均在98%以上，上等烟比例在57%以上，中上等烟比例都在89%以上。

表 5-33　不同温度处理对K326品种不同鲜烟叶素质烟叶烘烤质量统计结果

烟叶素质	温度/℃	产量/g	黄烟率/%	青黄烟率/%	枯烟率/%	上等烟比例/%	中上等烟比例/%	均价/（元/kg）
高素质	36	1391.7	98.88	—	1.12	54.46	90.31	29.30
	38	1406.9	100.00	—	—	65.98	97.26	35.71
	40	1409.3	100.00	—	—	66.53	97.43	35.62
	42	1418.0	99.62	0.38	—	61.21	94.13	33.53

续表

烟叶素质	温度/°C	产量/g	黄烟率/%	青黄烟率/%	枯烟率/%	上等烟比例/%	中上等烟比例/%	均价/(元/kg)
低素质	36	1331.2	100	—	—	59.09	93.76	32.28
	38	1343.5	100	—	—	60.76	94.62	33.35
	40	1371.8	98.82	1.18	—	57.18	89.72	29.11
	42	1379.9	93.45	6.55	—	52.33	87.36	27.85

温度影响烟叶失水速度的同时，也影响着烟叶的内在质量。由表 5-34 可知，在 36~42 °C 处理下，高素质烟叶的感官评吸较好，总分值可以达到 65 分，其中 38~40 °C 的分值可以达到 71 分，烟叶的内在质量最好；而低素质烟叶在 4 个温度的处理下，以 36~40 °C 处理较好，感官评吸总分达到 61 分，而最适宜处理温度在 36~38 °C 时，分值可以达到 64 分。

表 5-34　不同温度处理对 K326 品种不同鲜烟叶素质烤后烟叶内在质量的感官评吸结果

烟叶素质	温度/°C	愉悦性(10分)	细腻度(5分)	圆润性(5分)	绵延感(5分)	香气量(15分)	浓度(10分)	刺激性(15分)	劲头(5分)	杂气(10分)	干净度(10分)	津润感(10分)	回味(5分)	总分(100分)
高素质	36	5.5	3.5	3.5	3	10.5	6	10.5	3.5	6	6.5	4	3	65.5
	38	6.5	3.5	3.5	3.5	11	7.5	11.5	3.5	6.5	6.5	4	3.5	71
	40	6.5	3.5	3.5	3.5	11.5	7.5	11.5	3.5	6.5	7	4.5	3.5	72.5
	42	5.5	3	3.5	3	10.5	6.5	10.5	3.5	6	6.5	4	3	66.5
低素质	36	5.5	3.5	3.5	3	10	6	10	3.5	6	6.5	4	3	64.5
	38	6	3.5	3.5	3.5	10	6.5	11.5	3.5	6.5	6.5	4	3.5	68.5
	40	5	3	3.5	3.5	9.5	5.5	9	3.5	6	5.5	3.5	3.5	61
	42	5	3	3	3.5	8	5.5	8.5	3.5	5.5	5.5	3.5	3	57.5

综上所述，密集烘烤变黄期高素质的烟叶适宜变黄温度为 36~42 °C，最适宜为 38~40 °C；烘烤低素质的烟叶适宜的变黄期温度为 36~40 °C，最适宜温度为 36~38 °C。

2. 湿度容差对 K326 品种不同鲜烟叶素质烟叶烘烤质量的影响

由表 5-35 可知，烘烤高素质的烟叶，变黄期 60% 和 65% 湿度处理烘烤的烟叶，因湿度偏低，产生了少量的青黄烟；变黄期 70%~80% 湿度处理烘烤的烟叶，黄烟率达到 100%；变黄期 85%~90% 湿度处理，产生了少量的枯烟。在 60%~90% 的湿度下变黄的高素质烟叶，其黄烟率均在 98% 以上，上等烟比例在 61% 以上，中上等烟比例都在 90% 以上。

烘烤低素质的烟叶，变黄期 60%~70%湿度处理烘烤的烟叶，因湿度偏低，产生了一定数量的青黄烟，其中 60%~70%青烟率超过 5%；变黄期 80%~85%湿度处理烘烤的烟叶，黄烟率达到 100%；变黄期 90%湿度处理的烟叶，产生了少量的枯烟。在 70%~90%的湿度下变黄的低素质烟叶，其黄烟率均在 94%以上，上等烟比例在 57%以上，中上等烟比例都在 89%以上。

表 5-35 不同湿度处理对 K326 品种不同素质烟叶烘烤质量统计结果

烟叶素质	温度/%	产量/g	黄烟率/%	青黄烟率/%	枯烟率/%	上等烟比例/%	中上等烟比例/%	均价/（元/kg）
高素质	60	1306.5	98.99	1.01	—	63.56	93.31	30.56
	65	1309.6	99.89	0.11	—	63.98	93.92	32.87
	70	1209.1	100	—	—	66.87	95.63	34.05
	80	1287.2	100	—	—	68.12	97.28	35.62
	85	1293.8	99.83	—	0.17	63.27	92.93	31.58
	90	1225.5	99.01	—	0.99	61.02	90.86	30.31
低素质	60	1305.2	91.63	8.37	—	55.33	87.05	27.16
	65	1308.7	92.82	7.18	—	56.86	88.87	28.03
	70	1209.3	94.74	5.26	—	57.01	89.39	29.67
	80	1286.8	100	—	—	60.53	92.02	30.85
	85	1293.6	99.64	—	—	62.97	93.38	31.52
	90	1224.9	96.79	—	3.21	58.15	90.06	30.11

由表 5-36 可知，高素质烟叶的感官评吸在 60%~90%的湿度下较好，总分值可达到 62 分，其中 70%~80%湿度的分值可以达到 72 分，烟叶的内在质量最好；而低素质烟叶在不同湿度处理下，以 70%~90%处理较好，感官评吸质量评分达到 62 分，而最适宜处理湿度在 80%~85%，分值可达到 65 分。

表 5-36 不同湿度处理对 K326 品种不同鲜烟叶素质烤后烟叶感官评吸结果

烟叶素质	处理	愉悦性（10分）	细腻度（5分）	圆润性（5分）	绵延感（5分）	香气量（15分）	浓度（10分）	刺激性（15分）	劲头（5分）	杂气（10分）	干净度（10分）	津润感（10分）	回味（5分）	总分（100分）
高素质	60	6	3.5	3.5	3	8.5	6.5	9	4	6.5	6.5	3	3.5	63.5
	65	6.5	3.5	3.5	3.5	9	6.5	9	4	6.5	6.5	3	3.5	65
	70	7.5	3.5	3.5	3.5	11.5	7.5	10.5	4	7	7	3.5	3.5	72.5

续表

烟叶素质	处理	愉悦性(10分)	细腻度(5分)	圆润性(5分)	绵延感(5分)	香气量(15分)	浓度(10分)	刺激性(15分)	劲头(5分)	杂气(10分)	干净度(10分)	津润感(10分)	回味(5分)	总分(100分)
高素质	80	7.5	3.5	3.5	3.5	12.5	7.5	11.5	4.5	7	7	3.5	3.5	75
	85	6.5	3.5	3.5	3.5	10.5	7	9.5	4	6.5	6.5	3.5	3.5	68
	90	6	3.5	3	3.5	9.5	6.5	8	4	6.5	6	3	3	62.5
低素质	60	5.5	3.5	3	3	7	6	7.5	4	5.5	5.5	3	3	56.5
	65	5.5	3.5	3	3.5	7.5	6.5	7.5	4	6	5.5	3	3.5	59
	70	6	3.5	3.5	3.5	8.5	6.5	8.5	4	6.5	6	3.5	3.5	63.5
	80	6.5	3.5	3.5	3.5	10	6.5	10	4	6.5	6.5	3.5	3.5	67.5
	85	6	3.5	3.5	3.5	9.5	6.5	9.5	4	6.5	6.5	3.5	3	65.5
	90	6	3.5	3	3	9	6	9	4	6.5	6	3.5	3	62.5

综上所述，密集烘烤高素质烟叶适宜变黄相对湿度为 60%~90%，最适宜为 70%~80%；烘烤低素质烟叶适宜的变黄相对湿度为 70%~90%，最适宜为 80%~85%。

3. 时间容差对 K326 品种不同鲜烟叶素质烟叶烘烤质量的影响

由表 5-37 可知，高素质的烟叶在 B1~B2 处理下因主变黄处理时间相对较短，产生了少量的青黄烟；而在 B5~B6 处理下因叶尖变黄和主变黄处理时间相对较长，产生了少量的枯烟；B3 和 B4 的黄烟率达到 100%。在 B1~B6 处理下黄烟率均在 97% 以上，上等烟比例均在 61% 以上，中上等烟比例在 93% 以上。

低素质的烟叶在 B1~B2 处理下因主变黄处理时间相对较短，产生了少量的青黄烟；而在 B5~B6 处理下因叶尖变黄和主变黄处理时间相对较长，产生了少量的枯烟；在 B3~B4 处理下的黄烟率达到 100%。在 B1~B6 的处理下，上等烟比例可以达到 55%，中上等烟比例在 86% 以上。

表 5-37 不同时间容差对 K326 品种不同鲜烟叶素质烟叶烘烤质量统计结果

烟叶素质	处理	产量/g	黄烟率/%	青黄烟率/%	枯烟率/%	上等烟比例/%	中上等烟比例/%	均价/(元/kg)
高素质	B1	1308.7	97.61	2.39		62.62	93.67	32.16
	B2	1301.2	98.30	1.70		63.01	94.08	32.87
	B3	1294.6	100			65.72	95.82	35.09
	B4	1293.0	100			66.11	96.01	35.30
	B5	1291.1	99.05		0.95	63.85	94.36	32.93
	B6	1287.5	97.62		2.38	61.38	93.02	31.65

续表

烟叶素质	处理	产量/g	黄烟率/%	青黄烟率/%	枯烟率/%	上等烟比例/%	中上等烟比例/%	均价/(元/kg)
低素质	B1	1309.3	91.43	8.57		55.92	86.72	26.57
	B2	1301.5	93.61	6.39		57.35	87.93	27.85
	B3	1295.1	100			60.86	92.17	30.46
	B4	1292.9	100			61.77	93.02	30.91
	B5	1292.4	96.68		3.32	58.39	88.51	28.73
	B6	1288.2	94.33		5.67	57.02	87.86	28.12

由表 5-38 可知，高素质烟叶的综合感官质量在 B1~B6 的时间容差内较好，总分可以达到 67 分，其中 B3~B5 的分值可以达到 71 分，烟叶的内在质量最好；而低素质烟叶在不同时间容差下，以 B3~B5 处理较好，感官评吸总分达到 61 分，而最适宜处理在 B3~B4 时，可以达到 66 分。

表 5-38　不同时间容差对 K326 品种不同鲜烟叶素质烤后烟叶感官评吸结果

烟叶素质	处理	愉悦性(10分)	细腻度(5分)	圆润性(5分)	绵延感(5分)	香气量(15分)	浓度(10分)	刺激性(15分)	劲头(5分)	杂气(10分)	干净度(10分)	津润感(10分)	回味(5分)	总分(100分)
高素质	B1	6	3.5	3	3.5	10	7	10	4.5	6.5	6.5	3.5	3.5	67.5
	B2	6.5	3.5	3.5	3.5	10.5	7	10.5	4.5	6.5	6.5	3.5	3.5	69.5
	B3	7	4	3.5	3.5	11.5	7.5	11.5	4.5	6.5	7	3.5	3.5	73.5
	B4	7	4	3.5	3.5	10.5	7.5	11.5	4.5	6.5	7	3.5	3.5	72.5
	B5	6.5	3.5	3.5	3.5	10.5	7.5	11	4.5	6.5	7	3.5	3.5	71
	B6	6.5	3.5	3	3.5	10.5	7	10.	4.5	6.5	6.5	3.5	3.5	69
低素质	B1	5	3.5	3	3	7.5	6.5	7.5	4	5.5	6	3	3	57.5
	B2	5.5	3.5	3	3	8	6.5	8	4	6	6	3	3	59
	B3	6.5	3.5	3.5	3.5	9	7.5	8.5	4.5	7	6.5	3.5	3	66.5
	B4	6.5	3.5	3.5	3.5	9.5	7	9	4.5	6.5	6.5	3	3	66
	B5	6	3	3.5	3	8.5	6	8	4.5	6.5	6	3	3	61
	B6	6	3	3	3	8	6	8	4.5	6	6	3	3	59.5

综上所述，密集烘烤高素质烟叶适宜变黄时间容差为叶尖变黄阶段 10~20 h，主变黄阶段 20~40 h，最适宜为叶尖变黄阶段 10~20 h，主变黄阶段 20~40 h；密集烘烤低素质烟叶

适宜变黄时间容差为叶尖变黄阶段 10~20 h，主变黄阶段 20~40 h，最适宜为叶尖变黄阶段 10~20 h，主变黄阶段 20~40 h。

（三）结论

通过对 K326 品种两种不同鲜烟叶素质在密集烤房中变黄期温、湿度及时间容差的验证，结果表明，高素质烟叶的烘烤温度、湿度容差较宽。其烟叶适宜变黄温度为 36~42 ℃，最佳为 38~40 ℃；适宜变黄相对湿度为 60%~90%，最适宜为 70%~80%；适宜变黄时间容差为叶尖变黄阶段 10~20 h，主变黄阶段 20~40 h，最适宜为叶尖变黄阶段 10~20 h，主变黄阶段 20~40 h。

低素质烟叶的烘烤温度、湿度容差较窄。其烟叶适宜变黄温度为 36~40 ℃，最佳为 36~38 ℃；适宜变黄相对湿度为 70%~90%，最适宜为 80%~85%；适宜变黄时间容差为叶尖变黄阶段 10~20 h，主变黄阶段 20~40 h，最适宜为叶尖变黄阶段 10~20 h，主变黄阶段 20~40 h。

八、基于烘烤温度和湿度协同的新工艺

（一）稳温降湿密集烘烤工艺

烤烟稳温降湿密集烘烤方法分为三个阶段：稳温降湿变黄阶段、稳温降湿定色阶段、稳温降湿干筋阶段。

1. 第一阶段

稳温降湿变黄阶段分为三个步骤：

（1）装烟、点火后，用 2~3h 将干球温度由自然温度升至 32 ℃，再以 1 ℃/h 的升温速度将干球温度升至 38 ℃（或 40 ℃），对应湿球温度为 36 ℃（或 38 ℃）。维持干、湿球温度组合，烤到高温层烟叶叶尖变黄。

（2）高温层烟叶尖部变黄后，适当调整火力，维持干球温度为 38 ℃（或 40 ℃），将湿球温度降低 1 ℃，即由原来的 36 ℃ 或 38 ℃ 降减到 35 ℃ 或 36 ℃，维持这一干湿度组合，烤到高温层叶身黄 6~7 成。

（3）当高温层的叶身黄 6~7 成时，维持干球温度为 38 ℃（或 40 ℃），再将湿球温度降低 1 ℃，即由原来的 35 ℃ 或 36 ℃ 降减到 34 ℃ 或 35 ℃，维持这一干湿度组合，烤到高温层叶身黄 9~10 成，结束烟叶基本的变黄、拖条烘烤阶段。

2. 第二阶段

降温降湿定色阶段也分为三个步骤：

（1）当高温层叶身黄9~10成时，以1℃/h的升温速度将干球温度升至46℃（四层烤房为48℃），湿球温度升至37℃，烘烤至高温层烟叶支脉变白，低温层烟叶黄9~10黄、拖条。此步骤若遇烘烤的是偏憨烟叶、红大烟叶、KRK26下部烟叶和K326品种上部烟叶等特殊难烤的烟叶，可维持湿球温度为34℃或35℃，先以1℃/h的升温速度将干球温度升至42℃，维持这一温湿组合，烤到高温层烟叶全黄、勾尖。之后，再以1℃/h的升温速度将干球温度升至46℃（四层烤房为48℃），湿球温度升至37℃，烘烤至高温层烟叶支脉变白，低温层烟叶黄9~10黄、拖条。

（2）当高温层烟叶支脉变白，低温层烟叶黄9~10黄、拖条时，以1℃/h的升温速度将干球温度升至56℃，湿球温度升至38℃，烘烤到高温层烟叶干燥，主脉干燥1/3。

（3）当高温层烟叶干燥，主脉干燥1/3时，维持干球温度为56℃，将湿球温度降低1℃，由原来的38℃降低到37℃，烤到低温层烟叶基本定色，主脉干燥1/4。

3. 第三阶段

降温降湿干筋阶段分为两个步骤：

（1）当低温层烟叶基本定色，主脉干燥1/4时，调整火力，以1℃/h的升温速度将干球温度升至66℃，湿球温度升至38℃，烤到高温层烟叶主脉干燥。

（2）高温层烟叶主脉干燥时，维持干球温度为66℃，将湿球温度降低1℃，由原来的38℃降到37℃，烤到低温层烟叶主脉干燥，结束烟叶烘烤全过程。

（二）稳湿增温密集烘烤工艺

稳湿增温密集烘烤工艺分为两个阶段：稳湿增温变黄阶段、稳湿增温干燥阶段。

第一阶段稳湿增温变黄阶段分为四个步骤：

（1）装烟点火后，用2~3h将干球温升至32℃，之后，以1℃/h的升温速度将干球温度升至38℃，湿球温度调整至36℃（上升式烤房调至35℃），维持温、湿度组合，烤到高温层叶尖变黄。

（2）调整火力，维持湿球温度为36℃（上升式烤房为35℃），以1℃/h的升温速度将干球温度升至40℃，维持温、湿度组合，烤到高温层烟叶变黄7~8成黄。

（3）调整火力，维持湿球温度为36℃（气流上升式烤房为35℃），以1℃/h的升温速度将干球温度升至42℃，烤到高温的烟叶叶肉全黄、拖条勾尖。

（4）调整火力，维持湿球温度为36℃（气流上升式烤房为35℃），以1℃/h的升温速度将干球温度升至46℃（四层烤房为48℃），维持温、湿度组合，烤到低温层烟叶全黄、拖条。

第二阶段稳湿增温干燥阶段也分为四个步骤：

（1）调整火力，以 1 °C/h 的升温速度将干球温度升至 56 °C，湿球温度升至 38 °C，维持温、湿度组合，烤到高温层烟叶主脉干燥 1/2。

（2）调整火力，维持湿球温度为 38 °C，以 1 °C/h 的升温速度将干球温度升至 60 °C，维持稳温、湿度组合，烤到高温层烟叶主脉干燥 2/3。

（3）维持湿球温度为 38 °C，以 1.5 °C/h 的升温速度将干球温度升至 65 °C，维持温、湿度组合，烤到高温层烟叶主脉全干，低温层烟叶主脉干燥 2/3。

（4）维持湿球温度为 38 °C，以 1 °C/h 的升温速度将干球温度升到 67 °C 或 68 °C，维持温、湿度组合，烤到全炉烟叶主脉全干，结束烘烤。

第四节　烟叶提质增香烘烤工艺

一、理论依据

根据云贵高原的生态环境和烤烟调制实际，学习吸收了美国、津巴布韦、巴西、日本调制工艺的精华，在三段式烤烟调制工艺的基础上，改造创新，以主攻烟叶香吃味和提高烟叶的工业可用性为目标，从烤烟调制的外观质量的提高推进到烤烟调制的内在品质的改善，在烟叶烤黄、烤干的基础上，实现烟叶的提质增香，形成烟叶提质增香烘烤工艺。

（一）大分子物质分解，形成香气前体物质

在传统的烤烟调制理论中，特别强调烟叶的变黄与烟叶内含物质的分解转化相一致，做到烟叶变黄与变香相统一。烟叶变黄的同时，大分子化合物已经分解和转化了相当大的部分；剩余的大分子化合物，很难再与色素同步；此时转火定色干叶，剩余的大分子化合物，就没有完全分解转化了。这就是三段式烤烟调制工艺的缺陷。烟叶在调制过程中，涉及一系列酶促的或非酶促的生理生化过程，主要有水分的变化、色素的变化、淀粉的变化、蛋白质的变化，色素、淀粉、蛋白质的代谢产物，是重要的烟叶香气前体物质，是烤烟调制提质增香的前提和基础。

（二）烤烟烘烤过程中，各阶段温湿度设定差异大

云贵高原，昼夜温差较大。白天气温较高，有利于光合产物的形成；夜晚，气温骤然下降，烟株呼吸消耗降低。高光合，低呼吸，形成了烟株体内以淀粉为代表的光合产物积累较多。这是云贵高原烟叶田间栽培的一个显著特点。另外，云贵高原烟叶的烘烤环境条件与北

方烟区也不尽相同。云贵高原，由于所处地理位置的海拔较山东、河南高，大气压较山东、河南低，烟叶在烘烤过程中，水分容易蒸发，烟叶变黄期、定色期、干筋期的界线温度均比北方烟区低 2 ℃左右。云贵高原，烟叶在烘烤过程中，要适当降低每一个调制阶段的温湿度，体现"以温控水"的技术原理，保持烟叶内部较大的湿度，促进以淀粉为代表的一系列大分子化合物的分解转化。

（三）烤烟烘烤过程中，烟叶生理生化变化大

在烟叶烘烤过程中，一系列大分子化合物的生理生化研究结果表明，烟叶变黄期，叶绿素降解 85% 以上，失水 30%~40%，淀粉分解转化 60% 左右，蛋白质分解转化 25% 左右。叶绿素的降解，叶黄素、胡萝卜素的显现，并不标志着淀粉、蛋白质等一系列大分子化合物的完全分解转化，需要一个凋萎期来实现烟叶内部一系列大分子化合物的进一步分解。当烟叶经历变黄期、凋萎期之后，所积累的以葡萄糖、果糖和氨基酸为代表的小分子物质，达到极大值，此时采取通风脱水干叶，完成香气前体物质的缩水、复合和固定，实现烟叶的增香过程；干筋期，在适当的温湿度条件下，减少香气物质的挥发损失，实现全炉烟叶干燥。

二、技术原理

（一）充分认识冷气团效应和利用冷气团原理，做到科学合理地装烟

烤房在烟叶烘烤过程中的运作机理是燃料的燃烧产生热量，热量加热火管，火管加热烤房内部的空气；空气受热膨胀上升，形成热气流；烟叶在热气流的作用下，受热，失水，塌架，变黄，凋萎，干叶，干筋。其中，通过烧火的大小，来控制温度的高低；通过天窗、地洞的开关程度，来控制相对湿度的大小。烟叶在适宜的温湿度条件下，呈现鲜烟叶的质量，固定烟叶品质，烤出符合要求的原烟。在目前广泛使用的气流上升式烤房调制过程中，存在着一个重要的"冷气团"原理，如图 5-31、表 5-39 所示。

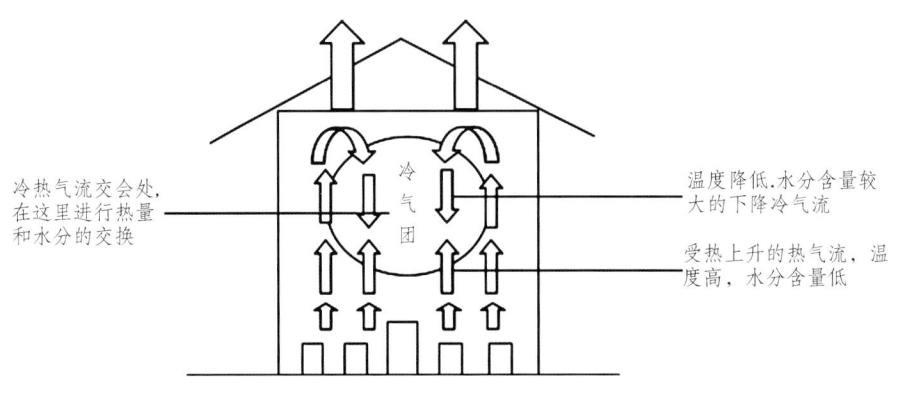

图 5-31　气流上升式烤房的冷气团形成原理

表 5-39　烤烟调制过程中冷气团效应检测结果

调制阶段/°C	实测温度/°C		
	底部（底台）	中部（三台）	顶部（顶台）
36~38	37.0	35.0	35.5
44~45	45.5	42.0	43.0
54~55	54.5	50.0	56.0
66~68	67.5	65.5	69.0

说明：表中数据为 5 次测定的平均数。

气流上升式烤房，火管首先加热烤房底部的冷空气，冷空气受热膨胀，形成热气流上升。热气流在上升过程中，一方面把自身的热量传给了烟叶，温度下降；另一方面，烟叶受热，水分蒸发，接受了烟叶的水分，增加自身含水量。由于上升气流的温度下降，水分增加，密度增大，上升的热气流转变为反方向下沉的冷气流。冷气流在沉降的过程中，又遇上了下面上升的热气流，在交会处进行水分和热量的交换，并保持相对的稳定状态，这就形成了冷气团。由于冷气团的存在，烤房底部温度最高，相对湿度最低；烤房中部温度最低，相对湿度最大；烤房上部的温湿度居中。烟叶在调制过程中，烤房底部烟叶最先变黄、干燥，然后是上部烟叶变黄、干燥，最后是中部烟叶变黄、干燥。因此，在装烟时，含水分多的过熟烟叶、病残叶装在烤房的底台，及早变黄、定色，有利于烟叶品质的改善和提高；含水量少、成熟度较差的烟叶，装在三台的中间，温度较低，水分较大，变黄期、定色期较长，有利于烟叶的变黄、干燥；含水量适中的适熟烟叶，装在烤房的三台两边和二台、四台，有利于烟叶均匀一致变黄、定色。

（二）黄色临界值 67% 的发现与应用

1999 年 8 月，在云南省烟草科学研究所研和试验基地，烟叶调制技术人员在观察调制过程中黑蚂皮烟叶的产生过程时发现，烟叶在变黄期，不同色素的降解，对湿度范围的要求不同。叶绿素降解适宜的相对湿度范围较宽，胡萝卜素和叶黄素降解适宜的相对湿度范围较窄。烟叶变黄后，周围空气的相对湿度降到 67% 以下（含 67%），其黄色性质，在较长时间内保持不变，或者说变化量非常小。烤房空气的相对湿度在 58%~67%，叶绿素仍然大量降解，烟叶内部淀粉、总糖、蛋白质等一系列的大分子化合物的分解转化仍在进行。此黄色临界值 67% 的发现，为烟叶的黄色性质保持相对稳定提供了手段；也为叶绿素的降解、淀粉和蛋白质的分解转化赢得了时间。通过黄色临界值 67% 这一数值的巧妙应用，减少和杜绝了一些烤坏烟叶的产生。从调制实践的一定程度和一定意义上说，相对湿度 67% 临界值，是烟叶黄色的保证，验证测定结果见表 5-40。

表 5-40　烟叶黄色临界值验证测定结果

干球温度 /℃	湿球温度 /℃	相对湿度 /%	叶绿素降解速度 /[mg/(g·h)]	淀粉降解速度 /(%/h)	蛋白质降解速度 /(%/h)	叶黄素分解速度 /(%/h)	胡萝卜素分解速度 /(%/h)
42	35	59	2.502	0.400	0.047 8	0.001	0.011
42	36	64	2.662	0.414	0.050 9	0.001	0.034
42	37	70	2.990	0.430	0.056 7	6.080	1.359
42	37.5	72	3.317	0.488	0.058 8	8.710	1.481

不同成熟度档次的烟叶，变黄需要的时间不同。如果烤房内部空气相对湿度过大，烟叶变黄后很快变褐，甚至变黑；通过黄色临界值 67%，可以做到"黄烟等青烟，青烟快变黄，黄烟不过度，烤成全炉黄"。利用黄色临界值 67%，可以积极促成淀粉、总糖、蛋白质的分解，降低这些化学成分的含量，形成更多的香气前体物质。黄色临界值 67%，成功地减少或杜绝了黑蚂皮烟叶的产生。具体做法是：将烟叶在 37 ℃ 以前拖黄，底台烟叶青筋黄片。37 ℃ 时，要求干湿差在 5 ℃ 以上（可以为 5 ℃），此时烤房空气相对湿度正好为 67%，在此阶段停留 8 h。之后，以 1 ℃/2 h 的升温速度，升至 39 ℃、41 ℃，分别在这两个温度点，同样停留 8h，烤房空气相对湿度仍保持在 67% 以下。42 ℃ 开始按正常烟叶进行调制，就可以减少或克服黑蚂皮烟叶的产生。

三、操作要点

烟叶烘烤受气候、编烟与装烟稀密程度、烤房供热性能、通风排湿能力、烟叶烘烤特性等因素的影响。其中，以鲜烟叶的烘烤特性影响最大。烟叶烘烤操作必须从严掌握低温调湿变黄、稳温排湿凋萎、通风脱水干叶和控温控湿干筋 4 个操作过程。其目标是确定鲜烟叶产量，呈现鲜烟叶质量，将烟叶提质增香，提质增香调制工艺见表 5-41。

表 5-41　烤烟提质增香调制工艺（适用于装烟密度 20～26 kg/m³）

阶　　段	干球温度/℃	湿球温度/℃	干湿差/℃	调制时间/h	烟叶变化目标
低温调湿变黄	35.0～37.0	33.0～34.0	2.0～3.0	48～60	底台烟叶达到青筋黄片。
稳温排湿凋萎	42.0～44.0	35.0～36.0	7.0～8.0	12～16	底台烟叶钩尖卷边，轻度凋萎；中上层烟叶达到青筋黄片。
	47.0～48.0	35.0～36.0	12.0～13.0	24～36	底台烟叶叶干 1/2～2/3；中上层烟叶钩尖卷边，充分凋萎。
通风脱水干叶	51.0～53.0	36.0～37.0	15.0～16.0	24～36	底台烟叶叶片干燥，中上层烟叶叶干 1/3～1/2，全炉烟叶主脉翻白。
控温控湿干筋	67.0～68.0	38.0～40.0	28.0～29.0	24～48	全炉烟叶干燥。

（一）低温调湿变黄

烟叶在变黄期的主要目标是：

（1）蛋白质分解转化25%左右；

（2）叶绿素降解85%以上；

（3）淀粉分解转化60%左右；

（4）失水30%~40%。

围绕这4项中心任务，积极促成烟叶内部一系列大分子化合物的分解转化，形成部分香气前体物质；在积极促进烟叶变黄的同时，合理协调烟叶含水量，打好烟叶外观质量基础。这一阶段，从烟叶外观形态到内部生理生化，变化较大的主导因素是叶绿素的降解和胡萝卜素、叶黄素的显现，因此称之为变黄期。

具体措施是：在适当低温、低湿的条件下，使烟叶受热、失水、发软、变黄。掌握的原则是"烧火要小而忍"，"失水与变黄相适应，边排湿边变黄"，不可过急。技术关键是"以温控湿"。

点火前，排气窗开1/4~1/5，进风洞微开，通常开0.5~1.0 cm。烧火后，以平均1 ℃/h的升温速度，在14~17 h内，将底台干球温度升到32~33 ℃，湿球温度达到30~31 ℃，相对湿度为80%~85%。从33~34 ℃开始，以平均1 ℃/2 h的升温速度，在6~10 h内，将底台干球温度升到35~37 ℃，湿球温度达到33~34 ℃，相对湿度为85%~79%。稳定在这一温湿度条件下，使烤房底台烟叶达到青筋黄片。烤到底台，下部烟叶基本变黄，变黄程度在80%~85%；中部烟叶变黄90%左右；上部烟叶接近全黄，变黄程度在95%左右。这一时期，一般需要48~60 h，要注意烟叶变黄程度达不到要求时，不要提前转火。

（二）稳温排湿凋萎

烟叶凋萎期的主要目标是最大限度地促成淀粉、总糖、蛋白质的分解转化，形成较多的香气前体物质。

具体措施是稳定温度，降低湿度，在保证烟叶黄色性质稳定的同时，改善和提高烟叶品质。掌握的原则是稳温排湿，温度不宜高，湿度不宜大，"烧成中火"。

排气窗开1/2，进风洞开1/3~1/4。干球温度，以1 ℃/h的升温速度，由37 ℃升到42~44 ℃。此时，排气窗全开，进风洞开1/2~1/3，把湿球温度调整在35~36 ℃，相对湿度控制在65%~54%。稳定这种干湿球温度，烤到底台烟叶钩尖卷边，轻度凋萎；中上层烟叶达到青筋黄片为止。这一阶段称为凋萎前期，一般需要12~16 h。

排气窗全开，进风洞开1/2~2/3，干球温度在3~5 h内，以平均1 ℃/h的升温速度，由44 ℃升到47~48 ℃，湿球温度保持在35~36 ℃，持续24~36 h，烤到底台烟叶叶干1/2~

2/3，中上层烟叶钩尖卷边，充分凋萎。这一阶段称为凋萎后期，一般需要 24~36 h。

稳温排湿凋萎，要注意湿度的严格控制，"无水不变黄，无水不坏烟"。烟叶水分过多或过少，都不能获得理想的品质。烤房空气相对湿度必须控制在 67% 以下。

（三）通风脱水干叶

干叶期的中心任务是将烟叶变黄期、凋萎期所积累的以葡萄糖、果糖和氨基酸为代表的小分子物质复合、固定，合成烟叶香气物质。

具体措施是加大通风排湿，用较高的温度、较低的湿度，脱去烟叶水分，把烟叶变黄期、凋萎期获得的品质因素固定下来。掌握的原则是"保持一定的升温速度，并做到稳温、恒定、持久、不掉温、不猛升温、延长时间、加快脱水、烤干支脉和叶肉。"烧火"要大而稳"。技术关键是"先排湿，后升温"或"稳步升温排湿"。

排气窗、进风洞全开。干球温度在 3~5 h 内，以平均 1 ℃/h 的升温速度，由 48 ℃ 升到 51~53 ℃，湿球温度保持在 36~37 ℃，持续 24~36 h，烤到底台烟叶叶片干燥，中上层烟叶叶干 1/3~1/2，全炉烟叶主脉翻白为止。

通风脱水干叶，需要注意升温的平稳和通风脱水速度适当，克服热挂灰、冷挂灰和黑糟烟的出现。

（四）控温控湿干筋

干筋期的中心任务是排尽主脉水分，实现全炉烟叶干燥。具体措施是用较高的温度和较低的湿度，加速主脉水分的排除。具体如下：

烟叶主脉在干叶期已经干燥了 1/3~1/2，残留的水分不多，只是主脉表皮厚，组织紧密，水分蒸发较慢，但不需要大量的通风排湿；同时，烟叶叶片大部分已经干燥，烤房内部烟竿之间空隙变大；如果继续开大天窗、地洞，必然会造成热量的损失和燃料的浪费。因此，普通气流上升式烤房的湿球温度，在这一阶段，可控制在 38~40 ℃，适当降低通风排湿力度，减少热量损失，缩短调制时间，节约能源。掌握的原则是"烧火由大变中而均匀，烧成中火，慢升温、稳温，排尽湿气，烤干主脉"。技术关键是"温度不宜太高，湿度不宜大"。

每 2 h 升温 1 ℃，从 53 ℃ 直接升到 67~68 ℃，湿球温度调整在 38~40 ℃，保持这样的干湿球温度 24~48 h，烤到顶台 90% 以上的烟叶主脉干燥时，停火，利用余热把未干的主脉烤干。停火时，关闭进风洞，排气窗开 1/3，避免完全关闭，剩余湿气会把烟色闷红。

控温控湿干筋，要求保持中火调制。需要注意的是，干球温度不得超过 68 ℃，湿球温度不得超过 40 ℃，克服烤红烟；烧火不能猛降温，克服阴筋、阴片。

上述研制的烤烟提质增香调制工艺，内容简单明了、科学实用，对降低烟叶淀粉、总糖和蛋白质含量，改善烟叶品质，提高烟叶香吃味，将发挥积极的作用。

四、示范效果

烤烟提质增香调制工艺与现行推广使用的三段式烤烟调制工艺，进行严格对比试验，从表 5-42 中可以看出，在对比试验过程中，5 个试验点，烤烟提质增香调制工艺烤出原烟 3 847.20 kg，上等烟比例占 34.28%，均价 40.08 元/kg；三段式烤烟调制工艺烤出原烟 1 256.00 kg，上等烟比例占 27.55%，均价 38.51 元/kg；与传统三段式烤烟调制工艺相比，烤烟提质增香调制工艺多烤原烟 2 591.20 kg，上等烟比例增加 6.73%，均价增加 1.57 元/kg。烟叶感官评吸质量较好。

表 5-42 两种调制工艺对比试验结果（5 个试验点全统计平均值）

调制工艺	烤出原烟数量/kg	上等烟比例/%	均价/（元/kg）
提质增香	3847.20	34.28	40.08
三段式（CK）	1256.00	27.55	38.51
比对照增减量	2591.20	6.73	1.57

与三段式烤烟调制工艺相比，烤烟提质增香调制工艺烘烤的烟叶淀粉含量降低了 27.73%，总糖含量降低了 20.25%，蛋白质含量降低了 24.59%，石油醚提取物增加了 17.65%（表 5-43）。烟叶内的大分子化合物，在提质增香的过程中，得到了较为充分的分解转化，与烟叶香气密切相关的石油醚提取物有了较大程度的增加。

表 5-43 三段式调制工艺和提质增香调制工艺烤后烟叶化学成分分析结果（%）

调制工艺	淀粉	总糖	蛋白质	石油醚提取物
提质增香	6.40	22.6	8.91	6.17
	6.18	23.9	9.26	5.42
	6.96	28.4	7.84	5.85
	6.78	26.0	8.33	7.02
	7.17	25.8	8.17	5.07
三段式（CK）	8.18	30.6	11.60	4.37
	8.91	30.0	10.70	3.67
	10.20	34.1	9.40	6.45
	9.78	32.4	13.40	5.59
比对照增减量	-27.73	-20.25	-24.59	+17.65

与三段式烤烟调制工艺相比，提质增香烘烤的烟叶香气质较纯，香气量较足，杂气、浓度、劲头、刺激性、余味、灰色及使用价值均较优（表5-44）。

表5-44 三段式调制工艺和提质增香调制工艺烤后烟叶感官评吸结果　　　　单位：分

调制工艺	香气质	香气量	杂气	浓度	劲头	刺激性	余味	燃烧性	灰色	总分
提质增香	6.80	5.60	6.00	5.90	5.60	6.20	5.70	6.00	7.00	54.80
	6.30	6.60	6.60	6.50	6.00	5.70	6.10	6.00	7.00	56.80
	6.90	7.00	5.50	6.00	6.50	6.70	6.90	6.00	5.00	56.50
	7.00	6.90	5.70	6.30	5.90	6.90	7.20	6.00	6.00	57.90
三段式（CK）	6.50	6.00	5.90	5.90	5.20	5.50	5.70	6.00	6.00	52.70
	6.20	6.60	4.50	5.60	5.90	5.30	5.30	6.00	5.00	50.40
	6.40	6.80	5.10	5.70	5.90	5.50	5.40	6.00	5.00	51.80
	6.40	5.10	5.60	5.00	5.40	6.50	5.40	6.00	7.00	52.40
比对照增减量	+5.88	+6.53	+12.80	+11.26	+7.14	+11.84	+18.81	0	+8.70	+9.02

注：评分标准：最大标准度为9分。很好：9分；好：8分；较好：7分；稍好：6分；中：5分；稍差：4分；较差：3分；差：2分；很差：1分。

2016—2019年，烤烟提质增香调制工艺在楚雄州、大理州、玉溪市、普洱市、临沧市进行试验示范2 296.47 km²，新增产值52 703.91万元，新增利润47 020.07万元，新增税收10 540.78万元，取得较显著的经济效益和社会效益，得到烟区的广泛好评（表5-45）。

表5-45 烤烟提质增香调制工艺示范验证结果

市（州）	示范面积/km²	新增产量/万千克	新增产值/万元	新增利税/万元	均价增加额/（元/kg）	上等比例提高/%
楚雄州	146.67	267.76	4 472.00	939.12	1.38	7.8
昭通市	166.67	240.00	2 280.00	478.80	0.76	7.3
丽江市	56	90.72	816.48	171.46	0.76	7.1
文山州	35.6	58.95	479.00	100.59	0.65	6.9
普洱市	6.67	9.36	93.60	19.66	0.80	7.0
合计	411.6	666.79	8 141.08	1 709.63	0.65~1.38	6.9~7.8

第五节　烟叶精准烘烤工艺技术

一、装烟容量优化

影响烟叶品质的因素很多，除了生态、品种、土壤、施肥、栽培外，烘烤对烟叶品质的影响较大。在烟叶烘烤过程中，装烟容量直接影响到全炉烟叶的变黄程度、干叶效果和内在成分的转换效率。该试验研究表明，装烟容量越大，烘烤成本越低；适当的装烟容量，烤后烟叶均价和中上等烟比例较大；下部和中部烟叶适当装稀、上部烟叶适当装密对烤后烟叶外观质量较好；内在化学成分决定了烟叶香气风格，针对烟碱低、总糖含量高的烟叶选择合适的装烟容量，对引导卷烟配方具有重要的意义。

（一）材料方法

试验品种为当地主栽品种 K326，燃煤类型为无烟煤，于 2019 年在玉溪市红塔区黄官营村委会进行。试验共 4 个处理：A——选用同样的气流下降式 4 台密集烤房，装烟容量为 360 竿，竿距 18 cm；B——选用同样的气流下降式 4 台密集烤房，装烟容量为 400 竿，竿距 16 cm；C——选用同样的气流下降式 4 台密集烤房，装烟容量为 440 竿，竿距 15 cm；D——选用同样的气流下降式 4 台密集烤房，装烟容量为 480 竿，竿距 13 cm。单竿质量一致（每竿 10 kg±0.5 kg），采用提质增香烟叶烘烤工艺在下部叶、中部叶和上部叶中进行试验研究，其中由于中部叶重要性较高，增加 380/420/460 竿 3 个处理。

（二）结果与分析

1. 不同装烟容量的烟叶鲜干比

在烟叶烘烤前，测定标记的 15 竿鲜烟叶质量、烟叶烘烤后，再测定干烟叶质量，计算鲜干比。由表 5-46 可知：

（1）下部烟叶。随着装烟容量增加，烟叶鲜干比增大；装烟容量为 360 竿时，烟叶鲜干比最小，即 7.12 kg 鲜烟叶可以烤出 1 kg 干烟。

（2）中部烟叶。在 7 种装烟容量中，装烟容量为 360 竿、440 竿和 480 竿的烟叶鲜干比最小。

（3）上部烟叶。随着装烟容量的增加，鲜干比呈上升趋势，其中装烟容量为 360 竿的烟叶鲜干比最小。为此，下部、中部和上部烟叶装烟容量为 360 竿，鲜干比最小，即烤出干烟叶越重。

表 5-46　K326 品种不同装烟容量烟叶鲜干比测定结果

烟叶部位	装烟容量/竿	鲜烟叶质量/kg	干烟叶质量/kg	鲜干比
下部	360	136.00	19.10	7.12
	400	150.60	20.70	7.28
	440	131.25	17.05	7.70
	480	139.10	16.15	8.61
中部	360	122.15	20.25	6.03
	380	127.50	18.90	6.75
	400	169.00	26.10	6.48
	420	151.25	23.15	6.53
	440	175.65	28.80	6.10
	460	152.50	23.60	6.46
	480	172.80	28.25	6.12
上部	360	146.25	27.75	5.27
	400	138.30	25.60	5.40
	440	119.10	18.15	6.56
	480	117.30	17.60	6.66

2. 不同装烟容量的烟叶外观质量评价

对挂牌烟叶进行取样与外观质量评价，结果见表 5-47。通过对烤后烟叶进行外观质量评价，下部烟叶装烟容量为 400 竿时，烤后烟叶颜色为柠檬黄，适熟，结构疏松，外观质量表现最好；装烟容量为 480 竿时，外观质量表现最差；中部烟叶装烟容量为 400 竿时，烤后烟叶颜色为橘黄，成熟度较好，组织结构疏松，油分有，色度强，外观质量表现最好；装烟容量为 460 竿时，外观质量表现最差；上部烟叶装烟容量为 440 竿时，烤后烟叶颜色为橘黄，成熟度较好，组织结构疏松，油分有，色度强，外观质量表现最好；装烟容量为 400 竿时，外观质量表现最差。

表 5-47　K326 品种不同装烟容量烤后烟叶外观质量评价结果

烟叶部位	装烟容量/竿	颜色	成熟度	结构	身份	油分	色度
下部	360	柠檬黄	完熟	尚疏松	中等	稍有	强
	400	柠檬黄	适熟	疏松	中等	有	中
	440	柠檬黄	适熟	尚疏松	中等	稍有	强
	480	柠檬黄	适熟	尚疏松	薄	稍有	中
中部	360	橘黄	成熟	疏松	稍薄	有	强
	380	橘黄	成熟	疏松	稍厚	有	强
	400	橘黄	成熟	尚疏松	中等	有	强
	420	橘黄	成熟	尚疏松	中等	稍有	中
	440	橘黄	成熟	尚疏松	中等	稍有	强
	460	橘黄	尚熟	疏松	中等	稍有	中
	480	橘黄	成熟	疏松	稍厚	有	强
上部	360	橘黄	成熟	尚疏松	稍薄	稍有	中
	400	柠檬黄	完熟	尚疏松	稍薄	稍有	中
	440	橘黄	成熟	尚疏松	中等	有	强
	480	橘黄	成熟	疏松	中等	有	强

3. 不同装烟容量的烟叶感官质量评价

（1）下部烟叶。在 4 种装烟容量中，装烟容量为 400 竿的烟叶样品综合感官质量最好，具体表现为焦甜香，清甜香，甜韵较好，香气量较足，烟气清新，质好，稍有青杂气，略有木质气，刺激稍大，劲头适中，口腔稍有附着感（表 5-48）。

（2）中部烟叶。在 7 种装烟容量中，装烟容量为 400~440 竿的烟叶样品综合感官质量最好，具体表现为香韵突出，香气质厚实、细腻，香气量适中，浓度中，劲头适中，枯焦稍显，木质气息，回味稍显涩口，其余样品表现稍差（表 5-48）。

（3）上部烟叶。在 4 种装烟容量中，装烟容量 440 竿的烟叶样品综合感官质量最好，具有清甜香突出，香质较细腻，香气饱满浓度较高，劲头适中，稍显木质气息，口腔涩口稍显，有涂层感差（表 5-48）。

因此，4 种装烟容量中，烟叶综合感官质量表现较好的是下部烟叶装烟容量 400 竿、中部烟叶装烟容量 400~440 竿、上部烟叶装烟容量 440 竿。

表 5-48　K326 品种不同装烟容量烤后烟叶感官评吸结果　　　单位：分

烟叶部位	装烟容量/竿	香韵（10）	香气量（15）	香气质（15）	浓度（10）	刺激性（15）	劲头（5）	杂气（10）	干净度（10）	湿润（5）	回味（5）	合计
下部	360	8	13.2	13.0	8.3	13.0	4.8	7.9	7.7	4.0	3.7	83.5
	400	8	13.0	13.1	8.0	13.2	4.8	7.7	8.0	4.0	3.8	83.4
	440	8	12.9	13.0	8.0	13.1	4.8	7.7	7.9	4.0	3.8	83.3
	480	8	13.0	12.9	8.0	13.0	4.8	7.6	7.8	3.9	3.7	82.6
中部	360	8	13.2	13.1	8.3	13.2	4.9	7.8	8.0	4.0	3.8	84.1
	400	8	13.4	13.3	8.5	13.3	5.0	8.0	8.2	4.0	3.9	85.6
	440	8	13.4	13.2	8.4	13.2	5.0	7.9	8.1	4.0	3.9	85.3
	480	8	13.4	13.3	8.4	13.3	5.0	7.9	8.0	4.0	3.9	85.2
上部	360	8	13.2	13.1	8.3	13.2	4.9	7.8	8.0	4.0	3.8	84.1
	400	8	13.4	13.3	8.5	13.3	5.0	7.7	8.0	4.0	3.9	85.3
	440	8	13.4	13.2	8.4	13.2	5.0	7.9	8.1	4.0	3.9	85.3
	480	8	13.2	13.1	8.3	13.2	4.9	7.9	8.0	4.0	3.8	84.4

4. 不同装烟容量的烟叶常规化学成分含量及其协调性评价

（1）烟碱。

优质烟叶的烟碱含量以 1.50%～3.50% 为最佳。对于下部烟叶来说，烟碱含量变化随着装烟容量的增加而降低，烟碱含量变化为 2.10%～2.40%；对于中部烟叶来说，除装烟容量为 400 竿的烟碱含量为 3.07% 外，其余装烟容量烟碱含量维持在 2.80% 左右；对于上部烟叶来说，除装烟容量为 440 竿的烟碱含量为 3.10% 外，其余装烟容量烟碱含量维持在 3.70% 左右。装烟容量为 440 竿最接近优质烟叶烟碱含量指标（表 5-49）。

（2）还原糖。

优质烟叶的还原糖含量以 18.00%～22.00% 为最佳。在下部叶中，除装烟容量 400 竿的处理，还原糖含量为 24.89% 外，其他装烟容量还原糖含量维持在 18.00% 左右；在中部叶中，装烟容量为 440 竿的还原糖含量最低，为 18.46%，装烟容量为 480 竿的还原糖含量最高，为 27.47%；在上部叶中，装烟容量 440 竿的还原糖含量最高，为 26.22%。随着装烟容量的增加，还原糖含量无规律变化。装烟容量除 480 竿外，其余装烟容量还原糖含量均较好，接近优质烟叶还原糖含量指标（表 5-49）。

（3）总氮。

优质烟叶的总氮含量以 2.00%～2.50% 为最佳。对于下部叶来说，总氮含量均较低，特别是装烟容量为400竿的总氮含量仅为1.55%；对于中部叶来说，总氮含量较为稳定，含量为1.75%左右；对于上部叶来说，装烟容量小，总氮含量较高，装烟容量大，总氮含量较低。随着装烟容量的增加，总氮含量呈下降趋势，装烟容量为360竿时，总氮含量最接近优质烟总氮指标（表5-49）。

（4）钾。

优质烟叶的钾含量以≥2.50%为最佳。烟叶中钾含量是衡量烟叶品质的一个重要指标，钾含量高的烟叶香气足、吃味好、富有弹性和韧性，即烤后烟叶钾含量越高，对应的装烟容量为最佳。装烟容量为360竿的烟叶钾含量为0.97%，装烟容量为400竿的烟叶钾含量为0.90%，装烟容量为440竿的烟叶钾含量为1.10%，装烟容量为480竿的烟叶钾含量为0.98%。可见装烟容量为440竿，相对较高，即对钾含量影响较好（表5-49）。

（5）淀粉。

优质烟叶的淀粉含量以≤3.50%为最佳。无论是上部叶、中部叶还是下部叶，淀粉含量均小于3.50%，说明淀粉均充分分解成糖类，也符合糖类含量较高的要求。随着装烟量的增加，淀粉含量无规律变化。装烟容量为400竿时，淀粉含量转化最充分，最接近优质烟淀粉含量变化（表5-49）。

（6）糖碱比。

优质烟叶的糖碱比含量为8.50～9.50最好。对于下部叶来说，装烟容量为360竿和440竿时，糖碱比含量较好，而装烟容量为400竿和480竿时，糖碱比含量稍差；对于中部叶来说，装烟容量为400竿和440竿时糖碱比含量好于装烟容量为360竿和480竿时；对于上部叶来说，糖碱比含量均好于下部叶和中部叶，装烟容量为440竿时糖碱比最好（表5-49）。

（7）氮碱比。

优质烟叶的氮碱比为0.95～1.05最佳。由于总氮含量较低，烟碱也较低，致使氮碱比较小。对于下部叶来说，氮碱比在0.70左右；对于中部叶来说，氮碱比在0.60；对于上部叶来说，氮碱比在0.56。这说明随着烟叶部位的升高，氮碱比含量呈下降趋势，装烟容量为360竿时，氮碱比较好。下部叶为400竿时在还原糖、淀粉指标上表现较好，中部叶装烟容量为400～440竿时在烟碱、淀粉、钾等指标上表现较好，上部叶装烟容量为440竿时在糖碱比指标上表现较好（表5-49）。

表5-49　K326品种不同装烟容量烤后烟叶化学成分测定结果

烟叶部位	装烟容量/竿	总糖/%	还原糖/%	两糖差/%	总氮/%	烟碱/%	氯/%	糖碱比	氮碱比	淀粉/%	多酚/%	石油醚提取物/%	挥发酸/%	挥发碱/%	钾/%
下部	360	29.35	18.07	11.28	1.76	2.38	1.99	12.31	0.74	2.09	3.17	6.29	0.09	0.22	1.07
	400	30.73	24.89	5.84	1.55	2.31	2.31	13.31	0.67	3.91	3.54	6.14	0.07	0.22	1.14
	440	26.08	18.86	7.22	1.72	2.19	2.38	11.90	0.78	2.09	3.63	6.13	0.09	0.22	1.26
	480	30.04	18.27	11.77	1.62	2.14	2.18	14.02	0.76	1.57	3.42	6.29	0.09	0.21	1.07

续表

烟叶部位	装烟容量/竿	总糖/%	还原糖/%	两糖差/%	总氮/%	烟碱/%	氯/%	糖碱比	氮碱比	淀粉/%	多酚/%	石油醚提取物/%	挥发酸/%	挥发碱/%	钾/%
中部	360	34.79	26.49	8.30	1.78	2.76	1.23	12.62	0.64	3.47	3.65	6.19	0.11	0.25	0.92
	400	33.76	21.93	11.83	1.70	3.07	2.10	10.98	0.55	2.89	3.32	5.74	0.07	0.28	0.78
	440	31.68	18.46	13.22	1.72	2.97	1.34	10.66	0.58	2.10	3.56	6.57	0.08	0.27	1.09
	480	31.90	27.47	4.42	1.78	2.80	1.82	11.41	0.63	2.24	3.64	6.40	0.09	0.26	1.02
上部	360	25.55	20.31	5.24	2.17	3.67	1.73	6.96	0.59	1.94	3.73	7.09	0.09	0.34	0.93
	400	25.65	21.15	4.50	2.10	3.86	2.09	6.64	0.54	2.43	3.94	6.64	0.08	0.36	0.78
	440	30.47	26.22	4.25	1.81	3.10	1.65	9.82	0.58	3.52	4.04	6.66	0.09	0.29	0.96
	480	26.53	23.77	2.76	1.87	3.70	1.88	7.17	0.50	2.49	4.38	7.26	0.09	0.34	0.86

（8）多元酸。

烟叶内的有机酸包括多元酸、高级脂肪酸和挥发酸，其中主要的为多元酸，其含量一般为干物质质量的12%~16%，然而苹果酸、草酸和柠檬酸3种多元酸有机酸占烟叶总有机酸的70%~80%，其余的均为高级脂肪酸。苹果酸、草酸和柠檬酸等多元酸含量较高的烟叶品质较优。由此可见，随着装烟容量的增加，多元酸含量呈先上升后下降的趋势（表5-50）。在中部烟叶中，其装烟量为440竿时，多元酸含量较多。

表5-50　K326品种中部不同装烟容量烟叶多元酸含量测定结果　　单位：mg/g

装烟容量/竿	草酸	丙二酸	丁二酸	苹果酸	柠檬酸	十四酸	总量
360	12.95	1.95	0.15	38.39	9.90	0.12	63.26
400	11.57	1.92	0.16	39.76	11.72	0.13	64.26
440	12.16	2.05	0.16	50.27	9.06	0.11	73.81
480	12.70	2.07	0.19	43.57	9.82	0.11	68.46

5. 不同装烟容量的烘烤成本

在4种装烟容量处理中，测量烘烤成本，主要针对耗煤量、耗电量和用工量进行统计，其结果见表5-51。

（1）下部烟叶。装烟容量为440竿时，烘烤成本最高，为2.15元/kg干烟；装烟容量容量为480竿时，烘烤成本最低，为1.69元/kg干烟。

（2）中部烟叶。装烟容量为360竿时，烘烤成本最高，为1.65元/kg干烟；装烟容量为

480 竿时，烘烤成本最低，为 1.32 元/kg 干烟。

（3）上部烟叶。装烟容量为 460 竿时，烘烤成本最高，为 1.70 元/kg 干烟；装烟容量为 480 竿时，烘烤成本最低，为 1.52 元/kg 干烟。

因此，装烟容量为 480 竿的下部叶、中部叶和上部叶，其烘烤成本最低，即装烟容量越大，烘烤成本越低。

表 5-51　K326 品种不同装烟容量烤后烟叶烘烤成本测算结果

烟叶部位	装烟容量/竿	耗煤量/kg	耗电量/(kW·h)	用工量/个	烘烤成本/(元/kg 干烟)
下部	360	666.60	199.50	1.00	2.14
	400	592.80	193.50	1.00	1.77
	440	755.00	193.50	2.00	2.15
	480	588.80	198.00	2.00	1.69
中部	360	689.60	210.00	1.00	1.65
	380	613.60	210.00	1.00	1.44
	400	633.60	228.00	1.00	1.42
	420	586.40	192.00	2.00	1.43
中部	440	736.00	225.00	2.00	1.61
	460	600.80	192.00	2.00	1.33
	480	613.60	228.00	2.00	1.32
上部	360	564.80	198.00	1.00	1.67
	400	612.00	198.00	1.00	1.59
	440	629.60	204.00	2.00	1.70
	480	606.40	204.00	2.00	1.52

注：煤价 800 元/t，电 0.5 元/(kW·h)，工价 100 元/个，下同。

6. 不同装烟容量的烤后烟叶经济效益

由表 5-52 可知，下部叶装烟容量为 400 竿时，均价最高，为 16.40 元/kg，装烟容量为 360 竿时，均价最低，为 15.60 元/kg，中上等烟比例从高到低为装烟容量 400 竿>装烟容量 360 竿>装烟容量 440 竿>装烟容量 480 竿；中部叶装烟容量为 380 竿时，均价最高，为 23.32 元/kg，装烟容量为 480 竿时，均价最低，为 20.90 元/kg，中上等烟比例从高到低为装烟容量 420 竿>装烟容量 480 竿>装烟容量 460 竿>装烟容量 400 竿=装烟容量 380 竿>装烟容量 440 竿；上部叶装烟容量为 480 竿时，均价最高，为 18.00 元/kg，装烟容量为 440 竿时，均价最低，为 16.80 元/kg，中上等烟比例从高到低为装烟容量 400 竿=装烟容量 480 竿>装烟容量 440 竿>装烟容量 360 竿。

表 5-52 不同装烟容量烤后烟叶经济效益测定结果

烟叶部位	装烟容量/竿	初烟数量/kg	交售金额/元	均价/（元·kg）	上等烟/%	中等烟/%	下等烟/%
下部	360	342.00	5 335.20	15.60	35.32	53.62	11.06
	400	380.00	6 232.00	16.40	39.22	50.33	10.45
	440	418.00	6 688.00	16.00	30.87	58.23	12.90
	480	456.00	7 232.16	15.86	33.34	51.45	15.21
中部	360	457.25	10 241.28	22.40	42.65	47.31	10.04
	380	482.62	11 099.83	23.32	54.44	30.27	15.29
	400	508.21	10 972.86	21.60	40.43	49.15	10.42
	420	533.42	12 161.52	22.85	44.76	48.43	6.81
	440	558.87	12 405.36	22.20	41.21	42.85	15.94
	460	584.27	12 793.98	21.93	38.44	52.30	9.26
	480	609.62	12 740.64	20.90	47.86	44.75	7.39
上部	360	388.84	6 734.02	17.32	45.22	40.65	14.13
	400	432.81	7 603.25	17.60	50.27	38.27	11.46
	460	584.27	6 793.98	21.93	38.44	52.30	9.26
	480	518.46	9 331.20	18.00	52.32	35.34	12.34

（三）结论

通过对 K326 品种上部、中部和下部不同装烟容量对烟叶的鲜干比、外观质量、化学成分、感官质量、烘烤成本和经济效益的影响研究，结果表明，下部叶 400 竿、中部叶 400~440 竿、上部烟叶 440 竿，烘烤成本较低、烤后烟叶外观质量较好、内在化学成分较为协调。

二、烘烤工艺优化

（一）变黄期工艺优化

1. 温度验证

在田间 K326 品种烟叶成熟期，选择田间生长一致、正常成熟落黄的下部（第 4~5 片）、中部（第 9~11 片）、上部（第 15~16 片）鲜烟叶和 8 座密集烤房，分别设 36 ℃、38 ℃、40 ℃和 42 ℃共 4 个温度处理（不设重复）进行温度容差验证试验。在试验过程中，统一采用装烟后以 2~3 h 从室内自然温度升到 32 ℃，之后调减升温速度为 1 ℃/h 到试验设定温度，再稳温度不变，使烟叶烘烤到变黄为止。在烟叶变黄过程中各处理对应的相对湿度为：温湿度控制层烟叶叶尖变黄大约 15 cm 以前，相对湿度设定为 90%~95%，之后降减相对湿度至 85%左右，烤该层烟叶变黄 7~8 成，再降减相对湿度至 60%~70%，烤到该层烟叶全黄。当温湿度控制层烟叶变黄后，统一用密集烘烤三阶段工艺进行定色、干筋。待烟叶烤干、出炉、回软、下竿后，按国家标准 42 级分级要求，各部位处理取样 3 kg，对烟叶进行分级、计产和分析比较烟叶烤后烟叶质量及化学成分、感官评吸质量。

由表 5-53 可知，烘烤 K326 品种烟叶以 38 ℃、40 ℃两个处理烤后烟叶的黄烟率最高，均达到 100%；42 ℃处理烤的烟叶，因高温度偏高，产生了少量的青烟，使黄烟率下降了 0.34 个百分点；36 ℃处理烘烤的烟叶，又因变黄温度偏低，烟叶变黄失水量少，产生了一定量的枯烟，使烟叶黄烟率降了 1.23 个百分点。上等烟比例、中上等烟比例和均价，均以处理 38 ℃、40 ℃的表现突出，上等烟比例突破 65%，上中等烟比例合计高达 95%，均价高达 35 元/kg。表现最差的是 36 ℃处理，42 ℃处理稍差。从烘烤烟叶外观质量看处理温度分布规律，K326 品种烟叶变黄温度以中温变黄最适宜，烤后烟叶的外观质量最好，均价最高。

综上所述，烘烤 K326 品种温度容差较宽，在 38~40 ℃，偏离 38~40 ℃在 1~2 ℃对烘烤品质的影响不大。

表 5-53 不同温度处理对烤后烟叶质量的影响

温度/℃	产量/g	黄烟率/%	青黄烟/%	枯烟/%	上等烟/%	中上等烟/%	均价/（元/kg）
36	1 393.7	98.77	—	1.23	54.37	90.17	29.16
38	1 407.1	100.00	—	—	65.38	96.26	35.06
40	1 410.4	100.00	—	—	66.03	97.16	35.14
42	1 420.2	99.66	0.34	—	60.15	93.65	33.14

2. 湿度验证

在田间 K326 品种烟叶成熟期，选择田间生长一致、正常成熟落黄的下部（第 4~5 片）、中部（第 9~11 片）、上部（第 15~16 片）鲜烟叶和 10 座密集烤房，分别采用相对湿度为 65%、70%、80%、85%和 90%共 5 个相对湿度处理（不设重复）进行相对湿度容差验证试验。在试验过程中，统一采用装烟后以 2~3 h 从室内自然温度升到 32 ℃，之后调减升温速度为 1 ℃/h，升温到 38 ℃，同时设置对应的相对湿度，烤至烟叶变黄 7~8 成后，再统一用 1 ℃/h 的速度将干球温度升到 42 ℃，相对湿度调整至 65%以下，烤到该层烟叶拖条、全黄，再用密集烘烤三阶段工艺进行定色、干筋。待烟叶烤干、出炉、回软、下竿后，按国家标准 42 级分级要求，各部位处理取样 3 kg，对烟叶进行分级、计产和分析比较烟叶烤后烟叶质量及化学成分、感官评吸质量。

由表 5-54 可知，变黄期 65%湿度烘烤的 K326 烟叶，因湿度偏低，产生了少量的青黄烟，使黄烟率下降了 0.14 个百分点；变黄期 70%~80%湿度处理烘烤的烟叶，黄烟率达到 100%；变黄期 85%~90%湿度处理，产生了 0.31%~1.11%的枯烟，黄烟率下降 0.31%~1.11%。上等烟比例以变黄期 70%的湿度处理最高，达到 65.91%；其次是变黄期 80%的湿度处理，上等烟比例达到 65.03%；上等烟比例以 90%的湿度处理最低，上等烟比例只有 60.15%。上中等烟比例、均价以变黄期 80%的湿度处理最高，分别达到 95.74%、34.50 元/kg；其次是变黄期 70%的湿度处理，上中等烟比例、均价分别达到 95.06%、33.41 元/kg；变黄期 90%湿度处理最低，上中等烟比例、均价分别为 90.18%、30.43 元/kg。从烘烤后烟叶外观质量看处理湿度分布规律，K326 品种烟叶变黄期湿度以 70%~80%最适宜，烤后烟叶的外观质量最好，均价最高。

综上所述，K326 品种烟叶烘烤变黄期湿度容差较宽，湿度在 70%~80%，湿度偏离 70%~80%在 5%之间对烘烤品质的影响不大。

表 5-54　不同湿度处理对烤后烟叶外观质量的影响

湿度	产量/g	黄烟率/%	青黄烟/%	枯烟/%	上等烟/%	中上等烟/%	均价/（元/kg）
65%	1309.2	99.86	0.14	—	63.25	93.35	32.31
70%	1289.8	100	—	—	65.91	95.06	33.41
80%	1286.6	100	—	—	65.03	95.74	34.50
85%	1293.2	99.69	—	0.31	62.14	92.23	31.14
90%	1225.9	98.89	—	1.11	60.15	90.18	30.43

3. 时间验证

在进行变黄期的温度、湿度容差验证试验过程中，各处理选择有代表性的烟叶各 1 竿，对变黄过程中的烟叶进行烤青、变黄、挂灰等观察记录，得出烟叶变黄过程中的时间容差。

（1）不同变黄温度对时间的影响。

由表 5-55 可知，变黄期温度在 36 ℃、38 ℃、40 ℃烘烤的 K326 烟叶，叶尖或叶耳未出现烤青现象，但变黄期温度在 36 ℃的处理，由于变黄期温度偏低，在烘烤 80 h 后出现挂灰；变黄期温度在 42 ℃的处理，因变黄期温度偏高，在烘烤 48 h 后叶尖或叶耳出现烤青现象；4 个处理的变黄时间都为 60 h；定色时间和干筋时间随变黄期温度的升高而缩短。

表 5-55　不同变黄温度对时间容差的影响

温度/°C	叶尖或叶耳烤青/h	烟叶变黄/h	挂灰/h	定色/h	干筋/h
36	—	60	80	132	168
38	—	60	—	126	162
40	—	60	—	126	162
42	48	60	—	120	156

（2）不同变黄期湿度对时间容差验证。

由表 5-56 可知，变黄期湿度在 70%、80%、85% 和 90% 烘烤的 K326 烟叶，在变黄期内未出现叶尖或叶耳烤青现象，但变黄期湿度在 90% 的处理，由于变黄期湿度过高，在烘烤 80 h 后出现挂灰；变黄期湿度在 65% 的处理烘烤烟叶，在烘烤 48 h 后叶尖或叶耳未出现烤青现象；5 个处理的变黄时间都为 60 h；定色时间和干筋时间随变黄期湿度的升高而延长（表 5-56）。

表 5-56　不同变黄湿度对时间容差的影响

处理/%	叶尖或叶耳烤青/h	烟叶变黄/h	挂灰/h	定色/h	干筋/h
65	48	60		114	150
70		60		120	156
80		60		126	162
85		60		132	168
90		60	80	138	174

（二）定色期工艺优化

2019 年在玉溪市江川区九溪镇进行田间试验，烘烤试验和室内试验分别在云南省烟草农业科学院研和基地和实验室内进行。试验地位于东经 102°38′、北纬 24°18′，海拔 1 730 m，土壤类型为红壤土。供试烤烟品种为 K326，选取同一试点、同一成熟度的 3 个部位适熟烟叶作为试验烟样；试验烤房为密闭式热泵烤箱。

于 2019 年 4 月 25 日进行烟苗移栽，烤烟种植密度为 16 500 株/hm²，株行距 50 cm×12 cm，大田施肥为施纯氮 120 kg/hm²，N 含量：P_2O_5 含量：K_2O = 1∶2∶2.5，施肥方法为全部磷肥、1/3 的氮肥和钾肥作基肥塘施，其余的氮肥和钾肥作追肥于移栽后 15d、30d 分 2d 施完。打顶后留叶数为 20～22 片，其他栽培措施按照当地优质烟栽培技术要求进行。选取同一试点、同一成熟度的 3 个部位适熟烟叶作为试验烟样。

烘烤过程中变黄期和干筋期均采用当地主推烘烤工艺（图 5-32）；依据当地烘烤模式并参考烘烤专家经验设计试验方案，即烟叶通过变黄期正常烘烤变黄后，在定色期设置 6 个温湿度与时间处理,每个处理重复 3 次(3 个烤箱),见表 5-57。

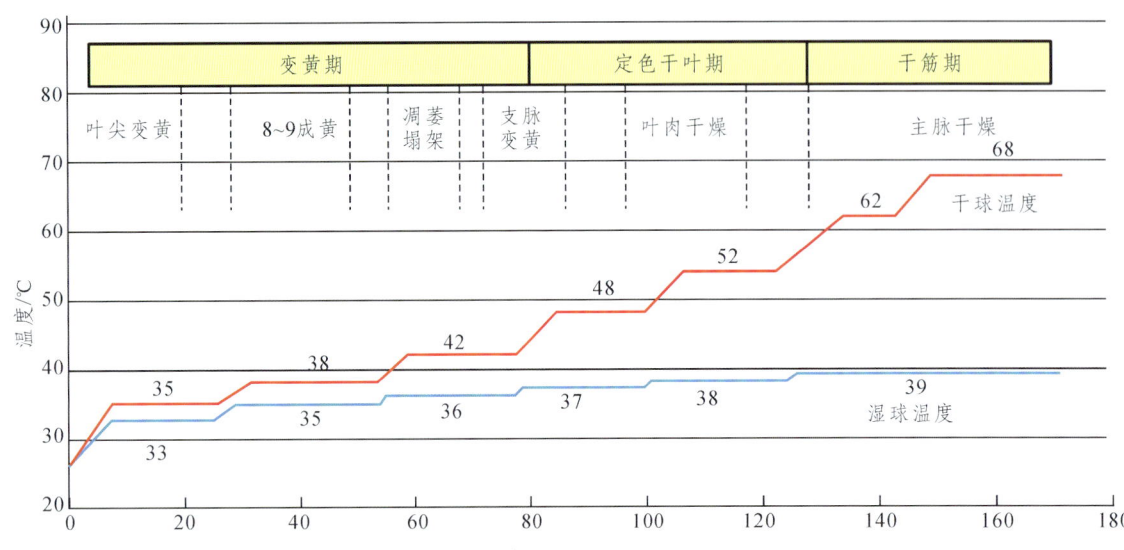

图 5-32 玉溪市 K326 品种普通烤房烘烤技术操作模式

表 5-57 温湿度与时间组合的处理情况

部位	处理	阶段一			阶段二			阶段三			总时间/h
		温度/°C	湿度/°C	时间/h	温度/°C	湿度/°C	时间/h	温度/°C	湿度/°C	时间/h	
下部叶	X1	45	36	21	50	37	23	55	38	15	59
	X2	48	37	20	50	37	22	55	38	10	52
	X3	45	36	19	55	38	18	60	39	14	51
	X4	48	37	18	55	38	18	60	39	13	49
	X5	45	37	21	50	38	21	55	39	13	55
	X6	45	37	21	50	39	23	55	40	13	57
中部叶	C1	45	36	24	50	37	24	55	38	17	65
	C2	48	37	26	50	37	24	55	38	16	66
	C3	45	36	23	55	38	20	60	39	16	59
	C4	48	37	20	55	38	18	60	39	15	53
	C5	45	37	24	50	38	23	55	39	15	62
	C6	45	37	25	50	39	26	55	40	14	65
上部叶	B1	45	36	26	50	37	26	55	38	16	68
	B2	48	37	22	50	37	27	55	38	14	63
	B3	45	36	26	55	38	22	60	39	14	62
	B4	48	37	23	55	38	21	60	39	15	59
	B5	45	37	27	50	38	24	55	39	15	66
	B6	45	37	27	50	39	28	55	40	16	71

1. 定色期不同烘烤时间及温湿度对烟叶等级和均价的影响

不同温湿度与时间组合对 3 个部位烟叶等级和均价的影响见表 5-58，上部和下部烟叶的等级质量及均价明显偏低，而中部烟叶较高。下部叶中上中等烟率和均价以 X6 最高，分别为 72% 和 24.9 元/kg，X1 和 X2 烟叶等级质量较差，均价也较低；中部叶中 C4 的中上等烟率和均价最高，分别为 100% 和 29.9 元/kg，相比之下，烟叶烘烤结果优于其他处理；上部叶中 B4 的中上等烟率和均价最高，分别为 91% 和 17 元/kg，烟叶等级质量明显高于其他处理。

处理 4 的烟叶均价最高，为 24.2 元/kg，烟叶等级质量也较好，中部叶全部为上中等烟叶；其次是处理 5 和处理 6，均价分别为 23.1 元/kg 和 22.3 元/kg。

表 5-58　不同试验处理烤后烟叶等级和均价比较

部位	处理	上等烟/%	中等烟/%	低等烟/%	级外/%	均价/（元/kg）
下部叶	X1	12	18	69	0	13.8
	X2	15	12	73	0	13.2
	X3	32	23	45	0	22.5
	X4	30	22	48	0	21.8
	X5	36	18	46	0	22.4
	X6	46	26	28	0	23.9
中部叶	C1	60	37	3	0	29.4
	C2	8	52	40	0	14.8
	C3	43	57	0	0	29.2
	C4	60	40	0	0	31.9
	C5	49	51	0	0	31.9
	C6	51	49	0	0	29.7
上部叶	B1	21	25	54	0	14.3
	B2	6	28	65	0	10.5
	B3	12	25	63	0	11.9
	B4	26	65	9	0	19
	B5	23	29	48	0	15.1
	B6	10	46	44	0	13.4

注：烟叶均价以 2019 年玉溪收购标准为依据。

2. 定色期不同烘烤时间及温湿度对烟叶物理特性的影响

烟叶物理特性作为烟叶质量的重要组成部分一直是烟叶质量评价的重要内容；烟叶平衡含水率代表吸湿性，叶片厚度代表叶片身份，叶面密度代表叶片结构，烟叶物理质量越好，耐加工性能更佳。从表 5-59 可以看出，对下部叶而言，各处理的含梗率和叶面密度均处于优质烟叶适宜范围内，X3 的平衡含水率比其他处理略高，单叶重以 X3 最高，为 9.75 g，但是 X3 的烟叶厚度较小，叶片身份不佳；对于中部叶，除 C6 的叶面密度有所偏低外，其他处理的物理质量各项指标均适宜，其中以 C4 的单叶重最高，为 10.26 g；在上部叶中，与其他处理相比，B6 的叶面密度偏高，除此之外，其他处理的物理质量均较好，B4 的单叶重最高，为 13.73 g。

各处理的烤后烟叶物理特性大部分符合优质烟叶要求，无明显差异。就单叶重而言，以处理 4 最高，为 9.80 g；其次是处理 6 和处理 3，分别为 9.43 g 和 9.00 g（表 5-59）。

表 5-59 不同试验处理烤后烟叶物理特性比较结果

部位	处理	平衡含水率/%	单叶重/g	含梗率/%	厚度/mm	叶面密度/(g/m^2)
下部叶	X1	17.20	8.99	31.14	0.19	76.52
	X2	17.97	6.90	33.46	0.19	74.36
	X3	19.09	9.75	31.96	0.11	86.63
	X4	17.78	7.43	30.48	0.14	92.22
	X5	17.56	7.33	31.63	0.20	89.75
	X6	17.42	7.91	28.86	0.13	74.75
中部叶	C1	15.49	9.24	33.58	0.15	103.11
	C2	16.91	7.82	36.69	0.19	110.95
	C3	15.97	9.30	30.84	0.20	98.07
	C4	17.09	10.26	30.08	0.16	90.33
	C5	18.73	9.42	29.33	0.14	97.15
	C6	17.07	9.54	30.57	0.18	75.78
上部叶	B1	16.03	9.45	28.82	0.21	99.89
	B2	15.48	10.15	25.55	0.22	113.25
	B3	13.53	10.27	25.17	0.19	118.90
	B4	16.78	11.73	24.91	0.24	108.02
	B5	15.14	9.86	26.87	0.18	117.52
	B6	16.05	8.83	28.53	0.17	149.93

3. 定色期不同烘烤时间及温湿度对烟叶内在化学成分的影响

优质烟叶要求总氮及烟碱最适含量下部叶为 1.5%～2.0%、中部叶为 2.0%～2.5%、上部叶为 2.5%～3.5%，总糖及还原糖含量分别在 20%～24% 和 18%～22% 之内，淀粉含量 <5%，氧化钾含量 >2%。此外，云南烟叶内在化学成分中，总糖、还原糖的比例比优质烟叶要略高，其他指标均在优质烟叶的要求范围内。下部烟叶各个处理中，烟碱、总氮和淀粉含量均处于优质烟叶要求范围内，其中 X5 和 X6 的两糖含量要比优质烟叶略高，X3 和 X4 的两糖含量有所偏高，X5 的氧化钾含量最高，所以，X5 的化学成分较协调。对于中部叶而言，各处理的烟碱含量均偏低，其中 C1 的淀粉含量最高，C5 的氧化钾含量最高，且与其他处理存在显著差异，说明 C5 的化学成分较协调，C1 的最不协调。上部烟叶各处理中，只有处理 5 和处理 6 的淀粉含量处于优质烟叶要求范围内，其他处理淀粉含量均大于 5%，另外处理 6 的总氮含量较低，表明上部叶中，处理 5 的烟叶化学成分较协调（表 5-60）。

综合来看，处理 5 的烤后烟叶各化学成分指标均处于云南省 K326 品种优质烟叶要求范围内，化学成分较为协调，另外，处理 5 与处理 4 各化学成分指标之间存在显著性差异。

表 5-60　不同试验处理烤后烟叶内在化学成分（%）

部位	处理	总糖	还原糖	烟碱	淀粉	总氮	氧化钾
下部叶	X1	21.85b	19.9a	1.49b	1.92c	1.84d	3.72bc
	X2	21.09a	19.71a	1.58a	0.81a	1.74c	3.77bc
	X3	33.08f	29.2d	1.45c	2.41d	1.64a	3.37a
	X4	30.01e	26.03c	1.49b	1.44b	1.69b	3.7bc
	X5	25.8c	23.78b	1.43a	1.43b	1.85d	3.82c
	X6	26.8d	22.65b	1.43a	1.4b	1.72c	3.67b
中部叶	C1	37.86d	28.95a	1.67ab	4.77e	1.58ab	2.61a
	C2	35.42b	30.27b	1.76c	3.02c	1.72c	2.81b
	C3	38.2d	32.59c	1.63a	3.63d	1.55a	2.58a
	C4	36.86c	31.21b	1.71bc	3.7d	1.55a	2.63a
	C5	33.5a	28.48a	1.74c	2.75a	1.61b	3.07c
	C6	35.64b	30.24b	1.83d	2.88b	1.56a	2.74ab
上部叶	B1	34.14b	25.32a	2.27a	5.25a	2.12b	2.41c
	B2	32.95a	25.89b	2.62f	5.6e	2.19b	2.27ab
	B3	32.71a	26.74c	2.78d	5.05c	2.12b	2.31abc
	B4	34.09b	26.74c	2.61e	5.97f	2.11b	3.2a
	B5	34.89c	25.02a	2.49b	4.85c	2.11b	2.4c
	B6	33.78b	25.98b	2.6c	4.32b	1.57a	2.38bc

4. 定色期不同烘烤时间及温湿度对烟叶感官评吸质量的影响

不同部位各个处理烟叶香气量尚足，杂气较轻，浓度和劲头适中。对下部叶而言，各处理间杂气得分存在较大差异，评吸总分排列顺序为 X1 > X4 > X5 > X3 > X2 > X6，其中 X1 得分最高为 82 分，其次是 X4 和 X5，分别为 81 分和 80.5 分。中部叶各处理中评吸总分排列顺序为 C4 > C5 > C3 > C6 > C2 > C1，其中 C4 得分为 84 分，明显高于其他处理且差异较大，除浓度外，各项得分也最高；其次是 C5 和 C3，分别为 82.5 分和 81.5 分。上部叶各处理间，香气质得分差异较大，评吸总分排列顺序为 B1 > B5 > B4 > B6 > B2 > B3，B1 得分最高，为 82 分；其次是 B5 和 B4，分别为 81 分和 80 分（表 5-61）。

综合不同部位烟叶的评吸质量结果分析可知，处理 4 的烤后烟叶评吸得分最高为 81.5 分，其次是处理 5 和处理 1，分别为 81 分和 80.5 分。

表 5-61 不同试验处理烤后烟叶评吸质量结果 单位：分

部位	处理	烟草本香	香气量	香气质	浓度	刺激性	劲头	杂气	干净度	湿润感	回味	总分
下部叶	X1	8	13	12.5	8	12.5	5	8	7.5	4	3.5	82
	X2	7	13	12	8	12	5	7.5	7	3.5	4.5	79.5
	X3	7	13	12	8	12	5	7.5	7.5	4	4	80
	X4	8	12	12.5	8	12.5	5	8	7.5	4	3.5	81
	X5	8	12	12.5	8	12	5	7.5	7.5	4	4	80.5
	X6	8	12	12	8	12	5	7	7	4	3.5	78.5
中部叶	C1	8	12	12	8	12	5	7	7	3.5	3	77.5
	C2	8	13	12	8	12.5	5	7	7.5	3.5	3.5	80
	C3	8	13	12.5	8	12.5	5	7.5	7.5	4	3.5	81.5
	C4	8	12	13	8	13	5	8	8	4	4	84
	C5	8	13	12.5	9	12.5	5	7.5	7.5	4	3.5	82.5
	C6	8	13	12	8	12	5	7.5	7.5	4	3.5	80.5
上部叶	B1	8	13	12.5	8	12.5	5	7.5	7.5	4	4	82
	B2	7	12	12	8	12	5	7	7	3.5	3	76.5
	B3	7	12	11.5	8	12	5	7	7	3.5	3	76
	B4	8	12	13	8	12.5	5	7.5	7	4	3.5	80
	B5	8	12	12.5	8	12.5	5	7.5	7.5	4	4	81
	B6	8	12	12	8	12	5	7.5	7.5	4	3.5	79.5

5. 结论

定色阶段作为烘烤过程中的一个重要阶段，也是最难掌握的阶段。本试验通过密集烘烤中定色期不同温湿度和时间组合对 K326 烤烟品种烟叶的物理特性、主要化学成分、感官评吸质量、等级和均价的影响，确定了 K326 烤烟品种密集烘烤定色期的烘烤工艺。综合来看，以定色期采取高温中湿烘烤方式并适当缩短定色时间的处理 4，即定色期 3 个阶段的温湿度分别为 48 ℃和 37 ℃、55 ℃和 38 ℃、60 ℃和 39 ℃烤后烟叶物理质量最好、等级均价和评吸得分最高，主要化学成分也较为协调。因此，在 K326 品种烟叶烘烤特性和玉溪市植烟地区生态条件下，定色期应适当升高温湿度，但湿度不宜太高，采取高温中湿的烘烤方式，缩短定色总时间，以提高烟叶烘烤质量。

从烤后烟叶的综合质量来看，处理 2 的烟叶质量各项指标都低于其他处理，表明定色期低温低湿的烘烤方式严重影响了烟叶品质的形成；处理 5 和处理 6 烤后烟叶的均价分别比处理 1 高 3 元/kg 和 2.2 元/kg，化学成分协调性更协调，物理特性更佳，处理 5 的感官评吸得分比处理 1 高 0.8 分，处理 6 与处理 1 的评吸得分相差不大，同时处理 5 的烟叶均价和评吸得分分别比处理 6 高 0.8 元/kg 和 1.8 分，处理 5 的烤后烟叶总体质量要优于处理 6，这表明在温度一定的条件下，湿度过高或过低导致密闭烤房内的温湿差太大或太小，没有良好的烘烤环境，生理生化反应受限制，发生不充分，导致烤后烟叶质量不佳，适当提高相对湿度可以提升整体烟叶品质；处理4的烟叶均价和评吸得分分别比处理5高0.4元/kg和1.1分，处理4的物理特性较好，但是化学成分的协调性比处理5要差，处理5的烟叶均价和评吸得分分别比处理3要高1.9元/kg和2.1分，可能是温度的提升促进了酶促反应的进行，烟叶内含物损失加大，这表明定色期提高温度虽然会提升烟叶的总体质量，同时也会导致烟叶化学成分的协调性变差；定色时间不宜过长，主要原因是在相对湿度适宜的环境下，烟叶的呼吸强度大，容易消耗内在物质，导致含糖量下降，降低烟叶化学成分的协调性。

（三）干筋期烘烤工艺优化

2019年在玉溪市江川区九溪镇进行田间试验，烘烤试验在云南省烟草农业科学院研和基地内进行。九溪镇地处102°38′E、24°18′N，海拔1 730 m，土壤类型为红壤土。供试烤烟品种为K326，选取同一成熟度的上、中、下部位适熟烟叶作为试验烟样；试验所用烤房为密闭式热泵烤箱（型号：RC30D-DF）。田间试验于2016年4月25日进行烟苗移栽，种植密度为16 500株/hm^2，株行距50 cm×12 cm，大田施纯氮120 kg/hm^2，N含量：P_2O_5含量：K_2O = 1：2：2.5，施肥方法为全部磷肥、1/3的氮肥和钾肥作基肥塘施，其余的氮肥和钾肥作追肥于移栽后15 d、30 d分两次施完。打顶后留叶数为20～22片，其他栽培措施按照当地优质烟栽培技术要求进行。编烟按照当地常规做法进行，每竿编烟100片，每层12竿，共两层，装烟时挂在温湿度计附近。

烘烤过程中的变黄定色阶段均采用玉溪市主推烘烤工艺（图5-33）；依据当地烘烤模式并参考烘烤专家经验设计试验方案，即烟叶在正常烘烤条件下变黄定色后，在干筋期设置6个温湿度与时间处理，每个处理重复3次（3个烤箱），见表5-62。

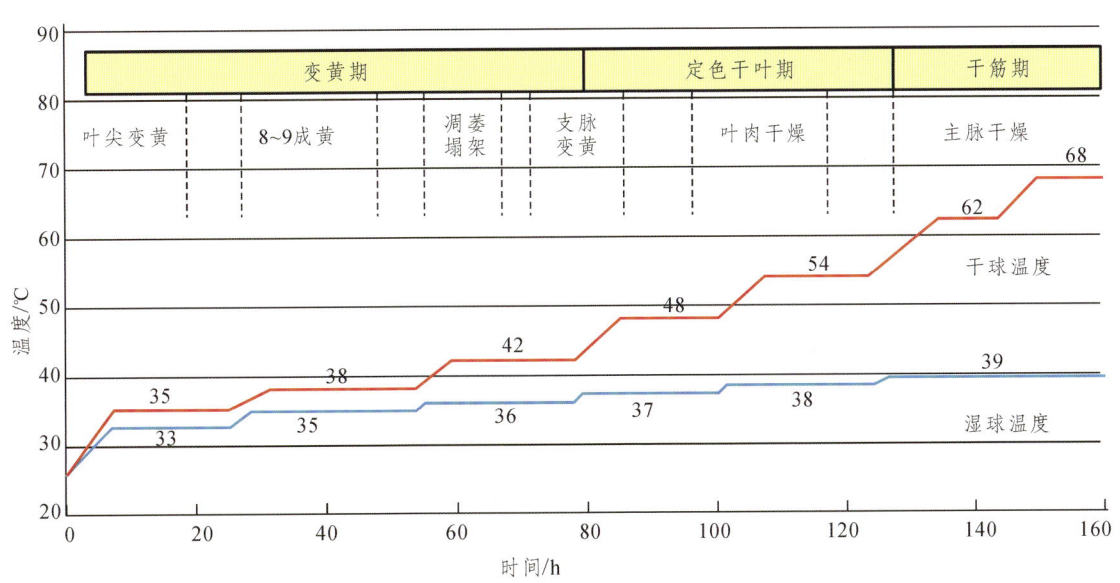

图5-33　玉溪市普通烤房K326品种烘烤技术操作模式

表 5-62　不同处理干筋期温湿度参数组合

部位	处理	阶段一			阶段二			总时间/h
		温度/℃	湿度/%	时间/h	温度/℃	湿度/%	时间/h	
下部叶	GJQX1	65	39	32	—			32
	GJQX2	66	39	30				30
	GJQX3	66	40	32				32
	GJQX4	68	40	27				30
	GJQX5	63	39	14	68	40	14	33
	GJQX6	63	39	15	66	40	17	34
中部叶	GJQC1	65	39	34				34
	GJQC2	66	39	32				32
	GJQC3	66	40	28				34
	GJQC4	68	40	26				33
	GJQC5	65	39	15	68	40	16	35
	GJQC6	63	39	16	66	40	18	36
上部叶	GJQB1	65	39	36				36
	GJQB2	66	39	34				34
	GJQB3	66	40	31				34
	GJQB4	68	40	30				34
	GJQB5	63	39	19	68	40	16	35
	GJQB6	63	39	21	66	40	17	38

1. 密集烘烤干筋期不同温湿度对烟叶等级质量的影响

不同部位烟叶在干筋期 6 种温湿度参数组合条件下初烤后烟叶等级质量之间差异较小（表 5-63）。下部叶在干筋期 6 种温湿度参数组合条件下烘烤后烟叶均价排列顺序为 GJQX3 > GJQX6 > GJQX5 > GJQX4 > GJQX2 > GJQX1，不同处理之间烤后烟叶等级质量差异不大，其中以处理 GJQX3 和处理 GJQX6 的烟叶等级质量最好，上等烟比率、上中等烟比率和均价最高，分别为 41.83%、79.25%、29.84 元/kg 和 40.85%、78.53%、29.35 元/kg，下等烟比率最低，分别为 20.75%和 21.47%。中部叶在干筋期 6 种温湿度参数组合条件下烘烤后烟叶均价排列顺序为 GJQC3 > GJQC6 > GJQC5 > GJQC4 > GJQC2 > GJQC1，其中以处理 GJQC3 和处理 GJQC6 的烟叶等级质量最好，上等烟比率、上中等烟比率和均价最高，分别为 45.56%、84.52%、31.73 元/kg 和 44.06%、82.40%、31.52 元/kg，下等烟比率最低，分别为 11.48% 和 17.60%。上部叶在干筋期 6 种温湿度参数组合条件下烘烤后烟叶均价排列顺序为 GJQB5 > GJQB4 > GJQB6 > GJQB3 > GJQB1 > GJQB2，其中以处理 GJQB5 和处理 GJQB4 的烟叶等级质量最好，上等烟比率、上中等烟比率和均价最高，分别为 54.15%、84.93%、31.92 元/kg 和 53.50%、86.80%、32.24 元/kg，明显高于其他处理，下等烟比率最低，分别为 13.20% 和 13.20%。

表 5-63　干筋期不同温湿度处理下烟叶等级质量统计结果

部位	处理	上等烟率/%	中上等烟率/%	下等烟率/%	级外烟率/%	均价/（元/kg）
下部叶	GJQX1	29.90	63.32	36.68	0.00	21.48
	GJQX2	30.60	64.42	35.52	0.00	23.62
	GJQX3	41.83	79.25	20.75	0.00	29.35
	GJQX4	30.60	55.66	44.34	0.00	23.76
	GJQX5	33.45	62.81	37.19	0.00	24.90
	GJQX6	40.85	78.53	21.47	0.00	29.84
中部叶	GJQC1	35.20	63.65	37.60	0.00	22.71
	GJQC2	34.15	65.92	34.08	0.00	23.45
	GJQC3	45.65	84.52	11.48	0.00	31.52
	GJQC4	40.35	76.18	24.32	19.50	28.56
	GJQC5	39.85	75.20	44.80	0.00	29.33
	GJQC6	44.06	82.40	17.60	0.00	31.73
上部叶	GJQB1	30.50	68.40	31.60	0.00	24.48
	GJQB2	34.23	68.27	21.73	0.00	24.39
	GJQB3	30.85	75.46	34.54	0.00	27.50
	GJQB4	53.50	86.80	13.20	0.00	31.92
	GJQB5	45.15	84.93	15.07	0.00	32.24
	GJQB6	34.15	76.80	34.20	0.00	27.92

2. 密集烘烤干筋期不同温湿度对烟叶物理特性的影响

从表 5-64 可以看出，不同部位烟叶因为本身烟叶素质不同，烤后烟叶物理特性也有所不同，其中以烟叶含梗率和叶面密度表现最明显。下部叶在干筋期 6 种温湿度参数组合条件下，烘烤后烟叶平衡含水率和厚度均处于优质烟叶适宜范围内；处理 GJQX6 烤后烟叶单叶重为 11.81g，明显高于优质烟叶适宜范围，处理 GJQX5 烤后烟叶单叶重为 11.15g，也略高于适宜范围，但与其他处理之间并无显著差异；处理 GJQX1 和 GJQX4 烤后烟叶含梗率过高，分别为 36.57% 和 36.19%；GJQX4 烤后烟叶叶面密度仅为 52.60 g/m²，明显低于优质烟叶适宜范围，且与其他处理存在显著差异。中部叶在干筋期 6 种温湿度参数组合条件下，烘烤后烟叶单叶重均处于优质烟叶适宜范围内，处理 GJQC1 的平衡含水率为 17.87%，高于优质烟叶适宜范围，烟叶在干筋期失水较少；处理 GJQC1 烤后烟叶含梗率为 34.04%，略高于优质烟叶适宜范围；处理 GJQC4 烤后烟叶厚度为 0.26 mm，烟叶过厚，且与其他处理存在显著差异；处理 GJQC2 烤后烟叶叶面密度为 122.82 g/m²，明显高于优质烟叶适宜范围，且与其他处理存在显著差异。上部叶在干筋期 6 种温湿度参数组合条件下，烘烤后烟叶平衡含水率和含梗率均处于优质烟叶适宜范围内，而烤后烟叶单叶重均低于红塔集团对优质烟叶的要求；处理 GJQB6 烤后烟叶厚度为 2.25 mm，略高于优质烟叶适宜范围，叶面密度为 134.43 g/m²，叶面密度过大，明显高于优质烟叶适宜范围，且与其他处理存在显著差异。

表 5-64 干筋期不同温湿度下烟叶物理特性测定结果

部位	处理	平衡含水率/%	单叶重/g	含梗率/%	厚度/mm	叶面密度/(g/m²)
下部叶	GJQX1	17.40b	9.16a	36.57c	0.16a	103.87d
	GJQX2	17.63b	9.20a	31.72a	0.15a	94.47c
	GJQX3	17.75b	9.79ab	31.86a	0.16a	82.28b
	GJQX4	17.72b	10.00ab	36.19c	0.15a	52.60a
	GJQX5	16.13a	11.15b	32.83b	0.17b	108.6d
	GJQX6	16.12a	11.81b	31.75a	0.20c	114.62e
中部叶	GJQC1	17.87c	10.50c	30.53b	0.21c	100.82a
	GJQC2	15.22ab	9.92b	30.73b	0.18b	122.82c
	GJQC3	17.09d	9.57b	31.44c	0.18b	99.69a
	GJQC4	15.68a	8.39a	34.04d	0.26d	109.38b
	GJQC5	16.85b	10.78c	30.85b	0.23c	103.42ab
	GJQC6	16.79b	8.53a	29.32a	0.15a	104.02ab
上部叶	GJQB1	15.29c	6.71a	24.13ab	0.22b	99.19a
	GJQB2	14.35b	8.35c	25.22c	0.21a	105.70b
	GJQB3	14.37b	6.62a	24.28a	0.21a	105.26b
	GJQB4	15.12c	7.20b	25.34c	0.22b	124.10c
	GJQB5	14.60a	7.37b	24.59b	0.23b	103.81ab
	GJQB6	14.75bc	8.78d	26.18d	0.25c	134.43d

注：不同小写字母表示不同处理间差异显著（$P<0.05$）。

3. 密集烘烤干筋期不同温湿度对烟叶化学成分的影响

在干筋期 6 种温湿度参数组合条件下，烘烤后不同部位烟叶总糖和还原糖含量均符合红塔集团对优质烟叶的要求（表 5-65）。下部叶在干筋期 6 种温湿度参数组合条件下烘烤后烟叶各化学成分均符合卷烟配方对优质烟叶的要求，处理 GJQX2 烤后烟叶的淀粉和两糖含量最高，明显高于其他处理且存在显著差异；GJQX5 的烟碱含量偏高，为 1.97%，但仍处于适宜范围内，淀粉含量偏低，仅为 1.03%，明显低于其他处理且存在显著差异；GJQX4 的氧化钾含量最高，达 3.54%。中部叶在干筋期 6 种温湿度参数组合条件下，烘烤后烟叶总氮及烟碱含量均低于适宜范围，其他化学成分指标均处于优质烟叶适宜范围内，GJQC4 和 GJQC6 的淀粉含量较高，分别为 4.57% 和 4.92%，且两者之间无显著差异，接近于 5%，淀粉含量偏高影响化学成分的协调性。上部叶在干筋期 6 种温湿度参数组合条件下，烘烤后烟叶总糖、还原糖和氧化钾含量均处于优质烟叶适宜范围内，总氮含量均偏低，处理 GJQB1 烤后烟叶淀粉含量最低，为 3.87%；其他处理烤后烟叶淀粉含量均偏高，其中处理 GJQB2、GJQB3 和 GJQB5 烤后烟叶淀粉含量高达 5.86%、5.27% 和 5.85%，明显高于优质烟叶适宜范围；处理 GJQB5 烤后烟碱含量最低，仅为 2.19%，其他处理下的初烤烟叶烟碱含量均处于适宜范围内（表 5-65）。

表 5-65 干筋期不同温湿度下烟叶化学成分测定结果

部位	处理	总糖/%	还原糖/%	烟碱/%	淀粉/%	总氮/%	氧化钾/%
下部	GJQX1	31.99c	27.24c	1.81b	1.76e	1.68a	3.05a
	GJQX2	34.04f	29.42e	1.74ab	2.89f	1.68a	3.34bc
	GJQX3	29.48b	25.06b	1.81b	1.47c	1.85c	3.15ab
	GJQX4	31.92c	26.27d	1.77ab	1.41b	1.73b	3.54c
下部	GJQX5	27.57a	23.83a	1.97c	1.03a	1.76b	3.31b
	GJQX6	32.23d	27.41d	1.62a	1.65d	1.74b	2.71b
中部	GJQC1	34.77a	28.71a	1.81a	3.51a	1.63c	2.74b
	GJQC2	36.78c	29.73b	1.86ab	3.75b	1.69d	2.44a
	GJQC3	38.01d	30.97a	1.84ab	3.57ab	1.54a	2.62b
	GJQC4	34.76a	30.97bc	1.86b	4.57c	1.64bc	2.57a
	GJQC5	33.98a	30.79d	1.92b	3.73ab	1.64c	2.62b
	GJQC6	35.72b	30.73cd	1.85ab	4.92c	1.57ab	2.18c
上部	GJQB1	30.15b	25.13b	2.55c	3.87a	2.15c	1.99a
	GJQB2	32.24d	28.08e	2.55c	5.86d	1.98b	2.01a
	GJQB3	29.24a	25.29a	2.56c	5.27c	2.14c	2.11b
	GJQB4	30.17b	26.48c	2.68d	4.45b	2.14c	2.11b
	GJQB5	31.67c	27.15d	2.19a	5.85d	1.74a	2.03a
	GJQB6	30.51b	25.5ab	2.75b	4.48b	1.94b	3.05a

注：不同小写字母表示不同处理间差异显著（$P<0.05$）。

4. 密集烘烤干筋期不同温湿度对烟叶感官质量的影响

通过对不同部位初烤烟叶样品的评吸结果表 5-66 可以看出，下部烟叶在干筋期 6 种温湿度参数组合条件下烘烤后烟叶感官质量在香气量、浓度和劲头等指标方面得分相同，分别为 12.0 分、8.0 分和 5.0 分，烟叶感官质量总分排列顺序为 GJQX6 > GJQX5 > GJQX3=GJQX2 > GJQX1 > GJQX4，其中以处理 GJQX6 初烤烟叶感官质量最好，得分最高（83.0 分），其他指标得分均为所有处理之中的最高分，刺激性和干净度指标得分明显高于其他处理，处理 GJQX4 初烤后烟叶感官质量最差，得分最低（76.0 分），各指标得分也均为所有处理之中的最低分；中部烟叶在干筋期 6 种温湿度参数组合条件下烘烤后烟叶感官质量在浓度指标方面得分相同，均为 8.0 分，感官质量总分排列顺序为 GJQC6 > GJQC5 > GJQC3 > GJQC > GJQC4 > GJQC1，其中以处理 GJQC6 的初烤烟叶感官质量最好，得分最高（82.5 分），明显高于其他处理，处理 GJQC1 的初烤烟叶感官质量最差，得分最低（75.5 分），除回味指标外，各指标得分也均为所有处理之中的最低分，处理 GJQC4 的初烤烟叶回味指标得分最低，仅为 3.0 分；上部烟叶在干筋期 6 种温湿度参数组合条件下烘烤后烟叶感官质量在劲头等指标方面得分相同，均为 5.0，烟叶感官质量总分排列顺序为 GJQB5 > GJQB6 > GJQB4 > GJQB3 > GJQB1 > GJQB2，其中以处理 GJQB5 的初烤烟叶感官质量最好，得分最高（83.5 分），各项指标得分均为所有处理之中的最高分，香气量、湿润感和回味指标得分明显高于其他处理，处理 GJQB2 的初烤烟叶感官质量最差，得分最低（76.0 分），除杂气、干净度和回味指标外，各指标得分也均为所有处理之中的最低分，处理 GJQB3 的初烤烟叶杂气指标得分和处理 GJQB4 的初烤烟叶干净度指标得分最低，均为 7.0 分，处理 GJQB1 的初烤烟叶回味指标得分最低，仅为 3.0 分。

表 5-66 干筋期不同温湿度下烟叶感官质量测定结果　　　单位：分

部位	处理	烟草本香	香气量	香气质	浓度	刺激性	劲头	杂气	干净度	湿润感	回味	总分
下部	GJQX1	8.0	12.0	12.0	8.0	12.0	5.0	7.0	7.0	3.5	3.5	77.0
	GJQX2	8.0	12.0	12.5	8.0	12.5	5.0	7.0	7.0	4.0	3.0	79.5
	GJQX3	8.0	12.0	12.5	8.0	12.5	5.0	7.0	7.0	4.0	3.0	79.5
	GJQX4	7.0	12.0	12.0	8.0	11.5	5.0	7.0	7.0	3.5	3.0	76.0
	GJQX5	7.0	12.0	12.5	8.0	12.5	5.0	7.5	7.5	4.0	3.0	80.0
	GJQX6	8.0	12.0	13.0	8.0	13.0	5.0	8.0	8.0	4.0	4.0	83.0
中部	GJQC1	7.0	12.0	11.5	8.0	12.0	4.0	7.0	7.0	3.5	3.5	75.5
	GJQC2	8.0	13.0	12.5	8.0	12.5	5.0	7.5	7.0	3.5	4.0	81.0
	GJQC3	8.0	13.0	13.0	8.0	12.5	5.0	7.0	7.5	3.5	4.5	82.0

续表

部位	处理	烟草本香	香气量	香气质	浓度	刺激性	劲头	杂气	干净度	湿润感	回味	总分
中部	GJQC4	7.0	12.0	12.0	8.0	12.0	5.0	7.0	7.0	3.5	3.0	76.5
	GJQC5	8.0	13.0	13.0	8.0	12.5	5.0	8.0	7.5	3.5	3.5	82.5
	GJQC6	8.0	13.0	13.0	8.0	12.5	5.0	8.0	7.5	3.5	4.0	82.5
上部	GJQB1	8.0	12.0	12.0	8.0	12.0	5.0	7.5	7.5	3.5	3.0	78.5
	GJQB2	7.0	12.0	12.0	8.0	12.0	5.0	7.5	7.5	3.5	3.5	78.0
	GJQB3	8.0	12.0	12.5	8.0	12.0	5.0	7.0	7.5	3.5	3.5	79.0
	GJQB4	8.0	13.0	12.5	8.0	12.0	5.0	7.5	7.0	3.5	3.5	80.0
	GJQB5	8.0	13.0	12.5	9.0	12.5	5.0	8.0	7.5	4.0	4.0	83.5
	GJQB6	8.0	12.0	12.5	9.0	12.5	5.0	7.5	7.5	4.0	3.5	81.5

5. 结论

3个部位烟叶在6种温湿度组合处理下，初烤后烟叶物理特性和化学成分虽然有所不同，但基本都位于适宜范围内。烘烤中下部位烟叶时，整个干筋期最高温湿度参数组合为66 ℃和40 ℃时烘烤后的烟叶等级质量比最高温湿度参数组合为68 ℃和40 ℃时要优，两种烘烤工艺处理下，下部叶前者的烤后烟叶均价比后者高5.59元/kg，中部叶前者的烤后烟叶均价比后者高2.96元/kg，说明在湿度一定的情况下，烘烤中下部烟叶时温度较高容易发生烤红烟现象，降低初烤烟叶等级质量，这与沈少君等（2014）的研究结果相一致，但后者缺少对上部叶的研究。本试验在对上部叶进行烘烤时，整个干筋期最高温湿度参数组合为68 ℃和40 ℃条件下的初烤烟叶等级质量最优，初烤烟叶的上等烟、上中等烟比例和均价均最高，分别高达44.15%、84.93%和31.92元/kg，说明烘烤上部烟叶时适当提高温度能够促进烟叶质量的提升，可能原因是不同部位烟叶素质不一样，烘烤特性也有所差别。烘烤中下部位烟叶时，整个干筋期温湿度参数组合为66 ℃和40 ℃时的初烤烟叶等级质量和感官质量比温湿度参数组合为66 ℃和39 ℃时要高；烘烤上部位烟叶时，整个干筋期温湿度参数组合为68 ℃和40 ℃时的初烤烟叶等级质量和感官质量比最高温湿度参数组合为68 ℃和39 ℃时要高；说明在温度一定的条件下，随着湿度的增加，烟叶内的温湿差减小，温湿度达到同步变化，不仅有利于烟叶等级质量的提升，而且变黄和定色阶段形成的香气物质分解量减少，有利于棕色化反应类致香物质的积累，还有可能使一些小分子香气前体物质形成大分子香气物质，从而提升初烤后的烟叶感官质量。烘烤中下部叶时干筋前期、后期温湿度分别为63 ℃和39 ℃、66 ℃和40 ℃下的初烤烟叶感官质量优于整个干筋期温湿度为66 ℃和40 ℃下的初烤后烟叶感官质量，上部叶在干筋期前期、后期温湿度分别为63 ℃和39 ℃、68 ℃和40 ℃

下的初烤烟叶感官质量优于整个干筋期温湿度为 68 ℃ 和 40 ℃ 下的初烤烟叶感官质量，是因为干筋前期温度稍低有利于烟叶西柏烷类、质体色素降解致香物质总量的积累，从而提升烟叶的感官质量，具体的致香机理可作为今后的研究方向，沈少君等（2014）和李万乾等（2015）的研究结果表明，烟叶在 42 ℃ 湿球温度下更有利于烟叶品质的提升，可能原因是供试烤烟品种不同造成的差异，大量的研究均集中在云烟 87 烤烟品种上，对 K326 烤烟品种研究较少，因此可加大对该品种干筋期烘烤工艺的优化研究。

K326 烤烟品种不同部位烟叶在干筋期温湿度分别在 63 ℃、65 ℃、66 ℃、68 ℃ 和 39~40 ℃ 不同参数组合下，初烤烟叶内在化学成分和物理特性虽然有所差异，但基本都符合优质烟叶的要求。随着干筋期温度的提升，烟叶内含物转化更加充分，促进烟叶品质提升，但温度过高容易发生烤红烟现象，反而降低初烤烟叶质量。中下部烟叶在干筋前、后两个阶段温湿度参数组合为 63 ℃ 和 39 ℃、66 ℃ 和 40 ℃ 条件下烘烤，初烤烟叶的上等烟、上中等烟比例和均价均最高，下部叶分别高达 40.85%、78.53% 和 29.35 元/kg，中部叶分别高达 44.06%、82.40% 和 31.52 元/kg，烟叶等级质量和感官质量最佳；上部烟叶在干筋前、后两个阶段温湿度参数组合为 63 ℃ 和 39 ℃、68 ℃ 和 40 ℃ 条件下烘烤，初烤烟叶的上等烟、上中等烟比例和均价均最高，分别高达 44.15%、84.93% 和 31.92 元/kg，烟叶物理特性较佳，化学成分也较为协调，等级质量和感官质量最优。因此，中下部位烟叶在干筋期采取中温中湿烘烤方式，上部位烟叶在干筋期采取高温中湿烘烤方式，即中下部烟叶干筋前、后两个阶段烘烤温湿度参数分别为 63 ℃ 和 39 ℃、66 ℃ 和 40 ℃ 时，上部叶干筋前、后两个阶段烘烤温湿度参数分别为 63 ℃ 和 39 ℃、68 ℃ 和 40 ℃ 时，初烤烟叶质量最佳，为干筋期最适宜的温湿度组合。

三、技术要点

严格把握烟叶田间成熟度，下部叶适时采收，中部叶成熟稳收，上部 4~6 片叶充分成熟后集中一次采收；杜绝抢青采烤；突出以烟叶色泽变化为主，灵活掌握，采取下部叶适时早采，中部叶成熟稳收，上部叶充分成熟后 4~5 片叶集中一次性采收；做到下二棚叶色变为黄色采收，中部叶片成熟变成浅黄色采收，上二棚和顶叶呈现浅黄色采收。

K326 品种最优烘烤工艺为变黄期小火慢烤，微排控水，稳湿增温，调湿促黄，定色期要以最大的排湿量和最强大的火力，使烟叶在最短的时间内快速定色，干筋期要高温（不超过 68 ℃）干燥，降低湿度以提质增香。其烟叶烘烤工艺和转火节点如下：K326 品种烟叶在烘烤中变黄速度中等，变黄定色和失水干燥基本一致，烘烤特性较好，比红大烟叶好烤。但下部烟叶易烤枯；上部烟叶较厚，易烤成青杂色烟和挂灰烟。因此，要烤好 K326 品种烟叶，要把握"慢温小排促变黄，稳温排湿促定色，防红防湿保干筋"的烘烤原则，选择适宜的温湿度范围，协调好烟叶变黄与失水、定色、干筋与控水的关系，做到升温不急防挂灰，变黄排湿保塌架，定色稳温延时积香，干筋适温（湿）防坏烟。

（一）叶尖变黄阶段

1. 烘烤目标

气流下降式密集烤房上两层的烟叶或气流上升式密集烤房、普通标准化烤房下两层的烟叶叶尖变黄 4～10 cm，叶片变暖发汗。

2. 操作技术

烧小火，以 1 ℃/h 的升温速率将干球温度升到 35～36 ℃（普通烤房 33～34 ℃），湿球温度 34～35 ℃（普通烤房 31～32 ℃），稳定温湿度组合，使气流下降式密集烤房上两层的烟叶或气流上升式密集烤房、普通标准化烤房的下两层的烟叶叶尖变黄。

3. 注意事项

标准化普通烤房要关严门窗、微开进风门和天窗，控制好烟叶失水量。烧火要小而忍，特别起火时烧火不能过急，防止高温低湿烤青气流下降式烤房顶层的烟叶叶耳或气流上升式密集烤房、普通烤房底层的烟叶叶尖。烘烤时间不超过 12 h。33 ℃ 左右烧小火。

（二）叶肉黄八成与变软阶段

1. 烘烤目标

气流下降式密集烤房上两层的烟叶或气流上升式密集烤房、普通标准化烤房的下两底层的烟叶变黄 8 成左右，发软拖条。

2. 操作要点

微加小火，以 1 ℃/h 的升温速率将干球温度从 35～36 ℃ 升到 38～40 ℃，湿球温度由 34～35 ℃ 升至 35～36 ℃（普通烤房 33～34 ℃）。稳定温湿度组合，使气流下降式密集烤房上两层的烟叶或气流上升式密集烤房、普通标准化烤房下两层烟叶变黄 8 成左右，发软拖条。

3. 注意事项

烧火要小而稳，防止高温低湿烤青烟叶，注意排湿，防止湿度过高烤成硬黄烟叶，烘烤时间不要超过 24 h。

（三）叶肉全黄、塌架阶段

1. 烘烤目标

气流下降式密集烤房上两层的烟叶或气流上升式密集烤房、普通标准化烤房的下两层的烟叶全黄，勾尖塌架。农谚说"烟叶变黄变不好，烟叶定色就难烤"就是指的这一阶段一定要使烟叶完全变黄，同时要散失部分水分，使其凋萎变软，勾尖塌架。烟叶黄而不塌架，定色时会出现蒸片、挂灰；烟叶塌架而不全黄，定色时就出现烤青烟。

2. 操作技术

叶肉全黄后，微加火力，以 1 ℃/h 把干球温度升到 42～43 ℃、湿球温度 35～36 ℃，稳定温湿度到气流下降式密集烤房上两层的烟叶或气流上升式密集烤房、普通标准化烤房的下两层的烟叶叶肉全黄、塌架。

3. 注意事项

烧火要稳，不得忽高忽低；装烟过多时，应把湿球温度降低到 34～35 ℃，防止烟叶失水量不足，烤成硬黄叶。烘烤时间不低于 12 h。

（四）烘烤定色初期阶段

1. 烘烤目标

气流下降式密集烤房下两层的烟叶或气流上升式密集烤房、普通标准化烤房上两台烟叶全黄、塌架；气流下降式密集烤房上两层的烟叶或气流上升式密集烤房、普通标准化烤房下两层的烟叶支脉全黄，卷边小打筒。

2. 操作要点

气流下降式烤房上两层的烟叶或气流上升式烤房、普通标准烤房下两层的烟叶叶肉全黄塌架后，逐渐加大火力，以 0.7～0.5 ℃/h 的升温速率把干球温度从 42～43 ℃ 升到 45～46 ℃，湿球温度升到 36～37 ℃，稳定温湿度到气流下降式密集烤房下两层的烟叶或气流上升式密集烤房、普通标准化烤房的上两层的烟叶全黄、塌架；气流下降式密集烤房上两层的烟叶或气流上升式密集烤房、普通标准化烤房的下两层的烟叶支脉全黄、卷边小筒。

3. 注意事项

烟叶变黄是基础，定色是关键。农谚说"定色定不好，烘烤就败了"，说明了定色期在烘烤过程中至关重要，此时期烧中火要稳，不得忽高忽低，防止升温过急烤青烟叶支脉和叶肉挂灰。湿球温度不得低于 35 ℃ 或高于 38 ℃，防止低湿或高湿烤灰烟叶或蒸片。烘烤时间不超过 20 h。

（五）定色后期

1. 烘烤目标

气流下降式密集烤房下两层的烟叶或气流上升式密集烤房、普通标准化烤房上两层的烟叶叶肉基本干固；气流下降式密集烤房上两层的烟叶或气流上升式密集烤房、普通标准化烤房的下两层的烟叶叶肉干燥，大卷筒。

2. 操作要点

烧大火，按 0.7~1 ℃/h 的升温速率将干球温度升到 54~55 ℃、湿球温度升到 38~39 ℃，大量通风排湿，烤到气流下降式密集烤房下两层的烟叶或气流上升式密集烤房、普通标准化烤房上两层的烟叶叶肉基本干固；气流下降式密集烤房上两层的烟叶或气流上升式密集烤房、普通标准化烤房的下两层的烟叶叶肉干燥，大卷筒。

3. 注意事项

不掉温，不猛升，加大排湿量，防止高温高湿产生蒸片或降温烤灰烟叶。烘烤时间不少于 24 h。

（六）烘烤干筋期

1. 烘烤目标

烤干全炉烟叶主筋。

2. 技术要点

加大火力，以 1~1.5 ℃/h 的升温速率把干球温度升到 65~66 ℃、湿球温度升到 39~40 ℃烤干主筋。用普通标准化烤房烘烤的，当升温到 60 ℃ 时，检查中上台烟叶是否叶肉干燥、大卷筒，假如不是，需稳定 60 ℃ 烤干叶肉。如果是，可减小火力，逐渐减小进门和天窗，使干球温度逐渐升到 67~68 ℃，并将进风门调到微开，天窗开 1/4，减少通风排湿量，防止香气挥发。

3. 注意事项

烧火要相对稳定，防止长时间高温或降温。高温（超过 72 ℃）或高湿（42 ℃）都会把烟烤红，长时间掉温则会把烟烤成洇筋。

四、工艺要点

针对 K326 品种容易挂灰，烤后烟叶易烤青烤杂的烘烤特征。K326 品种烘烤优化工艺主要做了以下调整：

（一）烘烤起始阶段

适当提高烟叶起始烘烤阶段温湿度，干球温度由 32 ℃ 提高至 35~36 ℃，湿球温度由 31 ℃ 提高至 34~35 ℃，干湿差由 1 ℃ 调整至 1~2 ℃。因烟叶含水量较少，因此调整后提高温湿度使烟叶加快变黄速度。

（二）变黄期阶段

增加干球温度至 38~40 ℃，湿球温度至 35~36 ℃，干湿差 3~5 ℃ 的变黄阶段，使烟叶在这个阶段能够继续变黄，并且在变黄的同时适当失水，使烟叶不容易出现热挂灰。

（三）定色期阶段

全炉烟叶变黄温度由 44 ℃ 调整为 42~43 ℃，湿球温度由 36 ℃ 调整至 35~36 ℃，干湿差由 8 ℃ 调整至 6~7 ℃。适当降低干球温度，降低温湿差，使烟叶在变黄的同时缓慢失水，以减少挂灰。

（四）干筋期阶段

支脉全干干球温度由 58 ℃ 调整为 54~55 ℃，湿度由 39 ℃ 调整至 38~39 ℃，干湿差由 19 ℃ 调整至 16~17 ℃。适当降低干球温度，降低温湿差，使烟筋在变黄的同时不至于使香气大量散发，给烟叶进入复烤阶段的调制留下调整空间。

第六节　特殊烟叶烘烤技术

一、黑爆烟叶

黑爆烟，又称憋烟、爆烟，是由于施用氮肥过多或者土壤本身供氮水平高，造成烟叶叶色浓绿，难落黄，不易烘烤且烤后烟叶品质差的现象。黑爆烟主要有嫩黑爆和老黑爆两种类型：

（1）嫩黑爆烟常发生于中下部叶片，多表现为叶色深绿嫩绿，叶片肥大，组织疏松，含水量较高，干物质含量少，且以含氮化合物为主，烤后烟叶薄。

（2）老黑爆烟多发生于中上部叶片，叶片肥大厚实，粗筋暴脉，色绿而偏老，组织致密，含水量不高，保水能力强，干物质多，特别是蛋白质等含氮化合物多，叶绿素含量比正常烟叶高得多（刘华山 等，2007；黄维 等，2015）。

（一）形成原因

1. 土壤条件

土壤过黏，烟株根系不发达，后期氮素残余量大，易造成打顶后烟株吸收氮过多而生长旺盛、贪青晚熟；土壤有机质含量高，后期矿化的无机氮量多，土壤供氮能力强，易形成黑爆烟。

2. 气候条件

（1）光照。烟草是喜光作物，当光照较强时，烟株吸收氮肥速度加快，吸收量增加，光合潜力和光合速率提高，光合产物更多分到根系，有利于提高根系活力。在强烈日光直射下，叶片的栅栏组织和海绵组织加厚，叶肉变厚，叶脉凸现，形成"粗筋爆叶"。

（2）温度。烟叶成熟期温度太高，其叶色比正常叶色青绿，成熟期比正常推迟，叶绿素含量增高，易形成干旱黑爆烟。

（3）水分。烤烟大田生长期的需水规律是前期少、中期多、后期少。大田生长期降雨以300～700 mm为宜。烤烟生长前中期干旱少雨，生长缓慢，土壤中的氮素吸收少，后期雨水偏多，根系对水肥利用多，造成供氮集中致使烟株旺长晚期黑爆。

3. 栽培管理

施氮量过高，烟株生长强势，营养生长持续时间长，造成烟叶适时落黄难；田间管理技术如打顶抹杈不及时，造成叶、花、芽齐生共长，抢光、争肥、夺水，也能形成黑爆烟。

（二）烘烤中的突出问题

黑爆烟叶色仍呈墨绿色，叶绿素含量高且降解缓慢，蛋白质含量高，含氮化合物偏少，不容易变黄、变黄慢的烘烤特性突出，在烟叶烘烤中容易烤青，烤后烟叶品质差，烟叶工业可用性不高，给烟农带来了较大经济损失。

（三）烟叶烘烤技术

供试品种为K326，由玉溪中烟种子有限责任公司提供。试验于2016年在云南省玉溪市红塔区研和试验基地（海拔1 635 m，24°14′21″N，102°29′58″E）进行。

田间试验通过增加施氮量，适当控钾等措施，栽出品种K326黑爆烟叶。采收特点明显但还有烘烤价值的较老黑爆烟叶到研和试验基地利用热泵式电热试验小烤箱进行不同烘烤工艺的烟叶烘烤试验。

烤烟品种K326试验采取对比试验，共设2个处理，重复3次。根据K326品种的烘烤特性和黑爆烟叶鲜烟叶素质水平（表5-67），试验设以下改进烘烤工艺，见表5-68、表5-69。

表5-67 K326品种黑爆烟与正常鲜烟叶素质水平

类型	叶面积/m²	单叶鲜重/g	单叶干重/g	SPAD值	总糖/%	淀粉/%	蛋白质/%
易烤烟	1.42～1.65	85～100	11～14	21～25	13～15	24～26	11～13
黑爆烟	1.82	109.41	12.32	29.84	9.43	19.67	16.54

注：表中数据均为10次重复样品的平均值。

表 5-68　K326 品种黑爆烟烘烤工艺一（试验优化）

阶段号	目标干球温度/°C	目标湿球温度/°C	升温速度/（°C/h）	预设时间/h	烟叶变化程度
1	38	36	2	12	高温层烟叶发软。
2	33~35	31~33	0.5	24	高温层烟叶变黄1/3左右。
3	38	35	1	18	高温层烟叶完全变黄。
4	43	37	1	24	烟叶完全变黄。
5	45	37	0.5	28	主脉变白。
6	54	39	1	18	支脉和叶肉干燥。
7	68	40	1	24	全炉烟叶干燥。

表 5-69　K326 品种黑爆烟烘烤工艺二（对照）

阶段	干球温度/°C	湿球温度/°C	干湿差/°C	烟叶变化目标
1	32	31	1	烟叶开始发热。
2	44	36	8	全炉烟叶变黄。
3	48	38	10	支脉变黄。
4	58	39	19	支脉全干。
5	65	40	25	全炉烟叶干燥。

按上述设定的烘烤工艺烘烤后，请专业分级人员按国标对烤后烟叶分级称重，计算各等级烟叶比例、均价等，同时取混合烟样 1 kg 左右，进行常规化学成分分析，比较不同烘烤工艺烤后烟叶的内在化学质量。

由表 5-70 可知，K326 品种黑爆烟不同工艺处理下的上等烟比例、中等烟比例、下等烟比例和均价均存在极显著性差异（$P<0.01$），其中 K326 品种黑爆烟不同工艺处理下初烤烟叶上等烟比例、中等烟比例和均价大小表现为工艺 1>工艺 2。在 K326 品种黑爆烟的优化工艺上，显著提高了烟叶的上等烟比例、中等烟比例和均价。这表明品种 K326 黑爆烟烘烤工艺调节也能适当提高烟叶上等烟比例和均价，在一定程度上减少烟叶损失率。

表 5-70　K326 品种黑爆烟不同烘烤工艺烤后烟叶经济性状

烘烤工艺	上等烟/%	中等烟/%	下低等烟/%	均价/元
工艺 1	9.46	24.83	65.71	17.45
工艺 2	5.17	11.84	82.99	11.18

K326品种黑爆烟在不同烘烤工艺下的初烤烟叶化学成分含量差异均不显著，黑爆烟的碳水化合物含量低于正常烟叶，特别是总糖含量、还原糖含量和两糖差，而黑爆烟的含氮化合物又比正常烟叶高，特别是总氮含量（表5-71）。黑爆烟在不同烘烤工艺下的初烤烟叶均达不到优质烟叶要求。

表5-71　K326品种黑爆烟不同烘烤工艺初烤烟叶内在化学成分分析结果（%）

烘烤工艺	总糖	还原糖	总氮	烟碱	两糖差
工艺1	16.43	14.68	3.16	3.76	1.75
工艺2	16.48	13.96	3.37	3.56	2.52
正常烟	28.34	23.07	2.51	2.48	5.27

针对黑爆烟的特点和烘烤中的难点，在烘烤工艺中增加了烘烤起始阶段干球温度30 ℃，湿球温度29 ℃，升温速度为1 ℃/h。快速使烟叶叶片发软，主筋一半变软，从而使K326品种黑爆烟烘烤烟叶发软，而且不至于失水过多，也为了使烟叶变黄，而又不至于变黑。增加在高温层烟叶变黄1/3的阶段温湿度为干球温度33～35 ℃、湿球温度31～33 ℃，升温速度调整为0.5 ℃/h。

二、冷害烟叶

（一）形成原因

云南烤烟具有"两头低温影响，中间高温不足"的特点。低温影响贯穿着整个烤烟生长季，作为喜温作物，低温冷害严重影响其产量和品质。研究表明低温冷害的分类和评判指标主要有以下3个方面（戴冕，2000；黄中艳，2009）。

（1）从天气学成因划分，低温冷害可分为3类，即平流型（北方冷空气南下降温引起）、辐射型（气温偏低时段夜间晴空下地面强烈辐射散失热量造成）和混合型（由平流型和辐射型天气共同引发）。

（2）从生物学成因划分，低温冷害常分为3种，即延迟型（长时段的气温偏低或低温阴雨危害）、障碍型（作物低温敏感期短期低温危害）和混合型。

（3）生态学和农业气象上常针对主要作物的低温敏感期确定障碍型低温冷害的温度临界指标（表5-72），但并不是气温达到临界指标就一定发生灾害。云南延迟型低温冷害一般发生在夏秋季节，根据需要可使用夏季平均气温、7—8月平均气温、6—9月≥18 ℃天数（或积温）三者之一作为评判指标。

云南出现较强降温、霜冻、降雪、冻结等危害性强冷空气过程，平均每年有6次，最多年达10次。局部性的霜冻灾害每年都有10多县次，大范围的霜冻灾害平均3～4年发生1

次；霜冻多出现在 12 月至次年 3 月，主要发生在滇中以北海拔 1 800 m 以上地区。

表 5-72 云南主要作物重要时段的低温冷害临界温度指标

作物	发育期	出现时间	临界指标	主要危害
一季稻（粳稻）	抽穗开花期	7月下旬至8月	日均气温≤17～18.0 ℃，持续3 d以上。	空秕率增加，产量下降。
玉米	孕穗抽雄期		日均气温≤18.0 ℃。	延迟抽雄，生殖器官发育受阻，产量下降。
冬小麦	抽穗开花期	2月下旬至3月	最低气温≤0.0 ℃。	空秕率增加，产量下降。
蚕豆	花荚期	2月下旬至3月	最低气温≤-0.5 ℃。	落花、落荚，细胞冻死，产量下降。
烤烟	成熟期	8月至9月中旬	日均气温≤17.0 ℃。	烟叶组织受损，品质下降。
甘蔗	成熟期	冬季	最低气温≤0.0 ℃。	糖分转化率、含糖量下降。
橡胶		冬春季	最低气温≤5.0 ℃。	出现寒害，可爆皮流胶。

低温冷害制约烤烟种植布局和影响烟草业发展。夏季低温冷害可造成中高海拔地区烤烟生长缓慢、烟叶化学成分比例失调、香气浓度和产量下降等，是云南较高海拔烟区制约烟叶品质和经济可用性的主要生态因素。因此，云南较高海拔烟区不得不普遍采用地膜覆盖技术（黄中艳，2009）。

（二）烘烤中的突出问题

受近年来极端气候影响，许多烟区发生"倒春寒"，5月份以来又出现雨水不断、低温阴雨寡日照的极端天气，许多烟区积水量大，热量不足，光照不足，导致烟株长势较弱、茎秆矮小、节距稀、留叶片数明显减少，田间病害也普遍发生。到7月，部分烟区又处于高温干旱气候，烟株根系欠发达，田间假熟烟叶增多。从前期进入采烤的烟叶来看，冷害烟叶片薄而窄小，干物质积累差，含水重，耐烤性差，烤后单叶重偏轻。常规烘烤，由于烟叶易烤性好，耐烤性不足，养分消耗过度、湿度偏高而烤黑，也会因升温速度过快而基部含青，叶尖烤糟。

（三）烟叶烘烤技术

供试品种为 K326，由玉溪中烟种子有限责任公司提供。试验于 2015 年在云南省玉溪市红塔区研和试验基地（海拔 1 635 m，N 4°14′21″，E102°29′58″）进行。田间试验烤烟品种

K326 受冷害处理。采收褪色落黄慢的烟叶到研和试验基地利用热泵式电热试验小烤箱进行不同烘烤工艺的烟叶烘烤试验。

烤烟品种 K326 试验采取对比试验，共设 2 个处理，重复 3 次。根据 K326 品种的烘烤特性和冷害烟鲜烟叶素质水平（表 5-73），试验分别设以下 2 种烘烤工艺，见表 5-74、表 5-75。

表 5-73　K326 品种冷害烟鲜烟叶素质水平对比

类型	叶面积/m²	单叶鲜重/g	单叶干重/g	SPAD 值	总糖/%	淀粉/%	蛋白质/%
易烤烟	1.48～1.75	85～97	11～13	23～26	12～15	24～26	12～14
冷害烟	1.55	90.63	11.54	24.76	10.67	19.64	11.16

注：表中数据均为 10 次重复样品的平均值。

表 5-74　K326 品种冷害烟烘烤工艺一（试验优化）

阶段号	目标干球温度/℃	目标湿球温度/℃	升温速度/(℃/h)	预设时间/h	烟叶变化程度
1	29	27	0.5～1	12	高温层烟叶发软。
2	34	31	0.5～1	26	高温层烟叶变黄 1/3 左右。
3	38～39	34.5	0.5～1	22	高温层烟叶完全变黄。
4	45～46	35～36	0.5～1	32	烟叶完全变黄。
5	54～55	37～38	0.5～1	12	支脉和叶肉干燥。
6	65	39～40	1	21	全炉烟叶干燥。

表 5-75　K326 品种冷害烟烘烤工艺二（对照）

阶段	干球温度/℃	湿球温度/℃	干湿差/℃	烟叶变化目标
1	32	31	1	烟叶开始发热。
2	44	36	8	全炉烟叶变黄。
3	48	38	10	支脉变黄。
4	58	39	19	支脉全干。
5	65	40	25	全炉烟叶干燥。

针对 K326 品种冷害上中部烟叶水分含量较少，鲜干比缩小，烘烤容易挂灰，变黄慢的烘烤特性，对当地 K326 品种冷害烟叶烘烤工艺主要做了以下调整：

（1）优化工艺烘烤起始阶段由干球温度 32 ℃ 调整至 29 ℃，湿球温度由 28 ℃ 调整至 27，升温速度为 0.5～1 ℃/h。开始时降低温湿度快速使烟叶叶片发软，而且不至于大量失水。

（2）为了使烟叶变黄，而又不会出现挂灰，在高温层烟叶变黄 1/3 的阶段降低温湿度，干球温度由 35 ℃ 调整至 34 ℃，湿球温度由 30 ℃ 调整为 31 ℃，升温速度调整为 0.5 ℃/h。

（3）为了避免排湿过快，引起挂灰，所以升温速度均变为 0.5～1 ℃/h，直至干筋阶段才恢复 1 ℃/h。

1. 初烤烟叶经济性状

K326 品种冷害烟不同工艺处理下的上等烟比例、中等烟比例、下等烟比例和均价均存在极显著性差异（$P < 0.01$），其中 K326 品种冷害烟不同工艺处理下初烤烟叶上等烟比例、中等烟比例和均价大小表现为工艺 1>工艺 2（表 5-76）。这表明品种 K326 冷害烟烘烤工艺调节也能适当提高烟叶上等烟比例和均价，在一定程度上减少烟叶损失率。

表 5-76 K326 品种冷害烟不同烘烤工艺烤后烟叶经济性状统计结果

烘烤工艺	上等烟/%	中等烟/%	下低等烟/%	均价/元
工艺 1	6.79aA	24.38aA	68.83bB	19.56aA
工艺 2	4.77bB	12.36bB	82.87aA	15.42bB

2. 初烤烟叶内在化学成分

K326 品种冷害烟在不同烘烤工艺下的初烤烟叶化学成分含量差异均不显著，并且冷害烟的碳水化合物含量低于正常烟叶，特别是总糖含量、还原糖含量和两糖差（表 5-77）。冷害烟在不同烘烤工艺下的初烤烟叶均达不到优质烟叶要求。

表 5-77 K326 品种冷害烟不同烘烤工艺初烤烟叶内在化学成分测定结果（%）

烘烤工艺	总糖	还原糖	总氮	烟碱	两糖差	糖碱比	氮碱比
工艺 1	14.84bB	13.44bB	2.66a	2.24a	1.40bB	4.58a	1.13a
工艺 2	15.11bB	13.38bB	2.55a	2.06a	1.73bB	4.94a	1.16a
正常烟	28.18aA	23.50aA	2.41a	2.88a	4.68aA	9.78aA	0.84a

注："小写字母"表示在 5% 下差异达到显著水平，"大写字母"表示在 1% 下差异性达到极显著水平。

（四）烘烤技术要点

（1）本试验得出 K326 品种冷害烟在烘烤优化工艺处理下提高了初烤烟叶上等烟比例、中等烟比例和均价，冷害烟主要采取的工艺优化是在烟叶烘烤时提高变黄期温度，特别是起火和全炉变黄时期的温度，起火温度可直接升高至 36~37 ℃，全炉变黄可调至 42~44 ℃，且增加变黄期烘烤时间，缩短定色期的烘烤时间，一般比正常烟叶缩短 6~12 h，比其他两种工艺，均价提高 3~4 元。

（2）从对 K326 品种冷害烟内在化学成分来看，不同工艺下的初烤烟叶化学成分含量差异不大，协调性明显差于正常烟叶，均达不到优质烟叶要求，具体表现在总糖、还原糖、两糖差、糖碱比等指标上。

综合以上结果，本研究根据冷害烟在烘烤过程中失水困难或失水过快等物理特点制定了 3 个烘烤工艺，在烟叶产值量方面起到一点效果，但是在内在化学成分方面没有一点改进。因此，在今后研究工作中，建议考虑依据冷害烟烟叶的质量和生理生化变化特点，有针对性地制定配套烘烤工艺。

三、病害烟叶

（一）形成原因

烟草是农作物中病害种类多、受害严重的一类经济作物。据统计，全国烟草重要病害有 40 余种，其生长期长，感病时间也长。作为一种田间作物，烟草的生长受到的病害与很多外部条件的有关，如光照、温度、水分、品种、栽培以及烘烤水平等。烤烟主要病害如青枯病、黑胫病、普通花叶病、气候性斑点病等是影响其生长和烤后烟品质的主要因素。目前，我国烟草种植品种结构单一，主栽品种 K326 对烟草花叶病的抗性较差。

（二）烘烤中的突出问题

病害烟叶田间容易出现病斑，田间表现出假熟现象，叶片中病原菌多，叶绿体细胞被破坏，内含物质少，在烘烤过程中容易发生棕色化反应，难以定色。烤后烟品质差，烟叶工业可用性不高，给烟农带来较大经济损失。

（三）烟叶烘烤技术

供试品种为 K326，由玉溪中烟种子有限责任公司提供。试验于 2015 年在云南省玉溪市红塔区研和试验基地（海拔 1635 m，N24°14′21″，E102°29′58″）进行。试验分别设以下烘烤工艺，见表 5-78、表 5-79。

表 5-78 K326 品种病害烟烘烤工艺一（优化）

阶段号	目标干球温度/°C	目标湿球温度/°C	升温速度/（°C/h）	预设时间/h	烟叶变化程度
1	34	32	2	12	高温层烟叶发软。
2	38	36	2	24	高温层烟叶变黄1/3左右。
3	43	37	2	30	烟叶完全变黄。
4	48	38	2	16	主脉变白。
5	54	38	1	24	支脉和叶肉干燥。
6	68	40	1	30	全炉烟叶干燥。

表 5-79 K326 品种病害烟烘烤工艺二（对照）

阶段	干球温度/°C	湿球温度/°C	干湿差/°C	烟叶变化目标
1	32	31	1	烟叶开始发热。
2	44	36	8	全炉烟叶变黄。
3	48	38	10	支脉变黄。
4	58	39	19	支脉全干。
5	65	40	25	全炉烟叶干燥。

1. 病害烟叶不同烘烤工艺下初烤烟叶经济性状差异分析

K326 品种病害烟的优化工艺显著提高了烟叶的上等烟比例、中等烟比例和均价（表5-80）。这表明品种 K326 病害烟烘烤工艺调节也能适当提高烟叶上等烟比例和均价，在一定程度上减少烟叶损失率。

表 5-80 K326 品种病害烟不同烘烤工艺烤后烟叶经济性状统计结果

烘烤工艺	上等烟/%	中等烟/%	下低等烟/%	均价/元
优化工艺	5.26aA	27.96aA	66.78bB	19.03aA
对照工艺	2.75bB	18.55bB	78.70aA	16.58bB

2. 病害烟叶不同烘烤工艺下初烤烟叶内在化学成分差异分析

如表 5-81 所示，K326 品种病害烟在不同烘烤工艺下的初烤烟叶化学成分含量差异均不显著，并且病害烟的碳水化合物含量低于正常烟叶，特别是总糖含量、还原糖含量和两糖差。病害烟在不同烘烤工艺下的初烤烟叶均达不到优质烟叶要求。

表 5-81 K326 品种病害烟不同烘烤工艺初烤烟叶内在化学成分测定结果（%）

烘烤工艺	总糖	还原糖	总氮	烟碱	两糖差	糖碱比	氮碱比
工艺 1	15.25bB	14.77bB	2.53a	2.77a	0.48bB	5.51bB	0.91a
工艺 2	14.41bB	12.53bB	2.47a	2.61a	1.88bB	5.52bB	0.95a
正常烟	28.18aA	23.50aA	2.41a	2.88a	4.68aA	9.78aA	0.84a

注："小写字母"表示在 5% 下差异达到显著水平，"大写字母"表示在 1% 下差异性达到极显著水平。

（四）烘烤技术要点

本试验通过对 K326 品种病害烟在不同烘烤工艺处理下初烤烟叶产值量和内在化学成分差异分析，可以获得以下结论：

（1）病害烟叶主要采用"慢温小排促变黄，稳温排湿促定色"的烘烤原则进行烟叶烘烤，在温湿度上，主要体现在变黄期升温速度为 1 ℃/2 h，定色期温度为 54 ℃，湿球温度为 38 ℃，并且定色期烘烤时间要缩短 6~10 h，比传统烘烤工艺，均价提高 3 元左右。

（2）不同工艺下的初烤烟叶化学成分含量差异不大，协调性明显差于正常烟叶，均达不到优质烟叶要求。具体表现在总糖、还原糖、两糖差、糖碱比等指标上。

综合以上结果，本研究根据病害烟在烘烤过程中失水困难或失水过快等物理特点制定了 3 个烘烤工艺，在烟叶产值量方面起到一点效果，但是在内在化学成分方面没有一点改进。因此，在今后研究工作中，建议考虑依据病害烟烟叶的质量和生理生化变化特点，有针对性地制定配套烘烤工艺。

四、底烘烟叶

（一）形成原因

5 月份以来，低温多雨极端天气持续加剧，光照较差，烟叶水分含量较高，干物质积累量较少，骨架较弱，不耐高温；近期遭遇高温干旱危害，烟草根系欠发达，导致下部烟叶快速落黄，脱水下垂，叶尖部枯焦或者被地膜烫伤（图 5-34）。此类底烘现象在云南各大烟区频繁发生，外观似成熟，实际并未真正成熟，属假熟烟叶类型。

图 5-34 田间底烘现象烟叶

（二）烘烤中的突出问题

根据底烘烟叶的干物质积累少、含水量多、耐烤性差等特点，在烘烤时必须遵守"高温变黄、缓慢定色"的烘烤策略。

（三）烟烘烤技术要点

（1）提高变黄温度，加快烟叶变黄，防止干物质消耗过度。

（2）提前转火，缓慢升温定色，在 45～56 ℃稳温，让黄烟等青烟。

按照如下优化的各阶段烘烤工艺执行（表 5-82），另外，烘烤时必须根据烟叶变化状况执行烘烤工艺，降低烟叶烘烤损失率，提高烟农收益。

表 5-82 密集烤房烘烤工艺执行模式

阶段	干球温度/℃	湿球湿度/℃	目标任务	参考时间/h	升温速度	注意事项
1	36	34	高温层烟叶叶尖发汗变软。	12～20	1 ℃/2 h	点火升温速度宜快不宜慢；风机低速挡位。
2	38～39	35～36	高温层烟叶 8 成黄，发软塌架。	20～30	1 ℃/2 h	注意色形同步，严防硬变黄；风机低速挡位。
3	42	36～37	高温层烟叶完全变黄，主脉变软。	12～20	1 ℃/2 h	色快形慢时，稳温排湿，切忌盲目升温；进入 40 ℃稳温后高速挡位。
4	45～48	37～38	高温层烟叶叶肉干燥一半以上，烟叶支脉全部变白。	20～24	1 ℃/2～3 h	以控稳温湿度为中心；风机高速挡位。
5	54	37～38	高温层烟叶叶肉全干，低温层烟叶支脉变白，叶肉干燥一半以上。	20～24	1 ℃/2 h	严防掉温；风机高速挡位。
6		39～40	全炉干燥。	24～36	1 ℃/1 h	严防掉温；风机低速挡位。

（四）上部难烤烟叶

试验地位于云南省玉溪市江川区九溪镇（102°38′13″E，24°18′14″N），海拔 1 730 m，年平均气温 15.6 ℃，年平均最高气温 22.2 ℃，年平均最低气温 10.7 ℃，年平均降雨量为 773 mm。试验地土壤为植烟区典型的砂质红壤。供试烟草品种 K326 由玉溪中烟种子有限责任公司提供。2017 年 3 月 5 日在云南省烟草农业科学院人工温室中进行漂浮育苗，5 月 4 日移栽到试验地，现蕾后进行人工打顶。采收部位是烟叶上部烟。试验设置 3 种不同的采烤方式，A 常规采收（除芽）、B 一次性采收 5 片（除芽）、C 一次性采收 5 片（留芽），逐片标记好，每个处理重复 3 次。其中，常规采收是指依据上部烟叶的成熟度从上往下分阶两次采收；一次性采收具体是指烟株顶部 5 片叶中最上面的两片叶充分成熟后进行一次性采收。各采收方式应确保中部叶叶龄达到 70 d、上部叶叶龄达到 80d，且烟株大田生育期在 130d 左右。除腋芽如常规操作，留腋芽则是留 2 个。试验地的所有农艺管理措施，包括耕作方式和施肥，都遵循云南省烟草农业科学院综合技术中心提出的指导方针实施。

1. 结果与分析

（1）杀青后上部烟叶化学指标

经杀青处理后淀粉受采收方式、叶片数、采收方式×叶片数的显著影响（$P<0.05$）（表 5-83）。

由图 5-35 可知，经杀青处理在一次采收（留芽）处理 5 片叶中的淀粉含量显著低于一次性采收（除芽）；除第 2 和第 5 片叶外，常规采收（除芽）处理的淀粉含量要高于一次性采收（除芽）且在第 1、第 4 片叶中两者间的差异达到了显著水平；一次采收（留芽）处理的淀粉含量也是显著低于常规采收（除芽）。

表 5-83 采收方式、叶片数及其互作对杀青后化学指标的方差分析结果（%）

项目		自由度	淀粉	还原糖	烟碱	钾	蛋白质
采收方式	F 值	2	1 099.37	12 495.9	79.84	43.5	2.33
	P 值		<0.000 1	<0.000 1	<0.000 1	<0.000 1	0.115 1
叶片数	F 值	4	126.4	2247.09	106.65	77.36	1.29
	P 值		<0.000 1	<0.000 1	<0.000 1	<0.000 1	0.294 5
采收方式×叶片数	F 值	8	62.15	406	180.56	144.15	2.52
	P 值		<0.000 1	<0.000 1	<0.000 1	<0.000 1	0.031 8

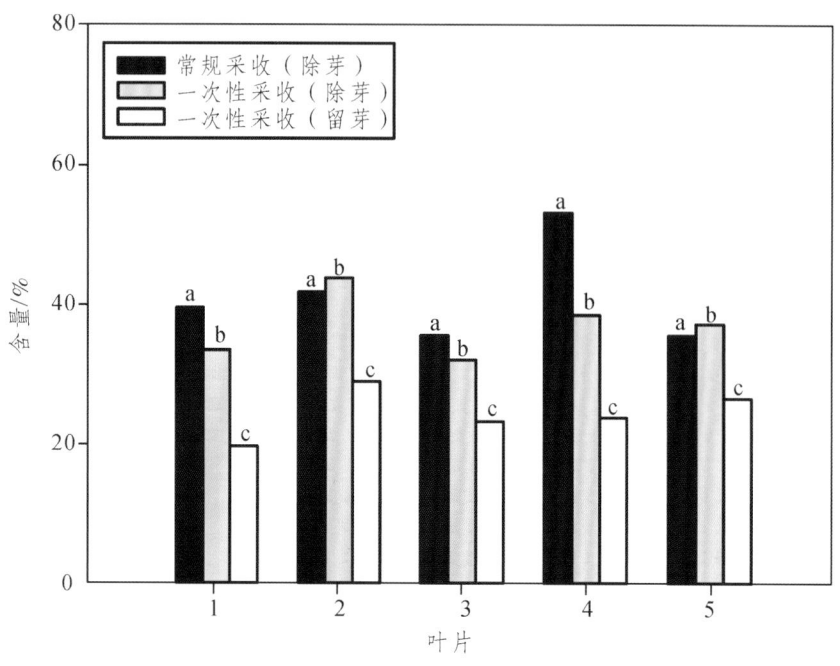

图 5-35　杀青处理后上部 5 片烟叶淀粉含量

由图 5-36 可知，杀青条件下一次性采收（留芽）处理的还原糖小于一次性采收（除芽）的还原糖含量，除第 5 片叶中两者间差异不显著外，其他 4 片叶均达到了显著水平；相比于一次性采收（除芽）与一次性采收（留芽）而言，除第 3 片叶外，常规采收（除芽）处理 5 片叶中的还原糖含量均显著低于其他两种采收方式。而烟碱含量的变化趋势与还原糖类似，其中一次性采收（除芽）处理的烟碱含量最高，一次性采收（留芽）处理的烟碱含量次之，常规采收（除芽）处理的烟碱含量最低，除第 3 片叶中常规采收（除芽）处理与一次性采收（留芽）处理间差异不显著外，其他 4 片叶中各不同处理间烟碱含量的差异均达到了显著水平。而 5 片叶中钾元素在 3 个处理间含量相差不大，除第 1 片叶外，其他 4 片叶中均出现一次性采收（留芽）略高于常规采收（除芽）、一次性采收（除芽）处理的现象，且在第 2 片叶中各处理间的差异达到了显著水平。5 片叶中钾元素含量在 3 个处理间无明显的变化规律，但除第 1 片叶外，其他 4 片基本呈现出一次性采收（留芽）处理的钾含量要略微高于或者等于一次性采收（除芽）处理的规律，而一次性采收（除芽）略微高于常规采收（除芽）。在蛋白质含量方面，常规采收（除芽）处理的蛋白质含量均低于一次性采收（留芽）和一次性采收（除芽）这两个处理，在第 2、3 片叶中，一次性采收（留芽）的蛋白质含量低于一次性采收（除芽），但是差异不显著。而在 1、4、5 叶中是一次性采收（留芽）的蛋白质含量高于一次性采收（除芽），其第 1 片叶两者间差异达到显著水平，4、5 片叶差异不显著。

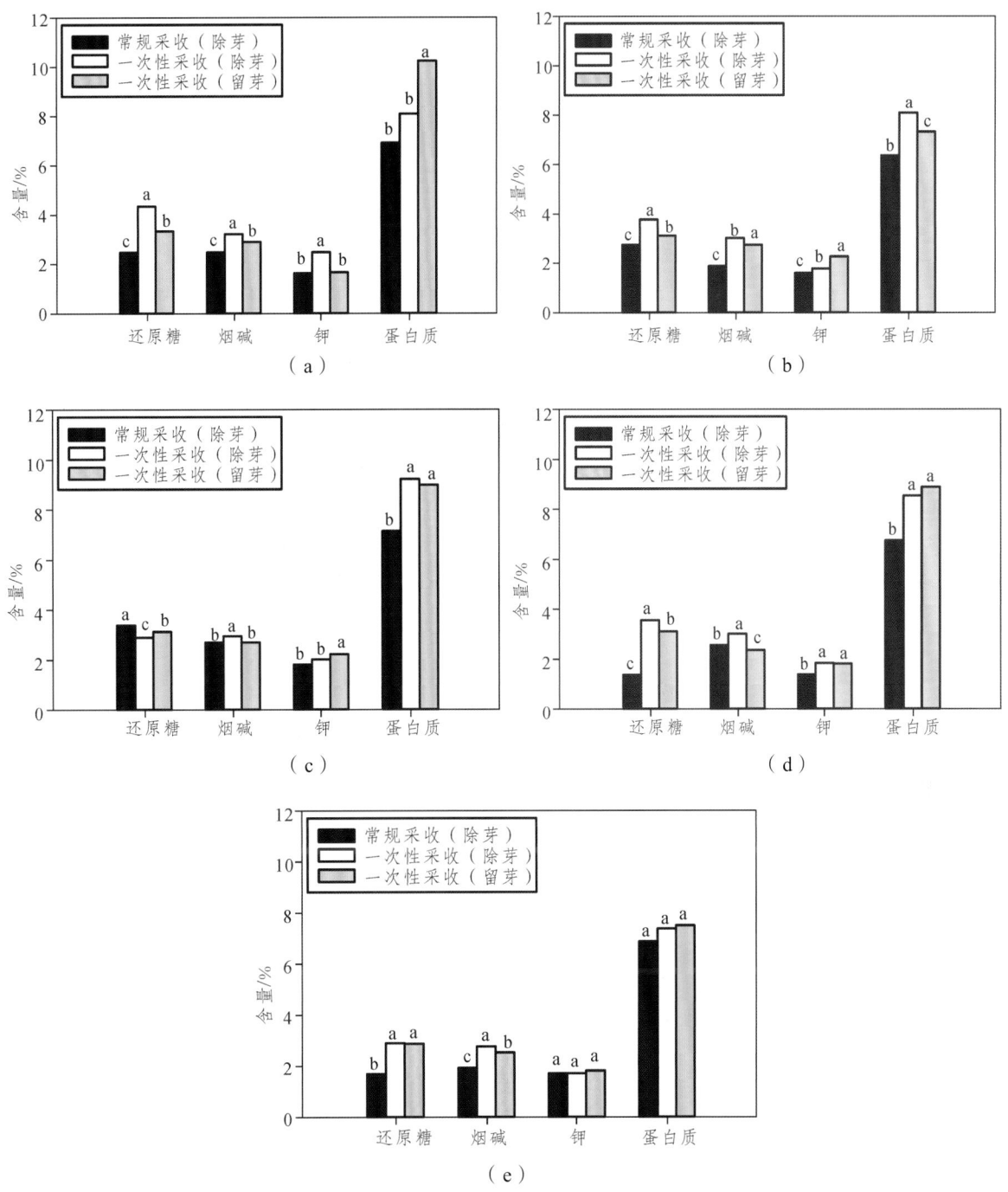

图 5-36 杀青后上部 5 片烟叶常规化学指标含量

（2）烤后上部烟叶化学指标

烤后处理的淀粉、还原糖、烟碱、钾元素含量、总糖、总氮 6 个指标均受采收方式、叶片数、采收方式×叶片数的显著影响（$P<0.05$），而蛋白质仅受采收方式×叶片数的显著影响（表 5-84）。

表 5-84 采收方式、叶片数及其互作对烤后化学指标的方差分析结果（%）

项目		自由度	淀粉	还原糖	烟碱	钾	蛋白质	总糖	总氮
采收方式	F 值	2	690.1	12 495.9	79.84	43.5	2.33	10 865.9	7.92
	P 值		<0.000 1	<0.000 1	<0.000 1	<0.000 1	0.115 1	<0.000 1	0.001 7
叶片数	F 值	4	223.24	2 247.09	106.65	77.36	1.29	2119.21	37.44
	P 值		<0.000 1	<0.000 1	<0.000 1	<0.000 1	0.294 5	<0.000 1	<0.000 1
采收方式×叶片数	F 值	8	92.78	406	180.56	144.15	2.52	342.02	19.32
	P 值		<0.000 1	<0.000 1	<0.000 1	<0.000 1	0.031 8	<0.000 1	<0.000 1

从图 5-37 可以看出，烤后一次采收（留芽）处理的淀粉含量均显著的低于常规采收（除芽）和一次采收（除芽）处理，而与一次采收（除芽）相比常规采收（除芽）除第 1、第 5 片叶常规采收（除芽）高于一次采收（除芽）外，其他 3 片叶均为一次采收（除芽）略高于常规采收（除芽）处理。

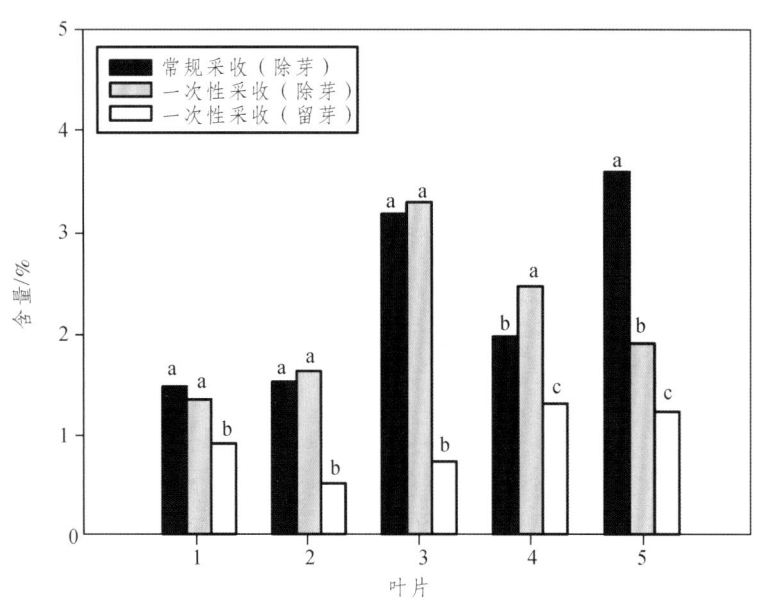

图 5-37 烤后上部 5 片烟叶淀粉含量

烟叶总糖、还原糖的变化规律与淀粉的变化规律相似（图 5-38），即一次采收（留芽）处理的总糖、还原糖含量显著低于常规采收（除芽）和一次性采收（除芽）处理，而 1、2 片叶中常规采收（除芽）与一次性采收（除芽）间的总糖、还原糖含量较为接近，第 3 片叶为一次性采收（除芽）显著高于一次性采收（留芽）处理，而在 4、5 片叶中则相反，即一次性采收（留芽）显著高于一次性采收（除芽）处理。总氮、烟碱、氧化钾这 3 个指标在 5 片叶中的变化规律不明显，3 种采收方式下的总氮、烟碱、氧化钾含量较为接近。蛋白质的变化为，在第 1、4 片叶中，一次性采收（除芽）处理的蛋白质含量要高于常规采收（除芽）和一次性采收（留芽），但差异不显著。在第 2、3 片叶中，常规采收（除芽）处理的蛋白质含量最高，一次性采收（除芽）次之，一次性采收（留芽）最低。

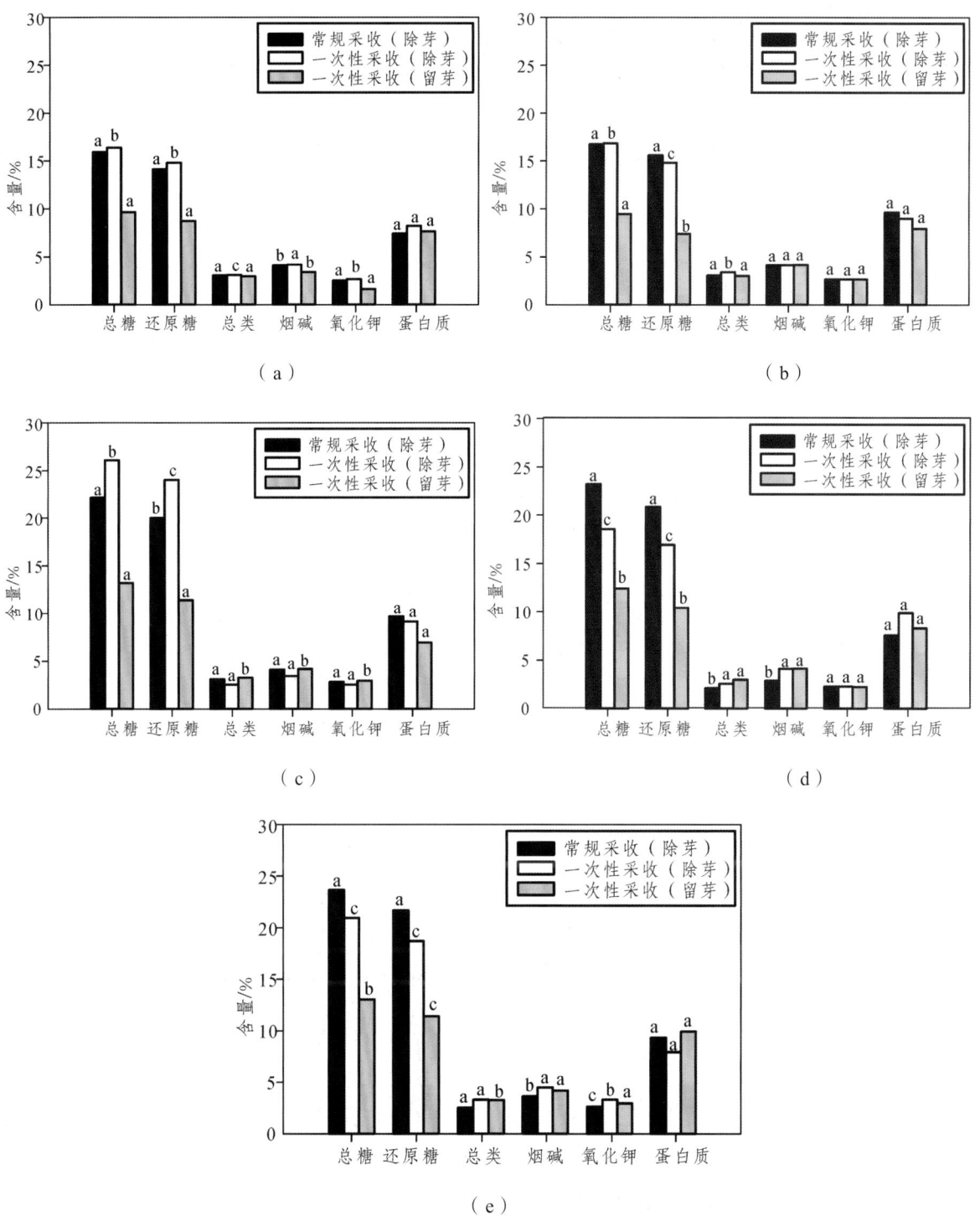

图 5-38 烤后上部 5 片烟叶常规化学指标含量

（3）烤后上部烟叶多酚类物质含量

新绿原酸、绿原酸、莨菪亭、芸香苷均受采收方式、叶片数、采收方式×叶片数的显著影响（$P<0.05$），而咖啡酸所受影响均不显著（表 5-85）。

表 5-85　烤后上部烟的多酚类物质含量的方差分析结果　　　　　单位：μg/g

项目		自由度	新绿原酸	绿原酸	咖啡酸	芦丁亭	芸香苷
采收方式	F 值	2	16.88	66.38	0.11	3.54	53.59
	P 值		<0.000 1	<0.000 1	0.896 6	0.041 6	<0.000 1
叶片数	F 值	4	13.95	45.83	0.11	9.14	200.44
	P 值		<0.000 1	<0.000 1	0.979 6	<0.000 1	<0.000 1
采收方式×叶片数	F 值	8	9.60	109.49	0.55	8.40	55.68
	P 值		<0.000 1	<0.000 1	0.805 9	<0.000 1	<0.000 1

3 种不同采收方式对多酚物质的总量的影响有显著影响（图 5-39、图 5-40），从第 1 片叶到第 5 片叶，在 3 种采收方式下，叶片多酚含量的变化趋势均为先上升后下降再上升。在第 2、3 片叶中，一次性采收（留芽）处理的多酚总量显著高于另外两种采收方式，在第 1、5 片叶中则为一次性采收（除芽）高于常规采收和一次性采收（留芽），但在第 5 片叶中差异不显著。第 4 片叶为常规采收显著高于一次性采收（除芽）和一次性采收（留芽）。

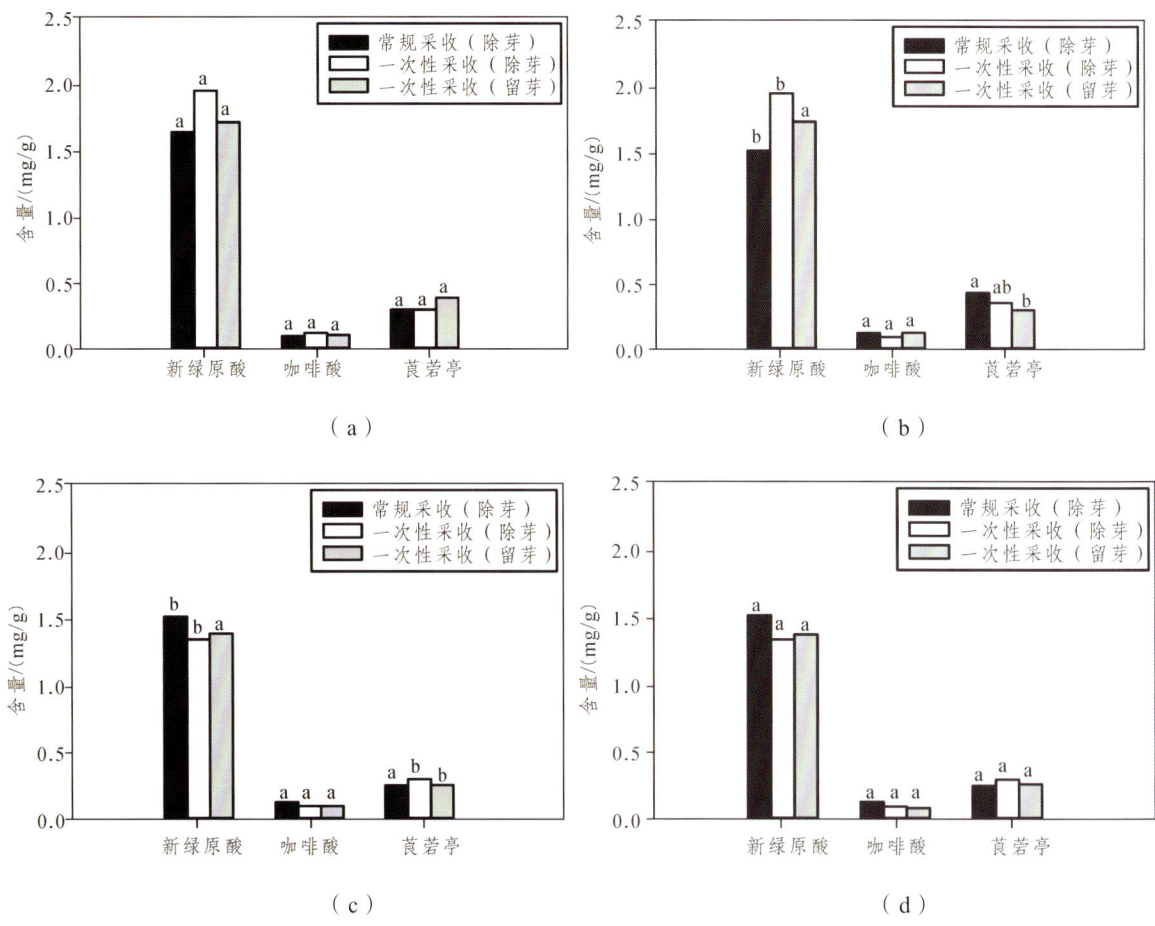

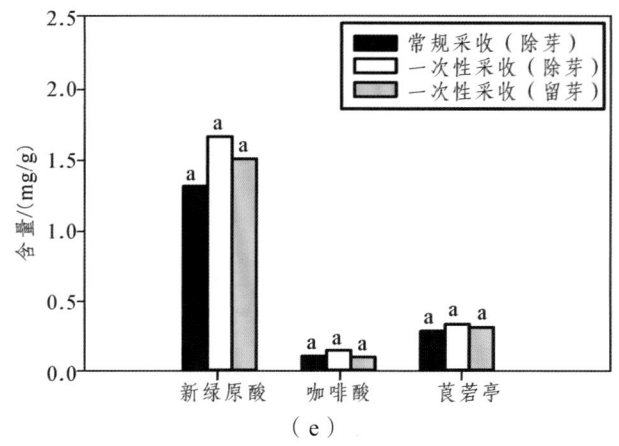

图 5-39 烤后上部 5 片烟叶不同类型的多酚化合物含量

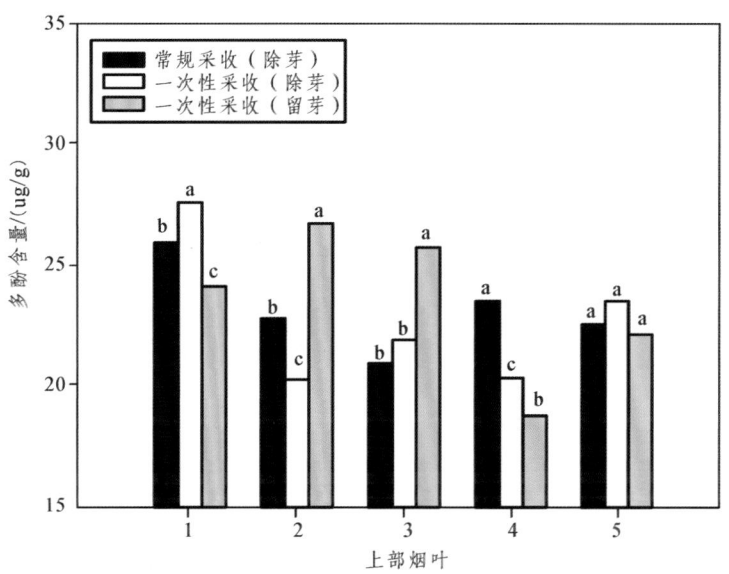

图 5-40 烤后上部 5 片烟叶多酚化合物总量

（4）上部烟叶经济指标

由表 5-86 可以看出，挂灰程度仅受采收方式的显著影响，而单叶重和均价则受采收方式、叶片数、采收方式×叶片数的显著影响（$P<0.05$）。

表 5-86 采收方式、叶片数及其互作对上部烟叶经济指标的方差分析

项目		自由度	挂灰程度/%	单叶重/g	均价/元
采收方式	F 值	2	243.9	87.49	10.77
	P 值		<0.000 1	<0.000 1	0.000 3
叶片数	F 值	4	0.62	10.7	121.69
	P 值		0.653 6	<0.000 1	<0.000 1
采收方式×叶片数	F 值	8	0.74	10.97	81.37
	P 值		0.659 8	<0.000 1	<0.000 1

一次性采收（留芽）处理的 5 片叶的挂灰程度是显著小于常规采收（除芽）和一次性采

收（除芽）处理的，相比于常规采收（除芽），一次性采收（留芽）处理的挂灰程度下降了40%左右，而较一次性采收（除芽芽）处理，下降了20%左右（图5-41）。而一次性采收（除芽）相比于常规采收（除芽）挂灰程度也是降低的，除第2片叶达到了显著水平外，其他4片叶中两不同采收方式间差异不显著（图5-41）。

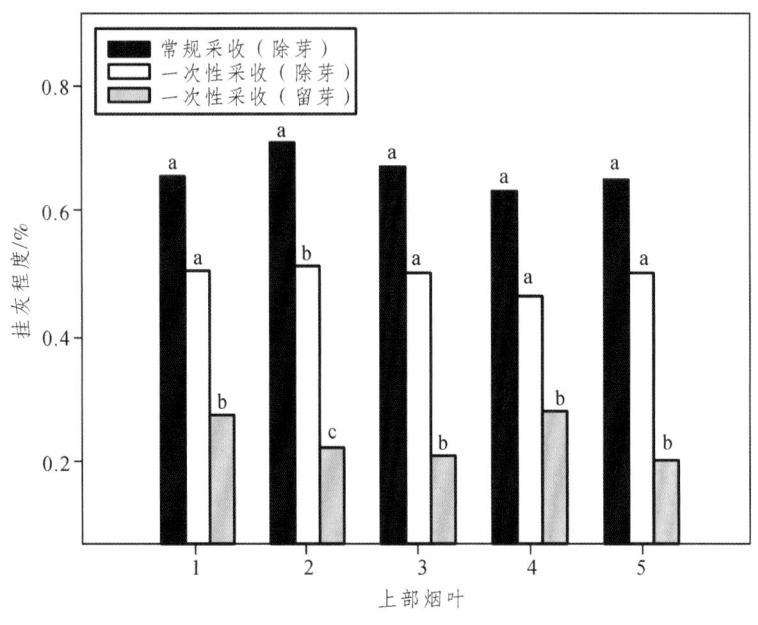

图 5-41　上部 5 片烟叶挂灰程度

常规采收（除芽）的单叶重从第 1~5 片中呈现逐渐增加的趋势（图 5-42）。一次性采收（除芽）和一次性采收（留芽）的单叶重则呈现先升高后降低的趋势，且除芽处理的单叶重均显著高于留芽处理。在第 2、3 片叶中，一次性采收（除芽）处理的单叶重最大，常规采收（除芽）次之，一次性采收（留芽）最小，而在第 1、4、5 片叶中，则为常规采收最大，一次性采收（除芽）次之。

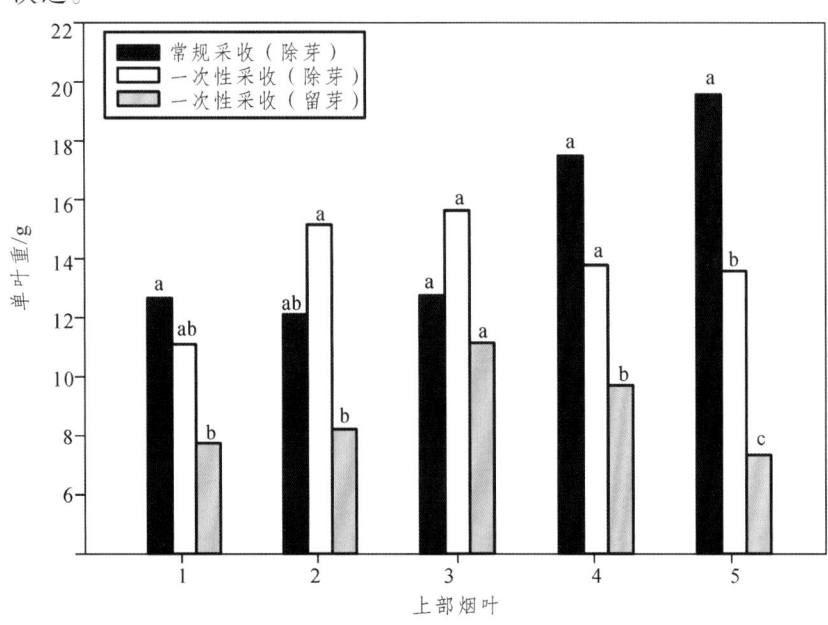

图 5-42　上部 5 片烟叶单叶重

2. 讨论与结论

（1）上部烟叶淀粉含量与采收方式、内在化学品质的相关性。

在将采收方式由常规采收改变到一次留芽采收后，淀粉的含量显著降低。此前的研究认为淀粉含量过高与烤烟的成熟度关系密切，相同品种烤烟淀粉含量同成熟度之间存在正相关关系，成熟度较差意味着烟叶淀粉含量偏高，不仅会造成初烤烟叶内在化学品质糖碱比失衡，烟碱含量偏低，还会使烤后烟叶表面光滑、杂色、青筋烟叶比例偏高，工业可用性降低。由此，淀粉含量过高可以使挂灰现象产生的概率大大提高，采收方式的改变降低了烤后烟叶的淀粉含量，本质上也是改善了初烤烟叶的内在化学品质，从而使挂灰烟的出现减少。

（2）采收方式、化学指标、空间布局三者之间的相关性。

在3种采收方式下，同是上部烟叶，从上到下不同编号的叶片的同一化学指标的显著性变化情况也不同。说明空间上的不同在一定程度上影响着烟叶的生化指标，从而导致局部的差异。同一个空间上分布的烟叶，在不同采收方式的作用下，可以得到不同的生化指标。这表明烟叶的采收方式确实能影响到烟叶的生长过程，从而导致内部成分的变化。综上所述，我们可以更加深入地研究烟叶的生长情况（各项化学指标），同一部位的不同空间上分布的烟叶，以及不同采收方式之间的关系，用以进一步优化烟叶质量，改良烟叶生长情况，选取合适采收方式进行采收。

（3）采收方式对挂灰程度的影响。

一次采收（留芽）的挂灰程度显著小于其他两种采收方式，而常规采收的烟叶挂灰程度与一次采收（除芽）多呈现无显著差异。这说明采收方式中的一次采收（留芽）这种方式能显著地来减小挂灰程度。挂灰程度与留芽、一次采收之间存在必然的相关性。在3种方式中，只有当一次采收和留芽结合在一起时，挂灰程度才能达到最低值。最终在减少上部烟挂灰率的几种采收方式中，一次性采收5片（留芽）效果明显。它增加后期上部烟叶的养分分配，与叶片变薄，有利于后期烘烤，减少挂灰烟的产生，而内在品质、化学指标达标，能达到我们所期望的目的。

（4）不同采收方法对烟叶内在化学成分的影响。

一般认为，优质烟叶的两糖差值应在3~5个百分点、氮碱比为1、糖碱比在6~10范围内为宜。对不同采收方式的烤后烟叶内在化学成分的检测结果表明，改良后的采收方式，烟叶的还原糖含量有所降低，总氮含量相对减少，糖碱比、氮碱比均有所提降低，两糖差相对减小。这说明改变了采收方式后对烟叶的内在化学成分有所影响但均在优质烟叶的要求范围内，对烟叶的内在质量、外在质量、评吸方面影响不大，处在可以接受的范围之内。

（5）打顶处理对烟叶淀粉含量的影响。

打顶处理对成熟期烟叶内在化学成分具有明显的调控作用，在烟草栽培过程中控制好打顶时间，是协调烟叶化学成分、提高工业可用性的关键措施之一。打顶烟株的上部叶淀粉含量比未打顶烟株要高一些，打顶之后淀粉积累的增多可能是由于去除了一个主要的营养库，也可能是打顶以延迟衰老和增强淀粉与蔗糖合成中酶活性的方式刺激了淀粉的合成。淀粉和蔗糖代谢的一些关键酶活性在未打顶烟株体内保持相对稳定，而打顶烟株体内得到增强。打顶烟株的上部叶充当了源和库两方面的作用，既增加了碳水化合物的合成能力，又作为改进生长而贮存了碳水化合物。上部叶淀粉的快速积累与烟叶伸展速率下降同时发生。杨虹琦等（2005）研究表明，打顶对成熟期烟叶的内在化学成分产生较大影响，特别是对淀粉、可溶性糖等潜香性物质积累影响较大，且对中上部烟叶的影响高于下部烟叶。

（6）烟叶化学指标对挂灰程度的影响。

在烤后上部烟的化学相关性分析中，两糖含量、挂灰程度、淀粉、单叶重之间相关性显著。而对于杀青后的上部烟叶，挂灰程度、淀粉、单叶重、还原糖间相关性显著。说明在留腋芽采烤影响烤烟 K326 品种上部烟挂灰程度的机理研究中，两糖含量、淀粉、单叶重这 3 种化学指标对挂灰程度机理有着重要影响。

第七节　烟叶烘烤工商协同优化技术

初烤和复烤是提升烟叶质量的关键环节。在烟叶烘烤中如何预留烟叶质量提升空间是在烟叶复烤过程中最大限度提升烟叶质量的关键。在烟叶烘烤中，变黄是烟叶香气物质形成的重要工艺环节，本节重点研究了不同变黄程度对烟叶的产值量、外观质量、吸湿和散湿速率、感官评吸质量、耐加工性和工业可用性的影响。

一、材料与方法

2019 年和 2020 年在云南 K326 品种典型种植烟区玉溪和楚雄开展相关研究。烤房均为卧式密集烤房。试验安排情况如表 5-87 所示。

表 5-87　试验安排情况

时间	地点	品种	面积	部位
2019 年	玉溪江川马家庄村	K326	8 hm^2	中部叶
2020 年	楚雄牟定潘猫烟站	K326	13 hm^2	中部叶

试验设置 2 个处理（表 5-88）。处理 R：变黄程度适中，烟叶变黄 8～9 成时转入凋萎阶

段，完全变黄包括支脉变黄、凋萎变软时转入定色期，该处理为烟农现行的常规烘烤模式。处理 M：变黄程度略低，烟叶变黄 6～7 成时转入凋萎阶段，青筋黄片时转入定色期。在本次试验中，K326 品种用 K 表示。玉溪和楚雄分别用 Y 和 C 表示。采用的烘烤工艺为云南省目前主推工艺，其主要关键转火温湿度为 35/33 ℃、38/35 ℃、42/36 ℃、48/37 ℃、54/38 ℃、62/39 ℃ 和 68/39 ℃，其处理间，主要根据烟叶变黄程度和烘烤时间来调节，每处理重复 3 次（表 5-89）。

表 5-88　K326 品种烟叶变黄程度处理的烘烤时间操作差异　　　　单位：h

处理	变黄期	定色期	干筋期	合计
略低（M）	54	63	31	148
适中（R）	78	54	29	161

表 5-89　试验编号情况

处理编号	试验年份	试验地点	试验品种	试验处理
YKM	2019 年	玉溪	K326	M
YKR	2019 年	玉溪	K326	R
CKM	2020 年	楚雄	K326	M
CKR	2020 年	楚雄	K326	R

表 5-88 是 K326 品种烟叶变黄程度处理的烘烤工艺，变黄程度的差异主要通过变黄时间来调节。其中 K326 品种 R 处理的变黄期需要烘烤的时间为 78 h，比 M 处理延长了 24 h。当烟叶进入定色期后，K326 品种 R 处理为 54 h，比 M 处理缩短了 9 h；进入干筋期后，K326 品种 R 处理为 29 h，M 处理为 31 h，干筋期的烘烤时间处理间差异不明显。烘烤的总时长 K326 品种 R 处理为 161 h，比 M 处理延长了 13 h。2016 年楚雄点，烘烤后的烟叶效果如图 5-43 所示，变黄程度略低的烤后烟叶平均叶绿素含量（叶绿素 a+b）为 8.49 μg/g，显著高于变黄程度适中的烤后烟叶叶绿素含量（7.16 μg/g）。

按优质高效栽培技术进行烟叶生产，以栽出营养均衡、生长发育正常、能分层落黄成熟的鲜烟叶为目标。到 8 月，栽后 90～95 d 左右，打顶后 35～40 d，烟叶呈现浅黄色，叶面落黄 8 成，主脉全白发亮，支脉变白，叶尖、叶缘下卷，叶面起皱时，采收中部 12～14 片的成熟烟叶，按试验设计的要求进行烘烤。其他农艺措施按当地优质烟栽培规范进行，对烤后烟叶的产质量、外观质量、耐加工性、吸湿散湿特性、感官质量和工业可用性进行评价。

变黄适中 R 处理　　　　　　变黄略低 M 处理

图 5-43　烤后烟叶表观对比

二、结果与分析

（一）不同变黄程度对烟叶产值量的影响

在烟叶生产过程中，烟叶产、质量主要受气候、土壤、栽培、采收成熟度及烘烤时变黄程度等因素的影响，其中变黄程度影响烟叶最终产、质量的程度更为突出（表5-90）。2个试验点的数据显示：在不同变黄程度后表现为烟叶变黄程度适中工艺的上等烟比例最高，分别为 84.20%和 77.68%；从上中等烟叶比例来看是变黄程度略低工艺最高，分别为 97.83%、96.31%和97.32%；从均价来看是烟叶变黄程度适中工艺最高，分别为 30.50 元和 34.77 元。两个品种间差异不明显。由此可以看出在烘烤过程中，烟叶的质量均以烟叶变黄适中工艺最好，有利于烤后烟叶均价的提升。

表 5-90　不同变黄程度下烟叶产质量测定结果

处理	上等烟/%	上中等烟/%	均价/（元/kg）
YKM	58.06b	96.60a	24.90b
YKR	84.20a	97.83a	30.50a
CKM	65.30b	95.42a	32.75b
CKR	77.68a	97.32a	34.77a

注：以当年烟叶交售价格为准，不同小写字母表示处理间显著性差异（$P<0.05$）。

（二）不同变黄程度对烟叶外观质量的影响

按照红塔集团《烤烟工业分级标准》对送检样品进行外观质量检测，不同样品的分级情况如表 5-91 所示，其中烟叶等级 CO_2 比例高表示外观等级高。从表中可以看出，2 个试验点整体外观质量均以烟叶变黄程度适中工艺的样品最好，烟叶中烟叶等级 CO_2 比例最高，副组比例最低，其中，楚雄烟叶表现最为明显，两个处理间烟叶中烟叶等级 CO_2 比例相差 24.77 个百分点。品种和区域间差异不明显。

表 5-91　不同变黄程度下烟叶外观质量评价结果

处理	总质量/kg	烟叶等级 CO_2 数量/kg	烟叶等级 CO_2 比例/%	副组质量/kg	副组比例/%
YKM	31.65a	23.40b	73.93b	8.10a	25.59a
YKR	29.75a	25.10a	84.37a	4.45b	14.96b
CKM	30.40a	18.70b	61.51b	11.55a	37.99a
CKR	29.15a	25.15a	86.28a	2.95b	10.12b

（三）不同变黄程度对烟叶耐加工性的影响

按照陈红丽等（2011）提出的烟叶抗破碎指数监测方法进行检测，不同样品的检测数据如表 5-92 所示。综合 <1 mm 的比例和 >4 mm 的比例可以看出，对于 2 个试验点的供试烟叶，均以烟叶变黄程度适中工艺的样品抗破碎性最好。品种间无明显差异，2 个试验点以楚雄的烟叶物理耐加工性最好。随着烘烤烟叶变黄程度的增加，烤后烟叶的抗破碎性有降低的趋势。

表 5-92 不同变黄程度下烟叶物理耐加工性测定结果

处理	≥4 mm 比例/%	≥2 mm 比例/%	≥1 mm 比例/%	<1 mm 比例/%
YKM	94.08a	1.57b	0.95a	2.76a
YKR	93.72b	1.74a	1.02a	2.88a
CKM	96.24a	1.31b	0.89a	0.42b
CKR	95.92b	2.73a	1.37a	0.79a

评价标准：<1 mm 比例越高则样品抗破碎性越差，≥4 mm 比例越高则样品抗破碎性越好。不同小写字母表示处理间显著性差异（$P<0.05$）。

（四）不同变黄程度对烟叶吸湿散湿特性的影响

在烟叶的加工过程中，吸湿速率快的烟叶存储和转运过程中容易吸收水分，从而增加其抗破碎性，降低造碎损失。而烟叶散湿速率快，能在复烤阶段迅速失水，从而迅速达到所需的干燥水分状态。从表 5-93 中可以看出，在吸湿特性方面，以处理 M 的样品吸湿速率最快；在散湿特性方面，以处理 M 的样品散湿速率最快。从区域来看，楚雄烟叶的吸湿速率快于玉溪，散湿速率慢于玉溪。综上，随着变黄程度的增加，烤后烟叶的吸湿和散湿的速率均有降低的趋势。

表 5-93 不同变黄程度下烟叶吸湿散湿特性

处理	60%~75%RH 平衡时间/h	60%~75%RH 平衡质量变化/%	75%~60%RH 平衡时间/h	75%~60%RH 平衡质量变化/%
YKM	7.98b	16.88a	20.59b	13.4a
YKR	10.47a	20.18a	25.45a	10.97b
CKM	6.81b	20.18a	16.45b	8.21a
CKR	8.84a	22.88a	18.59a	4.61b

评价标准：60%~75%RH 平衡时间（h）表示吸湿特性；75%~60%RH 平衡时间（h）表示散湿特性。不同小写字母表示处理间显著性差异（$P<0.05$）。

（五）不同变黄程度对烤后烟叶感官质量的影响

3 个试验点的处理 R 的评吸质量均优于处理 M，主要体现在香韵、香气量、香气质和干净度等几个指标上（表 5-94）。从品种间的情况来看，红大的评吸质量在香韵、浓度和干净度上均高于 K326 品种，总分也高于 K326 品种；按照工业需求来看，因为工业环节需要复烤加工等工艺。而根据工业评吸的反馈，处理 R 虽然得分较高，但是烟气蓬松、杂气较轻、口感略有残留，已经接近于复烤后的烟叶品质，对于工业来说调整烟叶品质的空间不大；而处理 M 的浓度较高，烟气饱满厚实、量足，刺激稍大，劲头略集中，通过后续复烤加工可以继续按工业需要提升烟叶质量。

表 5-94　不同变黄程度对烤后烟叶感官质量评价结果　　　　单位：分

处理	香韵	香气量	香气质	浓度	刺激性	劲头	杂气	干净度	湿润	回味	合计
YKM	7.50	12.50	12.50	7.50	13.00	5.00	7.50	7.50	4.00	3.50	80.50
YKR	8.00	13.00	13.00	8.00	13.00	5.00	8.00	8.00	4.00	3.50	83.50
CKM	7.50	12.50	12.44	7.31	7.50	4.88	7.13	7.25	4.00	3.88	74.38
CKR	8.00	13.00	13.50	7.50	7.50	5.00	7.50	7.50	4.00	4.00	77.50

（六）不同变黄程度对复烤后烟叶感官质量的影响

处理 M 随着复烤强度的增大感官评吸质量不断提升，而处理 R 轻度复烤可以提升评吸质量，而用中度与重度复烤工艺，则总体感官质量有变差的趋势（表 5-95）。其中，处理 M 以复烤加工 3 号处理的样品感官质量最好，处理 R 以复烤加工 1 号处理的感官质量较好。品种间差异不明显。因此按照工业复烤环节的要求，处理 M 最为适应工业需求。

表 5-95　不同变黄程度对复烤后烟叶感官质量评价结果　　　　单位：分

处理	样品名称	愉悦性（10）	细腻度（5）	圆润性（5）	延绵感（5）	香气量（10）	甜度（10）	浓度（10）	刺激性（10）	劲头（5）	杂气（10）	干净度（10）	津润感（5）	回味（5）	合计
YKM	复烤前	7.5	3.9	3.4	3.6	7.1	7.0	7.3	7.5	5.0	7.1	7.3	4.0	3.9	74.6
YKM	复烤1	7.6	3.9	3.5	3.8	7.2	7.0	7.5	7.3	5.0	7.0	7.2	3.8	3.9	74.7
YKM	复烤2	7.8	3.9	3.5	4.0	7.5	7.2	7.6	7.5	5.0	7.3	7.3	4.0	4.0	76.6
YKM	复烤3	8.1	4.0	3.5	4.1	7.7	7.5	7.8	7.6	5.0	7.5	7.5	4.0	4.2	78.5
YKR	复烤前	8.0	4.0	3.5	4.0	7.5	7.5	7.5	7.5	5.0	7.5	7.5	4.0	4.0	77.5
YKR	复烤1	8.0	4.0	3.5	4.2	7.7	7.6	7.5	7.5	5.0	7.5	7.6	4.0	4.0	78.1
YKR	复烤2	7.9	4.0	3.5	4.0	7.5	7.5	7.5	7.5	5.0	7.3	7.5	4.0	4.0	77.2
YKR	复烤3	7.6	4.0	3.3	3.9	7.3	7.3	7.3	7.4	5.0	7.3	7.5	3.8	4.0	75.7
CKM	复烤前	7.6	4.0	3.4	3.4	6.9	7.1	7.2	7.5	5.0	7.1	7.5	3.9	3.7	74.3

续表

处理	样品名称	愉悦性（10）	细腻度（5）	圆润性（5）	延绵感（5）	香气量（10）	甜度（10）	浓度（10）	刺激性（10）	劲头（5）	杂气（10）	干净度（10）	津润感（5）	回味（5）	合计
CKM	复烤1	7.6	4.0	3.5	3.5	7.2	7.2	7.3	7.5	5.0	7.2	7.5	4.0	3.8	75.3
CKM	复烤2	7.9	4.0	3.7	4.0	7.5	7.3	7.5	7.5	5.0	7.5	7.5	3.6	3.5	76.5
CKM	复烤3	8.2	4.0	4.0	4.0	8.0	7.7	7.9	7.5	5.0	7.5	7.5	4.0	4.0	79.3
CKR	复烤前	8.0	4.0	3.9	3.9	7.9	7.5	7.5	7.6	5.0	7.5	7.5	4.0	4.0	78.3
CKR	复烤1	8.0	4.0	4.0	4.0	8.0	7.5	7.8	7.5	5.0	7.5	7.5	4.0	4.0	78.8
CKR	复烤2	7.8	4.0	3.5	3.8	7.5	7.2	7.5	7.6	5.0	7.5	7.5	4.0	3.7	76.6
CKR	复烤3	7.3	4.0	3.5	3.5	7.2	7.0	7.0	7.2	5.0	7.2	7.5	3.5	3.0	72.9

三、讨论与结论

（一）不同变黄程度对烟叶产值量的影响

在烟草生产过程中，烘烤调制工艺对烟叶的产质量有着重要的影响，它直接影响了初烤烟叶的外观质量与内在化学成分的转化率。其中，变黄程度在整个调制时期中尤其重要，因为该阶段是鲜烟叶的主要化学成分转化高峰期，对烟叶品质的形成有着举足轻重的地位。研究表明，不同变黄程度能直接影响烤后烟叶外观质量、相关化学成分及其协调性、中性致香物质含量和产值效益。本研究2年2个试验点的烘烤变黄程度试验与钱宇等（2012）所得结果类似。变黄程度适中所对应的初烤烟叶产值最高，与钱宇等（2012）都认为不同烟叶变黄程度会影响烟草的产质量，但前人的研究立足更偏向于烟叶生产环节，集中了不同生态环境、不同品种、不同部位和不同烤房对不同变黄程度的变黄标准，结论也以变黄8~9成为中部烟叶最佳变黄程度居多。因此，从烟草商业系统烟叶产值量角度考虑，目前的变黄程度适中处理较为合适。而本研究更注重工业的复烤环节。烟叶复烤的目的就是使烟叶含水率均匀一致，且控制在一定范围内，以促使烟叶的理化特性朝着有利的方面变化，提高烟叶品质，利于储存保管，适应卷烟工业生产的需要。相对于初烤，复烤还可精细，在烟叶的物理、生理生化、质量、安全性、个性化、特色化等方面进一步提升。

（二）不同变黄程度对烟叶外观质量、耐加工性与吸湿性的影响

变黄程度适中的处理略高于变黄程度略低的处理。但从卷烟工业加工角度来看，变黄程度略低的处理好于目前变黄程适中的处理，烤后烟叶的耐加工性以及吸湿性直接影响着加工过程的破碎性，一般来说，这些耐加工性不好的烟叶将在后面打叶、制丝环节损失大于 5% 的烟叶原料，造成损失与烟叶成本提升，直接影响了烟叶的经济价值。因此，烟叶的物理耐加工性一直是复烤企业所关注的重点，烟叶的物理耐加工性好，对应的打叶过程中的烟叶损失会降低，从试验的数据来看，随着变黄程度的提高，以抗破碎性为代表的烟叶物理耐加工性有降低的趋势。因此，变黄程度低的烟叶在打叶过程中更易于加工。吸湿速率快的烟叶，在复烤加工过程中能较快地吸收水分至适宜打叶加工的状态，同样，散湿速率快的烟叶，能在复烤阶段迅速失水，从而达到所需的干燥水分含量要求。变黄程度低的烟叶吸湿速率和散湿速率都快于变黄程度高的烟叶，因此，变黄程度低的烟叶在打叶复烤过程中更易于加工。因此，从工业系统的外观程度来看，目前的变黄程度适中更合适，而从耐加工性和吸湿散湿特性来看，变黄程度略低更合适。

（三）不同变黄程度对初烤后与复烤后的烟叶感官质量的影响

烟叶调制包括初烤与复烤两个环节。因此，复烤后烟叶的感官质量对烟叶质量将更接近最终卷烟产品，更具有实际参考价值。本研究的目的是着眼于初烤时不同变黄程度对复烤以后的影响，从而进一步倒推、优化初烤工艺。不同变黄程度烟叶，通过不同复烤强度的加工后，其感官特性的变化各不相同。从加工效果看，相比目前的初烤调制工艺中的变黄程度，变黄程度略低的烟叶更利于后期复烤加工。

（1）从烟叶商业系统的角度来看，不同变黄程度的烟叶中变黄程度适中处理的外观质量、上等烟比例、上中等烟叶比例和均价高于变黄程度略低，品种间无明显差异。

（2）从卷烟工业系统的角度来看，供试烟叶均以变黄程度略低的样品抗破碎性最好，品种间无显著差异；3 个试验点试验样品均以变黄程度略低的样品吸湿和散湿速率最快，变黄程度略低的吸湿速率和散湿速率均快于变黄程度适中处理。

（3）虽然 3 个试验点的变黄程度适中处理初烤后的感官评吸质量均优于变黄程度略低，对于工业来说调整烟叶品质的空间不大，随着复烤强度的增大而评吸得分呈下降趋势，但是变黄程度略低通过后续复烤加工可以继续按工业需要提升烟叶质量。因此，本研究结果表明，

若从卷烟工业复烤环节来倒推初烤环节工艺的设置，建议降低初烤时变黄程度。

立足工商一体，着眼复烤和卷烟加工环节，以供给侧结构性改革要求为导引，为提高复烤和卷烟加工有效性，提出了云南烟区红大和 K326 品种可适当降低变黄程度，在烟叶烘烤环节为烟叶复烤和制作自有烟叶质量提升空间，以全面挖掘烟叶质量特色、提升烟叶质量水平。

第八节 烟叶挂灰的防控技术

挂灰是烤后烟叶表面局部或全部有浅灰色或灰褐色斑点，本质上是发生了一定程度的酶促棕色化反应的结果，即多酚类物质在多酚氧化酶（PPO）的作用下被氧化成醌类物质，然后进一步和其他物质聚合成大分子深色物质。根据程度轻重，挂灰分为轻度挂灰、中度挂灰和重度挂灰。挂灰烟是我国烟区最常见的烤坏烟之一，每年都造成了很大的损失。按照国家现行的收购标准，大多数挂灰烟在烤烟收购中经常处理在杂色组定级，很小部分挂灰烟放在正组定级，而杂色烟叶等级中的挂灰烟约占收购总量的 2%。挂灰烟一般表现为基本色少，色度较暗，身份薄，组织粗糙，油分少。从内在质量方面看，叶片由于挂灰，其内物质消耗或转化过度，所以叶片的总糖含量少，总碳水化合物含量少，施木克值低，烟碱含量也较小，且随着挂灰程度的加深，烟杂气加重，刺激性增大，香气量减少，余味不舒适，评吸质量较差，大大降低了烟叶的可用性。

一、挂灰烟形成的机理

烘烤过程中由于褐变的发生导致烟叶正表面出现局部或全部的灰色、深褐色斑点，称之为挂灰（图 5-44）。褐变是普遍存在的一种变色现象，在对食品、植物加工或储藏的过程中，细胞不可避免地受到损伤,酚类物质发生氧化,色泽变暗,这些颜色变化都属于褐变(Homaida M，et al.，2017）。褐变按其发生的机理可分为酶促褐变与非酶促褐变。

图 5-44 挂灰烟

(一)烟叶酶促褐变

1883 年,Yoghid 发现某种活性物质可以使漆树汁变硬后,由 Betrand 首次研究出这是一种酶蛋白,并在 40 年后由 Keilind 等研究出多酚氧化酶的分离过程,为酶促棕色化反应的研究打下基础(Mayer A.M.,2006)。酶促棕色化反应是绿色植物细胞的一种正常生理生化反应,对提高植物抗性、调节光合作用等具有积极作用(王曼玲 等,2005)。酶作为植物细胞中呼吸作用的转递介质,维持醌类与酚类化合物的动态平衡,当这种动态平衡被打破时,酚类物质迅速转变成大量醌,醌聚化或结合成黑褐色聚合物造成了褐变现象。由于多酚氧化酶(PPO)、多酚类底物、氧三个条件同时具备才可能发生酶促褐变反应,所以一般发生在含有活性酶的组织或鲜活的植物组织中(刘芳 等,2015)。烟叶内富含多种酚类物质和多酚氧化酶,在调制、烘烤、陈化等加工过程中,内部酚、醌含量在多酚氧化酶的作用下导致失衡,烟叶外观呈现褐色细小斑块,如同蒙上一层灰一样,通常先出现在叶尖或叶基部。在烘烤过程中由于气候、成熟度、病害、烘烤工艺不完善等因素等,烟叶挂灰等问题通常出现在烟叶变黄末期和定色期。变黄期烟叶变黄与失水不协调,定色期温度骤升骤降都易造成烟叶挂灰。烟叶中多酚类物质持续被氧化,氧化还原失衡,被氧化成的醌类物质聚合产生黑色沉淀(李玉娥 等,2008)。此时烟叶由于内含物质的不断消耗,叶片变薄,重量减轻,烟叶柔韧性变差,光泽不鲜亮,烟叶底色微灰,质量下降。

(二)烟叶非酶促褐变

在食品加工与贮存过程中,常发生与酶无关的褐变,称为非酶促褐变。非酶促褐变包括美拉德反应、抗坏血酸氧化分解、多元酚氧化缩合反应、焦糖化反应及金属离子引起的褐变等(夏玉静,2010)。在烟叶的调制、发酵、醇化等加工过程中,非酶促棕色化反应均有发生,均为美拉德反应。美拉德反应是烟草特征香味形成的主要来源之一。对烟草中美拉德反应的研究最早可追溯到20世纪末（王莹，2009）。目前美拉德反应机理以Hoge提出的初级阶段、高级阶段、终级阶段三阶段分类最为经典（徐达 等，2019；周冀衡 等，2005）。糖类和氨基酸缩合环化，经过海因式重排与阿马杜里重排形成阿马杜里中间产物，在不同pH条件下发生，经过斯特雷科尔降解、分子脱氢、异构化等一系列复杂反应，最终形成黑色的大分子物质，称为类黑素（周冀衡 等，2005）。在烟叶调制阶段，大分子物质的不断降解导致美拉德反应产物含量大量积累，且呈动态变化，其产物可以赋予烟叶特殊的香味，提升烟叶柔和度，改善烟气吃味。

二、挂灰烟产生原因

挂灰烟主要是在烟叶生产过程和烟叶烘烤环节中产生的。烟叶在田间生长过度，特别是在干旱气候条件下形成的上部叶片，在烟叶烘烤过程中变黄期失水不明显，内含物质消耗过多，烘烤时分解过度，容易出现挂灰。

（一）鲜烟叶素质不佳导致挂灰

1. 黑暴烟叶

韩锦峰等（1993）研究发现黑暴烟含水量高，成熟时落黄差，田间鲜烟叶的多酚氧化酶活性较高，同时在烘烤过程的定色中后期失水率低，且多酚氧化酶依旧保持高活性并最终形成挂灰。也有研究发现黑暴烟在烘烤过程中前72h含水率普遍偏高，叶片失水困难，且多酚氧化酶活性显著高于正常烟叶，烘烤过程中极易变褐挂灰（朱佩 等，2014）。

2. 冷害烟叶

张树堂（2007）研究认为，在烟叶成熟期时气温下降使烟叶受冷害，烟叶内含物质转换被扰乱而产生田间"冷挂灰"。这是高海拔烟区上部烟叶产生灰色烟的主要原因，特别是9月中旬以后采收的烟叶，由于温度降低极易产生"冷挂灰"。在纬度高的烟区，影响更为明显。邹阳等（2015）研究发现高海拔低气温导致烟叶在田间成熟度较低，成熟期推迟干物质积累减少，烟叶烘烤后期常出现严重挂灰和青黄烟。如四川高海拔地区广元和凉山，在9月份后，由于温度下降较快，上部叶挂灰现象严重。

3. 过熟烟叶

何伟等（2007）研究发现，一旦烟叶过熟，在田间或者烤房过多地消耗叶片内部的营养物质，导致叶片的细胞间隙增大，组织疏松，如果变黄期稍长，就容易造成"饥饿挂灰"。

4. 未熟烟叶

未熟烟叶含水量高，导致烘烤过程中变黄末期至定色多酚氧化酶活性增高，烟叶由于组织结构紧密变黄中后期失水速度较慢，多酚氧化酶的高活性导致未熟烟叶的烤后烟挂灰率明显高于成熟烟叶（宋洋洋 等，2014）。

5. 病害烟叶

染病烟叶，如根结线虫轻微发生的状态，即使鲜烟叶看不出症状，烘烤过程中也可出现斑点状的挂灰现象，这与病害破坏烟叶细胞组织结构紧密相关。一般情况下开片好、大田抗病性较强、病害发生情况较少的上部叶，挂灰程度也明显减轻（禹洋 等，2016）。

6. 机械损伤烟叶

在烟叶加工过程中机械损伤破坏了膜的完整性，促进了植物细胞的膜脂过氧化作用，导致 H_2O_2 等活性氧大量积累，破坏了细胞内活性氧的平衡。膜脂过氧化作用中的最主要产物细胞脂质过氧物（MDA）积累加速了植物的褐变（王艳颖 等，2007）。在烟叶采收与运输过程中，如果磨伤擦伤烟叶，造成机械损伤。损伤部分烟叶的细胞组织就会破裂，呼吸速率升高。膜脂过氧化造成多酚类物质流出，烘烤过程易造成挂灰杂色。

（二）烘烤环节中叶片的水分散失不畅导致挂灰

吕作新等（1997）研究发现关键期的叶片含水量与烟叶挂灰问题紧密相关，指出烟叶进入干叶中后期时，叶片的脱水率一般不低于鲜烟叶饱和含水量的 30%，如果没达到这一标准，干球温度超过 46 ℃，则会在短时间形成挂灰。旱天烟的水分含量较少，束缚水比例相对增高，自由水比例降低，烟叶组织结构紧密，烘烤时易出现回青或挂灰（杨晔，2014）。尤其是上部叶，蜡质较多，气孔窄小，烟叶烘烤过程中排湿困难，烟叶支脉变黄顺利，但失水程度达不到勾尖卷边状态，即黄干不协调，失水达不到要求，此时快速升温易产生挂灰烟。在烟叶烘烤过程中，不同成熟度烟叶水分含量的不同造成多酚氧化酶活性、多酚类物质积累规律的不同，影响着烟叶在变黄末期到定色前期酶促棕色化反应（龙翔 等，2010）。如果上部烟装烟量过大，水分难脱，则挂灰烟叶时常出现（高相彬 等，2015）。

（三）烘烤操作不当导致挂灰

1. 热挂灰

定色前期升温过急，又未能及时排湿，往往会因水汽凝结于叶表面而造成挂灰，多出现在旧式天地窗小的烤房。定色期前期由于升温急挂灰多出现在叶片中段，不仅已变黄的烟叶会出现此类现象，未充分变黄的青黄烟或者青烟也可能出现这种情况。定色后期升温快则叶基部挂灰较多，且整个烤房内烟叶普遍表现出颜色发暗不鲜，叶色深的现象。

2. 冷挂灰

变黄期烤房内突然严重降温且持续时间长，会导致湿热空气凝成水珠，烫伤烟叶，造成烟叶部分变黄，另一部分变褐，并呈条状或带状分布。烘烤季节多是雨季，当夜间下雨时如果加火不及时，烤房往往容易掉温。

三、减少挂灰烟的烘烤技术要点

（一）掌握好通风排湿时机

通风排湿时机要看烟叶的含水量高低、装烟容量和气候等因素。烟叶含水量高（如下部烟叶）、装烟容量大和雨天烘烤，在稳定起火温度 35~36 ℃后，烤房上下层干球温度差小于 1 ℃，上下层湿球温度差小于 0.3 ℃时，可进行通风排湿；反之，则不排湿。在烟叶进入 38 ℃变黄高峰阶段时，要看烟叶变黄程度决定通风排湿时机。

一般在点火烘烤 36 h 后可进行通风排湿，即使是烘烤成熟度比较差的烟叶，通风排湿时机也不可超过点火后 48 h。因为通风排湿偏晚，烟叶失水量不足，会降低烟叶变黄速度，烤后烟叶色度差，光泽暗，品质低下。之后，随烟叶烘烤过程的深入，烟叶黄度加快，需逐渐加大进风排湿量，促使烟叶尽快失水，干燥定色，才能确保烘烤出高品质的烟叶。

（二）掌握好排湿量

在烟叶的烘烤过程中，各阶段需要掌握的排湿量，一般看传感器（传感器纱布吸水正常）测量所得的干、湿球温度差的大小，以此来决定通风排湿量的多少。如果测量出的干、湿球温度差小，说明烤房内相对湿度高，排湿量不足，不利于烟叶快速变黄干燥；若测量出的干、湿球温度差大，则表明烤房内相对湿度低，排量大，烟叶可能变黄不充分，而出现干燥定色。

一般干球温度为 35~36 ℃时，干湿球温度差为 0.5~1 ℃；干球温度控制在 38 ℃、40 ℃时，干湿球温度差为 1.5 ℃、3 ℃；干球温度由 40 ℃逐渐升到 46 ℃时，干湿球温度差将由 3 ℃逐渐增大到 9 ℃（即稳定湿球温度为 36.5~37 ℃，逐渐加大通风量，缓慢升高干球温度）；干球温度由 47 ℃逐渐升高到 50 ℃时，干湿球温度差由 9 ℃增大到 12 ℃；干球温度由 50 ℃升至 60 ℃时，干湿温度差由 12 ℃增大到 21 ℃；干球温度由 60 ℃增大到 65 ℃时，干湿温度差由 21 ℃增大到 24 ℃。这样可有效协调烟叶干燥程度与变黄、烤香的关系，烤出色、香、味俱全的高质量烟叶。

（三）掌握适宜的烟叶干燥程度，协调烟叶变黄与干燥定色的关系

准确把握烟叶在烘烤过程中的干燥程度与烟叶变黄相适应，稳步实现烟叶烘烤目标。

（1）起火阶段。叶尖开始变黄，叶身发热、发软。

（2）变黄前期。烟叶变黄7~8成时，烟叶基本拖条（烟叶不能勾尖，否则易把烟烤青）。

（3）变黄后期。烟叶全黄时（仅较大脉未黄），烟叶全拖条。

（4）定色前期。干球温度要超过43℃前，烟叶干燥程度须达到沟尖卷边；干球温度要超46℃前，烟叶干燥程度要达一半以上，主脉干燥1/5，较大支脉全黄，尖部主脉黄白，全叶柠檬黄。

（5）定色阶段。干球温度要超50℃时，叶色须基本定色，主脉干燥1/4；干球温度要超55℃时，全炉烟叶应全部定色呈接近橘黄，主脉干燥1/3，否则烟叶还是容易烤坏（轻则挂灰，重则烤糟）。

（6）干筋期。干球温度要超过60℃时，全炉烟叶叶肉须干燥定色，处于高温区的烟叶要求正反面色差要小，否则易把烟烤红。当干球温度达到65~66℃时，要控制稳定好干球温度和控制好通过排湿量，如干球温度超过68℃或湿球温度超过42℃时，就很容易烤出烤红烟，或湿球温度低于40℃时，烟叶的正反面色差大，烟叶质量也不会太高。

（四）正确使用自动控制装置

自动控制设备是密集烤房的一个特点，在烘烤过程中，要本着以提高烘烤质量为中心的原则，加以灵活应用，适当减轻烘烤强度。在使用自动控温装置时，要烤出较高质量的烟叶，通常在烟叶勾尖前，利用自动控湿较为适宜，以后改用手动控制进风门开关大小，来控制排湿量的多少。另外，循环风速的选择恰当与否，对烟叶的烘烤质量影响也较大。

一般情况下，装烟量低于4t的密集烤房，以使用低速循环风机为宜；装烟量为4~5t的烤房，循环风机采用"低速-高速-低速"交换使用最好；只有装烟量达5t或更多时，才可使用高速循环风机烘烤。

需要注意，在使低速循环风机烘烤时，如果全炉烟叶基本全黄，但烟叶的失水量与干燥程度未达到烘烤目标要求，可稳定干球温度在42℃的条件下，采用高速循环风机进行快速通风排湿4~6h，使变黄后的烟叶实现勾尖卷边的目标。

（五）合理控制温度

由于烤房气流不同，所选择用于指导烧火、通风排湿的温、湿度测量值也不相同。通常气流下降式密集烤房都选择以顶层测量的实际干、湿温度为依据，通过控制烧火大小、通风排湿量的多少，来实现所设定的干、湿球温度值，从而实现烟叶变黄、干燥、烤香的

目的；而气流上升式密集烤房则以观察控制低层的干、湿度为准，逐步实现烟叶烘烤阶段目标。

在两类密集烤房烘烤过程中，一般气流下降式烤房测得的干球温度要比气流上升式密集烤房低 1 ℃ 左右，而湿球温度则高 0.5 ℃ 左右。因此在设置两种烤房的温、湿球温度时，需要分别对待，否则易烤坏烟叶。

在观察烟叶变化时，应以观察中层烟叶的变黄、干燥为主，兼顾顶、底层烟叶的变化情况。

（六）灵活掌握各阶段烘烤时间，适时转火，不误时机

烟叶在烘烤过程中，只要实现阶段目标，本阶段烘烤就应该终止，转火进入下一阶段。各阶段烘烤时间的长短，因烟叶的变化进度快慢而定，没有准确的时间表，只有参照时间。一般情况，变黄阶段大约需要 60~72 h，其中起火阶段需要 12~16 h，变黄高峰阶段需要 36~40 h，变黄后期需要 12~16 h。

第六章 K326品种烟叶烘烤对主要化学成分变化的影响

第一节 烟叶烘烤过程中主要化学成分变化

烤烟的化学成分是反映烟叶品质与卷烟品质的重要参数，不仅与烟叶的类型、品种、等级和质量相关，而且与卷烟配方设计、烟叶加工和贮存工艺有着极其密切的关系，直接影响了烟叶品质和卷烟制造过程中的产品风格、成本及其他经济指标（肖协忠，1990；左天觉，1993；DAVIS D L et al.，2003）。

王岚等（2012）对云南 K326 品种主产烟区中生态环境差异较大的玉溪、曲靖、大理和楚雄 4 个产区烤烟的初烤烟叶常规化学成分含量进行了研究，发现不同地区 K326 品种的各项常规化学成分指标大多存在显著差异，其中总糖、还原糖和烟碱差异达到了极显著水平；钾和总氮差异达到了显著水平，氯则无显著差异。玉溪地区的 K326 品种烟叶中 B2F 等级低的烟叶大部分常规化学成分与曲靖、大理和楚雄间均存在显著差异。滇东、滇中和滇西 3 个烟区的总糖、还原糖和烟碱含量的差异明显；而同属滇西的楚雄和大理间常规化学成分含量差异并不明显，这说明云南省不同大区域间生态环境的差异对烟叶的影响较大。

郴州 K326 品种烟叶在烘烤过程中，其总糖、还原糖含量呈现增加趋势，总氮、烟碱含量变化不明显，淀粉含量呈降低趋势（方明 等，2019）。具体表现为：

（1）淀粉。K326 品种鲜烟叶淀粉含量为上部叶 30.46%，中部叶 28.87%，下部叶 26.73%；烘烤结束后为上部叶为 5.43%，中部叶为 5.06%，下部叶为 4.23%；各部位烟叶淀粉含量降解最明显的时期在烘烤前 48 h。在烘烤进行 12 h 时，上部叶淀粉含量降解了 2.61 个百分点，中、下部叶分别降低了 6.51 个百分点；24 h 时，上部叶淀粉含量较鲜烟叶降解了 5.78 个百分点，中部叶降低 11.37 个百分点，下部叶降低 16.42 个百分点；36 h 时，下部叶淀粉降解幅度最高，达到了 19.25 个百分点，中、上部叶分别降低了 14.59 和 12.94 个百分点；48h 时，上、中、下部叶淀粉含量较鲜烟叶分别降低了 18.19、15.40、20.44 个百分点，之后降低速率和幅度明显减缓。48 h 之前各部位烟叶淀粉含量表现为上部＞中部＞下部，48~84 h 期间上部叶淀粉含量介于中部叶和下部叶之间，96 h 后淀粉含量又表现为上部＞中部＞下部，此时各部位烟叶淀粉含量基本趋于稳定状态。

（2）总糖。K326 品种鲜烟叶总糖含量为上部 5.24%，中部 7.86%，下部 4.83%；烘烤结束后总糖含量表现为上部 23.54%，中部 26.19%，下部 24.17%，烘烤后各部位烟叶之间总糖含量的差异表现为缩小的趋势；在烘烤过程中，前 72 h 总糖含量变化幅度较为明显，72 h 时上部叶总糖含量较鲜烟叶增长了 22.90 个百分点，中、下部叶分别增长了 16.82 和 22.48 个百分点，之后总糖含量的变化趋势明显减缓。

（3）还原糖。K326 品种鲜烟叶还原糖含量为上部 4.17%，中部 5.76%，下部 3.58%；烘烤开始后，下部叶还原糖含量在 0~24 h 期间快速上升，24~48 h 稍有降低后 48~72 h 再次增长，在烘烤 72 h 时达到最高值，此时还原糖含量较鲜烟叶增长了 14.75 个百分点，之后在 72~84 h 明显降低，84 h 之后继续降低，但降低幅度不明显，基本趋于稳定状态，烘烤结束后还原糖含量为 16.43%；中部叶还原糖含量在 72 h 之前表现为持续增长的变化趋势，72 h 时还原糖含量较鲜烟叶增长 9.03 个百分点，之后还原糖含量基本趋于稳定，烘烤结束后还原糖含量为 15.68%；上部叶还原糖含量在烘烤 48 h 之前快速上升并达到峰值，48 h 时还原糖含量较鲜烟叶增长了 12.51 个百分点，48~60 h 有明显的降低趋势，之后仍略有降低，但基本趋于稳定，至烘烤结束后还原糖含量为 13.42%。

（4）总氮。K326 品种鲜烟叶总氮含量分别为上部 2.04%，中部 2.21%，下部 1.83%；烘烤结束后各部位烟叶总氮含量为上部 2.16%，中部 2.27%，下部 1.74%；烘烤过程中总氮含量峰值出现时期为下部叶最早，在 48 h，中部叶在 72 h，上部叶在 96 h。整体来看，中部叶总氮含量的波动幅度最明显，上部叶和下部叶的变化相对较为平缓。

（5）烟碱。K326 品种各部位烟叶采收后烟碱含量为上部叶 1.82%，中部叶 1.60%，下部叶 1.17%；烘烤开始后，各部位烟叶烟碱含量变化趋势均表现为先迅速上升后缓慢降低的变化趋势，上部叶和下部叶在 48 h 时达到最高值，分别增长了 1.37 和 0.45 个百分点，中部叶于 72 h 达到最高值，增长了 1.16 个百分点；峰值之后，下部叶和中部叶烟碱含量呈持续缓慢降低的变化趋势，烘烤结束后烟碱含量分别为 1.27% 和 2.39%，上部叶烟碱含量在 48~84 h 急剧降低，84 h 之后烟碱含量变化幅度趋于稳定，烤后烟碱含量为 2.28%；烘烤过程中烟碱含量变化最显著的阶段为 24~48 h，且下部叶的变化趋势较中、上部叶平缓。

为此，系统研究 K326 品种烟叶烘烤过程中主要化学成分应是十分有必要的。

一、烤烟烘烤过程淀粉代谢规律

淀粉由若干葡萄糖分子聚合而成，在新鲜烟叶里，淀粉含量很多。烟叶在烘烤过程中，淀粉在淀粉酶的作用下水解为葡萄糖。烟叶淀粉含量总是不断地减少，总糖含量却不断地增加。淀粉和还原糖的消长变化，影响甚至决定了烟叶的品质。不同部位的烟叶，在烘烤的不同阶段，淀粉酶活性表现出不同的规律性。烟叶内的淀粉在变黄阶段大量分解转化，其含量由原来的 29% 减少到 12%，烘烤结束时减少到 5% 左右。这些研究结果表明，淀粉在烘烤过程中发生了较大量的变化；烘烤的温湿度环境及时间过程，对烟叶淀粉的降解有着重要的影响。本节基于不同部位、不同成熟度档次的 K326 品种烟叶，对其在烘烤过程中的淀粉降解规律进行研究，进一步揭示淀粉代谢与烟叶烘烤质量之间的联系。

（一）材料与方法

1. 试验地点和品种

试验安排在云南省南华县砂桥镇河上村，种植品种为 K326。

2. 部位处理设 3 个部位

上部、中部、下部；成熟度处理设 4 个成熟度档次：未熟、初熟、适熟、过熟。

3. 栽培技术措施

种植 K326 品种，面积 500 m^2，按每 666.67 m^2 施纯氮 8.0 kg，$N:P_2O_5:K_2O=1:1:2.5$。试验田烟株，统一在第一朵中心花开放时，摘去底脚叶 2 片，留叶数 19 片/株，自下往上数够叶数封顶。其他栽培技术措施按优质烟种植要求进行。

4. 试验处理过程

试验烟株分上、中、下 3 个部位，定叶位取样，下部 3、4、5 叶，中部 9、10、11 叶，上部 15、16、17 叶。不同成熟度标准，按生长时间和成熟特征设 4 个处理档次，即：未熟、初熟、适熟、过熟。以生长时间为成熟度的主体因素，每 6 d 采收一次。每次采收，按各处理的成熟度特征挑选成熟度一致的烟叶 260 片。各成熟度处理的烟叶选定后，先随机取鲜烟叶 10 片，放在 70 ℃ 的烤箱中杀青烘干，制样保存，测定淀粉含量。各成熟度档次的剩余烟叶编成 2 竿，装入同一烤房中严格按三段式调制方法调制。烟叶在调制过程中 0 h、12 h、24 h、36 h、48 h、60 h、72 h、132 h 分别取样在 70 ℃ 烤箱中烤干，制样保存，测定淀粉含量。

（二）结果与分析

由表 6-1、表 6-2 可知，不同部位烟叶在烘烤前，上部烟叶淀粉含量的平均值较高，为 29.50%；中部烟叶淀粉含量的平均值次之，为 25.75%；下部烟叶淀粉含量的平均值较低，为 23.63%；上、中、下 3 个部位烟叶的淀粉含量，随着烟叶着生部位的升高而升高，而且彼此达到极显著差异水平。这说明不同部位供试烟叶的种植和挑选恰当、可靠、有效。

不同部位烟叶在烘烤后，上部烟叶淀粉含量的平均值较高，为 5.98%；中部烟叶淀粉含量的平均值次之，为 5.33%；下部烟叶淀粉含量较低，为 4.78%；上、中、下 3 个部位初烤烟叶的淀粉含量，随着烟叶着生部位的升高而升高，彼此差异达到极显著水平。说明烟叶着生部位是影响淀粉含量的一个重要因素。

不同成熟度档次烟叶在烘烤前，未熟烟叶淀粉含量的平均值较高，为 29.67%；初熟烟叶淀粉含量的平均值次之，为 27.83%；适熟烟叶淀粉含量的平均值稍低，为 25.00%；过熟烟叶淀粉含量的平均值较低，为 22.67%；随着烟叶成熟度档次的提高，其淀粉含量极显著性降低。

不同成熟度档次烟叶在烘烤后，未熟烟叶淀粉含量的平均值较高，为 6.20%；初熟烟叶淀粉含量的平均值次之，为 5.57%；适熟烟叶淀粉含量的平均值稍低，为 5.07%；过熟烟叶的淀粉含量的平均值较低，为 4.60；随着烟叶成熟度档次的提高，烟叶淀粉含量极显著性降低。可见，烟叶的成熟采收，是降低烟叶淀粉含量的一条重要途径。

表 6-1 不同部位、不同成熟度档次烟叶在烘烤过程中的淀粉含量和降解速度

	调制时间/h		0	12	24	36	48	60	72	132
	温度/°C		32	35	37	39	40	43	46	68
上部	未熟烟叶	含量/%	33	29	24	17.5	10.2	8.5	7	6.9
		降速/(%/h)	0	0.333	0.417	0.542	0.608	0.142	0.125	0.002
	初熟烟叶	含量/%	30.5	26	21.2	15.5	9	7.5	6.1	6
		降速/(%/h)	0	0.375	0.4	0.475	0.542	0.125	0.117	0.002
	适熟烟叶	含量/%	28	24	19.5	14.5	8.5	7	5.8	5.7
		降速/(%/h)	0	0.333	0.375	0.417	0.5	0.125	0.1	0.002
	过熟烟叶	含量/%	26.5	22.5	18	13.5	7.7	6.7	5.4	5.3
		降速/(%/h)	0	0.333	0.375	0.375	0.483	0.083	0.108	0.002
中部	未熟烟叶	含量/%	29	25.5	21.5	16	9	7.4	6.2	6.1
		降速/(%/h)	0	0.292	0.333	0.458	0.583	0.133	0.1	0.002
	初熟烟叶	含量/%	27.5	24	19.7	14.5	8.4	7	5.7	5.6
		降速/(%/h)	0	0.292	0.358	0.433	0.508	0.117	0.108	0.002
	适熟烟叶	含量/%	25	22	18	13.3	7.8	6.5	5.2	5.1
		降速/(%/h)	0	0.25	0.333	0.392	0.458	0.108	0.108	0.002
	过熟烟叶	含量/%	21.5	19	15.6	11.5	6.7	5.8	4.6	4.5
		降速/(%/h)	0	0.208	0.283	0.342	0.4	0.075	0.1	0.002
下部	未熟烟叶	含量/%	27	23.6	20	14.5	8.3	6.9	5.7	5.6
		降速/(%/h)	0	0.283	0.3	0.458	0.517	0.117	0.1	0.002
	初熟烟叶	含量/%	25.5	22.4	18.5	13.5	7.7	6.4	5.2	5.1
		降速/(%/h)	0	0.258	0.325	0.417	0.483	0.108	0.1	0.002
	适熟烟叶	含量/%	22	19.5	15.7	11.5	6.9	5.7	4.5	4.4
		降速/(%/h)	0	0.208	0.317	0.35	0.383	0.1	0.1	0.002
	过熟烟叶	含量/%	20	17	13.8	10.1	5.4	4.2	4.1	4
		降速/(%/h)	0	0.25	0.267	0.308	0.392	0.1	0.083	0.002

表 6-2　不同部位、不同成熟度档次烟叶在烘烤过程中的淀粉的降解速度

成熟度		绝对降解总值/%	平均绝对降速度/(%/h)	相对降解总量/%	相对剩余量/%
上部	未熟烟叶	26.10	0.198	79.09	20.91
	初熟烟叶	24.50	0.186	80.33	19.67
	适熟烟叶	22.30	0.169	79.64	20.36
	过熟烟叶	21.20	0.161	80.00	20.00
中部	未熟烟叶	22.90	0.173	78.97	21.03
	初熟烟叶	21.90	0.166	79.64	20.36
	适熟烟叶	19.90	0.151	79.60	20.40
	过熟烟叶	17.00	0.129	79.07	20.93
下部	未熟烟叶	21.40	0.162	79.26	20.74
	初熟烟叶	20.40	0.151	80.00	20.00
	适熟烟叶	17.60	0.133	80.00	20.00
	过熟烟叶	16.00	0.121	80.00	20.00

（三）结论

（1）不同部位、不同成熟度档次烟叶，在烘烤过程中，按照一定的相对速度降解其淀粉含量，致使烟叶在烘烤前后的淀粉含量差异显著；鲜烟叶淀粉的基础含量的高低，决定着调制后烟叶淀粉含量的水平。因此，提高成熟度是降低烟叶淀粉含量的一条重要途径。

（2）烟叶淀粉的大量降解主要集中在烘烤过程的 0~72 h，温度 32~46 ℃，淀粉降解量为 79.25%；72~132 h，温度 46~68 ℃，烟叶淀粉降解量甚少，仅有 0.39%。其中：24~48 h、温度 37~40 ℃，烟叶淀粉降解速度最高，降解量为 41.17%；调制的 0~24 h、温度 32~37 ℃，烟叶淀粉降解速度次之，降解量为 28.57%；48~72 h、温度 40~46 ℃，烟叶淀粉降解速度较低，降解量为 9.51%。

二、烘烤过程中蛋白质降解及其相关酶活性变化规律

蛋白质是烟草中含量最丰富的一类十分重要的化学成分，不仅具有重要的生理功能，能

调控烟叶内能量代谢和物质转化；而且对烟叶最终质量具有决定性影响。烟叶在成熟过程中，蛋白质含量、组分和结构不断发生变化，直接影响烟叶的烘烤特性和烤后烟叶质量。品质好的烟叶在烘烤、醇化后蛋白质多分解为分子量较小的短肽；或分解为氨基酸，参与美拉德反应，从而积累烟叶中的功效物质。若烟叶中含有过量的有大分子蛋白质，在评吸时，就会有难闻的焦油气，并伴有辛辣和苦涩的余味，为此研究不同成熟度烟叶在烘烤过程中蛋白质变化规律具有十分重要的意义。

（一）材料与方法

1. 供试材料

供试品种均为 K326 品种，由玉溪中烟种子有限责任公司提供。试验①于 2017 年 12 月—2018 年 4 月在云南省德宏州盈江县弄璋镇（东经 97°52′，北纬 24°36′，海拔 816m）进行；试验②于 2018 年 4—9 月于云南省玉溪市江川区九溪镇（东经 102°38′，北纬 24°18′，海拔 1 730 m）进行。本试验选取尚熟、适熟和过熟 3 种成熟度档次在田间采收中部鲜烟叶样品作为试验分析材料（表 6-3）。

表 6-3　K326 品种鲜烟叶不同成熟度档次标准

处理	叶色	叶表面及茎叶角度	成熟斑	主脉色泽	支脉色泽	茸毛	叶尖叶缘
尚熟	叶色绿黄，叶片落黄 60%。	褶皱，60°	50%	变白 40%	变白 20%	不脱落	叶尖略下勾，叶缘略下卷。
适熟	叶色浅黄，叶片落黄 80%。	褶皱，70°	70%	变白 60%	变白 40%	脱落 50%	叶尖下勾，叶缘下卷。
过熟	叶色黄白，叶片基本落黄。	褶皱，80°	90%	变白 80%	变白 60%	脱落 75%	枯尖焦边。

2. 试验设计

对不同成熟度处理的烟叶采摘、编竿，确保烟叶部位均衡一致，在当地密集烤房中烘烤。试验①烘烤工艺主要依据德宏烟区主推烘烤模式进行（图 6-1）；试验②烘烤工艺主要依据玉溪烟区主推烘烤模式进行（图 6-2）。密集烘烤过程中取样设计如下：

（1）德宏烘烤以温度为主线。在整个烘烤过程中对所有处理的关键恒温点 34 ℃、36 ℃、38 ℃、42 ℃、46 ℃、48 ℃、52 ℃、56 ℃、60 ℃ 进行取样，切取叶尖和叶基部，留叶中部分，干冰保存，并放入 -80 ℃ 低温冰箱待用，加上烤前（背景值）共计取样 10 次，每次选取烘烤过程中各处理有代表性的叶片 5 片。

（2）玉溪烘烤以时间为主线。在整个烘烤过程中所有处理每 12 h 取样一次，切取叶尖和叶基部，留叶中部分，干冰保存，并放入 -80 ℃ 低温冰箱待用，加上烤前（背景值）共计取样 13 次，每次选取烘烤过程中各处理有代表性的叶片 5 片。

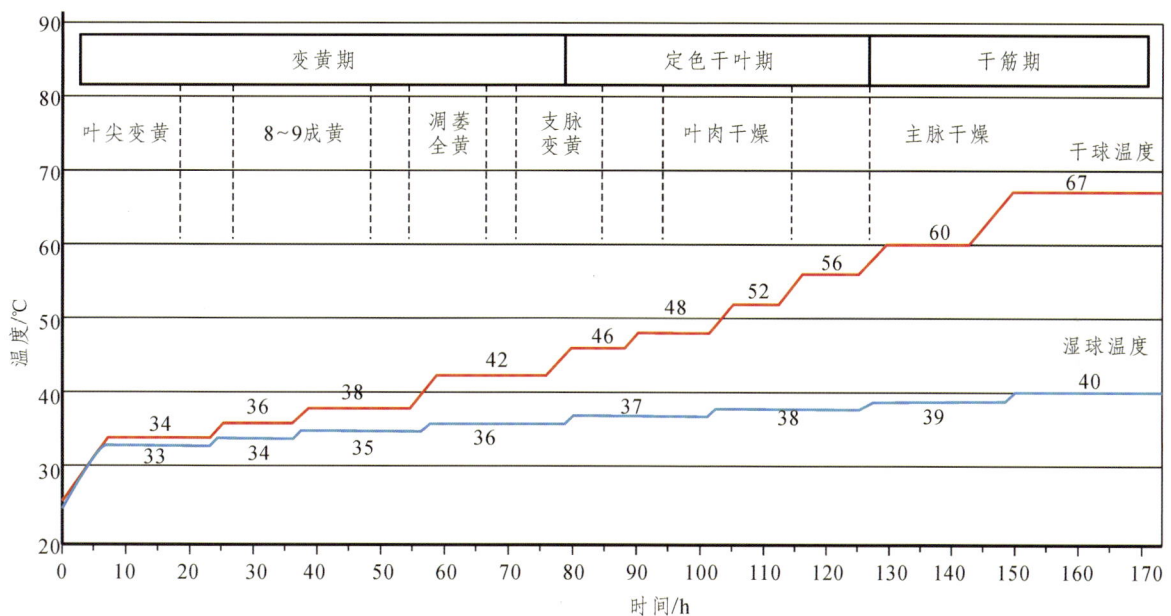

图 6-1　德宏烟区密集烤房烘烤技术主推工艺图

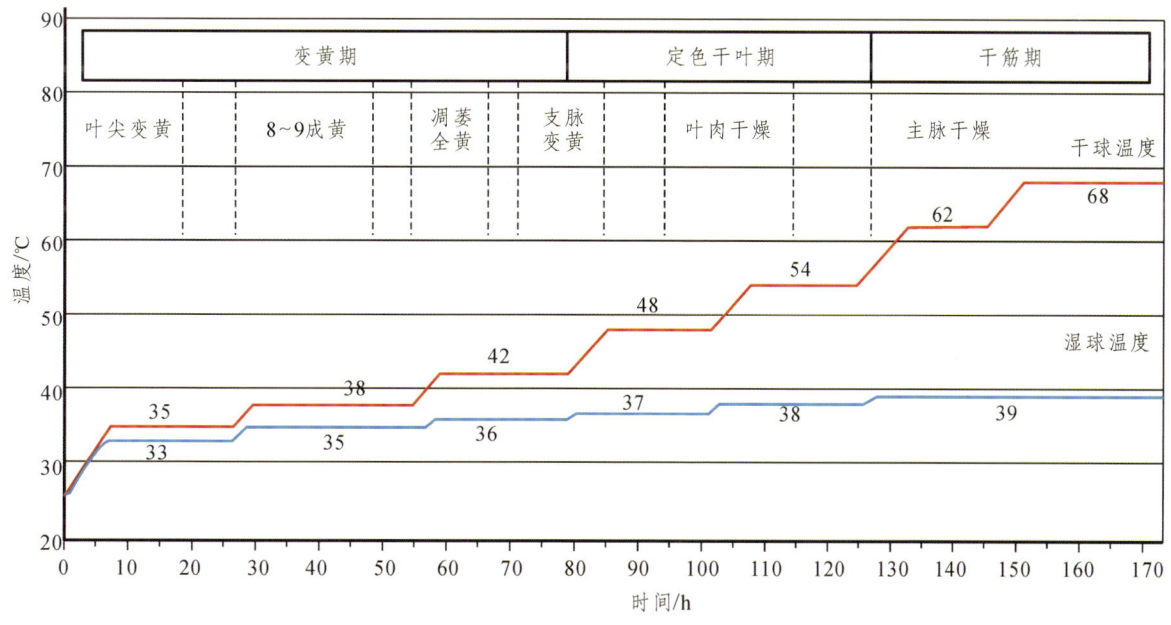

图 6-2　玉溪烟区密集烤房烘烤技术主推工艺图

3. 测定方法

（1）烟叶水分含量。采用烘干称重法。所用仪器为强制循环热对流多功能烤箱（德国 Binder

公司）。

（2）烟叶蛋白质含量和游离氨基酸含量。采用考马斯亮蓝法和茚三酮法进行测定。所用仪器为 Lambda 650 紫外可见分光光度计（美国 PerkinElmer 公司）。

（3）内肽酶（endopeptidase）活性。采用 ELLISA 法用植物内肽酶酶联免疫分析测定试剂盒（武汉伊艾博科技有限公司）进行测定。具体步骤如下：称取烟样 0.1 g，加入 1 mL 的 PBS 缓冲液（pH=7.4），低温下快速研磨，4 ℃下离心 10min（8000r/min），收集上清液待检测酶活性；在酶标板上空白孔中加样品稀释液 50 μL，余孔分别加入标准品或待测样品 50 μL；接着在每孔中加入检测溶液 A 工作液 50 μL，盖上覆膜，轻拍以混匀，37 ℃下孵育 60 min；然后弃去孔内液体，甩干，用洗涤液洗涤 3 次，每次浸泡 1~2 min，大约 300 μL/孔，甩干；每孔加入检测溶液 B 工作液 100 μL，酶标板覆膜 37℃孵育 60 min；弃去孔内液体，甩干，再洗涤 3 次，每次浸泡 1~2 min，大约 300μL/孔，甩干；接着依序每孔加底物溶液 90 μL，覆膜，37 ℃避光孵育 10~20 min（标准孔前 3~4 孔有梯度蓝色显现）；然后依序每孔加入终止溶液 50 μL，终止反应，此时蓝色立转黄色，注意混匀；最后立即用酶联仪检测 450 nm 波长下各孔的吸光值（OD 值）。以标准物的浓度为横坐标、OD 值为纵坐标，绘出标准曲线，根据样品的 OD 值由标准曲线查出相应的浓度即为样品的实际浓度。所用仪器为 SpectraMax 190 光吸收型酶标仪（美国 Molecular Devices 公司）、AC8 洗板机（Thermo Labsystems）。

（4）氨肽酶（aminopeptidase）活性。采用 ELLISA 法用植物氨肽酶酶联免疫分析测定试剂盒（江苏晶美生物科技有限公司）进行测定。具体步骤如下：称取烟样 0.1 g，加入 1 mL 的 PBS 缓冲液（pH=7.4），低温下快速研磨，4 ℃下离心 10min（8000r/min），收集上清液待检测酶活性；在酶标包被板上加入待测样品和标准品，标准孔中加入标准品 50 μL，待测样品孔中先加样品稀释液 40 μL，然后再加待测样品 10 μL（样品最终稀释度为 5 倍），空白孔不加；然后覆膜置于 37 ℃下温育 30min；弃去孔内液体，甩干，用洗涤液洗涤 5 次，每次浸泡 30 s，大约 300 μL/孔，拍干；每孔加入酶标试剂 50 μL，空白孔除外；然后覆膜置于 37 ℃下温育 30 min；接着弃去孔内液体，甩干，用洗涤液洗涤 5 次，每次浸泡 30 s，大约 300 μL/孔，拍干；每孔先加入显色剂 A 50 μL，再加入显色剂 B 50 μL，混匀，37 ℃下避光显色 10 min；每孔加终止液 50 μL，终止反应（此时蓝色立转黄色）；最后立即用酶联仪检测 450 nm 波长下各孔的吸光值（OD 值），测定应在 15 min 内进行。以标准物的浓度为横坐标、OD 值为纵坐标，绘出标准曲线，根据样品的 OD 值由标准曲线查出相应的浓度，再乘以稀释倍数即为样品的实际浓度。

（5）羧肽酶（Carboxypeptidase）活性。采用 ELLISA 法用植物氨肽酶酶联免疫分析测定试剂盒（江苏晶美生物科技有限公司）进行测定。其步骤同氨肽酶活性测定。

4. 数据统计

所有数据均采用 EXCEL 2016、SPSS 22.0 和 Origin 8.0 分析软件进行方差分析、计算和统计作图表。

（二）结果与分析

1. 烘烤过程中烟叶含水率的变化规律

由图 6-3 可知，在密集烘烤时间推移和温度上升过程中，不同成熟度烟叶含水率变化趋势相同，呈现持续下降的形态，从 85% 下降至 15% 以下。由表 6-4（时间推移）和表 6-5（温度上升）可知，在烘烤时间 72 h～84 h、84 h～96 h 和 96 h～108 h 以及烘烤温度 42～46 ℃ 和 46～48 ℃ 期间，不同成熟度烟叶含水率的下降幅度均存在极显著性差异（$P<0.01$）。其中过熟和适熟烟叶的含水率降幅极显著高于尚熟烟叶，两者降幅均达到 28%，这表明在烟叶烘烤过程中定色期（烘烤时间 72 h～108 h 和烘烤温度 42～48 ℃）烟叶处于大量排湿状态，而尚熟烟叶不利于水分的散失。

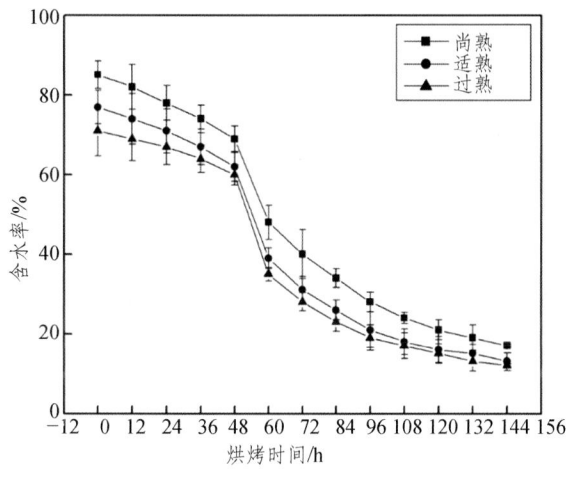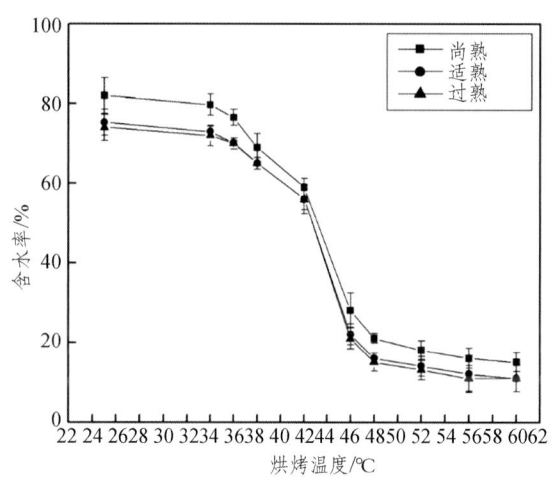

图 6-3 烘烤过程中烟叶含水率变化

表 6-4 不同成熟度烟叶含水率在烘烤过程中的下降幅度（%）

处理	0～12 h	12～24 h	24～36 h	36～48 h	48～60 h	60～72 h	72～84 h	84～96 h	96～108 h	108～120 h	120～132 h	132～144 h
尚熟	3.49a	4.86a	5.95a	6.78a	13.12a	15.57a	32.44bB	27.44bB	25.67bB	12.63a	9.92a	6.27a
适熟	3.44a	4.05a	5.61a	6.97a	12.79a	14.45a	39.73aA	30.65aA	28.91aA	11.29a	8.19a	6.12a
过熟	2.84a	3.39a	4.47a	5.76a	11.68a	13.88a	39.77aA	30.43aA	28.87aA	10.27a	9.74a	5.76a
F 值	1.15	1.97	2.64	0.75	2.75	3.84	13.96**	15.08**	21.94**	3.77	1.55	2.83

注：$F(2,6)_{0.05}=5.14$；$F(2,6)_{0.01}=10.92$，*和**分别表示 Duncan 新复极差法在 0.05 和 0.01 水平上差异显著，下同。

表6-5 不同成熟度烟叶含水率在烘烤温度上升中的下降幅度（%）

处理	25~34 ℃	34~36 ℃	36~38 ℃	38~42 ℃	42~46 ℃	46~48 ℃	48~52 ℃	52~56 ℃	56~60 ℃
尚熟	2.77a	5.27a	8.26a	14.65a	52.54bB	25.27bB	14.71a	10.94a	8.09a
适熟	3.08a	3.77a	7.65a	13.66a	60.61aA	29.10aA	13.42a	9.48a	7.19a
过熟	2.15a	2.85a	8.05a	13.18a	62.00aA	31.23aA	13.41a	9.02a	6.83a
F值	2.63	1.47	0.79	1.08	26.52**	14.22**	2.58	2.88	3.96

2. 烘烤过程中烟叶蛋白质含量的变化规律

不同成熟度烟叶烘烤蛋白质含量的动态变化见图6-4。在密集烘烤时间推移和温度上升过程中，不同成熟度烟叶蛋白质平均含量从14%持续下降至5%左右。由表6-6（时间推移）和表6-7（温度上升）可知，在烘烤时间24 h~36 h和36 h~48 h以及烘烤温度34~36 ℃和36~38 ℃，不同成熟度烟叶蛋白质含量的下降幅度均存在极显著性差异（$P<0.01$）。其中过熟和适熟烟叶蛋白质含量降解速率较快，两者降幅均达到19%，这表明在烟叶烘烤过程中变黄前中期（烘烤时间24 h~48 h和烘烤温度34~42 ℃）烟叶蛋白质大量分解，而尚熟烟叶分解速率相对较缓慢。

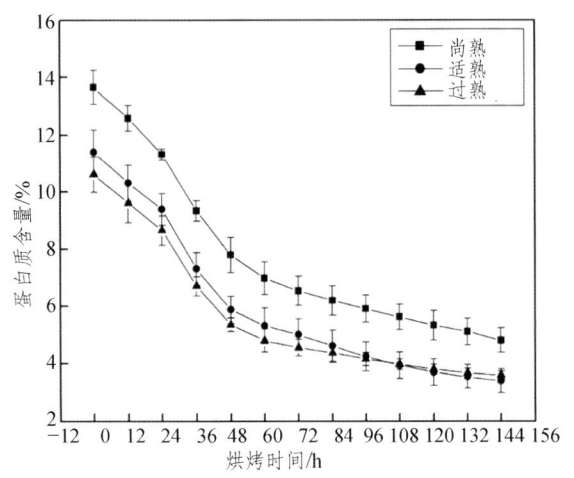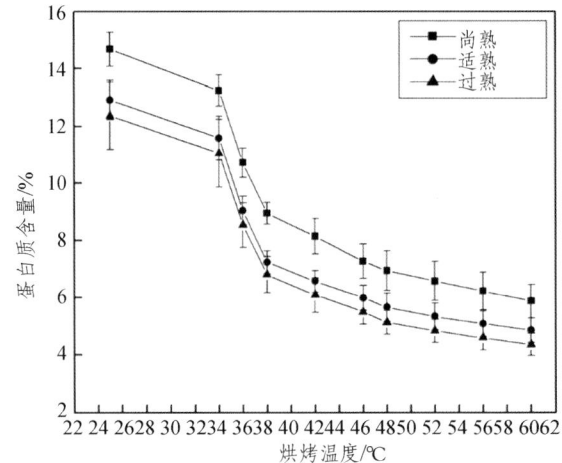

图6-4 烘烤过程中烟叶蛋白质含量变化

表6-6 不同成熟度烟叶蛋白质含量在烘烤过程中的下降幅度（%）

处理	0~12 h	12~24 h	24~36 h	36~48 h	48~60 h	60~72 h	72~84 h	84~96 h	96~108 h	108~120 h	120~132 h	132~144 h
尚熟	7.88a	9.82a	17.38bB	16.82bB	10.18a	6.35a	5.25a	4.65a	4.80a	5.19a	4.19a	5.99a
适熟	9.40a	9.08a	22.18aA	19.70aA	10.04a	5.85a	8.00a	7.48a	6.92a	6.12a	4.35a	3.90a
过熟	9.59a	9.65a	22.37aA	20.24aA	10.57a	4.90a	4.16a	4.85a	4.25a	4.13a	3.34a	2.24a
F值	4.28	0.89	12.11**	19.30**	1.23	2.37	4.17	3.69	3.31	1.42	1.79	3.22

表 6-7 不同成熟度烟叶蛋白质含量在烘烤温度上升中的下降幅度（%）

处理	25~34 ℃	34~36 ℃	36~38 ℃	38~42 ℃	42~46 ℃	46~48 ℃	48~52 ℃	52~56 ℃	56~60 ℃
尚熟	9.73a	18.87bB	16.42bB	9.04a	10.75a	4.83a	5.24a	5.45a	5.97a
适熟	10.41a	21.82aA	19.84aA	9.23a	9.04a	5.64a	5.74a	4.86a	4.57a
过熟	10.72a	22.50aA	20.35aA	10.49a	9.35a	6.61a	5.99a	5.11a	5.10a
F 值	1.08	17.78**	24.19**	2.12	1.05	2.19	0.63	3.37	1.72

3. 烘烤过程中烟叶内肽酶活性的变化规律

由图 6-5 可知，在密集烘烤时间推移和温度上升过程中，各处理之间烟叶内肽酶活性变化趋势基本一致，呈现"上升-下降-上升-下降"的"双峰曲线"变化趋势。其中以时间为主线的烘烤，第 1 个波峰出现在第 36 h，酶活性为 116.46 ng/g，此后急剧下降，在第 84 h 时达到第 2 个高峰，酶活性为 77.12 ng/g；而以温度为主线的烘烤，烘烤干球温度 36 ℃后达到第 1 个峰值，酶活性为 129.39 ng/g，直到烘烤干球温度达到 46 ℃ 时，再次出现峰值，酶活性为 88.64 ng/g。这表明烘烤烟叶内肽酶活性较高的时期主要表现在变黄前期。不同成熟度烟叶内肽酶活性在烘烤时间 24 h 和 36 h 以及烘烤温度 36 ℃ 和 38 ℃ 均存在极显著性差异（$P < 0.01$），其中过熟和适熟烟叶内肽酶活性极显著高于尚熟烟叶，表明过熟烟叶和适熟烟叶在烘烤变黄前期更有利于蛋白质含量的降解。

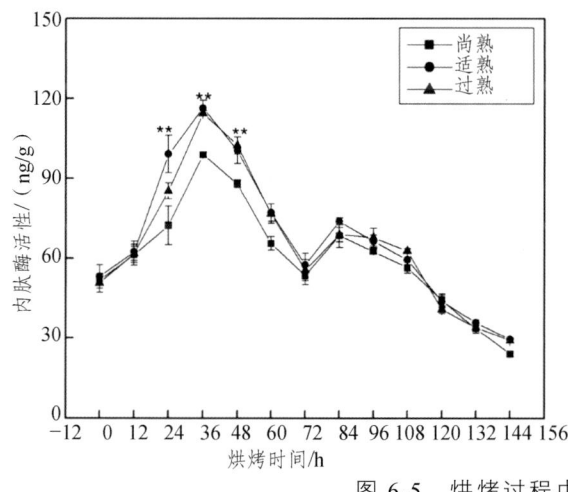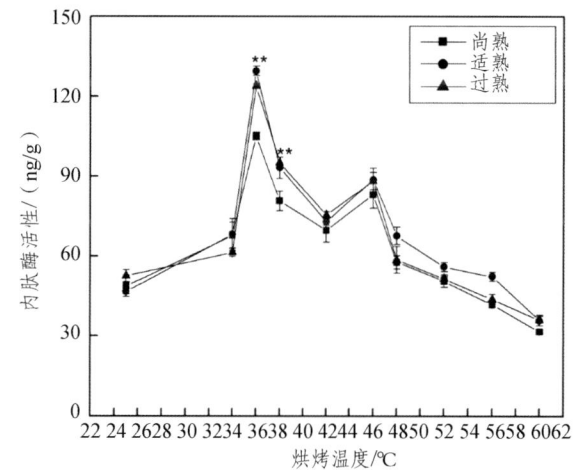

图 6-5 烘烤过程中烟叶内肽酶活性变化

4. 烘烤过程中烟叶氨肽酶活性的变化规律

在密集烘烤时间推移和温度上升过程中，各处理之间烟叶氨肽酶活性变化呈先升高后下降的趋势（图 6-6）。其中以时间为主线的烘烤，直到烘烤第 72 h，氨肽酶活性达到最高值，为 300.52 ng/g，此时为烘烤变黄后期；而以温度为主线的烘烤，烘烤干球温度 42 ℃时烟叶氨肽酶活性最大，为 590.08 ng/g。这表明烘烤烟叶氨肽酶活性最高的时期集中在变黄后期。

不同成熟度烟叶氨肽酶活性在烘烤时间 36 h、48 h、60 h 和 72 h 以及烘烤温度 36 ℃、38 ℃ 和 42 ℃ 均存在极显著性差异（$P < 0.01$），其中烟叶氨肽酶活性表现为尚熟烟叶 > 适熟烟叶 > 过熟烟叶。

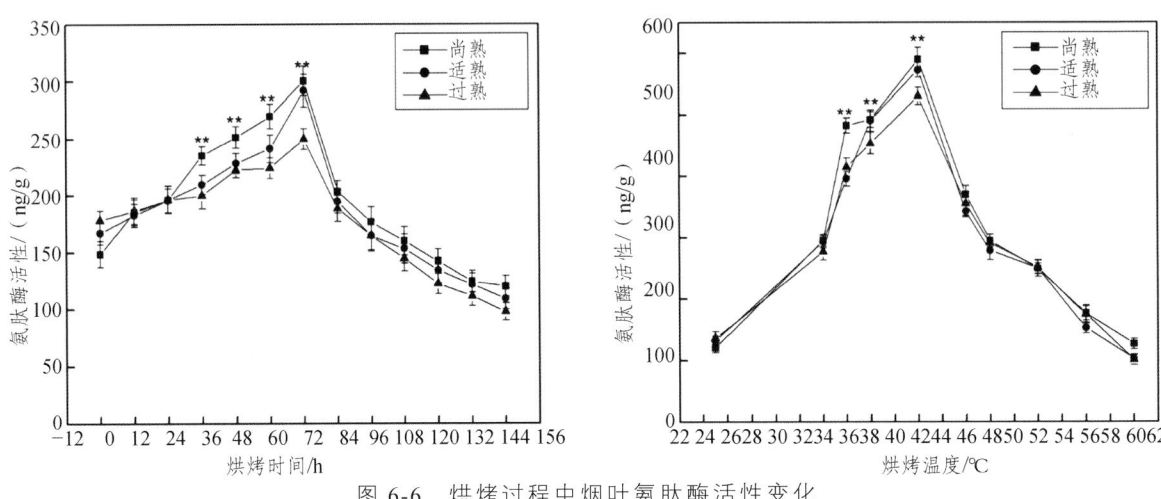

图 6-6　烘烤过程中烟叶氨肽酶活性变化

5. 烘烤过程中烟叶羧肽酶活性的变化规律

在密集烘烤时间推移和温度上升过程中，各处理之间烟叶羧肽酶活性变化呈先升高后下降的趋势（图 6-7），与氨肽酶变化形态相似。其中以时间为主线的烘烤，直到烘烤第 72 h，羧肽酶活性达到最高值，为 47.26 ng/g；而以温度为主线的烘烤，烘烤温度 42 ℃ 时烟叶氨肽酶活性最大，为 36.86 ng/g。这表明烘烤烟叶羧肽酶活性最高的时期为变黄后期，之后酶活性急剧下降。不同成熟度烟叶羧肽酶活性在烘烤时间 36 h、48 h、60 h 和 72 h 以及烘烤温度 36 ℃、38 ℃ 和 42 ℃ 均存在极显著性差异（$P < 0.01$），其中烟叶羧肽酶活性表现为尚熟烟叶 > 适熟烟叶 > 过熟烟叶，与氨肽酶活性变化表现出相同的规律。

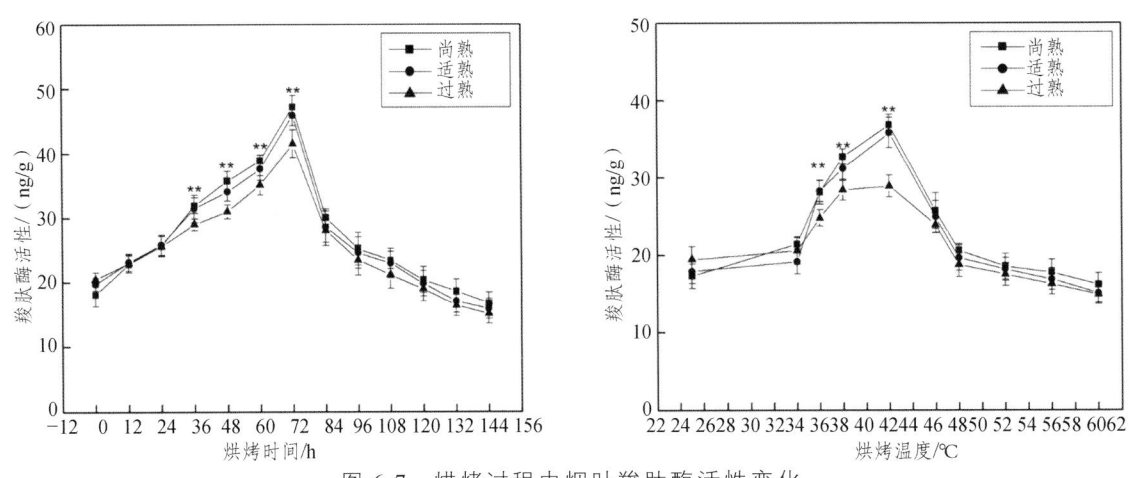

图 6-7　烘烤过程中烟叶羧肽酶活性变化

6. 烘烤过程中烟叶游离氨基酸含量的变化规律

不同成熟度烟叶烘烤游离氨基酸含量的动态变化见图 6-8。在密集烘烤时间推移和温度上升过程中，不同成熟度烟叶游离氨基酸含量变化差异很大，其中尚熟烟叶游离氨基酸平均含量从 5%持续上升至 36%左右，而适熟和过熟烟叶呈现"上升-下降-上升"的变化趋势，平均含量从 6%上升至 22%左右。由表 6-8（时间推移）和表 6-9（温度上升）可知，在烘烤时间 24 h～144 h 以及烘烤温度 36～60 ℃间，不同成熟度烟叶游离氨基酸含量的变化幅度存在极显著性差异（$P < 0.01$）。其中在烘烤变黄期和定色前期（烘烤时间 24 h～84 h 和烘烤温度 36～46 ℃），尚熟烟叶游离氨基酸含量上升幅度较快，而在烘烤定色后期和干筋期（烘烤时间 120 h～144 h 和烘烤温度 52～60 ℃），适熟和过熟烟叶游离氨基酸含量上升幅度较快。

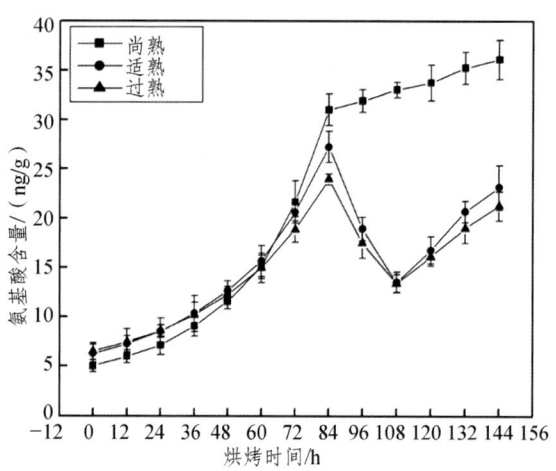 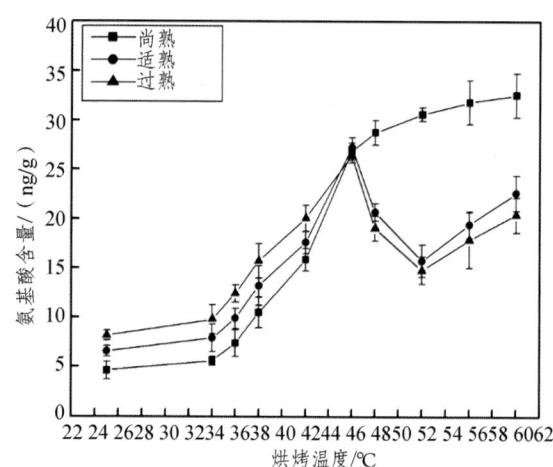

图 6-8　烘烤过程中烟叶游离氨基酸含量变化

表 6-8　不同成熟度烟叶游离氨基酸含量在烘烤过程中的变化幅度（%）

处理	0～12 h	12～24 h	24～36 h	36～48 h	48～60 h	60～72 h	72～84 h	84～96 h	96～108 h	108～120 h	120～132 h	132～144 h
尚熟	18.88a	19.24a	27.37aA	27.77aA	30.63aA	43.74aA	43.34aA	2.97bB↑	3.38bB↑	2.19bB	4.48bB	2.40bB
适熟	15.76a	17.89a	21.17bB	22.70bB	23.80bB	31.62bB	32.28bB	30.60aA↓	28.44aA↓	23.88aA	23.31aA	11.84aA
过熟	14.44a	15.15a	19.15bB	20.67bB	22.19bB	26.13bB	26.93bB	26.90aA↓	23.49aA↓	20.12aA	18.12aA	11.89aA
F 值	4.77	3.58	24.67**	38.35**	12.88**	25.81**	40.17**	70.45**	36.76**	48.56**	61.28**	36.11**

注：↑和↓分别表示变化幅度为上升和下降，下同。

表 6-9　不同成熟度烟叶游离氨基酸含量在烘烤温度上升中的变化幅度（%）

处理	25～34 ℃	34～36 ℃	36～38 ℃	38～42 ℃	42～46 ℃	46～48 ℃	48～52 ℃	52～56 ℃	56～60 ℃
尚熟	21.44a	31.84a	41.92aA	51.82aA	69.10aA	7.25bB↑	6.40bB↑	3.96bB	2.21bB
适熟	20.16a	25.46a	34.03bB	33.13bB	55.37bB	24.28aA↓	23.56aA↓	23.23aA	16.44aA
过熟	20.06a	26.69a	26.80cC	27.76cC	31.33cC	27.72aA↓	22.26aA↓	20.85aA	14.25aA
F 值	2.43	3.98	17.46**	27.12**	41.35**	25.65**	40.75**	33.91**	21.88**

（三）讨论与结论

传统的烘烤观念认为烟叶烘烤是将鲜烟叶颜色由绿变黄的同时不断脱水干燥，实现烟叶烤黄、烤干、烤香的过程。它是叶内大分子的有机物降解、消耗、转化的生理生化变化过程和烟叶脱水干燥的物理过程的统一，并且大量研究也证实了这一观点。但这些研究没有清楚认识到烟叶烘烤过程是烟叶叶片衰老死亡过程这一生命现象。在理解、研究烟叶烘烤时没有应用植物叶片衰老死亡原理，而是片面地将其界定为变黄、干燥的过程中。本试验将烘烤环节向前延伸，引入了烟叶成熟度这关键因素来研究，结果表明，不同成熟度烟叶中的蛋白质含量在烘烤过程中均表现为持续下降，而游离氨基酸含量变化差异很大，尚熟烟叶游离氨基酸含量持续上升，而适熟和过熟烟叶呈现"上升-下降-上升"的变化趋势。造成这种现象的原因可能是在烟叶烘烤变黄期，鲜烟叶中的细胞质蛋白和膜蛋白由蛋白酶催化分解为游离氨基酸。烘烤中游离氨基酸的转化利用很复杂，主要有三种形式：第一种是通过脱氨基作用，将氨基酸分解转变为氨气和α-酮酸；第二种方式是通过脱羧基作用，将氨基酸分解为 CO_2 和胺；第三种是与还原糖发生非酶棕色化反应生成美拉德产物。其中第三种方式在烟叶烘烤中为主要转化方式。尚熟烟叶的蛋白质在采摘前积累合成量较多，可能在某种热稳定性较好的酶作用下，在烘烤过程中烟叶游离氨基酸含量持续上升。而适熟和过熟烟叶随着烘烤时间推移和烘烤温度上升，大量的游离氨基酸参与了美拉德反应，因此，出现急剧下降的趋势。反应温度和时间是美拉德反应重要的动力学因素，随着反应温度的升高，反应速率加快。反应时间决定着美拉德反应所处的阶段，初级阶段主要是氨基酸和还原糖的消耗。这说明烘烤过程中美拉德反应在烟叶游离氨基酸转化中起到决定性作用。

内肽酶是促进可溶性蛋白质生成游离氨基酸的关键酶，其活性高低直接影响着蛋白质与游离氨基酸的消长速率。本试验结果表明，与尚熟烟叶相比，适熟和过熟烟叶在烘烤变黄前期（烘烤时间 24～36 h 和烘烤温度 36～38 ℃）内肽酶活性较高，此时，过熟烟叶和适熟烟叶蛋白质含量降解速率较快，两者降幅均达到 19%，原因可能是烘烤过程中烟叶处于干旱和高温逆境环境中，随着温度的升高，在低温变黄期能显著提高烟叶内肽酶的活性，其中适熟和过熟烟叶对环境的温度胁迫更加敏感，其内肽酶活性较高，生成多肽来减轻逆境环境中氧自由基的损伤。在烟叶烘烤水分胁迫下，随着烘烤变黄过程的进展，H_2O_2 和 O_2^- 的含量均在 0～24 h 缓慢增加，24～48 h 急剧上升，然后趋于平缓。这说明烘烤变黄前期烟叶内肽酶活性显著增加，以此来加速蛋白质的降解这一过程，与缓解烘烤环境中的氧自由基密切相关。

外肽酶是植物体内重要的一类生物酶，在生物正常生理过程和病理生理过程中都能起到重要的作用，主要涉及信号转导、肽类激素的调节、蛋白质结合和消化等过程。外肽酶按剪切多肽链末端不同主要分为氨肽酶和羧肽酶两类。它是多肽最后生成游离氨基酸的限速酶。本试验结果表明，与适熟烟叶和过熟烟叶相比，尚熟烟叶在烘烤变黄期（烘烤时间 36～72 h 和烘烤温度 36～42 ℃）氨肽酶和羧肽酶活性较高，且在变黄后期酶活性达到最高值，此时，尚熟烟叶游离氨基酸含量上升幅度较快，升幅最高达到 40%。这一方面可能是由于氨肽酶和羧肽酶在植物中各时期的分布和活性有很大差异，尚熟烟叶处于衰老进程的前期，在烘烤逆境环境胁迫下，其酶活性表现出较高的活性；另一方面可能与氨肽酶和羧肽酶自身具有较高的热稳定性有关。植物中大多数氨肽酶的最适温度介于 37~50 ℃，而羧肽酶具有更宽的温度范围（25~80 ℃）。本节还只是初步、定量地分析不同成熟度烟叶蛋白质含量与游离氨基酸消长关系相关酶活动态变化规律。由于烟叶的烘烤是一个复杂的蛋白质降解代谢过程，若采用相对应各成熟度烟叶的烘烤工艺进行烘烤，将能进一步提升烘烤品质，提高烟叶价值。由于烟草生长过程中蛋白质的积累与后期烘烤中蛋白质分解是一个复杂的动态变化过程，不单纯只受酶活性的影响，因此如何充分调控不同成熟度叶片中蛋白质的有效代谢转化，从而提升烟叶质量，有待进一步研究。

（1）在 K326 品种烟叶烘烤过程中，不同成熟度烟叶蛋白质含量均表现出持续下降的变化趋势，而游离氨基酸含量变化差异很大，尚熟烟叶游离氨基酸含量持续上升，而适熟和过熟烟叶呈现"上升-下降-上升"的变化趋势。这表明不同成熟度烟叶蛋白质含量与游离氨基酸含量的消长关系具有一定差异性。

（2）烟叶蛋白质含量的降解幅度与内肽酶活性有关。不同成熟度烟叶烘烤过程中内肽酶呈现"上升-下降-上升-下降"的"双峰曲线"变化趋势。与尚熟烟叶相比，适熟和过熟烟叶在烘烤变黄前期（烘烤时间 24~36 h 和烘烤温度 36~38 ℃）内肽酶活性较高，且蛋白质含量降解速率较快，两者降幅均达到 19%。

（3）游离氨基酸含量的升高幅度与氨肽酶和羧肽酶活性有关。不同成熟度烟叶烘烤过程中外肽酶呈现先升高后下降的变化。与适熟和过熟烟叶相比，尚熟烟叶在烘烤变黄期（烘烤时间 36~72 h 和烘烤温度 36~42 ℃）氨肽酶和羧肽酶活性较高，且游离氨基酸含量上升幅度较快，升幅最高达到 40%。

三、烘烤过程中游离氨基酸组分转化规律

氨基酸是烟叶中与品质优劣有密切关系的重要化学成分，既是蛋白质和烟碱合成的原料，也是蛋白质和糖类化合物转化的中间产物。在烤烟生长、调制、加工直至抽吸过程中，氨基酸都起着十分重要的作用。氨基酸在赋予烤烟色香味方面具有双重作用：一方面，氨基酸在有氧条件下燃烧会产生氨，影响烟气质量；另一方面，烤烟在调制和醇化过程中，氨基酸和糖类会发生非酶棕化反应，主要是美拉德反应，形成大量具有烟草特征香味的挥发性化合物和大分子棕色化合物，如羰基化合物、呋喃化合物以及吡嗪类和吡咯衍生物等。它们不但赋予烟气烤焙香、坚果香和甜焦糖味，而且还使烟量感增加，尤其是呋喃类成分，对烟气的香味有重要作用。此外，某些氨基酸自身可直接分解为香味化合物。

氨基酸不仅是烟叶香气物质的间接前体，也可在调制过程中直接转化为挥发性羰基化合物。在烟叶成熟过程中，同一部位烟叶随着成熟度的增加，总游离氨基酸、α-氨基酸含量下

降，达到工艺成熟期前后又开始上升，与阿美杜里化合物有关的氨基酸总和也随着成熟度的增加发生有规律的"V"形变化。在烘烤过程中，从鲜烟叶到干筋期，总游离氨基酸含量逐渐增加，尤以变黄中期最为明显。

（一）材料与方法

1. 供试材料

同本节中的"二、烘烤过程中蛋白质降解及其相关酶活性变化规律"材料方法。

2. 试验设计

同本节中的"二、烘烤过程中蛋白质降解及其相关酶活性变化规律"试验设计。

3. 测定方法

游离氨基酸组分含量：采用PITC柱前衍生化的HPLC技术测定。所用仪器为Waters e2695高效液相色谱仪（美国Waters公司）。

谷氨酸转氨酶活性：采用ELLISA法用谷氨酸转氨酶酶联免疫分析测定试剂盒（武汉伊艾博科技有限公司）进行测定。具体步骤如下：称取烟样0.1 g，加入1 mL的PBS缓冲液（pH=7.4），低温下快速研磨，4 ℃下离心20 min（1000r/min），收集上清液待检测酶活性；在酶标板上空白孔中加样品稀释液100 μL，余孔中分别加入标准品或待测样品100 μL；37 ℃下孵育2 h，然后弃去孔内液体，不洗涤，在每孔中加入检测溶液A工作液100 μL；盖上覆膜，轻拍以混匀，37 ℃下孵育60 min；然后弃去孔内液体，甩干，用洗涤液洗涤3次，每次浸泡1~2 min，大约300 μL/孔，甩干；接着在每孔中加入检测溶液B工作液100 μL，酶标板覆膜37 ℃孵育60 min；然后弃去孔内液体，甩干，再洗涤5次，每次浸泡1~2 min，大约300 μL/孔，甩干；依序每孔加底物溶液90 μL，覆膜，37 ℃下避光孵育10~20 min（标准孔前3~4孔有梯度蓝色显现）；然后依序在每孔中加入终止溶液50 μL，终止反应，此时蓝色立转黄色，注意混匀；最后立即用酶联仪检测450 nm波长下各孔的吸光值（OD值）。以标准物的浓度为横坐标、OD值为纵坐标，绘出标准曲线，根据样品的OD值由标准曲线查出相应的浓度即为样品的实际浓度。所用仪器为SpectraMax 190光吸收型酶标仪（美国Molecular Devices公司）、AC8洗板机（Thermo Labsystems）。

天冬氨酸转氨酶和丙氨酸转氨酶活性：采用ELLISA法用氨肽酶酶联免疫分析测定试剂盒（武汉伊艾博科技有限公司）进行测定。步骤同谷氨酸转氨酶活性测定。

4. 数据统计

所有数据均采用EXCEL 2016、SPSS 22.0和Origin 8.0分析软件进行方差分析、计算和统计作图表。

（二）结果与分析

1. 烘烤过程中烟叶游离氨基酸组分的描述性统计

由表6-10可以看出，烘烤过程中不同阶段烟叶游离氨基酸组分变化差异很大，其中天冬氨酸、谷氨酸、丙氨酸、苯丙氨酸、组氨酸、丝氨酸、脯氨酸、精氨酸、缬氨酸和赖氨酸变异系数超过60%，属于重度变异，且标准差大于1，天冬氨酸、谷氨酸、苯丙氨酸、组氨酸和丝氨酸指标的偏度和峰度小于-1或者大于1，样本内变异已经不符合正态分布，这表明天冬氨酸等10种氨基酸在烟叶烘烤过程中波动较大。

表6-10 烘烤过程中烟叶游离氨基酸组分描述性统计结果

游离氨基酸	样本数	平均值	中位数	最大值	最小值	标准差	变异系数	偏度	峰度
甘氨酸	207	0.56	0.52	1.06	0.29	0.17	0.31	0.986	0.712
苏氨酸	207	2.99	2.86	5.06	2.03	0.67	0.22	1.170	1.090
胱氨酸	207	0.10	0.10	0.17	0.04	0.03	0.28	0.158	-0.303
酪氨酸	207	2.27	2.07	4.25	1.02	0.85	0.37	0.609	-0.675
蛋氨酸	207	0.11	0.11	0.20	0.03	0.04	0.39	-0.027	-0.771
异亮氨酸	207	0.53	0.48	1.15	0.20	0.23	0.43	0.819	0.178
亮氨酸	207	2.43	2.42	3.47	1.68	0.38	0.16	0.417	-0.179
色氨酸	207	2.60	2.13	4.91	1.07	0.84	0.44	0.680	-0.901
天冬氨酸	207	1.48	0.63	7.38	0.08	1.84	1.24	1.782	2.424
谷氨酸	207	1.20	0.67	6.03	0.04	1.41	1.18	2.289	4.509
丙氨酸	207	8.41	8.17	15.58	1.68	3.25	0.89	0.129	-0.558
苯丙氨酸	207	5.39	2.88	25.41	0.58	6.56	1.22	1.915	2.675
组氨酸	207	20.22	12.29	82.23	1.16	21.62	1.07	1.666	1.788
丝氨酸	207	13.11	5.58	71.69	1.71	17.88	1.36	2.248	4.139
脯氨酸	207	114.35	119.75	248.48	2.41	68.81	0.60	-0.153	-0.915
精氨酸	207	0.54	0.45	1.72	0.01	1.45	0.83	0.946	0.198
缬氨酸	207	2.03	1.34	6.04	0.61	1.48	0.73	1.110	0.036
赖氨酸	207	0.78	0.49	2.53	0.09	1.68	0.87	0.944	-0.164

2. 烘烤过程中烟叶游离氨基酸组分含量变化

根据烟叶烘烤过程中烟叶游离氨基酸组分的描述性统计结果，选用波动和变幅较大的 10 种氨基酸进行分析。由表 6-11 和表 6-12 可知，在密集烘烤时间推移和温度上升过程中，不同成熟度烟叶游离氨基酸组分含量的变化差异很大，其中尚熟烟叶游离氨基酸组分含量均增加，而适熟烟叶和过熟烟叶组分含量有增有减。依据烘烤过程中适熟烟叶和过熟烟叶游离氨基酸组分含量变化趋势，可将游离氨基酸组分分为 4 类：第一类游离氨基酸组分含量表现为"升高-下降-升高"，包括脯氨酸和谷氨酸；第二类游离氨基酸组分含量表现为"升高-下降"，包括丝氨酸和组氨酸；第三类游离氨基酸组分含量表现为"下降-升高"，包括丙氨酸、苯丙氨酸和缬氨酸；第四类游离氨基酸组分含量表现为一直下降，包括天冬氨酸、赖氨酸和精氨酸。其中第一类游离氨基酸组分含量均增加，而第二类、第三类和第四类游离氨基酸组分含量均减少。

第一类游离氨基酸组分中不同成熟度烟叶谷氨酸含量在烘烤时间 72~96 h 以及烘烤温度 42~48 ℃ 期间，脯氨酸含量在烘烤时间 0~48 h 以及烘烤温度 25~38 ℃ 时，两者增加幅度均存在极显著性差异（$P<0.01$），其中尚熟烟叶谷氨酸和脯氨酸含量增幅较大；

第二类游离氨基酸组分中不同成熟度烟叶组氨酸和丝氨酸含量在烘烤时间 36~72 h 以及烘烤温度 36~42 ℃ 期间增加幅度均存在极显著性差异（$P<0.01$），其中尚熟烟叶组氨酸和丝氨酸含量增幅较大；

第三类游离氨基酸组分中不同成熟度烟叶丙氨酸、苯丙氨酸和缬氨酸含量在烘烤时间 48~84 h 以及烘烤温度 38~46 ℃ 期间，三者变化幅度均存在极显著性差异（$P<0.01$），其中过熟和适熟烟叶丙氨酸、苯丙氨酸和缬氨酸含量在烘烤过程中变黄后期（烘烤时间 48~72 h 和烘烤温度 38~42 ℃）降幅较大，而尚熟烟叶在烘烤定色前期（烘烤时间 72~84 h 和烘烤温度 42~46 ℃）增幅较大；

第四类游离氨基酸组分中不同成熟度烟叶天冬氨酸在烘烤时间 48~72 h 以及烘烤温度 38~42 ℃ 期间，赖氨酸和精氨酸含量在烘烤时间 24~48 h 以及烘烤温度 36~38 ℃ 期间，三者下降幅度均存在极显著性差异（$P<0.01$），其中过熟和适熟烟叶天冬氨酸含量在烘烤过程中变黄后期（烘烤时间 48~72 h 和烘烤温度 38~42 ℃）降幅较大，而赖氨酸和精氨酸含量在烘烤变黄中期（烘烤时间 24~48 h 和烘烤温度 36~38 ℃）降幅较大。这表明不同成熟度烟叶游离氨基酸组分变化差异主要集中在变黄中后期和定色前期（烘烤时间 36~84 h 和烘烤温度 36~46 ℃）。

第六章 K326品种烟叶烘烤对主要化学成分变化的影响

表6-11 不同成熟度烟叶游离氨基酸组分在烘烤时间中的变化

游离氨基酸	处理	0~12 h	12~24 h	24~36 h	36~48 h	48~60 h	60~72 h	72~84 h	84~96 h	96~108 h	108~120 h	120~132 h	132~144 h	0~144 h
谷氨酸	尚熟	13.45a↑	30.65a↑	48.59a↑	20.44↑	17.84↑	15.58↑	114.46aA↑	99.04aA↑	15.05a↑	14.20a↑	12.17a↑	6.79a↑	2299.47aA↑
	适熟	13.59a↑	26.63a↑	39.71a↑	23.55↑	34.61↑	19.70↓	24.76bB↑	53.03bB↓	12.01a↓	15.17a↑	11.26a↓	5.96a↑	122.10bB↑
	过熟	13.31a↑	28.75a↑	37.29a↑	32.73↑	28.95↓	34.02↑	24.15bB↓	58.23bB↓	13.80a↓	16.97a↑	12.72a↓	7.27a↑	88.71bB↑
脯氨酸	尚熟	238.53aA↑	158.49a↑	96.71aA↑	45.16aA↑	36.41a↓	20.89a↑	7.84↑	5.16↑	4.39↑	2.97bB↑	6.27bB↑	6.57bB↑	5575.11aA↑
	适熟	213.32aA↑	149.56b↑	80.71bB↑	32.49bB↓	29.39a↓	15.58a↓	20.39↓	25.49↓	16.70↓	33.73aA↑	22.36aA↑	13.15aA↑	2389.52bB↓
	过熟	144.87bB↑	146.57b↑	81.82bB↑	31.56bB↑	29.79a↓	16.06a↓	14.68↓	26.93↓	14.13↓	38.84aA↑	29.06aA↑	17.17aA↑	2270.51bB↓
组氨酸	尚熟	12.50a↑	14.23a↑	15.96a↑	30.31aA↑	31.14aA↑	40.63aA↑	26.48↑	20.21↑	18.54↓	12.46↓	11.40↓	8.49↑	771.47↑
	适熟	11.39a↑	14.81a↑	14.80a↑	24.81bB↑	25.08bB↓	27.38bB↑	26.11↑	22.29↓	22.49↓	24.65↓	21.98↓	21.17↓	41.89↓
	过熟	12.96a↓	14.06a↓	13.81a↓	20.71bB↑	22.88bB↓	25.75bB↑	28.94↓	24.31↓	24.50↓	14.76↓	15.34↓	14.52↓	33.83↓
丝氨酸	尚熟	8.38a↑	9.77a↑	10.68a↑	48.57aA↑	61.37bA↑	75.81aA↑	10.19↓	9.49↑	15.74↓	13.62↓	9.96↓	5.55↑	941.28↑
	适熟	6.31a↑	8.98a↑	7.40a↑	22.04bB↑	26.59bB↑	28.15bB↑	37.74↓	16.27↓	30.29↓	13.68↓	28.37↓	19.87↓	56.27↓
	过熟	6.95a↑	7.71a↑	8.66a↑	19.42bB↑	24.09bB↓	31.72bB↑	20.91↑	16.26↑	42.78↓	21.46↓	6.39↓	24.07↓	43.71↓
丙氨酸	尚熟	6.17a↑	8.81a↑	9.17a↑	11.77a↑	13.33bB↑	19.01bB↓	70.84aA↑	17.47aA↑	14.42a↓	10.59a↑	9.81a↑	6.48a↑	41.45↓
	适熟	5.69a↑	7.90a↑	9.26a↑	11.80a↑	18.31aA↑	24.15aA↑	34.74bB↑	15.29aA↑	12.63a↑	11.27a↑	8.71a↑	5.81a↑	4.08↑
	过熟	6.55a↑	6.75a↓	7.03a↓	13.49a↓	19.42aA↑	25.63aA↑	33.35bB↑	14.06aA↓	12.77a↓	11.58a↓	8.06a↑	5.99a↑	9.36↓
苯丙氨酸	尚熟	9.42a↑	10.38a↑	11.20a↑	13.67a↑	16.22bB↑	19.50bB↑	362.32aA↑	31.18aA↑	9.96a↓	5.82a↑	2.35a↑	2.87a↑	207.39↑
	适熟	9.17a↑	9.79a↑	10.05a↑	16.97a↑	21.42aA↑	24.60aA↑	54.16cC↑	9.15cC↓	8.60a↓	5.87a↑	2.54a↑	2.76a↑	26.54↓
	过熟	10.52a↑	11.18a↑	12.02a↑	15.43a↑	23.00aA↑	28.99aA↑	96.02bB↑	14.31bB↑	8.08a↓	3.69a↑	2.33a↑	2.43a↑	16.20↓
缬氨酸	尚熟	16.35a↑	17.08a↑	17.11a↑	19.04a↑	19.52bB↑	21.18bB↑	122.11aA↑	25.31aA↑	13.29a↓	11.76a↓	5.94a↑	4.63a↑	16.41↑
	适熟	18.38a↑	20.45a↑	22.75a↑	25.01a↑	26.41aA↑	28.32aA↑	47.43bB↑	22.14aA↓	10.53a↑	7.56a↑	4.62a↑	3.40a↑	53.61↓
	过熟	17.64a↑	19.35a↑	20.70a↑	22.88a↑	24.11aA↑	26.71aA↑	40.63bB↑	20.74aA↓	11.50a↓	6.01a↑	4.24a↑	2.98a↑	51.64↓
天冬氨酸	尚熟	11.12a↑	13.65a↑	14.96a↑	16.07a↑	26.85bB↑	28.30bB↑	200.61↑	92.99↑	57.81↓	16.37↓	9.81↓	8.41↓	248.36↑
	适熟	13.40a↑	15.32a↑	15.58a↑	20.97a↑	40.69aA↑	42.29aA↑	16.79↑	15.47↓	13.53↓	11.07↓	10.07↓	7.73↓	92.36↓
	过熟	10.08a↑	13.19a↑	15.93a↑	22.20a↑	36.60aA↑	38.64aA↑	17.58↓	15.69↓	14.10↓	12.59↓	11.29↓	7.09↓	91.72↓
赖氨酸	尚熟	11.04a↑	19.68a↑	17.11a↑	33.42bB↑	43.53↑	26.47↓	14.31↓	12.06↓	8.72↓	8.43↓	7.84↓	6.01↓	207.39↓
	适熟	11.27a↑	21.41a↑	22.75a↑	71.22aA↓	15.43↑	9.82↓	8.17↓	7.64↓	7.61↓	6.95↓	5.16↓	4.75↓	26.54↓
	过熟	10.46a↑	19.27a↑	20.70a↑	67.39aA↓	15.76↑	9.61↓	8.16↓	7.38↓	6.87↓	6.30↓	5.64↓	3.02↓	16.20↓
精氨酸	尚熟	14.73a↑	20.50a↑	26.87bB↓	42.91bB↓	48.62↑	27.98↓	20.08↓	13.99↓	12.45↓	11.06↓	9.73↓	6.85↓	5.61↓
	适熟	14.67a↑	18.35a↓	30.99aA↑	60.27bA↓	25.74↑	19.79↓	12.24↓	11.50↓	11.36↓	10.11↓	8.67↓	8.34↓	94.06↓
	过熟	12.73a↑	17.51a↓	29.42aA↓	52.68aA↓	23.33↓	19.40↓	12.79↓	12.20↓	11.11↓	9.06↓	8.70↓	7.37↓	92.38↓

注:"*"表示在5%下差异性达到显著水平,"**"表示在1%下差异性达到极显著

表 6-12 不同成熟度烟叶游离氨基酸组分在烘烤温度中的变化

游离氨基酸	处理	25~34 °C	34~36 °C	36~38 °C	38~42 °C	42~46 °C	46~48 °C	48~52 °C	52~56 °C	56~60 °C	25~60 °C
谷氨酸	尚熟	23.63a ↑	48.93a ↑	13.45 ↑	24.31 ↑	45.22aA ↑	41.32aA ↑	14.09a ↑	14.88a ↑	10.77a ↑	679.44aA ↑
	适熟	19.36a ↑	38.36a ↑	14.28 ↓	25.87 ↓	29.54bB ↑	22.92bB ↑	14.84a ↑	13.22a ↑	10.33a ↑	122.71bB ↑
	过熟	20.03a ↑	40.11a ↑	13.24 ↓	20.97 ↓	23.51bB ↑	16.40bB ↑	14.18a ↑	12.46a ↑	10.72a ↑	129.22bB ↑
脯氨酸	尚熟	158.45aA ↑	96.63aA ↑	67.91aA ↑	24.95a ↑	8.60 ↑	3.93 ↑	2.28bB ↑	7.91bB ↑	7.22bB ↑	1316.55aA ↑
	适熟	105.68bB ↑	94.22aA ↑	62.52aA ↑	20.52a ↑	31.06 ↓	8.26 ↓	6.82aA ↑	45.68aA ↑	15.53aA ↑	776.16bB ↑
	过熟	97.21cC ↑	81.98bB ↑	50.60bB ↑	19.35a ↑	25.00 ↓	11.26 ↓	6.77aA ↓	36.96aA ↑	18.21aA ↑	600.37bB ↑
组氨酸	尚熟	27.92a ↑	26.93a ↑	40.96aA ↑	41.60aA ↑	19.91 ↓	14.38 ↓	14.29 ↓	10.68 ↓	7.34 ↓	501.78 ↓
	适熟	22.25a ↑	24.42a ↑	27.97bB ↑	30.14bB ↑	36.37 ↓	29.14 ↓	25.45 ↓	13.30 ↓	13.77 ↓	37.09 ↓
	过熟	23.85a ↑	23.28a ↑	27.74bB ↑	30.52bB ↑	24.08 ↓	24.75 ↓	19.47 ↓	18.42 ↓	18.74 ↓	23.18 a ↓
丝氨酸	尚熟	20.58a ↑	38.66a ↑	40.36aA ↑	51.87aA ↑	29.61 ↓	25.68 ↓	25.51 ↓	18.40 ↓	18.44 ↓	885.06 ↓
	适熟	18.54a ↑	29.66a ↑	26.30bB ↑	35.75bB ↑	40.51 ↓	38.99 ↓	19.64 ↓	16.04 ↓	8.46 ↓	42.41 ↓
	过熟	18.88a ↑	31.69a ↑	23.51bB ↑	31.68bB ↑	50.39 ↓	16.82 ↓	16.03 ↓	20.16 ↓	18.89 ↓	44.26 ↓
丙氨酸	尚熟	8.07a ↓	10.74a ↓	21.50a ↑	24.04bB ↑	29.94aA ↑	17.32aA ↑	17.11a ↑	13.62a ↑	10.63a ↑	0.27 ↓
	适熟	9.60a ↓	12.56a ↓	23.65a ↓	31.47aA ↓	18.81bB ↑	17.27aA ↑	14.01a ↑	13.20a ↑	8.39a ↑	19.70 ↓
	过熟	7.81a ↓	10.78a ↓	21.72a ↓	39.58aA ↓	18.62bB ↑	17.22aA ↑	17.00a ↑	13.35a ↑	9.02a ↑	21.78 ↓
苯丙氨酸	尚熟	22.09a ↓	25.55a ↓	28.41a ↓	34.29cC ↓	367.12aA ↑	77.88aA ↑	15.41a ↑	12.04a ↑	9.08a ↑	210.88 ↓
	适熟	19.24a ↓	24.39a ↓	40.43a ↓	56.53aA ↓	25.03bB ↑	18.67bB ↑	13.08a ↑	12.63a ↑	10.11a ↑	67.58 ↓
	过熟	20.67a ↓	23.59a ↓	29.43a ↓	45.21bB ↓	23.92bB ↑	17.36bB ↑	15.63a ↑	13.22a ↑	8.40a ↑	51.94 ↓
缬氨酸	尚熟	19.90a ↓	27.82a ↓	28.44a ↓	31.56cC ↓	95.95aA ↑	25.16aA ↑	21.53a ↑	11.66a ↑	10.46a ↑	2.68 ↓
	适熟	21.70a ↓	34.28a ↓	37.41a ↓	53.31aA ↓	25.11bB ↑	19.08aA ↑	17.19a ↑	11.81a ↑	8.64a ↑	69.43 ↓
	过熟	19.89a ↓	29.11a ↓	38.63a ↓	44.81bB ↓	32.88bB ↑	25.92aA ↑	20.90a ↑	11.23a ↑	9.63a ↑	54.10 ↓
天冬氨酸	尚熟	12.81a ↓	14.42a ↓	16.87a ↓	32.70bB ↓	268.47 ↑	29.02 ↑	9.37 ↑	4.75 ↑	3.86 ↑	135.07 ↓
	适熟	12.57a ↓	13.20a ↓	15.54a ↓	43.47aA ↓	22.49 ↑	19.97 ↓	17.51 ↑	10.56 ↑	8.44 ↑	84.79 ↓
	过熟	11.04a ↓	13.29a ↓	15.80a ↓	40.43aA ↓	23.64 ↓	17.29 ↓	16.06 ↓	9.96 ↓	7.71 ↓	82.40 ↓
赖氨酸	尚熟	17.69a ↓	37.45a ↓	40.96bB ↓	34.86 ↑	28.71 ↓	24.72 ↓	20.01↑	12.62 ↑	13.03 ↓	18.38 ↓
	适熟	18.04a ↓	36.21a ↓	53.35aA ↓	23.00 ↓	22.82 ↓	19.84 ↓	15.55 ↓	10.02 ↓	8.38 ↓	92.10 ↓
	过熟	19.50a ↓	39.78a ↓	53.43aA ↓	24.42 ↓	17.37 ↓	19.90 ↓	15.31 ↓	12.55 ↓	7.88 ↓	91.84 ↓
精氨酸	尚熟	14.68a ↓	21.28a ↓	40.52bB ↓	44.19 ↓	20.55 ↓	17.03 ↓	12.94 ↓	9.23 ↓	6.77 ↓	5.71 ↓
	适熟	15.81a ↓	23.21a ↓	65.70aA ↓	22.03 ↓	19.88 ↓	17.03 ↓	14.58↓	13.04 ↓	9.87 ↓	92.12 ↓
	过熟	13.35a ↓	23.55a ↓	59.12aA ↓	19.51 ↓	17.65 ↓	14.39 ↓	13.11 ↓	12.88 ↓	11.52 ↓	89.20 ↓

3. 烘烤过程中烟叶转氨酶活性的变化规律

由图 6-9～图 6-11 可知，在密集烘烤时间推移和温度上升过程中，各处理间烟叶天冬氨酸转氨酶、丙氨酸转氨酶和谷氨酸转氨酶活性变化趋势基本一致，呈现"上升-下降"的变化趋势。其中以时间为主线的烘烤，波峰均出现在烘烤第 72 h，酶活性分别为 701.75 ng/g、811.56 ng/g 和 173.35 ng/g；而以温度为主线的烘烤，波峰也均出现在烘烤第 72 h，酶活性分别为 585.43 ng/g、688.56 ng/g 和 160.11 ng/g。这表明烘烤烟叶转氨酶活性较高的时期主要表现在变黄后期。不同成熟度烟叶天冬氨酸转氨酶、丙氨酸转氨酶和谷氨酸转氨酶活性在烘烤时间 60 h、72 h 和 84 h 以及烘烤温度 38 ℃ 和 42 ℃ 时均存在极显著性差异（$P < 0.01$），其中过熟和适熟烟叶转氨酶活性均极显著高于尚熟烟叶，这表明过熟烟叶和适熟烟叶在烘烤变黄后期更有利于游离氨基酸组分相互转化。

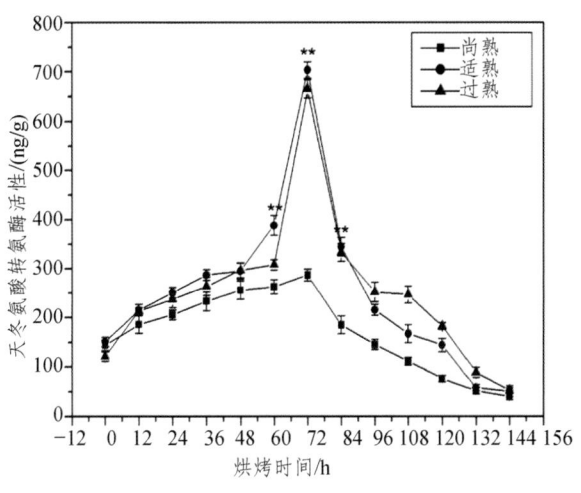 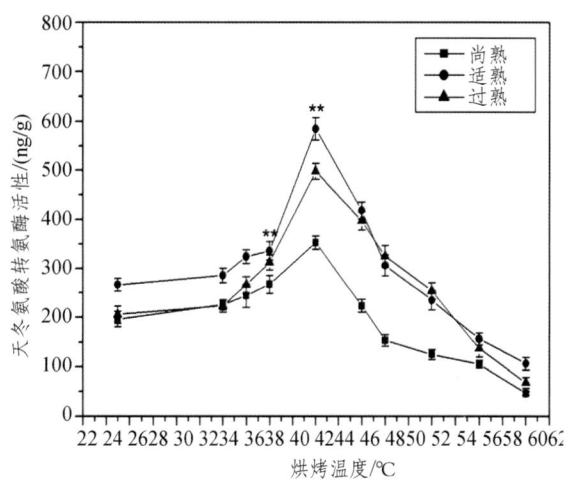

图 6-9 烘烤过程中烟叶天冬氨酸转氨酶活性变化

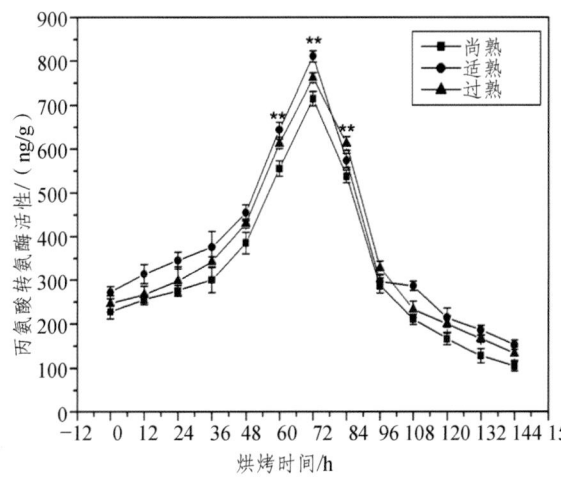 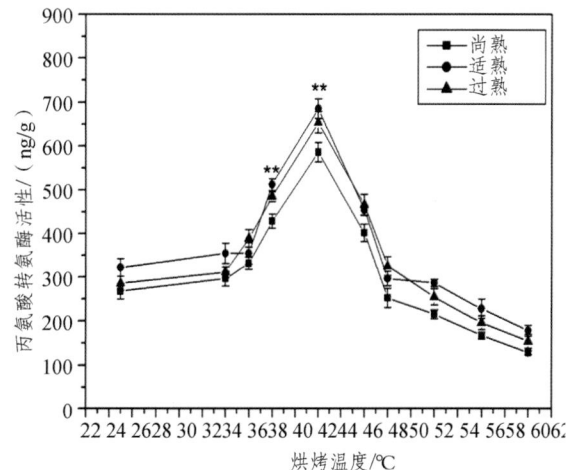

图 6-10 烘烤过程中烟叶丙氨酸转氨酶活性变化

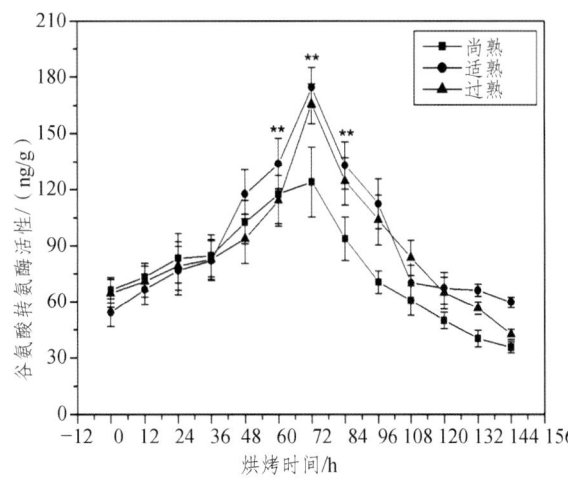 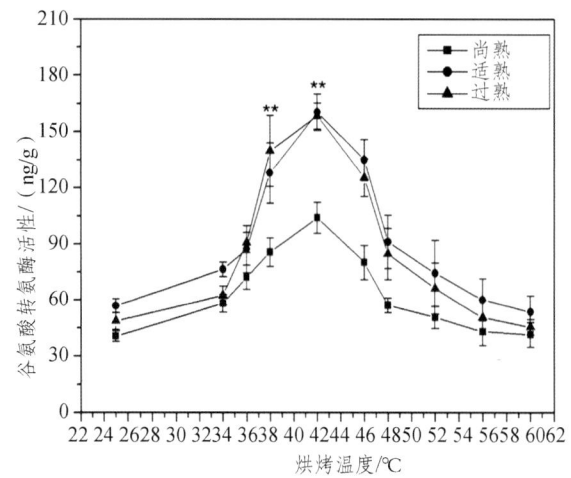

图 6-11 烘烤过程中烟叶谷氨酸转氨酶活性变化

(三) 讨论与结论

目前，烘烤中游离氨基酸的转化利用主要有三种途径：第一种是通过脱氨基作用，将氨基酸分解转变为氨气和 α-酮酸；第二种是通过脱羧基作用，将氨基酸分解为 CO_2 和胺；第三种是与还原糖发生非酶棕色化反应生成美拉德产物，赋予烟气香味。其中第一种途径和第三种途径在烟叶烘烤中为主要转化方式。本研究发现，不同成熟度烟叶在烘烤过程中，共检测出 18 种氨基酸，其中以谷氨酸、脯氨酸、组氨酸等 10 种氨基酸波动和变幅较大，这些游离氨基酸组分含量的变化差异很大，其中尚熟烟叶游离氨基酸组分含量均增加，而适熟和过熟烟叶组分含量有增有减。这可能是由于尚熟烟叶的蛋白质在采摘前积累合成量较多，在某种热稳定性较好的蛋白酶作用下，在烘烤过程中烟叶游离氨基酸生成量始终大于消耗量，表现出持续上升的变化，而适熟和过熟烟叶在烘烤变黄期，蛋白质或多肽在蛋白酶、肽酶的水解作用下，水解为多种游离氨基酸，生成量大于消耗量；在烘烤定色期，游离氨基酸与还原糖发生美拉德反应，生成各种挥发性、半挥发性的香气成分以及褐色的类黑精（Melanoidin），消耗量大于生成量，因而适熟和过熟烟叶游离氨基酸组分含量在烘烤中变化差异很大。

转氨酶是催化游离氨基酸组分转化的关键酶，其活性高低直接影响着 L-氨基酸与 α-酮酸的转氨速率，一般转氨反应都是可逆的。本试验结果表明，与尚熟烟叶相比，适熟和过熟烟叶在烘烤变黄后期和定色前期（烘烤时间 60～84 h 和烘烤温度 38～42 ℃）天冬氨酸转氨酶、丙氨酸转氨酶和谷氨酸转氨酶活性较高。此时，第一类游离氨基酸组分谷氨酸、第三类游离氨基酸组分丙氨酸、苯丙氨酸和缬氨酸、第四类游离氨基酸组分天冬氨酸在烘烤中变黄后期和定色前期变幅较大（烘烤时间 48～84 h 和烘烤温度 38～46 ℃）。这可能是由于转氨酶在植物中各时期分布和活性有很大差异，适熟烟叶和过熟烟叶处于衰老进程的后期，在烘烤逆境环境胁迫下，其酶活性表现出较高的活性。本节还只是初步、定量地分析不同成熟度烟叶游离氨基酸组分相互转化以及相关酶活动态变化规律，由于烟叶的烘烤是一个化学反应复杂的酶活变化体系，若采用相对应各成熟度烟叶的烘烤工艺进行烘烤，将能进一步提升烘烤品质，提高烟叶价值，但目前还需进一步研究。

综上所述，① K326 品种烟叶在烘烤过程中，烤烟游离氨基酸组分含量变化差异很大，其中以谷氨酸、脯氨酸、组氨酸等 10 种氨基酸波动和变幅较大。将烘烤中变化幅度较大的 10 种氨基酸分为 4 类，其中烟叶适熟和过熟烟叶谷氨酸和脯氨酸含量呈现"上升-下降-上升"的变化，组氨酸和精氨酸含量呈现"上升-下降"的变化，丙氨酸、苯丙氨酸和缬氨酸含量呈现"下降-上升"的变化，天冬氨酸、赖氨酸和精氨酸含量持续下降，而尚熟烟叶中游离氨基酸组分含量均增加。② K326 品种不同成熟度烟叶中 4 类游离氨基酸组分变化差异主要集中在变黄期和定色前期（烘烤时间 36～84 h 和烘烤温度 36～46 ℃）。其中过熟和适熟烟叶的游离氨基酸组分含量在变黄后期和定色前期（烘烤时间 48～84 h 和烘烤温度 38～46 ℃）的变化，与氨肽酶密切相关，烟叶天冬氨酸转氨酶、丙氨酸转氨酶与谷氨酸转氨酶活性均呈现"上升-下降"的变化，最大值均出现在烘烤变黄后期 42 ℃（72 h），与尚熟烟叶相比，适熟和过熟烟叶在烘烤中转氨酶活性较高。

第二节　烟叶烘烤前后主要化学成分的差异

烟叶烘烤过程是把含水量高的鲜烟叶调制成香吃味较好的干烟叶，在烟叶脱水干燥的同时伴随一系列生理生化变化（黄维 等，2010；赵会纳 等，2017）。烟叶烘烤是一个复杂的生理生化过程，在这个过程中伴随水分的大量散失，叶内大分子有机物质在呼吸酶、水解酶、氧化还原酶等一系列酶作用下不断分解转化和消耗，许多香气成分产生或含量增加，但也有一些成分保持稳定或减少甚至消失，烤烟特有的香气和吸味、劲头等特性逐渐形成（赵铭钦 等，2005）。香气物质的组成和含量是衡量烟叶品质的重要指标之一，也是衡量烟叶内在品质和香气状况最直接的指标。

烟叶烘烤过程是烟叶香气前体物降解、香气形成和转化的主要时期，烟叶只有经过烘烤加工才能表现出其特有的香气（宫长荣，1994；周冀衡 等，1996；孙福山，1997）。烘烤过程中的一些物质的降解是产生香气和香味的源泉。宫长荣等（1995）采用温湿度自动控制电热烤烟箱，研究烘烤过程中烟叶香气物质成分含量的变化，结果表明，鲜烟叶中所含的香气物质经过烘烤大部分成分的含量下降，特别是分子量较小的小分子物质下降比较明显。聂东发等（2007）研究不同湿度和不同停留时间对烟叶质量的影响，结果表明，烟叶在烘烤过程中，适当提前进入关键温度段并适当延长时间且淀粉能够充分分解，烟叶总糖和还原糖的含量增加，化学成分协调，能够很大程度地提高烟叶的香吃味并改善其内在品质（孙福山 等，2002；宫长荣 等，2003）。

一、水溶性糖

水溶性总糖包括单糖、二糖和其他低聚糖（王瑞新，2003），与烟叶质量关系密切。糖在卷烟燃吸时产生酸性物质，中和烟气的碱性物质，平衡烟气酸碱度，降低刺激性；同时还能与氨基酸进行美拉德反应，产生多种香气物质。这些物质能产生令人愉快的香气。目前已有关于烘烤过程中水溶性总糖变化的研究报道，认为烘烤过程中淀粉大量转化为糖类物质（赵应虎 等，2013），不同部位田间成熟鲜烟叶中淀粉含量很高，经过烘烤大部分淀粉在 48 h 内已转化，下部叶从 29.52%降至 3.37%，中部叶从 44.37%降至 9.06%，上部叶从 31.61%降至 8.12%（危阜斌 等，2019），总糖由 5%增加至 25%左右（Lovett et al.，1978）。葡萄糖、果糖、蔗糖和肌醇均是水溶性糖，但不同水溶性糖的作用不同，如肌醇具有多种重要的生物功能，为植物必需成分，是高等植物中所有与细胞壁组分相关的糖醛酸和戊糖单元的前驱物（张梦 等，2013），是烟叶细胞壁物质的含量较高的糖类物质，其烟气具有强烈的刺激性、呛咳、涩口且枯焦气和木质气重，影响烟叶吃味；适当降低烟叶细胞壁物质的量，则能提高烟叶吸食品质（武圣江 等，2010）。而葡萄糖、果糖、蔗糖等是烟株生长发育主要的能量来源，在初烤烟叶中还可降低烟气浓度，减轻刺激性和苦味，具有一定的保润作用（王瑞新，2003）。赵会纳等（2017）采用半叶法研究了 K326 品种烘烤前后果糖、葡萄糖等的变化，发现果糖、葡萄糖的质量分数在烘烤后分别是烘烤前的 5.51 倍和 8.31 倍。葡萄糖和果糖主要由淀粉转化而来，大量积累；肌醇在植物体内可氧化为与植物细胞壁合成相关的多糖，特别是半纤维素重要组分的木聚糖以及细胞间的黏结物质果胶（张梦 等，2013）。烘烤过程中烟叶发生剧烈的生理变化，肌醇可能被氧化为与细胞壁合成相关的多糖，导致其在烘烤后的质量分数极显著下降。

二、非挥发性有机酸

有机酸是烟草中的主要酸性致香成分，能改善烟气酸碱度，使烟气吃味醇和芳香，所以烟叶中的有机酸与烟叶香吃味的形成有密切的关系。目前烟叶中已被鉴定出的有机酸有 200 多种，分为挥发、半挥发性及非挥发性有机酸 3 类。而非挥发性有机酸又可细分为高级脂肪酸和非挥发性多元有机酸。高级脂肪酸对烟草的香气和吸味也可产生一定影响，饱和高级脂肪酸棕榈酸及硬酸可增加烟气的脂肪味与蜡味，赋予烟气柔和的吸味，并使烟气变得圆和，其含量与烟叶的燃吸质量呈正相关；亚油酸和亚麻酸等不饱和高级脂肪酸的含量与烟叶的香吃味呈负相关，它们能增加烟气的粗糙感、激性和青杂气，并产生涩味（韩锦峰 等，1998；刘百战 等，2000）。目前已有关于烘烤对高级脂肪酸影响的报道，Roberts（1998）和左天觉（1993）认为在烟叶烘烤过程中高级脂肪酸的质量分数减少，降低程度与脂肪酸不饱和度成正比；管维等（2012）研究发现 K326 品种烘烤后烟叶的棕榈酸、硬脂酸、亚油酸和油酸的质量分数显著增加。赵会纳等（2017）采用真空冷冻干燥鲜烟叶，发现 K326 品种烟叶亚油酸、硬脂酸、棕榈酸、亚麻酸+油酸 4 种高级脂肪酸的质量分数在烘烤后均极显著下降；亚油酸、亚麻酸+油酸的质量分数显著降低，可能是由于不饱和脂肪酸分子中的双键容易氧化断裂，在烟叶烘烤过程中随着温度不断升高，生成了低级醛类等物质。宫长荣等（1996）采用自行研制的温湿度自控电热烤烟箱烘烤烟叶，发现烤后烟叶的亚油酸和油酸的质量分数分别比烘烤前增加 44%～47% 和 1～2 倍，但棕榈酸下降了 80%～85%，亚麻酸在烘烤中期降至痕量水平。这些研究结果不一致的原因可能是：① 烟叶自身差异；② 烘烤条件差异；③ 采用杀青干燥烘烤前的鲜烟叶会造成多种化学成分质量分数的变化。此外，杀青温度即便均是 105 ℃，但烟叶样品的堆积厚度、状态（整片、小块）以及位置（上面、中间和下面）不同，烟叶接触的实际温度和水分散失速度也不同，均可能造成烟叶中高级脂肪酸的质量分数发生变化。

苹果酸、柠檬酸、草酸和丙二酸是主要的非挥发性多元有机酸。这 4 种多元有机酸占烟叶总有机酸的 70%～80%。烟草燃吸品质受苹果酸和柠檬酸含量影响，一般苹果酸含量高、燃吸品质好。但高含量的柠檬酸含量会降低燃吸品质。管维等（2012）研究发现 K326 品种烘烤后烟叶的草酸和苹果酸含量要高于烘烤前，柠檬酸的含量有所降低。

三、酚类物质

烟叶中的酚类化合物作为烟草品质重要影响因素之一，对烟叶色泽、烟草香味和吃味有显著影响（王爱华，2005；于存峰 等，2008）。烟叶酚类物质按照羟基数目的不同，可分为简单酚类和多酚。简单酚类含量极微，而多酚含量较高。现已发现的烟草多酚类化合物包括单宁类、香豆素类、黄酮类、花色素类、简单酚类衍生物等。绿原酸、芸香苷和莨菪亭是烟草中多酚化合物的主要成分，约占烟草中酚类物质含量的 80%（李丛民，2000），其中绿原酸是改善烟叶等级最主要的多酚类物质（钟庆辉，1981）。赵会纳等（2017）发现，在烘烤后烟叶中，莨菪亭、4-O-咖啡奎尼酸、p-香豆酸、芥子酸和阿魏酸的质量分数极显著增加，但绿原酸、芸香苷和莰菲醇基、芸香苷的质量分数与烘烤前差异不显著。张树堂等（2006）研究发现 K326 品种烟叶中绿原酸的质量分数由烘烤前的 0.556% 增加到烘烤后的 1.462%，芸香苷的质量分数则由 0.337% 增加到 1.147%。董淑君等（2015）研究发现烘烤后烟叶绿原酸的质量分数是烘烤前的 8 倍左右，芸香苷的质量分数是烘烤前的 5 倍左右。李鹏飞等（2009）发现 K326 品种烤后烟叶芸香苷的质量分数仅升高了 2.77%。这些结果不一致，可能原因是：① 烟叶自身差异；② 烘烤条件差异，如烘烤过程中的温湿度条件直接影响着烤烟生理指标及烤后质量（王松峰 等，2008；王爱华 等，2012）；

③ 烟叶干燥方式不同，因为杀青干燥会大幅降低烟叶多酚物质。

四、生物碱

生物碱在烟草及其制品中占有特殊的地位，它不仅是烟草的重要品质要素，同时还决定了烟草作为一种商品的特质（史宏志 等，2004）。烟草生物碱包括烟碱（Nicotine）、降烟碱（Nornicotine）、麦斯明（Myosmine）、去氢新烟碱（Anatabine）和新烟草碱（Anatasine），它们的组成和含量直接影响到烟草制品的香气特征、烟气特征和安全性。生物碱对烟叶的色、香、味三方面均有影响。烟碱向降烟碱转化突变的烟株，烟叶烘烤后易呈棕红色；烟碱本身就具有特殊香味，也可高温分解为吡啶类香气成分；烟叶中生物碱的含量适宜时，给吸食者适当的生理强度和好的香气与吃味（王瑞新，2003）。优质烟叶一般要求烤烟烟碱含量适中，通常在 1.5%～3.5%。

生物碱含量作为评价烟草制品质量的重要指标，长期以来一直备受烟草科技工作者的重视，通过对烟草生物碱含量进行分析，可以对烟叶质量进行比较客观、准确的评价。生物碱的含量是决定烟叶感官品质的要素，尤其烟碱是烟草特有的化学成分，有兴奋中枢神经和末梢神经的作用（张楠，2011）。吸烟者主要是享受从烟气中吸收烟碱所形成的刺激作用，以振奋神经和减轻疲劳。感官评吸品质的因素中，烟碱主要是影响到烟叶的生理强度、吃味和刺激性，但对烟叶香气也有间接影响。烟碱含量过高劲头大，吃味偏苦、涩、辛辣，刺激性强，使人有呛咳不快的感觉（张楠，2011）。烟碱过低劲头小，吸食淡而无味。研究发现 K326 品种烘烤后烟叶中烟碱、降烟碱、新烟草碱均有所升高，但只有假木贼碱在烘烤后的含量极显著高于烘烤前（赵会纳 等，2017）。

在烤烟 K326 品种打顶当天，其上、中、下部叶烟碱的含量都较低。可能是烟草从营养生长转向生殖生长，烟碱从各部位大量运输到生长点，致使叶内烟碱含量急剧降低，且花器中有降解生物碱的特殊代谢过程，也使烟草中烟碱总量降低。但封顶打杈后，总烟碱的含量随打顶时间的延长而大幅度上升（刘荣森 等，2008）。在烤烟调制的过程中，烟碱含量在正常情况下呈下降的趋势。由于烟碱的合成主要在根部，因此烟叶收获后烟碱含量将不再增加，同时由于烟碱了发生氧化反应而降解转化为其他化合物，所以烘烤后烟叶的烟碱含量会低于烘烤前青叶的烟碱含量。烟叶烘烤过程中烟碱含量将有所下降，叶片中烟碱含量在变黄阶段的降低与烟碱向叶脉的运输有直接关系。不同部位烟叶在烘烤过程中生物碱含量的变化表明生物碱含量呈线性下降，烘烤后烟叶比烘烤前总生物碱含量下降 10%～30%（张楠，2011）。在调制过程中，烟叶中各种微量生物碱，特别是酰化生物碱含量增加较显著，烟叶在打顶后微量碱含量即有显著增加，但调制过程是其增加的主要时期。

五、游离氨基酸

美拉德反应是烟叶香气物质形成的重要途径之一，烟叶中的美拉德反应化合物主要有还原糖和游离氨基酸，该反应可发生在烟叶的调制、醇化以及发酵、加工直至抽吸过程中，反应生成的具有烤香、爆米花香等多种香味特征的挥发性化合物，是烟草香味的重要来源（彭新辉 等，2008）。邓国宾等（2011）认为，游离氨基酸组分与感官评吸指标之间存在显著相关性，其中对感官质量正面影响较大的有精氨酸、酪氨酸和甲硫氨酸，缬氨酸对评吸负面影响较大；并认为在一定范围内提高甲硫氨酸和精氨酸含量，有利于改善烟叶的抽吸品质。王树声等（2002）认为，缬氨酸和酪氨酸与香气量呈正相关，说明烟叶缬氨酸和酪氨酸含量较高，则香气量醇厚；亮氨酸含量与杂气呈负相关，说明亮氨酸含量高则烟叶杂气较少；丝氨酸和甘氨酸含量高，则烟叶评吸总分较高，烟叶质相对较好；甘氨酸对吃味贡献较大；脯氨酸对减少烟叶杂气贡献较大；精氨酸、苯丙氨酸、丝氨酸和酪氨酸对评吸总分贡献较大。苏强（2014）通过对17种常见氨基酸的美拉德产物感官质量进行研究，发现对卷烟舒适度影响较大的6种氨基酸分别是甘氨酸（香气量）、精氨酸（干燥感）、丙氨酸（杂气、柔和细腻和成熟感）、苏氨酸（丰满度）、苯丙氨酸（刺激性）和脯氨酸（谐调、流畅感和余味）。张婕等（2021）研究发现，K326品种烘烤前后烟叶中16种游离氨基酸含量变化趋势相似（表6-13）。其中烘烤后烟叶7种游离氨基酸（赖氨酸、天冬酰胺、丙氨酸、谷氨酰胺、脯氨酸、缬氨酸、色氨酸）含量和游离氨基酸总量均极显著增加，3种游离氨基酸（天冬氨酸、异亮氨酸和亮氨酸）含量均极显著下降，1种游离氨基酸（精氨酸）含量显著下降，3种游离氨基酸（丝氨酸、谷氨酸、酪氨酸）含量与烤前烟叶差异不显著。

表6-13 烟叶烘烤前后烟叶游离氨基酸含量的差异

指标	烘烤前/（mg/g）	烘烤后/（mg/g）	t 值
赖氨酸	0.26±0.05	1.68±0.18	-7.83**
精氨酸	0.04±0.01	0.02±0.01	2.24*
丝氨酸	0.15±0.01	0.17±0.02	-1.28
天冬酰胺	0.07±0.02	0.86±0.11	-5.22**
丙氨酸	0.18±0.02	0.77±0.05	-34.38**
苏氨酸	0.09±0.01	0.08±0.01	-0.77
谷氨酰胺	0.24±0.05	1.67±0.17	-7.91**
天冬氨酸	0.38±0.10	0.06±0.01	7.06**
谷氨酸	0.30±0.02	0.31±0.02	0.48

续表

指标	烘烤前/（mg/g）	烘烤后/（mg/g）	t 值
脯氨酸	0.15±0.06	8.98±1.05	-19.50**
缬氨酸	0.07±0.01	0.08±0.00	-3.86**
酪氨酸	0.07±0.01	0.06±0.00	0.37
异亮氨酸	0.03±0.01	0.02±0.00	3.35**
亮氨酸	0.13±0.01	0.05±0.01	10.69**
苯丙氨酸	0.19±0.01	0.24±0.05	-3.34**
色氨酸	0.25±0.07	0.50±0.09	-5.75**
游离氨基酸总量	2.69±0.39	17.81±2.91	-12.64**

注：此表来自张婕等（2021）。

六、中性致香物质

烟叶内中性致香物质种类在烘烤前后发生了显著的变化，其中有 19 种香气物质仅在烘烤前烟叶中检测到，有 36 种香气物质仅在烘烤后烟叶中检测到，另外还有 23 种香气物质在烘烤前后烟叶中均检测到。

（一）烟叶烘烤前独有的致香物质

仅在烘烤前烟叶中检测到的 19 种致香物质，主要是一些醛、醇和酯类物质，这些物质在烤后烟叶中未检出，推测烘烤过程中温度和水分的剧烈变化造成了这 19 种致香物质的转化或损失（表 6-14）。

表 6-14 烟叶烘烤前独有致香物质含量

致香物质种类	序号	致香物质组分	K326 品种
丙氨酸降解产物	1	苯乙醛	20.99±3.45
棕色化反应产物	2	3-甲基-2-呋喃甲酸甲酯	27.51±2.61
	3	N-氧化-2,2'-联吡啶	98.13±13.38
其他类	4	2-己烯醛	107.08±11.20
	5	2-壬烯醛	13.33±1.80
	6	3-辛酮	7.46±1.05

续表

致香物质种类	序号	致香物质组分	K326品种
其他类	7	6-甲基-5-乙基-3-庚烯-2-酮	10.47±0.64
	8	2-己烯醇	7.46±0.56
	9	2-甲基-戊烯酸甲酯	41.84±4.75
	10	2-乙基己醇	51.08±6.78
	11	3-丁烯酸-3-戊烯酯	127.48±5.93
	12	3-己烯醇	174.22+17.8
	13	4-己烯醇	143.07±8.81
	14	己醛	29.12±3.15
	15	癸醇	33.94±2.03
	16	正庚醛	12.14±0.33
	17	正己醇	13.82±0.75
	18	正壬醇	95.88±6.86
	19	正戊醇	719±024

注：表中不同大写字母表示差异达到0.01的极显著水平，不同小写字母表示差异达到0.05的显著水平，下同。此表数据来自赵会纳等（2017）。

（二）烟叶烘烤前后共有的致香物质

由表6-15可知，K326品种烟叶的6种致香物质含量（2-乙酰吡咯、苯甲醇、苯甲醛、苯乙醇、二氢猕猴桃内酯、新植二烯）在烘烤后呈极显著增加，4种类胡萝卜素降解产物含量（β-紫罗兰酮、芳樟醇、松油醇、香叶基丙酮）呈显著增加，而1,1'-二甲基-2,2'-联二吡咯、6-甲基-5-庚烯-2-酮和降茄二酮在烘烤后呈极显著下降，2,6-二甲基-2,6-辛二烯和壬醛呈显著下降。

表6-15 烘烤前后共有致香物质含量比较

致香物质种类	致香物质组分	烤前	烤后
棕色化反应产物	2-丁基噻吩	1867.56±194.95Aa	797.54±267.7Bb
	2-乙酰吡咯	18.98±3.14Aa	30.95±11.26Aa
	六氢化-8a-甲基-1,8-（2H,5H）-萘二酮	16.73±1.55Bb	145.98±64.78Aa
		176.74±9.67Aa	155.58±54.18Aa
苯丙氨酸降解产物	苯甲醛	175.85±23.32Bb	673.84±153.47Aa
		68.39±8.79Bb	252.24±254.62Aa
		47.03±4.06Bb	1159.20±220.86Aa

续表

致香物质种类	致香物质组分	烤前	烤后
类胡萝卜素降解产物	6-甲基-5-庚烯-2-酮 β-紫罗兰酮 藏红花醛 二氢猕猴桃内酯	98.75±21.05Aa 7.83±0.25Ab 53.28±10.55Aa 12.35±0.45Bb 9.11±1.29Ab 7.71±0.43Ab 83.96±12.95Ab 127.95±17.87Aa	24.18±4.80Bb 39.73±12.88Aa 61.51±22.35Aa 105.92±27.02Aa 28.54±9.00Aa 24.58±7.89Aa 225.42±62.98Aa 106.69±18.85Aa
西柏烷类降解产物	降茄二酮 茄酮	171.24±15.03Aa 556.53±61.73Aa	95.28±6.58Bb 638.76±169.52Aa
其他类	2,6-二甲基-2,6-辛二烯 壬醇 壬醛 十一醛 新植二烯	777.04±121.22Aa 33.01±7.43Aa 15.71±0.63Aa 580.59±94.38Aa 23.08±5.28Ab 24870.47±2309.04Bb	412.45±127.33Bb 12.31±5.70Ab 15.45±1.26Aa 363.51±62.58Ab 61.46±22.18Aa 34162.83±2274.9Aa

注：此表数据来自赵会纳等（2017）。

（三）烟叶烘烤后独有致香物质

在 K326 品种烘烤后烟叶中检测到的 36 种致香物质主要是类胡萝卜素降解产物、棕色化反应产物和其他类香气物质（表 6-16），这些物质在烘烤前烟叶中未检出，推测其均属于烘烤过程中产生的次生代谢产物。

表 6-16 烟叶烘烤后独有中性致香物质含量

分类	序号	致香物质名称	K326 品种
类胡萝卜素降解产物	1	1,3,7,7-四甲基-2 氧双环[4.4.0]癸-5-烯-9-酮	4847+15.26
	2	3-羟基-α-二氢大马酮	23.66±3.68
	3	6~甲基-3,5-庚二烯-2-酮	24.18±4.80
	4	6-甲基-5-庚烯-2-醇	13.40±9.15
	5	3-氧代-α-紫罗兰醇	56.60±61.25
	6	β-大马酮	77.96±23.11
	7	β-二氢大马酮	73.79±11.65
	8	β-环柠檬醛	162.5±30.53

续表

分类	序号	致香物质名称	K326品种
类胡萝卜素降解产物	9	β-紫罗兰醇	39.59±10.49
	10	巨豆三烯酮A	23.75±7.29
	11	巨豆三烯酮B	75.04±12.16
	12	巨豆三烯酮C	21.52±2.87
	13	巨豆三烯酮D	45.54±0.79
	14	巨豆三烯酮E	25.21±6.28
	15	雪松醇	1712.07±132.54
	16	雪松烯	210.74±11.95
	17	异佛尔酮	50.3±36.63
棕色化反应产物	18	2,2-二甲基鸟嘌呤	388.76±274.52
	19	3,4-二甲基-2,5-呋喃二酮	53.65±17.13
	20	3,5-二甲基-2-乙基吡嗪	15.25±3.07
	21	6-甲基-3,5-二羟基-2,3-二氢-4H-吡喃-2-酮	188.06±151.39
	22	吡啶	24.46±18.30
	23	糠醇	39.61±23.36
	24	糠醛	70.41±29.34
其他类	25	2,3-丁二醇	93.67±59.21
	26	2,4-丁二醇	68.43±41.16
	27	2-甲基-戊酸甲酯	180.23±56.67
	28	2-烯十一醇	22.48±3.27
	29	2-乙基-己醇	39.01±9.48
	30	3,6-壬二烯醇	25.46±12.60
	31	6-壬烯醇	16.81±2.55
	32	丁内酯	20.22±9.83
	33	十二醛	22.73±3.08
	34	辛醛	29.27±6.62
	35	4-乙烯愈创木酚	13.84±1.35
	36	愈创木酚	14.58±9.37

注：此表数据来自赵会纳等（2017）。

（四）烟叶烘烤前后中性致香物质比例差异

由表 6-17 可知，在几类致香物质中，新植二烯含量最高，占致香物质总量的 77.92%~80.52%。棕色化反应产物、西柏烷类降解产物和其他类香气物质总量在烘烤后所占比例下降，降幅分别为 37.45%、24.09%、61.75%；而苯丙氨酸降解产物和类胡萝卜素降解产物所占比例明显上升，K326 品种升幅为 457.45% 和 706.38%。

表 6-17　烘烤前后中性致香物质比例差异

致香物质种类	占总香气物质比例/%	
	烤前	烤后
棕色化反应产物	6.97	4.36
苯丙氨酸降解产物	0.94	5.24
类胡萝卜素降解产物	0.95	7.59
西柏烷类降解产物	2.2	1.67
其他类香气物质总量（不含新植二烯）	8.42	3.22
新植二烯	80.52	77.92

注：此表数据来自赵会纳等（2017）。

参考文献

BAO Y, WANG Y, 2016. Thermal and moisture analysis for tobacco leaf flue-curing with heat pump technology[J]. Procedia Engineering, 146: 481-493.

BEYENE G, FOYER C H, KUNERT K J, 2006. Two new cysteine proteinases with specific expression patterns in mature and senescent tobacco (Nicotiana tabacum L) leaves [J]. Journal of Experimental Botany, 57(6): 1431-1443.

BREIMAN L, 2001. Random forests[J]. Mach Learn, 45(1): 5-32.

CHIVURAISE C, CHAMBOKO T, CHAGWIZA G, 2016. An assessment of factors influencing forest harvesting in smallholder tobacco production in Hurungwe district, Zimbabwe: an application of binary logistic regression model[J]. Advances in Agriculture(3): 1-5.

CORTES C, VAPNIK V, 1995. Support vector networks[J]. Mach Learn, 20(1): 273-297.

DAVIS D L, NIELSEN M T, 2003. 烟草生产, 化学和技术[M]. 国家烟草专卖局科技教育司, 中国烟草科技信息中心组织, 译. 北京: 化学工业出版社: 7-11.

GARDNER J A, CAUSEY J O, 1926. Tobacco curing barn: 1585662[P]. 1926-05-25.

HOMAIDA M, YAN S L, YANG H, 2017. Effects of ethanol treatment on inhibiting fresh-cut sugarcane enzymatic browning and microbial growth[J]. LWT, 77: 8-4.

JOHNSON W H, HENSON W H, et al, 1960. Bulk curing of bright-leaf tobacco[J]. Tob Sci(4): 49-55.

KENNARD R W, STONE L A, 1969. Computer Aided Design of Experiments[J]. Technometrics, 11(1): 137-148.

LI Hongdong, LIANG Yizeng, XU Qingsong, et al, 2009. Support vector machines and its applications in chemistry[J]. Chemometr Intell Lab(95): 188-198.

LIAW A, WIENER M, 2002. Classification and Regression by random Forest[J]. R News(2/3): 18-22.

LI-COR, 1983. LI-1800-12 Integrating sphere instruction manual[Z]. No. 8305-0034.

LOVETT W J, MAY L H, 1978. Metabolism of tobacco leaves during flue-curing[J].

American Journal of Science, 20 (8): 237.

MAYER A M, 2006. Polyphenol oxidases in plants and fungi: going places? A review[J]. Phytochemistry, 67 (21): 2318-2331.

ROBERTS D L, 1988. Natural tobacco flavor[J]. Recent Advances in Tobacco Science (7): 14-49.

SNIDOW J M, 1888. Drying attachment for tobacco barns: 383778[P]. 1888-05-29.

UEDA T, SEO S, OHASHI Y, et al, 2000. Circadian and senescence-enhanced expression of a tobacco cysteine protease gene[J]. Plant Molecular Biology, 44 (5): 649-657.

UZELAC Branka, et al, 2016. Characterization of natural leaf senescence in tobacco (Nicotiana tabacum) plants grown in vitro[J]. Protoplasma, 253: 259-275.

WU Xindong, KUMAR V, QUINLAN J R, et al, 2008. Top 10 algorithms in data mining[J]. Knowl Inf Syst (14): 1-17.

YANG S H, BERBERICH T, SANO H, et al, 2001. Specificassociation of transcripts of tbzF and tbz17, tobaccogenes encoding basic region leucine ipper-type transcriptional activators, with guard cells of senescing leaves and/or flowers[J]. Plant Physiology, 127 (1): 23-32.

蔡宪杰，王信民，尹启生，2004. 烤烟外观质量指标量化分析初探[J]. 烟草科技 (6): 37-39；42.

蔡宪杰，王信民，尹启生，2005. 成熟度与烟叶质量的量化关系研究[J]. 中国烟草学报，11 (4): 43-46.

常亮，2005. 基于三角形相似原理的指纹识别研究[D]. 大连理工大学.

陈飞程，2022. 云烟116品种配套烘烤工艺研究[D]. 郑州：河南农业大学.

陈红丽，代惠娟，杜阅光，等，2011. 烟叶抗破碎指数与机械加工性能的关系[J]. 烟草科技 (10): 17-19；23.

陈乾锦，池国胜，吴华建，等，2020. 采收成熟度对K326品种不同部位烟叶品质的影响[J]. 贵州农业科学，48 (9): 43-46.

陈翾，2007. 不同烤房烘烤对烟叶主要化学成分含量及品质的影响[D]. 长沙：湖南农业大学.

陈颐，赵应伟，徐安传，等，2019. 采收成熟度对K326品种鲜烟叶素质及产质量的影响[J]. 西南农业学报，32 (3): 659-664.

陈远平，张维祥，卢小明，等，2011. 大埔县密集烤房与普通烤房应用效果比较及存在问题[J]. 广东农业科学，38 (1): 46-47.

褚小立，袁洪福，陆婉珍，2004. 近红外分析中光谱预处理及波长选择方法进展与应用

[J]. 化学进展，16（4）：528-542.

崔国民，2006. 烟叶的成熟度标准[J]. 云南农业（9）：16-17.

崔志军，孟庆洪，刘敏，等，2010. 烟草秸梗气化替代煤炭烘烤烟叶研究初报[J]. 中国烟草科，31（3）：70-72；77.

戴冕，2000. 我国主产烟区若干气象因素与烟叶化学成分关系的研究[J]. 中国烟草学报（1）：28-35.

邓国宾，曾晓鹰，薛红芬，等，2011. 烤烟游离氨基酸与感官质量的相关性研究[J]. 中国烟草科学，32（5）：14-19；23.

邓建强，王大彬，乾艳，等，2024. 基于高光谱成像技术的烤烟上部烟叶成熟度光谱特征分析及判别模型构建应用研究[J]. 中国烟草学报，30（1）：36-45.

董淑君，黄明迪，王耀锋，等，2015. 密集烤房与普通烤房烘烤中烟叶色素和多酚含量的变化分析[J]. 中国烟草科学，36（1）：90-95.

杜如万，戴培刚，王剑，等，2016. 凉山山地原生态特色烟叶开发实践与思考[J]. 中国烟草科学，37（5）：87-91；97.

段美珍，蔡海林，2013. 甲醇发热式与燃煤式密集烤房烘烤比较[J]. 作物研究，27（6）：675-677.

段焰青，孔祥勇，李青青，等，2006. 近红外光谱法预测烟草中的纤维素含量[J]. 烟草科技（8）：16-20.

方明，邱坤，谭方利，等，2019. 郴州烤烟K326品种烘烤特性探究[J]. 天津农业科学，25（2）：23-27.

飞鸿，蔡正达，胡坚，等，2011. 利用生物质烘烤烟叶的研究[J]. 当代化工，40（6）：565-567；592.

符新妍，符云鹏，丁燕芳，等，2016. 不同烤烟品种成熟期叶片失水特性及抗旱性研究[J]. 江西农业学报，28（8）：41-45.

高相彬，赵凤霞，曹晓涛，等，2015. 豫中烟区散叶密集烘烤适应性研究[J]. 西南农业学报，28（2）：871-875.

高云才，卢茂禄，宋成，等，2018. 红塔烟草（集团）原料基地主栽烤烟品种差异分析[J]. 西南农业学报，31（5）：917-922.

宫长荣，1994. 烟叶烘烤原理[M]. 北京：科学出版社.

宫长荣，2003. 烟草调制学[M]. 北京：中国农业出版社.

宫长荣，潘建斌，2003. 热泵型烟叶自控烘烤设备的研究[J]. 农业工程学报，19（1）：154-158.

宫长荣，孙德梅，1995. 烘烤过程中烟叶香气成份变化的研究[J]. 烟草科技（5）：4.

宫长荣，汪耀富，赵铭钦，等，1996. 不同成熟度和烘烤处理对烟叶中 C12～C20 脂肪酸含量的影响［J］. 河南农业大学学报，30（1）：37-40.

宫长荣，赵振山，1999. 烟叶成熟度、烘烤环境条件与烟叶品质的关系[C]//跨世纪烟草农业科技展望和持续发展战略研讨会论文集. 北京：307-316.

苟正贵，罗倩茜，李余湘，等，2014. 不同成熟度烟叶的腺毛密度及其分泌物与质体色素含量[J]. 贵州农业科学，42（10）：101-105.

顾永丽，2021. 烤烟上部烟叶不同成熟度对烧烤生理生化及烤后烟叶品质的影响[D]. 贵阳：贵州大学.

管维，杨虹琦，尹光庭，等，2012. 不同品种烤烟烘烤前后非挥发性有机酸含量的研究[J]. 作物研究，26（2）：148-152.

国家烟草专卖局，1996. 烟草及烟草制品 试样的制备和水分的测定 烘箱法：YC/T 31—1996[S]. 北京：中国标准出版社.

韩锦峰，刘维群，杨素勤，等，1993. 海拔高度对烤烟香气物质的影响[J].中国烟草（3）：1-3.

韩锦峰，史宏志，1998. 不同氮量和氮源的烟叶高级脂肪酸含量及其与香吃味的关系[J]. 作物学报，000（001）：125.

韩龙洋，王一丁，张文龙，等，2015. 基于高光谱技术的烤烟成熟度判别研究[J].延边大学农学学报，37（4）：286-291；301.

何伟，郭大仰，李永智，等，2007. 形成灰色烤烟的原因及机理[J]. 湖南农业大学学报（自然科学版），33（2）：167-169.

何智慧，练文柳，吴名剑，等，2006.AOTF-近红外光谱技术快速分析烟草主要化学成分[J]. 现代科学仪器（1）：66-68.

胡亚杰，韦建玉，黄崇峻，等，2018.上部不同叶位烟叶对三段式烘烤工艺的响应[J]. 湖南农业科学（8）：4.

黄维，崔国民，赵高坤，2010. 不同成熟度烟叶在烘烤过程中主要挥发性香气成分的变化[J]. 中国农学通报，26（24）：149-152.

黄维，赵高坤，王亚辉，等，2015. 一种提高老黑暴烟叶烘烤质量的方法：201410668175.X[P]. 2014-11-21[2024-01-23].

黄璇，周冀衡，罗华杰，等，2012. 云南曲靖烟区不同采收成熟度对云烟97烟叶质量的影响[J]. 湖南农业科学（17）：31-34.

黄勇，周冀衡，刘建利，等，2007. 不同成熟度烤烟叶细胞化学研究[J]. 湖南农业大学学报（自然科学版）（5）：559-563.

黄勇，周冀衡，郑明，等，2008. 不同成熟度烟叶结构显微分析[J]. 中国烟草科学，29（2）：5-8.

黄中艳，2009. 云南农业低温冷害特点及其防御对策[J]. 云南农业科技（4）：6-8.

贾保顺，孙祖正，张锦中，等，2020. 烤烟成熟期氮代谢及其关键酶活性和相关基因表达分析[J]. 河南农业大学学报，54（4）：559-565.

贾琪光，宫长荣，1990. 烤烟调制学[M]. 郑州：河南科技出版社.

蒋笃忠，唐绅，石江波，等，2010. 生物质气化供热在烟叶烘烤中的应用[J]. 中国农学通报，26（14）：392-395.

赖荣洪，许威，任周营，等，2018. 一烤一方案与传统烘烤工艺对烟叶质量的影响[J]. 湖南农业科学（2）：78-80.

兰金隆，蓝周焕，赖荣泉，等，2012. 烤烟品种'K326'不同部位适宜成熟度采收研究[J]. 中国农学通报，28（19）：240-244.

李丛民，2000. 植物多酚对烟草制品品质的影响[J]. 烟草科技（1）：27-28.

李佛琳，赵春江，刘良云，等，2007. 烤烟鲜烟叶成熟度的量化[J]. 烟草科技，234（1）：55-57.

李佛琳，赵春江，王纪华，等，2008. 一种基于反射光谱的烤烟鲜烟叶成熟度测定方法[J]. 西南大学学报（自然科学版）（10）：51-55.

李明德，肖汉乾，余崇祥，等，2005. 湖南烟区土壤中、微量元素状况及施肥效应研究[J]. 中国烟草科学（1）：25-27.

李鹏飞，周冀衡，张建平，等，2009. 烤烟成熟期土壤水分状况对烟叶挥发性香气物质及主要化学成分的影响[J]. 中国烟草学报，15（3）：44-48.

李生栋，谭方利，黄克久，等，2016. 不同素质烟叶烘烤过程中颜色值与含氮化合物的关系分析[J]. 河南农业大学学报，50（6）：709-714.

李生栋，王小彦，郑小雨，等，2020. 烤烟K326品种不同开片度上部烟叶烘烤过程中颜色变化分析[J]. 西南农业学报，33（2）：290-297.

李世勇，王芳，邵学广，2006. 最小二乘支持向量回归与偏最小二乘回归建立烟草总糖NIR预测模型比较[J]. 烟草科技（11）：45-48.

李万乾，徐成龙，詹军，等，2015. 密集烘烤干筋期最高温度对大理地区烟叶品质的影响[J]. 现代农业科技（21）：24-25；28.

李旭华，扈强，潘义宏，等，2014. 不同成熟度烟叶叶绿素含量及其与SPAD值的相关分析[J]. 河南农业科学，43（3）：47-52；58.

李焱, 和健森, 苏家恩, 等, 2019. 采收方式对烤烟 K326 品种上部烟挂灰程度的影响[J]. 湖南农业大学学报（自然科学版）（1）：16-20.

李永平, 马文广, 2009. 美国烟草育种现状及对我国的启示[J]. 中国烟草科学, 30（4）：6-12.

李玉娥, 尹启生, 宋纪真, 等, 2008. 烟草酶促棕色化反应及调控技术研究进展[J]. 中国烟草科学, 29（6）：71-77.

李跃武, 陈朝阳, 江豪, 等, 2002. 烤烟品种云烟 85 烟叶的成熟度 I：成熟度与叶片组织结构、叶色、化学成分的关系[J]. 福建农林大学学报（自然科学版）（1）：16-21.

李峥, 邱坤, 杨鹏, 等, 2017. 烟叶烘烤过程中水分迁移干燥特性研究进展[J]. 昆明学院学报, 39（6）：37-41.

李峥, 张晓兵, 夏琛, 等, 2022. 成熟度对 K326 品种上部叶鲜烟素质及烤后质量的影响[J]. 湖南文理学院学报（自然科学版）, 34（2）：67-72；94.

梁寅, 张云伟, 李军营, 2013. 基于支持向量机的云烟 87 烟叶成熟度高光谱遥感识别[J]. 西南农业学报, 26（3）：957-962.

刘百战, 冼可法, 1993. 不同部位、成熟度及颜色的云南烤烟中某些中性香味成分的分析研究[J]. 中国烟草学报（1）：46-53.

刘百战, 徐亮, 胡便霞, 等, 2000. 卷烟中非挥发性有机酸及某些高级脂肪酸的分析[J]. 烟草科技（1）：25-27[2024-01-24].

刘朝营, 许自成, 闫铁军, 2011. 机器视觉技术在烟草行业的应用状况[J]. 中国农业科技导报, 13（4）：79-84.

刘春奎, 许自成, 2007. 烟叶的成熟与科学采收[J]. 科学种田, 9：9.

刘道德, 2012. 不同采收方式对烤烟上部叶质量的影响[D]. 长沙：湖南农业大学.

刘芳, 赵金红, 朱明慧, 等, 2015. 多酚氧化酶结构及褐变机理研究进展[J]. 食品研究与开发, 36（6）：113-119.

刘国顺, 2003. 烟草栽培学[M]. 北京：中国农业出版社：59-62.

刘浩亮, 张华, 2012. 烤烟烟叶的成熟与采收探讨[J]. 科技与企业（4）：225.

刘红光, 杨义, 罗华元, 等, 2015. 红云红河卷烟原料"K326 品种"的种植海拔及土壤条件研究[J]. 云南农业大学学报, 30（6）：895-901.

刘洪祥, 曹玉坤, 等, 2003. 烟熏型烟叶烘烤剂研制及其可用性评价研究 I：烟熏型烟叶烘烤剂研制及其农业可用性评价[J]. 中国烟草科学（4）：1-6.

刘华山, 郭传滨, 韩锦峰, 等, 2007. 烤烟成熟期烟叶黑爆的研究进展[J]. 安徽农业科学, 35（30）：9591-9592；9720.

刘华山，韩锦峰，曾涛，等，2005. 烤烟喷施降碱增钾制剂的生理效应及对品质的影响[J]. 华北农学报，20（3）：46-49.

刘荣森，孔繁伦，刘进社，等，2008. 烤烟K326品种成熟进程中烟碱、蛋白质含量的变化[J]. 河南农业（24）：49-50.

龙春芬，孟桂元，周清明，等，2013. 浓香型烟叶成熟期质体色素的变化特征研究[J]. 作物研究，27（6）：544-548.

龙明锦，厉福强，蒋玉梅，等，2007. 烟叶不同田间成熟度外观评价指标研究[J]. 贵州农业科学（6）：35-38.

龙翔，杨虹琦，李永智，等，2010. 烘烤过程中不同品种及成熟度烟叶质体色素含量的分析[J]. 云南农业大学学报（自然科学版），25（3）：364-367；387.

娄元菲，2014. 皖南烟区不同品种烟叶的品质及对烘烤工艺的响应[D]. 郑州：河南农业大学.

卢贤仁，姚峰，丁福章，等，2014. 不同采收成熟度对贵州有机烟叶中性致香物质含量的影响[J]. 安徽农业大学学报，41（4）：551-555.

鲁柯佚，2016. 上部烟叶一次性采收及烘烤技术研究[D]. 长沙：湖南农业大学.

陆新莉，苟正贵，刘婕，等，2019. 不同基因型烟草叶片在成熟过程中质体色素的变化[J]. 中国农学通报，35（15）：35-39.

罗柱石，杨洋，鄢敏，等，2021. 采收时间对烤烟成熟度的影响[J]. 安徽农学通报，27（17）：56-58.

吕作新，刘好宝，刘彩萍，1997. 烟叶烘烤过程中的酶促棕色化反应及其调控途径[J]. 中国烟草科学（2）：21-23.

马翠玲，李佛琳，崔国民，等，2007. 不同类型烤房中烟叶水分动态变化规律[J]. 中国农学通报，23（6）：630-633.

马文广，周义和，刘相甫，等，2018. 我国烤烟品种的发展现状及对策展望[J]. 中国烟草学报，24（1）：116-122.

孟智勇，高相彬，胡战军，等，2018. 豫中不同生态区及烘烤工艺对烤后烟叶质量的影响[J]. 湖南农业科学（1）：81-85.

尼珍，胡昌勤，冯芳，2008. 近红外光谱分析中光谱预处理方法的作用及其发展[J]. 药物分析杂志（5）：824-829.

聂东发，盛孝雄，2007. 提高烟叶香吃味的烘烤工艺研究[J]. 中国农学通报（5）：104-108.

聂荣邦，李海峰，胡子述，1991. 烤烟不同成熟度鲜烟叶组织结构研究[J]. 烟草科技（3）：37-39.

聂荣邦，唐建文，2002. 烟叶烘烤特性研究Ⅰ：烟叶自由水和束缚水含量与品种及烟叶着生部位和成熟度的关系[J]. 湖南农业大学学报（自然科学版）（4）：290-292.

潘治利，祁萌，魏春阳，等，2012. 基于图像处理和支持向量机的初烤烟叶颜色特征区域分类[J]. 作物学报，38（2）：374-379.

逄涛，林茜，李勇，2012. 云南烟区不同土壤类型对K326品种烤烟主要化学成分的影响[J]. 安徽农业科学，40（16）：8897-8898；8914.

逄涛，宋春满，方敦煌，等，2009. 云南烤烟主要栽培品种化学成分比较分析[J]. 西南农业学报，22（6）:1562-1566.

彭隆基，陈吉珩，肖佳冰，等，2022. 不同烟草品种和采收成熟度对烟叶等级质量的影响[J]. 作物研究，36（1）：52-56.

彭新辉，易建华，周清明，等，2008. 同部位不同等级烤烟的色泽和化学成分及其关系[J]. 湖南农业大学学报（自然科学版）（1）：39-43.

钱宇，任四海，薛剑波，等，2012. 变黄期不同变黄程度对清香型烤烟质量的影响[J]. 安徽农业科学，40（27）：13608-13610；13612. DOI:10.13989/j.cnki.0517-6611.2012.27.120.

任一鹏，简彬，方力，等，2010. 3个烤烟品种在烘烤过程中色素和水分含量的变化[J]. 安徽农学通报，16（3）：79-81；181.

沈少君，吴永茂，罗发健，等，2014. 密集烘烤干筋期温湿度对烟叶内在化学成分和评吸质量的影响[J]. 现代农业科技（24）：170-172；181.

省烟草公司原料部，1990. 良种良法配套推广烤烟新品种K326[J]. 云南烟草（2）：23-25.

史宏志，刘国顺，2011. 烟草香味学[M]. 北京：中国农业出版社.

史宏志，张建勋，2004. 烟草生物碱[M]. 北京：中国农业出版社.

史龙飞，宋朝鹏，贺帆，等，2012. 基于机器视觉技术的烤烟鲜烟叶成熟度检测[J]. 湖南农业大学学报（自然科学版），38（4）：446-450.

史志宏，韩景峰，1998. 烤烟碳氮代谢几个可题的探讨[J]. 烟草科技（2）34-36.

宋朝鹏，魏硕，刘相甫，等，2017. 开片状况对上部烟叶烘烤过程中失水特性的影响[J]. 西北农林科技大学学报（自然科学版），45（7）：8-14.

宋鹏飞，马迅，王萝萍，等，2018. 纬度和海拔二维因素对云南烟叶化学成分的影响[J]. 西南农业学报，31（1）：68-63.

宋笑龙，刘芳，宗胜杰，等，2024. 不同采收成熟度对烤烟萜类致香化合物及烟叶品质的影响[J]. 江苏农业科学，52（2）：104-111.

宋洋洋，张小全，杨铁钊，等，2014. 烟叶采收成熟度对烘烤过程中酶促棕色化反应相关指标的影响[J]. 西北植物学报，34（12）：2459-2466.

苏家恩，魏硕，徐发华，等，2016. 不同烤烟品种变黄期变黄与失水协调程度的分析[J]. 湖北农业科学，55（19）：5148-5150.

苏强，2014. 美拉德反应产物提高卷烟舒适度的研究[D]. 上海应用技术学院.

孙福山，1997. 烤烟调制过程中香气成分的研究及其应用技术探讨[J]. 中国烟草科学（2）：41-43.

孙福山，王丽卿，刘伟，等，2002. 烟叶成熟度及烘烤关键指标与烟叶质量关系的研究[J]. 中国烟草科学，（3）：25-27.

孙计平，吴照辉，李雪军，等，2016. 21世纪中国烤烟种植区域及主栽品种变化分析[J]. 中国烟草科学，37（3）：86-92.

孙阳阳，2016. 甘肃烟区烟叶适宜成熟指标与烘烤精准工艺研[D]. 北京：中国农业科学院.

藤田茂隆，田岛智之，艾树理，1984. 烤烟易烤性的遗传及香吃味[J]. 中国烟草（3）：45-49.

田栾栾，张千子，邓邵文，等，2020. 玉溪烟区不同年份K326品种初烤烟主要化学成分稳定性分析[J]. 安徽农业科学，48（6）：179-183.

王爱华，2005. 烤烟生长和调制过程中主要多酚类物质代谢动态的研究[D]. 郑州：河南农业大学.

王爱华，王松峰，管志坤，等，2012. 烤烟密集烘烤过程中阶梯升温变黄生理生化特性研究[J]. 中国烟草科学，33（1）：69-73.

王程栋，王树声，陈爱国，等，2012. 烤烟衰老过程中叶片超微结构及生理特性变化研究[J]. 中国农学通报，28（3）：103-109.

王承伟，2017. 基于近红外光谱技术的烟叶成熟度判别及初烤烟叶品质的研究[D]. 长沙：湖南农业大学.

王传义，2008. 不同烤烟品种烘烤特性研究[D]. 北京：中国农业科学院：1-5.

王传义，张忠锋，徐秀红，等，2009. 烟叶烘烤特性研究进展[J]. 中国烟草科学，30（1）：38-41.

王寒，林锐锋，彭琛，等，2013. 采收时间对烤烟碳氮代谢关键酶活性和烟叶化学成分的影响[J]. 烟草科技（8）：81-86.

王怀珠，汪健，胡玉录，等，2005. 烤烟成熟度与茎叶夹角关系的研究[J]. 安徽农业科学（3）：458-459.

王杰，毕浩洋，2013. 基于正则极限学习机的烟草病毒病预测[J]. 郑州大学学报（理学版），45（4）：58-62.

王俊锋，韦忠，岑章斌，等，2022. 精细化烘烤技术在K326品种中部烟叶烘烤中的应用[J]. 现代农业科技（6）：177-180.

王岚，杨继周，蒋美红，等，2012. 云南省不同烟区K326品种烟叶的常规化学成分比较[J]. 安徽农业科学，40（3）：1369-1371.

王曼玲，胡中立，周明全，等，2005. 植物多酚氧化酶的研究进展[J]. 植物学通报，22（2）：215-222.

王瑞新，2003. 烟草化学［M］. 北京：中国农业出版社.

王瑞新，马常力，韩锦峰，等，1991. 烤烟香气物质成分与成熟度的关系[J]. 烟草科技（4）：25-28.

王树声，王宝华，李雪震，等，2002. 烤烟烟叶中游离氨基酸与内在质量关系的研究[J]. 中国烟草科学（4）：5-8.

王松峰，王爱华，毕庆文，等，2008. 烘烤过程中湿度条件对烤烟生理指标及烤后质量的影响[J]. 中国烟草科学，29（5）：52-56.

王涛，毛岚，高华锋，等，2016. 云南曲靖烟区K326品种烟叶适宜采收成熟度研究[J]. 作物研究，30（2）：152-156.

王小东，汪孝国，许自成，等，2007. 对烟叶成熟度的再认识[J]. 安徽农业科学，35（9）：2644-2645.

王行，周亮，柯油松，等，2014. 不同烤烟品种上部烟叶烘烤特性研究[J]. 云南农业大学学报（自然科学版），29（4）：619-622.

王亚辉，张树堂，等，2006. 利用自动化加热排湿设备改造传统烤房[J]. 湖南农业大学学报：自然科学版，32（1）：25-28.

王艳颖，胡文忠，庞坤，等，2007. 机械伤害引起果蔬褐变机理的研究进展[J]. 食品工业科技（11）：230-233.

王一丁，赵铭钦，付博，等，2015. 利用可见-近红外光谱鉴定不同香型风格烤烟的方法[J]. 中国烟草科学，36（6）：88-93.

王莹，2009. 美拉德反应的工艺条件优化及其产物的GC/MS鉴定、卷烟加香应用研究[D]. 郑州：河南农业大学.

王勇，周冀衡，肖志新，等，2007. 不同成熟度对烤烟烟叶品质和安全性指标的影响[J]. 中国烟草科学，28（3）：26-29

王玉军，李振喜，谢胜利，等，1999. 烤房不同通风方式对有关烘烤参数的影响[J]. 中国烟草科学（3）：14-16.

王正刚，孙敬权，唐经祥，等，1999. 充分发育烟叶失水特性及烘烤失水调控初报[J]. 中国烟草科学（2）：3-6.

危卓斌，徐茜，陈志厚，等，2019. 烟叶烘烤期的淀粉转化规律及烤后烟叶的化学成分含量[J]. 贵州农业科学，47（10）：5.

魏光华，杨鹏，白金莹，等，2021. 不同施氮量下烟叶的主脉特征和烘烤特性及其关系研究[J]. 南方农业学报，52（2）：356-364.

魏硕，2018. 烤烟上部叶烘烤过程水分迁移及状态变化[D]. 郑州：河南农业大学.

魏硕，苏家恩，范志勇，等，2017. 变黄前期失水胁迫对烟叶烘烤特性的影响[J]. 南方农业学报，48（2）：309-313.

武劲草，路晓崇，蒋博文，等，2017. 不同烘烤工艺对烤后烟叶香气物质含量和评吸质量的影响[J]. 江西农业学报，29（1）：80-84.

武圣江，莫静静，娄元菲，等，2020. 不同烤烟品种不同成熟度上部叶烘烤特性研究[J]. 核农学报，34（6）：1337-1349.

武圣江，宋朝鹏，许自成，等，2010. 烘烤过程中烤烟细胞壁生理变化研究［J］. 中国烟草科学，31（3）：73-77.

夏凯，齐绍武，周冀衡，等，2005. 烤烟的成熟度与叶片组织结构及叶绿素含量的关系[J]. 作物研究（2）：102-105.

夏玉静，2010. 梨果制汁性能及梨果汁褐变控制研究[D]. 北京：中国农业科学院.

肖协忠，1990. 烟草化学[M]. 北京：农业出版社.

肖协忠，李德臣，郭承芳，等，1997. 烟草化学[M]. 北京：中国农业科技出版社.

肖艳松，李晓燕，李圣元，等，2009. 不同类型烤房的烘烤效果比较[J]. 烟草科技，2(259)：61-63.

肖志君，裴晓东，邓小华，等，2017. 南方稻作烟区不同品种上部烟叶烘烤特性差异[J]. 核农学报，31（11）：2213-2220.

徐安传，胡巍耀，李佛琳，等，2011. 中国烤烟种植品种现状分析与展望[J]. 云南农业大学学报，26（Z2）：104-109.

徐达，苏加坤，洪流，等，2019. 基于3种酒尾介质的烟用美拉德反应香料[J]. 烟草科技，52（5）：57-66.

徐光辉，虎晓红，熊淑萍，等，2007. 烤烟叶片叶绿素含量与颜色特征的关系[J]. 河南农业大学学报，41（6）：600-604.

徐兴阳，廖孔凤，代瑾然，等，2017. 不同鲜烟叶成熟度的组织结构和生理生化研究[J]. 云南大学学报（自然科学版），39（2）：313-323.

徐照丽，李天福，2006. SPAD-502叶绿素仪在烤烟生产中的应用研究[J]. 贵州农业科学，

34（4）：23-24.

许池华，2009. 烤烟采收次数与烘烤节本增效关系的研究[D]. 贵阳：贵州大学.

许志刚，1997. 普通植物病理学[M]. 2 版. 北京：农业出版社：260-261.

许自成，赵瑞蕊，王龙宪，等，2014. 烟叶成熟度的研究进展[J]. 东北农业大学学报，45（1）：123-128.

闫克玉，赵献章，等，2003. 烟叶分级[M]. 北京：中国农业出版社.

杨虹琦，周冀衡，杨述元，等，2005. 不同产区烤烟中主要潜香型物质对评吸质量的影响研究[J]. 湖南农业大学学报（自然科学版）（1）：11-14.

杨华伟，2007. 打顶对烟株碳氮代谢及烟碱合成的影响[J]. 河南农业，11.

杨立励，丁志平，2019. 两种烘烤工艺对烤烟 K326 品种的烘烤对比研究[J]. 商业故事（5）：94-96.

杨睿，宾俊，苏家恩，等，2021. 基于近红外光谱与图像识别技术融合的烟叶成熟度的判别[J]. 湖南农业大学学报（自然科学版），47（4）：406-411；418.

杨树申，1981. 太阳能在烟叶烘烤上的应用[J]. 河南农业科学，6：22-24.

杨树勋，李琅，权文彦，等，2018. 鲜烟叶含水率对烟叶烘烤变黄和外观及经济性状的影响[J]. 作物研究，32（6）：500-503.

杨伟祖，谢刚，王保兴，等，2006. 烟草中类胡萝卜素的热裂解产物的研究[J]. 色谱，24（6）：611-614.

杨晔，2014. 烤后烟叶挂灰的原因与防止烟叶挂灰的途径[J]. 安徽农业科学，42（19）：6367-6369；6372.

杨志晓，史跃伟，林世峰，等，2014. 烤烟碳氮代谢关键酶活性动态及其与类胡萝卜素关系研究[J]. 中国烟草科学，35（2）：59-63.

姚宗路，田宜水，孟海波，等，2010. 生物质固体成型燃料加工生产线及配套设备[J]. 农业工程学报，26（9）：280-285.

叶荣生，王海波，凌寿方，2009. 烟叶不同部位成熟时期的外观特征标准研究[J]. 现代农业科技（4）：139-140.

叶为民，罗岩峰，潘义宏，等，2013. 不同采收成熟度对景东烤烟品质的影响[J]. 南方农业学报，44（5）：735-739.

尹晓东，2007. 云南烟叶内在化学成分近红外模型的建立及不同模型比较[D]. 昆明理工大学.

尹智华，谢晓斌，陈永明，等，2011. 提高南雄烟叶成熟度的探讨[J]. 农业与科技，31（3）：38-40.

于存峰，张峻松，闫洪洋，等，2008. 烟草中多酚类化合物研究进展[J]. 河南农业科学（4）：10-14.

禹洋，张鋆鋆，庞君君，等，2016. 南阳烟区浓香型特色烤烟品种的筛选[J]. 浙江农业科学，57（11）：1769-1773.

岳诚，邹聪明，陈疏影，等，2020. 不同成熟度对上部烟叶烘烤过程中生理指标的影响[J]. 云南农业大学学报（自然科学），35（1）：75-81.

曾建敏，姚恒，李天福，等，2009. 烤烟叶片叶绿素含量的测定及其与SPAD值的关系[J]. 分子植物育种，7（1）：56-62.

曾晓鹰，蔡荣，1990. K326品种烟叶的工业特性介绍[J]. 云南烟草，（2）：32-64.

曾宇，2022. 中部烟叶采收成熟度对鲜烟素质及烤后烟叶质量的影响[J]. 安徽农业科学，50（17）：157-159；162.

张程涵，赵会纳，余婧，等，2021. 烤烟主栽品种K326和Y87成熟期中部叶含氮化合物的差异[J]. 农技服务，38（3）：26-28.

张国超，2013. 不同烘烤温度和抑制剂对烤烟棕色化反应与质量的影响[D]. 北京：中国农业科学院.

张海宏，2000. 烟叶的成熟与采收[J]. 山西农业（7）：35.

张婕，赵会纳，朱文静，等，2021. 烘烤前后烟叶葡萄糖和氨基酸及Amadori化合物含量的差异分析[J]. 烟草科技，54（11）：25-31.

张进，2020. 烟叶耐烤性指标及影响因子研究[D]. 贵阳：贵州大学.

张丽英，2012. 采收成熟度对红花大金元烟叶烘烤品质的影响[D]. 郑州：河南农业大学.

张梦，谢益民，杨海涛，等，2013. 肌醇在植物体内的代谢概述：肌醇作为细胞壁木聚糖和果胶前驱物的代谢途径［J］. 林产化学与工业，33（5）：106-114.

张楠，2011. 不同基因型烤烟生物碱表现及与香气物质、感官质量的关系[D]. 郑州：河南农业大学.

张生杰，黄元炯，任庆成，等，2010. 不同基因型烤烟烟叶碳氮代谢差异研究[J]. 华北农学报，25（3）：217-220.

张树堂，2007. 云南不同烤烟成熟度农艺特征及不同生态条件下烘烤技术研究[Z]. 云南省烟草科学研究所.

张树堂，杨雪彪，2006a. 采收成熟度对烤烟亚硝胺和烟叶品质的影响[J]. 西南农业学报，19（6）：1019-1022.

张树堂，杨雪彪，2006b. 烤烟两品种采收成熟度对色素和多酚化合物的影响[J]. 云南农业大学学报，21（6）：756-760.

张树堂，杨雪彪，王亚辉，等，2005. 不同成熟度烤烟鲜烟叶的组织结构比较[J]. 烟草科技，210（1）：38-40.

张万诚，郑建萌，马涛，2013. 1961—2010年云南日照资源的时空分布及年代际变化研究[J]. 资源科学，35（11）：2281-2288.

张晓蕴，赵铭钦，卢叶，等，2010. 南阳烟区不同品种烤烟打顶后酶活性及化学成分分析[J]. 湖南农业大学学报（自然科学版），36（2）：155-159.

张延军，左安建，梁荣，等，2011. 湖南烤烟成熟度与评吸质量的相关性和回归分析[J]. 江西农业学报，23（7）：69-71.

张银军，何伟，杨虹琦，等，2008. 不同成熟度烤烟烟叶调制前后物理特性的分析[J]. 湖南农业科学（2）：113-115.

张永安，范建立，马鹏飞，等，2009. 不同成熟度烤烟在卷烟配方中使用价值分析[J]. 海峡科学，12（36）：6-9.

赵会纳，蔡凯，秦嘉，等，2017. 烟叶烘烤前后主要代谢产物的差异分析[J]. 烟草科技，50（9）：61-67.

赵竞英，刘国顺，介晓磊，2001. 河南主要植烟土壤养分状况与施肥对策[J]. 土壤通报，32（6）：270-272.

赵铭钦，苏长涛，姬小明，等，2008. 不同成熟度对烤后烟叶物理性状、化学成分和中性香气成分的影响[J]. 华北农学报，23（3）：146-150.

赵铭钦，于建春，程玉渊，等，2005. 烤烟烟叶成熟度与香气质量的关系[J]. 中国农业大学学报（3）：10-14.

赵瑞蕊，2012. 曲靖烟区生态因素对烤烟成熟度的影响及成熟度与品质的关系[D]. 郑州：河南农业大学.

赵应虎，王涛，何艳辉，等，2013. 烘烤过程中烤烟外观与内在质量变化研究进展[J]. 作物研究，27（6）：5.

郑志云，2013. 玉溪市K326品种上部烟叶采烤技术研究[D]. 长沙：湖南农业大学.

钟庆辉，1981. 烟草芳香吃味化学成分指标的探索[J]. 烟草科技（4）：21-23.

邹阳，胡小东，汪华国，等，2015. 特色烤烟品种红花大金元烘烤研究进展[J]. 贵州农业科学，43（7）：172-176；180.

周冀衡，王勇，邵岩，等，2005. 产烟国部分烟区烤烟质体色素及主要挥发性香气物质含量的比较[J]. 湖南农业大学学报（自然科学版），31（2）：128-132.

周冀衡，杨虹琦，林桂华，等，2004. 不同烤烟产区烟叶中主要挥发性香气物质的研究[J]. 湖南农业大学学报（自然科学版），30（1）：20-23.

周冀衡，朱小平，王彦亭，等，1996. 烟草生理与生物化学[M]. 合肥：中国科学技术大学出版社.

周首峰，2013. 基于图像处理的烟叶成熟度检测技术研究[D]. 咸阳：西北农林科技大学.

周钰淇，2013. 不同烘烤工艺K326品种主要质体色素变化规律研究[D]. 长江：湖南农业大学.

朱峰，沈始权，孙福山，等，2013. 安康烤烟的烘烤特性及适宜成熟度研究[J]. 湖南农业大学学报（自然科学版），39（2）：145-149.

朱佩，王传义，田福海，等，2014. 特殊烟叶烘烤过程中生理生化变化及烤后质量特点[J]. 中国烟草科学，35（1）：32-36.

左天觉，1993. 烟草的生产、生理、生物化学[M]. 朱尊权，等，译. 上海远东出版社：50-52；60-61.